"十四五"职业教育国家规划教材

HUAWEI ICT Academy

华为"1+X"职业技能
等级证书配套系列教材

U0176924

网络系统
建设与运维 高级

华为技术有限公司 | 编著

Construction, Operation and Maintenance
of Network System (Advanced Level)

人民邮电出版社
北京

图书在版编目（CIP）数据

网络系统建设与运维 ：高级 / 华为技术有限公司编著. -- 北京 ：人民邮电出版社，2020.9（2024.2重印）
华为"1+X"职业技能等级证书配套系列教材
ISBN 978-7-115-54052-2

Ⅰ．①网… Ⅱ．①华… Ⅲ．①计算机网络—网络系统—教材 Ⅳ．①TP393.03

中国版本图书馆CIP数据核字(2020)第082791号

内 容 提 要

本书是网络系统建设与运维高级教材。全书共 12 章，包括多区域 OSPF 协议，IS-IS 协议，BGP，路由引入、路由控制和策略路由，VLAN 高级特性，STP，可靠性技术，服务质量，无线局域网，网络系统安全，网络运维技术，以及综合案例。

本书可用于"1+X"证书制度试点工作中的网络系统建设与运维职业技能等级证书的教学和培训，也适合作为应用型本科、职业院校、技师院校的教材，同时也适合作为从事网络技术开发、网络管理和维护、网络系统集成的技术人员的参考书。

◆ 编　著　华为技术有限公司
责任编辑　郭　雯
责任印制　王　郁　马振武

◆ 人民邮电出版社出版发行　　北京市丰台区成寿寺路 11 号
邮编　100164　电子邮件　315@ptpress.com.cn
网址　https://www.ptpress.com.cn
三河市祥达印刷包装有限公司印刷

◆ 开本：787×1092　1/16
印张：19　　　　　　　　　2020 年 9 月第 1 版
字数：560 千字　　　　　　2024 年 2 月河北第 11 次印刷

定价：59.80 元

读者服务热线：(010)81055256　印装质量热线：(010)81055316
反盗版热线：(010)81055315
广告经营许可证：京东市监广登字 20170147 号

华为"1+X"职业技能等级证书配套系列教材

编写委员会

前言 PREFACE

"1+X"证书制度是《国家职业教育改革实施方案》确定的一项重要改革举措，是职业教育领域的一项重要制度设计创新。面向职业院校和应用型本科院校开展"1+X"证书制度试点工作是落实《国家职业教育改革实施方案》的重要内容之一，为了使网络系统建设与运维职业技能等级标准顺利推进，帮助学生通过网络系统建设与运维认证考试，华为技术有限公司组织编写了网络系统建设与运维（初级、中级和高级）教材。整套教材的编写遵循网络系统建设与运维的专业人才职业素养养成和专业技能积累规律，将职业能力、职业素养和工匠精神融入教材设计思路。

本书积极落实二十大精神，做到学科教育和习近平新时代中国特色社会主义思想，以及党的二十大精神有机融合，在编写过程中力求落实"四个自信"和"两个维护"。华为技术有限公司无论是在核心技术领域，还是在整体市场营收能力，都位列全球科技公司前列，也助力我国建设出了目前全球最大的 5G 网络。

作为全球领先的 ICT（信息与通信技术）基础设施和智能终端提供商，华为技术有限公司的产品已经涉及数通、安全、无线、存储、云计算、智能计算和人工智能等诸多方面。本书以教育部网络系统建设与运维职业技能等级标准（高级）为编写依据，以华为网络设备（路由器、交换机、无线控制器和无线接入点）为平台，以网络工程项目为依托，从行业的实际需求出发组织全部内容。本书的特色如下。

（1）在编写思路上，本书遵循网络技能人才的成长规律，网络知识传授、网络技能积累和职业素养增强并重，通过从网络技术理论阐述到应用场景分析再到项目案例设计和实施的完整过程，使读者既能充分准备"1+X"证书考试，又能积累项目经验，最后达到学习知识和培养能力的目的，为适应未来的工作岗位奠定坚实的基础。

（2）在目标设计上，本书以"1+X"证书考试和企业网络实际需求为向导，以培养学生的网络设计能力、对网络设备的配置和调试能力、分析和解决问题的能力以及创新能力为目标，讲求实用。

（3）在内容选取上，本书以网络系统建设与运维职业技能等级标准为编写依据，坚持集先进性、科学性和实用性为一体，尽可能覆盖最新和最实用的网络技术。

（4）在内容编排上，充分融合课程思政理念，注重理论知识讲解的同时，结合真实工作场景和现场案例来助力学生形成积极的职业目标，培养良好的职业素养，树立正确的道德观和价值观，最终实现育人和育才并行的教学目标。

（5）在内容表现形式上，本书用最简单和最精炼的描述讲解网络技术理论知识，通过详尽的实验手册，分层、分步骤地讲解网络技术，结合实际操作帮助读者巩固和深化所学的网络技术原理，并且对实验结果和现象加以汇总和注释。

本书作为教学用书的参考学时为 70～96 学时，各章的参考学时如下。

课程内容	参考学时
第 1 章　多区域 OSPF 协议	4～6
第 2 章　IS-IS 协议	6～8
第 3 章　BGP	10～12
第 4 章　路由引入、路由控制和策略路由	8～10
第 5 章　VLAN 高级特性	4～6
第 6 章　STP	10～12
第 7 章　可靠性技术	4～6
第 8 章　服务质量	8～10
第 9 章　无线局域网	2～4
第 10 章　网络系统安全	4～6
第 11 章　网络运维技术	4～6
第 12 章　综合案例	4～6
课程考评	2～4
学时总计	70～96

　　本书由华为技术有限公司组织编写，深圳职业技术学院的梁广民、王隆杰、徐磊和齐坤撰写了本书的具体内容，梁广民负责统稿，华为技术有限公司的袁长龙、万倡利、张凛睿、朱志文为本书的编写提供了技术支持，并审校全书。

　　由于编者水平和经验有限，书中不妥及疏漏之处在所难免，恳请读者批评指正。读者可登录人邮教育社区（www.ryjiaoyu.com）下载本书相关资源。

编　者

2023 年 1 月

目录 CONTENTS

第 8 章

服务质量 ·················174

第 9 章

无线局域网 ·················203

第1章
多区域OSPF协议

01

开放最短路径优先（Open Shortest Path First，OSPF）协议是典型的链路状态路由协议，它克服了距离矢量路由协议依赖邻居进行路由决策的缺点，应用非常广泛。OSPF 是一种基于最短路径优先（Shortest Path First，SPF）算法的路由协议。1989 年，OSPFv1 在 RFC1131 中发布，但是 OSPFv1 是一种实验性的路由协议，未获得实施；1991 年，OSPFv2 在 RFC1247 中发布；到了 1998 年，OSPFv2 在 RFC2328 中得以更新，这也就是 OSPF 的现行 RFC 版本；1999 年，用于 IPv6 的 OSPFv3 在 RFC2740 中发布。本章中提及的 OSPF 如果没有特殊说明，则均代表 OSPFv2。

学习目标

① 掌握 OSPF 协议的应用场景、特征和相关术语。

② 了解 OSPF 协议的报文类型及其作用。

③ 掌握 OSPF 协议的网络类型、区域类型和路由器类型。

④ 掌握 OSPF 协议中邻居关系的建立过程。

⑤ 掌握 OSPF 协议的 LSA 类型和作用。

⑥ 掌握 OSPF 协议的链路状态数据库同步过程和路由计算过程。

⑦ 掌握 OSPFv3 和 OSPFv2 的异同点。

⑧ 掌握多区域 OSPFv2 和 OSPFv3 的配置实现。

1.1 OSPF 协议概述

OSPF 作为一种内部网关协议（Interior Gateway Protocol，IGP），用于在同一个自治系统（Autonomous System，AS）中的路由器之间交换路由信息，运行 OSPF 协议的路由器彼此交换并保存区域的链路状态信息，从而掌握整个网络的拓扑结构，并独立计算路由。

1.1.1 OSPF 协议的特征

OSPF 协议的特征如下。

（1）收敛速度快，适用于规模较大的网络，特别是企业网络。

（2）具有无类别特征，支持不连续子网、可变长子网掩码（Variable Length Subnet Mask，VLSM）、无类别域间路由选择（Classless Inter-Domain Routing，CIDR）及手工路由聚合。

（3）采用组播方式（224.0.0.5 或 224.0.0.6）或单播方式发送报文，支持等价负载均衡。

（4）支持区域划分，构成结构化的网络，提供路由分级管理，从而使 SPF 的计算频率更低，链路状态数据库和路由表更小，链路状态更新的开销更小，同时可以将不稳定的网络限制在特定的区域中。

（5）支持区域验证方式和接口验证方式，其中，接口验证方式优先于区域验证方式。支持简单口令、MD5、HMAC-MD5 和 HMAC-SHA256 验证模式。

（6）采用触发更新，可以使用路由标记（Tag）对外部路由进行跟踪，便于监测和控制。

（7）默认情况下，OSPF 的路由优先级为 10，OSPF AS 外部（AS External，ASE）的路由优先级为 150。OSPF 协议采用开销（Cost）作为度量标准，默认情况下，接口开销为 10^8/接口带宽。

（8）OSPF 协议维护邻居表（Neighbor Table）、链路状态数据库（Link State Database，LSDB）和路由表（Routing Table）。为了确保链路状态数据库同步，OSPF 协议每隔 30 分钟进行一次链路状态刷新。

1.1.2　OSPF 协议的术语

（1）链路状态（Link State）：链路指路由器上的一个接口。链路状态用来描述路由器接口及其与邻居路由器的关系，这些信息包括接口的 IP 地址和子网掩码、网络类型及链路的开销等信息。所有链路状态信息构成链路状态数据库。

（2）区域（Area）：以接口为单位划分区域，同一个区域内的路由器具有相同的 OSPF 链路状态数据库。

（3）自治系统：采用同一种路由协议交换路由信息的路由器及其网络构成一个自治系统。

（4）链路状态通告（Link State Advertisement，LSA）：LSA 用来描述路由器和链路的状态，OSPF 中对链路状态信息的描述都是通过 LSA 发布出去的。AS 内每台运行 OSPF 协议的路由器，根据路由器的类型不同，可能会产生一种或者多种 LSA，路由器自身产生的和收到的 LSA 的集合就形成了链路状态数据库。

（5）最短路径优先算法：是 OSPF 协议的基础。SPF 算法也被称为 Dijkstra 算法，这是因为最短路径优先算法是由 Dijkstra 发明的。SPF 算法以每一个路由器作为根，独立地计算其到每一个目的网络的最佳路由。

（6）OSPF 路由器 ID（Router ID）：运行 OSPF 协议的路由器的唯一标识，长度为 32 比特，格式和 IP 地址相同。Router ID 可以手动配置，也可以自动生成。其中，手动配置（即通过命令指定）的路由器 ID 最优先；如果没有手动配置 Router ID，路由器会从当前接口的 IP 地址中自动选取一个作为 Router ID，其选择顺序是优先从 Loopback 地址中选择最大的 IP 地址作为 Router ID；如果没有配置 Loopback 接口，则在接口地址中选取最大的 IP 地址作为 Router ID。需要注意的是，路由器 ID 一旦确定，为了维持 LSDB 的稳定，除非清除 OSPF 进程或者重新启动路由器，否则路由器 ID 不会改变。

（7）泛洪（Flooding）：运行 OSPF 协议的路由器会把自己产生或者收到的 LSA 向其他所有邻居或路由器通告，该过程称为泛洪。LSA 的集合实际上就构成了 LSDB，LSDB 中任何 LSA 的变化，都会触发当前路由器通告给其邻居并泛洪到所属区域的所有路由器中。

1.1.3　OSPF 协议的报文类型

每个 OSPF 协议的报文都包括报文头部和数据部分。OSPF 数据被封装到 IP 报文中，其协议字段值为 89，目的地址是组播地址（224.0.0.5 或 224.0.0.6）或者单播地址。如果 OSPF 组播报文被封装在以太网帧内，则以太网帧的目的 MAC 地址也是组播地址（01-00-5E-00-00-05 或 01-00-5E-00-00-06）。OSPF 协议报文头部的格式如图 1-1 所示，各字段含义如下。

（1）版本（Version）：OSPF 协议的版本号，对于 OSPFv2 来说，其值为 2。

（2）类型（Message Type）：OSPF 协议的报文类型，数值为 1～5，分别对应 Hello 报文、数据库描述（Database Description，DD）报文、链路状态请求（Link State Request，LSR）报文、链路状态更新（Link State Update，LSU）报文和链路状态确认（Link State Acknowledgement，LSAck）报文。

0	7|8	15|16	23|24	31|
版本	类型	报文长度		
路由器ID				
区域ID				
校验和		身份验证类型		
身份验证				

```
Open Shortest Path First
▲ OSPF Header
      Version: 2
      Message Type: Hello Packet (1)
      Packet Length: 48
      Source OSPF Router: 2.2.2.2
      Area ID: 0.0.0.0 (Backbone)
      Checksum: 0x8670 [correct]
      Auth Type: Null (0)
      Auth Data (none): 0000000000000000
▷ OSPF Hello Packet
```

图 1-1　OSPF 协议报文头部的格式

（3）报文长度（Packet Length）：OSPF 协议的报文长度，包括报文头部的长度，单位为字节。

（4）路由器 ID（Router ID）：始发路由器的 ID。

（5）区域 ID（Area ID）：始发报文的路由器所在区域的 ID。

（6）校验和（Checksum）：对整个报文的校验和。

（7）验证类型（Auth Type）：验证类型包括 3 种，其中 0 表示不验证，1 表示简单口令验证，2 表示 MD5 或者 HMAC-MD5 验证。

（8）身份验证（Authentication）：OSPF 协议报文验证的信息，如果验证类型为 0，则不检查该字段；如果验证类型为 1，则该字段包含的是一个最长为 64 比特的口令；如果验证类型为 2，则该字段包含一个 Key ID、验证数据的长度和一个不会减小的加密序列号，其中序列号用来防止重放（Replay）攻击。MD5 验证数据附加在 OSPF 协议报文的尾部，不作为 OSPF 协议报文本身的一部分。

OSPF 协议报文包括 5 种类型，每种报文在 OSPF 路由过程中都发挥着各自的作用。

（1）Hello 报文：周期性发送，用于与其他 OSPF 路由器建立和维持邻居关系，Hello 报文的发送周期与 OSPF 网络类型有关。OSPF 设备启动后，会通过 OSPF 接口向外发送 Hello 报文，收到 Hello 报文的 OSPF 设备会检查报文中所定义的参数，如果双方一致，就会形成邻居关系，两端设备互为邻居。Hello 报文的格式如图 1-2 所示，各字段的含义如下。

0	7|8	15|16	23|24	31|
网络掩码				
Hello间隔		可选项	路由器优先级	
路由器Dead间隔				
指定路由器（DR）				
备份指定路由器（BDR）				
邻居列表				

```
OSPF Hello Packet
   Network Mask: 255.255.255.0
   Hello Interval [sec]: 10
 ▷ Options: 0x02, (E) External Routing
   Router Priority: 1
   Router Dead Interval [sec]: 40
   Designated Router: 172.16.12.2
   Backup Designated Router: 172.16.12.1
   Active Neighbor: 2.2.2.2
```

图 1-2　Hello 报文的格式

① 网络掩码（Network Mask）：发送 Hello 报文的接口所在网络的掩码。

② Hello 间隔（Hello Interval）：发送 Hello 报文的时间间隔，单位为秒。

③ 路由器优先级（Router Priority）：用于 DR/BDR 选举，长度为 8 比特，范围为 0～255。

④ 路由器 Dead 间隔（Router Dead Interval）：如果在此时间间隔内未收到邻居发来的 Hello 报文，则认为邻居失效。

⑤ 指定路由器（Designated Router，DR）：DR 路由器接口的 IP 地址，如果没有 DR，则将该字段设置为 0.0.0.0。DR 的知识将在 1.1.6 节中详细介绍。

⑥ 备用指定路由器（Backup Designated Router，BDR）：BDR 路由器接口的 IP 地址，如果没有 BDR，则将该字段设置为 0.0.0.0。BDR 的知识将在 1.1.6 节中详细介绍。

⑦ 邻居列表（Active Neighbor）：列出邻居路由器的路由器 ID。

（2）DD 报文：两台路由器进行数据库同步时，用 DD 报文来描述自己的 LSDB，内容包括 LSDB 中每一条 LSA 的 Header（LSA 的 Header 可以唯一标识一条 LSA）。LSA Header 只占一条 LSA 的整个数据量的一小部分，这样可以减小路由器之间的协议报文流量，对端路由器根据 LSA Header 就可以判断出是否已有这条 LSA。同一区域内的所有路由器的 LSDB 必须保持一致，以构建准确的 SPF 树。DD 报文的格式如图 1-3 所示，各字段的含义如下。

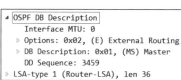

图 1-3　DD 报文的格式

① 接口 MTU（Interface MTU）：在报文不分段的情况下，路由器接口能发送的最大 IP 报文的大小。

② I（Initial）：初始位，发送的第一个 DD 包 I 位置为 1，后续的 DD 包 I 位置为 0。

③ M（More）：后继位，最后一个 DD 包的 M 位置为 0，其他 M 位置为 1，表示后面还有其他的 DD 报文。

④ M/S（Master/Slave）：主/从位，用于协商主/从路由器，置 1 表示 Master，置 0 表示 Slave，路由器 ID 大的一方会成为 Master。

⑤ DD 序列号（DD Sequence Number）：在数据库同步过程中，用来确保路由器收到完整的 DD 报文，由 Master 规定起始序列号，每发送一个 DD 报文，序列号就加 1，Slave 使用 Master 的序列号作为确认。因此，主/从双方路由器利用序列号来保证 DD 报文传输的可靠性和完整性。

⑥ LSA 头部（LSA Header）：LSA 头部包含的信息可以唯一地标识一个 LSA，其格式如图 1-4 所示。

a. 老化时间（LS Age）：LSA 产生后所经过的时间，单位为秒。LSA 在本路由器的链路状态数据库中会随时间老化（每秒加 1）。LSA 的最大老化时间（MaxAge）为 3600s。如果某个 LSA 的老化时间超过了 3600s，则该 LSA 会被从 LSDB 中删除。另外，如果 LSA 始发路由器产生 MaxAge 的 LSA 并向区域中泛洪，那么收到该 LSA 的路由器会用它来更新自己的 LSDB 中的相应的 LSA，将其从 LSDB 中删除。

b. 类型（LS Type）：LSA 的类型，如类型 1 表示 Router LSA，类型 2 表示 Network LSA。

图 1-4　LSA 头部的格式

c. 链路状态 ID（Link State ID）：标识 LSA，LSA 类型不同，该字段的含义也不同。

d. 通告路由器（Advertising Router）：始发 LSA 的路由器 ID。

e. 序列号（Sequence Number）：有符号的 32 位整数，可以帮助识别最新的 LSA。采用线性递增的序列号，序列号为 0x80000001～0x7FFFFFFF，OSPF 每隔 30min 会刷新一次 LSDB。每当 LSA 被更新或者 LSDB 刷新时，序列号都加 1。那么 OSPF 如何判断 LSA 的新旧呢？首先，比较序列号，序列号越大表示 LSA 越新。其次，如果序列号相同，则校验和数值越大表示 LSA 越新。最后，如果序列号和校验和都相同，则比较老化时间，如果老化时间为 MaxAge（3600s），则该 LSA 被认为最新；若老化时间差大于 15min，则老化时间小的 LSA 被认为更新；若老化时间差小于 15min，则认为与 LSA 一样新，此时只保留先收到的 LSA。

f. 校验和（Checksum）：除了老化时间之外的 LSA 全部信息的校验和。

g. 长度（Length）：LSA 头部和 LSA 数据的总长度，单位为字节。

（3）LSR 报文：在 LSDB 同步过程中，路由器收到 DD 报文后，会查看自己的 LSDB 中不包括哪些 LSA，或者哪些 LSA 比自己的更新，并把这些 LSA 记录在链路状态请求列表中，接着通过发送 LSR 报文来请求 LSDB 中相应 LSA 条目的详细信息，需要注意的是，LSR 报文的内容仅是所需要的 LSA 的摘要信息。LSR 报文的格式如图 1-5 所示，除了报文头部外，各字段的含义如下。

图 1-5　LSR 报文的格式

① 链路状态类型（LS Type）：LSA 的类型。

② 链路状态 ID（Link State ID）：链路状态标识，根据 LSA 的类型而定。

③ 通告路由器（Advertising Router）：产生此 LSA 的路由器 ID。

（4）LSU 报文：LSU 报文用于回复 LSR 报文或通告新的 OSPF 更新，内容是一条或多条 LSA 详细信息的集合。LSU 报文的格式如图 1-6 所示，除了报文头部外，各字段的含义如下。

```
LS Update Packet
   Number of LSAs: 1
▲ LSA-type 1 (Router-LSA), len 36
     .000 0000 0000 0001 = LS Age (seconds): 1
     0... .... .... .... = Do Not Age Flag: 0
  ▷ Options: 0x02, (E) External Routing
     LS Type: Router-LSA (1)
     Link State ID: 1.1.1.1
     Advertising Router: 1.1.1.1
     Sequence Number: 0x8000000a
     Checksum: 0x2454
     Length: 36
  ▷ Flags: 0x00
     Number of Links: 1
  ▷ Type: Stub      ID: 172.16.12.0    Data: 255.255.255.0    Metric: 1
```

图 1-6　LSU 报文的格式

① LSA 的数目（Number of LSAs）：更新包中包含 LSA 的数量。

② LSAs：该报文包含的所有 LSA，一个更新包中可以携带多个 LSA。

（5）LSAck 报文：路由器收到 LSU 报文后，会发送 LSAck 报文来确认接收到了 LSU 报文，内容是需要确认的 LSA 报文的头部。一个 LSAck 报文可对多个 LSA 报文进行确认。LSAck 报文的格式如图 1-7 所示。

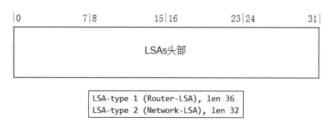

```
LSA-type 1 (Router-LSA), len 36
LSA-type 2 (Network-LSA), len 32
```

图 1-7　LSAck 报文的格式

1.1.4　OSPF 协议的网络类型

OSPF 协议为了能够适应二层网络环境，根据路由器所连接的物理网络的不同，通常将网络划分为 4 种类型：广播多路访问（Broadcast Multiple Access，BMA）、非广播多路访问（Non-Broadcast Multiple Access，NBMA）、点对点（Point-to-Point）、点到多点（Point-to-Multiple Point）。在每种网络类型中，OSPF 协议的运行方式都不同，包括是否需要 DR 选举和 Hello 报文的发送周期等。DR 和 BDR 的内容将在 1.1.6 节中详细介绍。

（1）广播多路访问：当二层链路是以太网时，默认情况下，OSPF 协议认为网络类型是广播多路访问。在该类型的网络中，通常以单播形式发送 DD 报文和 LSR 报文，以组播形式发送 Hello 报文、LSU 报文和 LSAck 报文，其中，224.0.0.6 为 OSPF DR/BDR 预留，224.0.0.5 为 OSPF 设备预留。

（2）非广播多路访问：当二层链路是帧中继时，默认情况下，OSPF 认为网络类型是 NBMA。在该类型的网络中，以单播形式发送 OSPF 协议的所有报文。

（3）点对点：当二层链路协议是 PPP 和 HDLC 时，默认情况下，OSPF 协议认为网络类型是点对点。在该类型的网络中，以组播形式（224.0.0.5）发送 OSPF 协议的所有报文。

（4）点到多点：点到多点必须是由其他的网络类型强制更改的。在该类型的网络中，以组播形式（224.0.0.5）发送 Hello 报文，以单播形式发送 OSPF 协议的 DD、LSR、LSU 和 LSAck 报文。

OSPF 协议的网络类型比较如表 1-1 所示。

表 1-1　OSPF 协议的网络类型比较

网络类型	物理网络举例	选举 DR	Hello 周期	Dead 时间	邻居
广播多路访问	以太网	是	10s	40s	自动发现
非广播多路访问	帧中继（淘汰）	是	30s	120s	管理员配置
点对点	PPP、HDLC	否	10s	40s	自动发现
点到多点	管理员配置	否	30s	120s	自动发现

1.1.5　OSPF 协议中邻居关系和邻接关系的建立

OSPF 协议中邻居关系和邻接关系建立的过程中包括 7 种状态机，如下所述。

（1）关闭（Down）：路由器没有检测到 OSPF 邻居发送的 Hello 报文。

（2）初始（Init）：路由器从运行 OSPF 协议的接口上收到一个 Hello 报文，但是邻居列表中没有自己的路由器 ID。

（3）双向（Two-Way）：路由器收到的 Hello 报文中的邻居列表中包含自己的路由器 ID。如果所有其他需要的参数都匹配了，则形成邻居关系，同时在多路访问的网络中将进行 DR 和 BDR 选举。

Init 和 Two-Way 的工作过程如图 1-8 所示。

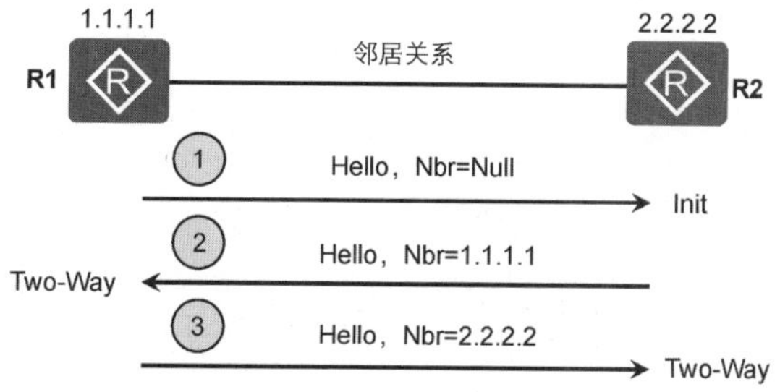

图 1-8　Init 和 Two-Way 的工作过程

（4）准启动（ExStart）：确定路由器主从角色和 DD 的序列号。路由器 ID 高的路由器成为主路由器。

（5）交换（ExChange）：路由器间交换 DD 报文。

ExStart 和 ExChange 的工作过程如图 1-9 所示。

（6）装载（Loading）：每个路由器将收到的 DD 与自己的链路状态数据库进行比对，并为缺少、丢失或者过期的 LSA 报文发出 LSR 报文。每个路由器使用 LSU 报文对邻居的 LSR 报文进行应答。路由器收到 LSU 报文后，发送 LSAck 报文进行确认。

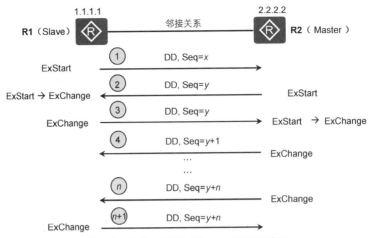

图 1-9 ExStart 和 ExChange 的工作过程

（7）Full（邻接）：链路状态数据库得到同步，建立了完全的邻接关系。

Loading 和 Full 的工作过程如图 1-10 所示。

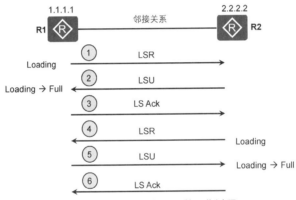

图 1-10 Loading 和 Full 的工作过程

1.1.6 OSPF DR 和 BDR

启动 OSPF 的设备会通过 OSPF 接口向外发送 Hello 报文，收到 Hello 报文的 OSPF 设备会检查报文中所定义的参数，如果相关参数一致，则会形成邻居关系。如果双方成功交换 DD 报文，交换 LSA 并达到 LSDB 的同步就会形成邻接关系。形成邻居关系的双方不一定都能形成邻接关系，这要根据网络类型而定。

在 BMA 和 NBMA 网络中，任意两台路由器之间都要交换路由信息。如果网络中有 n 台路由器，则需要建立 $n（n-1）/2$ 个邻接关系，如图 1-11（a）所示，这使任何一台路由器的路由变化都会导致多次传递，浪费了带宽资源。为解决这一问题，OSPF 协议定义了 DR，所有路由器都只将信息发送给 DR，只与 DR 建立邻接关系，由 DR 将网络链路状态发送出去。如果 DR 由于某种故障而失效，则网络中的路由器必须重新选举 DR，再与新的 DR 同步，这需要较长的时间。为了能够缩短这个过程，OSPF 提出了 BDR 的概念，BDR 实际上是对 DR 的一个备份，在选举 DR 的同时也选举出 BDR，BDR 也和本网段内的所有路由器建立邻接关系并交换路由信息。当 DR 失效后，BDR 会立即成为 DR。由于不需要重新选举，并且邻接关系事先已经建立，这个过程耗时较短。当然，此时还需要再重新选举出一个新的 BDR，虽然一样需要较长的时间，但是并不会影响路由的计算。DR 和 BDR 之外的路由器称为 DROther，DROther 路由器之间将不再建立邻接关系，也不再交换任何链路状态信息。这样就减少了 BMA 和 NBMA 网络中各路由器之间邻接关系的数量，如图 1-11（b）所示。需要注意的是，OSPF DR 是针对路由器接口而言的，只有 OSPF 接口网络类型为 BMA 或 NBMA 时才会选举 DR，而 OSPF 接口网络类型为点对点或点到多点时是不需要选举 DR 的。

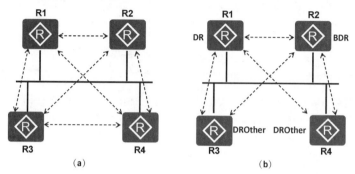

图 1-11　DR 和 BDR

参与 DR 和 BDR 选举的路由器在等待 Wait 时间（通常 40s）后进行，先比较处于该网段的各路由器的 OSPF 接口的优先级（范围为 0~255，优先级为 0 表示不参与 DR 或 BDR 选举），优先级最高的被选为 DR，次高的被选为 BDR；如果优先级相同，则比较 OSPF 的路由器 ID，路由器 ID 高的被选为 DR，次高的被选为 BDR。DR 和 BDR 选举不具有抢占性，DR 和 BDR 已经选举完毕后，即使具有更高接口优先级的路由器加入网络，也不会替换该网段中已经选举的 DR 和 BDR，除非重新选举。在下列情况下，DR 会重新选举：路由器重新启动或者删除 OSPF 配置，并重新配置 OSPF 进程；参与选举的路由器执行【reset ospf process】命令；DR 出现故障；将 OSPF DR 路由器接口的优先级设置为 0。

1.1.7　OSPF 协议的区域划分和路由器类型

随着网络规模的日益扩大，当一个大型网络中的路由器都运行 OSPF 协议时，路由器数量的增多会导致 LSDB 非常庞大，占用大量的存储空间，并使运行 SPF 算法的复杂度增加，导致 CPU 负担很重。在网络规模增大之后，拓扑结构发生变化的概率也会增大，网络可能会经常处于振荡之中，造成网络中有大量的 OSPF 报文在传递，降低了网络的带宽利用率；更为严重的是，每一次变化都会导致网络中所有的路由器重新进行路由计算。OSPF 协议通过将自治系统划分成不同的区域来解决上述问题。区域是从逻辑上将路由器划分为不同的组，每个组用区域号（Area ID）来标识。区域的边界是路由器，而不是链路。一个网段（链路）只能属于一个区域，或者说每个运行 OSPF 协议的接口必须指明属于哪一个区域。划分区域后，可以在区域边界路由器上进行路由聚合，以减少通告到其他区域的 LSA 数量和路由表大小，进而提高路由查找效率，还可以将网络拓扑变化带来的影响最小化。OSPF 区域采用两级结构，一个区域所设置的特性控制着它所能接收到的链路状态信息的类型。区分不同 OSPF 区域类型的关键在于它们对区域外部路由的处理方式。OSPF 区域包括标准区域和骨干区域。

（1）标准区域：最通用的区域，它传输区域内路由、区域间路由和外部路由。标准区域通常与骨干区域连接。

（2）骨干区域：连接所有其他 OSPF 区域的中央区域，通常用 Area 0 表示。骨干区域负责区域之间的路由传递，非骨干区域之间的路由信息必须通过骨干区域来转发。骨干区域自身必须保持连通。所有非骨干区域必须与骨干区域保持连通。

当一个 AS 划分成几个 OSPF 区域时，根据一个路由器在相应区域内的作用，可以对 OSPF 路由器进行分类，OSPF 路由器的类型如图 1-12 所示。

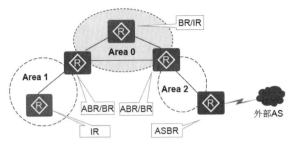

图 1-12　OSPF 路由器的类型

（1）内部路由器（Internal Router，IR）：OSPF 路由器上所有接口都属于同一个区域。

（2）骨干路由器（Backbone Router，BR）：路由器至少有一个接口属于骨干区域。

（3）区域边界路由器（Area Border Router，ABR）：路由器可以同时连接两个以上的区域，但其中一个必须是骨干区域，ABR 拥有每个区域的链路状态数据库。Area 0 为骨干区域，负责在非骨干区域之间发布由区域边界路由器汇总的路由信息，为了避免区域间路由环路，非骨干区域之间不允许直接相互发布区域间路由信息。因此，所有 ABR 都至少有一个接口属于 Area 0，即每个区域都必须连接到骨干区域。

（4）自治系统边界路由器（Autonomous System Boundary Router，ASBR）：与其他 AS 交换路由信息的路由器称为 ASBR。ASBR 并不一定位于 AS 的边界，它有可能是区域内的路由器，也有可能是 ABR。只要一台 OSPF 路由器引入了外部路由的信息，它就会成为 ASBR。同一台路由器可能是多种类型的 OSPF 路由器，例如，其可能既是 ABR 又是 ASBR。

1.1.8　OSPF 协议的 LSA 类型

一台路由器中所有有效的 LSA 都被存放在其 LSDB 中，正确的 LSA 通告可以描述一个 OSPF 区域的网络拓扑结构。OSPF 协议中常见的 LSA 有 6 类，相应描述如下。

注：本节给出的各种类型的 LSA 的格式不包含其头部信息。

（1）类型 1 LSA：也称为路由器 LSA（Router LSA），所有的 OSPF 路由器都会产生这种 LSA，用于描述路由器上连接到某一个区域的链路或是某一接口的状态信息。该 LSA 只会在区域内扩散，不会扩散至其他的区域。链路状态 ID 为此路由器 ID。类型 1 LSA 的格式如图 1-13 所示，各字段的含义如下。

0				7|8				15|16				23|24				31
0	V	E	B	0				链路数量								
链路 ID																
链路数据																
链路类型				TOS数量				度量								
……																
TOS				0				TOS度量								
……																

```
Flags: 0x00
   .... .0.. = (V) Virtual link endpoint: No
   .... ..0. = (E) AS boundary router: No
   .... ...0 = (B) Area border router: No
Number of Links: 1
Type: Stub    ID: 172.16.12.0    Data: 255.255.255.0    Metric: 1
   Link ID: 172.16.12.0 - IP network/subnet number
   Link Data: 255.255.255.0
   Link Type: 3 - Connection to a stub network
   Number of Metrics: 0 - TOS
   0 Metric: 1
```

图 1-13　类型 1 LSA 的格式

① 虚链路（Virtual Link，V）：如果产生此 LSA 的路由器是虚连接的端点，则置为 1。

② 外部（External，E）：如果产生此 LSA 的路由器是 ASBR，则置为 1。

③ 边界（Border，B）：如果产生此 LSA 的路由器是 ABR，则置为 1。

④ 链路数量（Number of Links）：LSA 中所描述的链路信息的数量，包括路由器上处于某区域中的所有链路和接口。

⑤ 链路 ID（Link ID）：链路标识，具体的数值根据链路类型而定。

⑥ 链路数据（Link Data）：具体的数值根据链路类型而定。

⑦ 链路类型（Link Type）：取值为 1 表示通过点对点链路与另一路由器相连；取值为 2 表示连接到传送网络，如 BMA 或 NBMA 网络；取值为 3 表示连接到 Stub 网络，如 Loopback 接口；取值为 4 表示虚链路。

⑧ 度量（Metric）：链路的开销。

⑨ TOS：服务类型。

⑩ TOS 度量（TOS Metric）：指定服务类型的链路的开销。

（2）类型 2 LSA：也称为网络 LSA（Network LSA），由 DR 产生，用来描述一个多路访问网络和与之相连的所有路由器，只会在包含 DR 所属的多路访问网络的区域中扩散，不会扩散至其他的 OSPF 区域中。链路状态 ID 为 DR 接口的 IP 地址。类型 2 LSA 的格式如图 1-14 所示，各字段的含义如下。

0　　7 | 8　　15 | 16　　23 | 24　　31
网络掩码
连接路由器
……

```
Netmask: 255.255.255.0
Attached Router: 2.2.2.2
Attached Router: 1.1.1.1
```

图 1-14　类型 2 LSA 的格式

① 网络掩码（Network Mask）：广播网络或 NBMA 网络的网络掩码。

② 连接路由器（Attached Router）：连接在同一个网段上的所有与 DR 形成了完全邻接关系的路由器的 Router ID，包括 DR 自身的 Router ID。

（3）类型 3 LSA：也称为网络汇总 LSA（Network Summary LSA），由 ABR 产生，它将一个区域内的网络通告给 OSPF 自治系统中的其他区域（Totally Stub 区域除外）。这些条目通过主干区域被扩散到其他的 ABR 中。类型 3 LSA 在区域间传递路由信息时遵循水平分割原则，即从一个区域发出的类型 3 LSA 不会传回到本区域中。链路状态 ID 为目的网络的地址。类型 3 LSA 的格式如图 1-15 所示。

0　　7	8　　15 | 16　　23 | 24　　31
网络掩码	
0	度量
TOS	TOS度量
……	

```
Netmask: 255.255.255.255
TOS: 0
Metric: 1
```

图 1-15　类型 3 LSA 的格式

（4）类型 4 LSA：也称为 ASBR 汇总 LSA（ASBR Summary LSA），由 ABR 产生，描述到 ASBR 的路由，通告给除 ASBR 所在区域的其他相关区域。链路状态 ID 为 ASBR 路由器 ID。类型 4 LSA 格式和类型 3 LSA 格式相同。

（5）类型 5 LSA：也称为 AS 外部 LSA（AS External LSA），由 ASBR 产生，含有关于自治系统外的路由信息，通告给所有的区域（Stub 区域和 NSSA 区域除外）。链路状态 ID 为外部网络的地址。类型 5 LSA 的格式如图 1-16 所示，主要字段的含义如下。

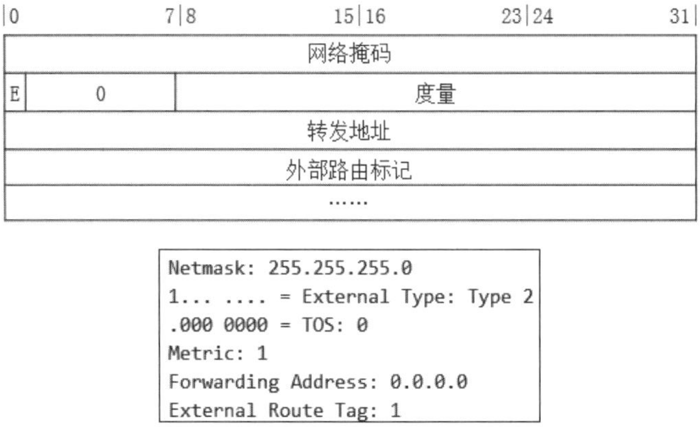

图 1-16　类型 5 LSA 的格式

① E：外部度量值的类型。第一类外部路由设置为 0，第二类外部路由设置为 1。第一类外部路由的开销等于本设备到相应的 ASBR 的开销加上 ASBR 到该路由目的地址的开销。第二类外部路由的开销等于 ASBR 到该路由目的地址的开销。第一类外部路由的可信程度高于第二类外部路由。

② 转发地址（Forwarding Address，FA）：到所通告的目的地址的报文将被转发到的地址，仅出现在类型 5 LSA 或类型 7 LSA 中。类型 5 LSA 通告的外部路由能否进入路由表，取决于类型 5 LSA FA 地址的可达性，如果 FA 地址不可达，则类型 5 LSA 通告的外部路由不能进入路由表。FA 地址可以是全 0，也可以是非 0。如果 FA 地址是全 0，则数据包要经过 ASBR 访问外部网络；如果 FA 地址是非 0，则数据包要转发到该 FA 地址的网络设备，再由该网络设备转发到外部网络。

③ 外部路由标记（External Route Tag）：添加到外部路由上的标记。OSPF 本身并不使用这个字段，它可以用来对外部路由进行管理。

（6）类型 7 LSA：也称为 NSSA 外部 LSA（NSSA External LSA），由 NSSA 区域内的 ASBR 产生，且只能在 NSSA 区域内传播。ABR 可以将类型 7 的 LSA 转换为类型 5 的 LSA，当 NSSA 区域内有多个 ABR 时，系统会根据规则自动选择一个 ABR 作为转换器，默认情况下，NSSA 区域选择 Router ID 最大的设备作为转换器。链路状态 ID 为外部网络的地址，其格式与类型 5 LSA 相同。

1.1.9　OSPF 协议的特殊区域

OSPF 路由器需要同时维护域内路由、域间路由和外部路由信息的链路状态数据库。当网络规模不断扩大时，LSDB 规模也不断增长。如果某区域不需要为其他区域提供流量中转服务，那么该区域内的路由器就没有必要维护本区域外的链路状态数据库。OSPF 通过划分区域可以减少网络中 LSA 的数量，而这可能对于那些位于自治系统边界的非骨干区域的低端路由器来说仍然无法承受，所以可以通过 OSPF 的特殊区域特性进一步减少 LSA 数量和路由表规模。常见的 OSPF 特殊区域包括末节区域（Stub Area）、完全末节区域（Totally Stubby Area）和次末节区域（Not-So-Stubby Area，NSSA）。

1. 末节区域

末节区域的 ABR 不发布它们接收到的自治系统外部路由，只允许发布区域内路由和区域间路由，因此在这些区域中路由器的路由表规模及路由信息传递的数量都会大大减少。为保证到自治系统外的路由可达，该区域的 ABR 将生成一条默认路由，以类型 3 LSA 发布给末节区域中的其他非 ABR 路由器。如图 1-17 所示，Area 1 配置为末节区域后，路由器 R1 的 LSDB 中仅包含类型 1、类型 2、类型 3 LSA 和一条默认的类型 3 LSA，没有类型 5 LSA（类型 1 和 2 为内嵌的 LSA）。在 OSPF 区域视图下执行【stub】命令可将该区域配置为末节区域。配置末节区域时需要注意下列几点。

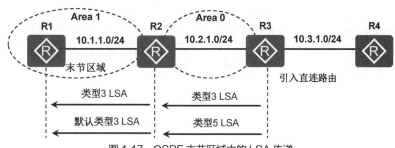

图 1-17　OSPF 末节区域中的 LSA 传递

（1）骨干区域不能配置为末节区域。
（2）如果要将一个区域配置为末节区域，则该区域中的所有路由器都要配置末节区域属性。
（3）末节区域内不能存在 ASBR，即自治系统外部的路由不能在本区域内传播。
（4）虚连接不能穿过末节区域。

2. 完全末节区域

完全末节区域的 ABR 不允许发布自治系统外部路由和区域间路由，只允许发布区域内路由。同样，在完全末节区域中，路由器的路由表规模和路由信息传递的数量都会大大减少。为保证到自治系统外的路由可达，该区域的 ABR 将生成一条默认路由，以类型 3 LSA 发布给末节区域中的其他非 ABR 路由器，如图 1-18 所示，Area 1 配置为完全末节区域后，路由器 R1 的链路状态数据库中仅包含类型 1、类型 2 LSA 和一条默认的类型 3 LSA，没有类型 3 和类型 5 的 LSA。在 OSPF 区域视图下只需要在 ABR 路由器上执行【stub no-summary】命令即可将该区域配置成完全末节区域，末节区域内的路由器在 OSPF 区域视图下执行【stub】命令配置即可。

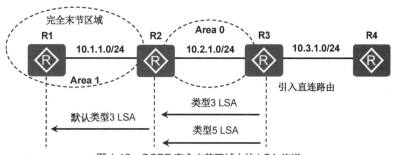

图 1-18　OSPF 完全末节区域中的 LSA 传递

3. 次末节区域

次末节区域允许引入自治系统外部路由，由 ASBR 发布类型 7 LSA 通告给本区域，这些类型 7 LSA 在 ABR 上转换成类型 5 LSA，并且泛洪到整个 OSPF 域中。NSSA 同时保留自治系统内的末节区域的特征。该区域的 ABR 发布类型 7 默认路由传播到区域内，所有域间路由都必须通过 ABR 才能发布，如图 1-19 所示。在 OSPF 区域视图下执行【nssa】命令可将该区域配置为 NSSA。Area 1 配置为 NSSA 后，从路由器 R3 引入的直连路由在 Area 1 中以类型 7 LSA 传递，在 NSSA ABR 路由器 R2 上完成 LSA 类型 7 到类型 5 的转换，继续传递到 Area 0。同时，ABR 路由器 R2 会把类型 3 LSA 传递到 Area 1 中，在 NSSA ABR 路由器 R2 上配置 NSSA 时，如果配置 default-route-advertise 参数，则路由器 R2 同时会向 NSSA 传递一条类型 7 的默认 LSA。如果不希望 NSSA ABR 路由器 R2 将类型 3 的 LSA 传递到 NSSA，只需要在路由器 R2 上执行【nssa no-summary】命令即可，此时 Area 1 的类型为 NSSA。

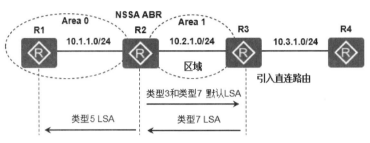

图 1-19　OSPF NSSA 中的 LSA 传递

1.1.10　OSPF 路由计算、路由类型和路由聚合

OSPF 协议采用 SPF 算法计算路由，可以达到路由快速收敛的目的。OSPF 协议路由的计算过程可简单描述如下。

（1）每台 OSPF 路由器根据自己周围的网络拓扑结构生成 LSA，并通过更新报文将 LSA 发送给网络中的其他 OSPF 路由器。

（2）每台 OSPF 路由器都会收集其他路由器通告的 LSA，所有的 LSA 放在一起便组成了 LSDB。LSA 是对路由器周围网络拓扑结构的描述，LSDB 则是对整个自治系统的网络拓扑结构的描述。

（3）OSPF 路由器将 LSDB 转换成一张带权的有向图，这张图便是对整个网络拓扑结构的真实反映，各个路由器得到的有向图是完全相同的，如图 1-20 所示。

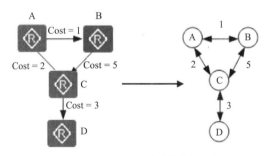

图 1-20　由 LSDB 生成的带权有向图

（4）根据有向图，每台路由器使用 SPF 算法计算出一棵以自己为根的最短路径树，这棵树给出了到自治系统中各节点的路由，如图 1-21 所示。

OSPF 路由计算的具体方法如下。

（1）计算区域内路由：类型 1 LSA 和类型 2 LSA 可以精确地描述整个区域内部的网络拓扑，根据 SPF 算法，可以计算出到各个路由器的最短路径。根据类型 1 LSA 描述的路由器的网段情况，得到到达各个网段的具体路径。

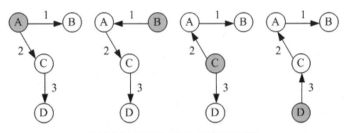

图 1-21　根据有向图生成最短路径树

（2）计算区域外路由：从一个区域内部看，相邻区域的路由对应的网段好像是直接连接在了 ABR 上，而到 ABR 的最短路径已经在步骤（1）中计算完毕，所以直接检查类型 3 LSA，就可以很容易地得到这些网段的最短路径。另外，ASBR 也可以看作连接在 ABR 上，所以 ASBR 的最短路径也可以在这个阶段计算出来。

（3）计算自治系统外路由：由于自治系统外部的路由可以看作直接连接在 ASBR 上，而到 ASBR 的最短路径在步骤（2）中已经计算完毕，所以逐条检查类型 5 LSA 就可以得到到达各个外部网络的最短路径。

OSPF 协议将路由分为 4 类，按照优先级从高到低的顺序依次为区域内路由（Intra Area）、区域间路由（Inter Area）、第一类外部路由（Type1 External）和第二类外部路由（Type2 External）。其中，AS 区域内和区域间路由描述的是 AS 内部的网络结构，AS 外部路由则描述了应该如何选择到 AS 以外目的地址的路由，第一类外部路由的可信程度较高，并且和 OSPF 自身路由的开销具有可比性，所以到第一类外部路由的开销等于本路由器到相应的 ASBR 的开销与 ASBR 到该路由目的地址的开销之和。第二类外部路由的可信度比较低，所以 OSPF 协议认为从 ASBR 到自治系统之外的开销远远大于在自治系统之内到达 ASBR 的开销。因此，计算路由开销时将主要考虑前者，即到第二类外部路由的开销等于 ASBR 到该路由目的地址的开销。如果计算出开销值相等的两条路由，则再考虑本路由器到相应的 ASBR 的开销。

路由聚合是指 ABR 或 ASBR 将具有相同前缀的路由信息聚合起来，只发布一条路由到其他区域。AS 被划分成不同的区域后，可以通过路由聚合来减少路由信息的通告，减小路由表的规模，提高路由器的运算速度，降低系统的消耗。需要注意的是，至少有一条明细路由存在，路由器才会通告聚合路由，而且聚合路由范围内的明细路由变化，不影响通告的聚合路由。路由聚合只能在 ABR 和 ASBR 上配置，因此 OSPF 路由聚合包括 ABR 聚合和 ASBR 聚合两类，如图 1-22 所示。

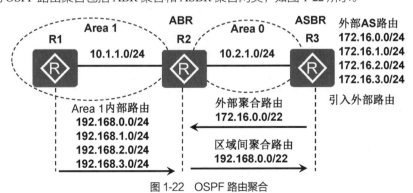

图 1-22　OSPF 路由聚合

（1）ABR 聚合：ABR 向其他区域发送路由信息时，以网段为单位生成类型 3 LSA。如果该区域中存在一些连续的网段，则可以将这些连续的网段聚合成一个网段。这样 ABR 只发送一条聚合后的 LSA，所有属于聚合网段范围的 LSA 将不再会被单独发送出去，可减少其他区域中 LSDB 的规模，如图 1-22

所示，在 ABR R2 上将 Area 1 的 4 条明细路由聚合成一条传递到 Area 0，路由器 R3 只收到该聚合路由。通过执行【abr-summary】命令配置 ABR 路由聚合，可以通过配置参数 generate-null0-route 生成黑洞路由，以防止路由环路。

（2）ASBR 聚合：配置引入路由后，如果本地路由器是 ASBR，则将对引入的地址范围内的类型 5 LSA 进行聚合，如图 1-22 所示，在 ASBR R3 上将外部 AS 的路由进入，并将 4 条明细路由聚合成一条传递到 Area 0，路由器 R2 和 R3 只收到该聚合路由。通过执行【asbr-summary】命令配置 ASBR 路由聚合，可以通过配置参数 generate-null0-route 生成黑洞路由，以防止路由环路。

1.1.11 OSPFv2 和 OSPFv3 的对比

OSPFv2 在 IPv4 网络中工作，通告 IPv4 网络；OSPFv3 在 IPv6 网络中工作，通告 IPv6 前缀。两者在路由器上独立运行，OSPFv2 和 OSPFv3 都独立维护自己的邻居表、LSDB 和路由表。OSPFv2 和 OSPFv3 有很多的相似点，也存在一些差异，二者的相似点和差异如下所述。

1. OSPFv2 和 OSPFv3 之间的相似点

OSPFv3 在工作机制上与 OSPFv2 基本相同，二者的相似点如下所述。

（1）它们都是无类链路状态路由协议。

（2）它们都使用 SPF 算法做路由转发决定。

（3）其度量值的计算方法相同，接口下的开销计算公式都是参考带宽/接口带宽。

（4）它们都支持区域分级管理，支持的区域类型也相同，包括骨干区域、标准区域、末节区域、完全末节区域和 NSSA。

（5）其基本报文类型相同，包括 Hello、DD、LSR、LSU 和 LSAck 报文。

（6）其邻居发现和邻居关系的建立机制相同。

（7）其 DR 和 BDR 的选举过程相同。

（8）其路由器 ID 都和 IPv4 地址格式相同。

（9）其路由器类型相同，包括内部路由器、骨干路由器、ABR 和 ASBR。

（10）其接口网络类型相同，包括点对点、点对多点、BMA、NBMA 和虚链路。

（11）其 LSA 的泛洪机制和老化机制相同。

2. OSPFv2 和 OSPFv3 之间的差异

为了支持在 IPv6 环境中运行，进行 IPv6 报文的转发，OSPFv3 在 OSPFv2 的基础上进行了一些必要的改进，OSPFv2 和 OSPFv3 的主要差异如表 1-2 所示。

表 1-2 OSPFv2 和 OSPFv3 的主要差异

比较项	OSPFv2	OSPFv3
通告	IPv4 网络	IPv6 前缀
运行	基于网络	基于链路
源地址	接口 IPv4 地址	接口 IPv6 链路本地地址
目的地址	① 邻居接口单播 IPv4 地址 ② 组播地址 224.0.0.5 或 224.0.0.6	① 邻居 IPv6 链路本地地址 ② 组播地址 FF02::5 或 FF02::6
通告网络	在路由视图下执行【network】命令或在接口视图下执行【ospf enable [*process-id*] area *area-id*】命令	接口视图下执行【ospfv3 *process-id* area *area-id* [instance *instance-id*]】命令
IP 单播路由	IPv4 单播路由，路由器默认启用	IPv6 单播路由，执行【ipv6】命令启用

续表

比较项	OSPFv2	OSPFv3
同一链路上运行多个实例	不支持	支持,通过实例 ID(Instance ID)字段来实现
验证	简单口令或 MD5 等	使用 IPv6 提供的安全机制来保证自身报文的安全性
包头	① 版本为 2 ② 包头长度为 24 字节 ③ 含有验证字段	① 版本为 3 ② 包头长度为 16 字节 ③ 去掉了验证字段,增加了 Instance ID 字段
LSA	有 Options 字段	取消了 Options 字段,新增了 LSA(类型 8)和区域内前缀 LSA(类型 9)

OSPFv3 报文头部的格式如图 1-23 所示。OSPFv3 报文头部新加入了实例 ID 字段,如果需要在同一链路上隔离通信,则可以在同一条链路上运行多个实例,实例 ID 相同才能彼此通信。默认情况下,实例 ID 为 0。同时 OSPFv3 去掉了 OSPFv2 数据包头中的验证字段,所以 OSPFv3 本身不提供验证功能,而是依赖于 IPv6 扩展包头的验证功能来保证数据包的完整性和安全性。

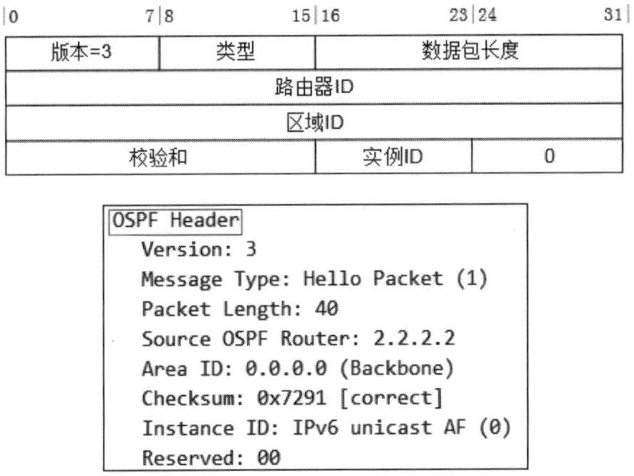

图 1-23 OSPFv3 报文头部的格式

OSPFv2 的 LSA 和 OSPFv3 的 LSA 的对比如表 1-3 所示。

表 1-3 OSPFv2 的 LSA 和 OSPFv3 的 LSA 的对比

OSPFv2 LSA 类型代码	OSPFv2 LSA 名称	OSPFv3 LSA 类型代码	OSPFv3 LSA 名称
1	路由器 LSA	0x2001	路由器 LSA
2	网络 LSA	0x2002	网络 LSA
3	网络汇总 LSA	0x2003	区域间前缀 LSA
4	ASBR 汇总 LSA	0x2004	区域间路由器 LSA
5	外部 LSA	0x2005	外部 LSA
7	NSSA 外部 LSA	0x2007	类型 7 LSA
		0x2008	链路 LSA
		0x2009	区域内前缀 LSA

与 OSPFv2 LSA 相比，OSPFv3 的路由器 LSA 和网络 LSA 不携带 IPv6 地址，而是将该功能放入到区域内前缀 LSA 中，即类型 9 LSA，因此路由器 LSA 和网络 LSA 只代表路由器的节点信息。OSPFv3 加入了类型 8 LSA，即链路 LSA（ Link LSA ），其提供了路由器链路本地地址，并列出了链路的所有 IPv6 的前缀。

1.1.12 OSPF 的配置

1. 配置 OSPF 的基本功能

（1）在系统视图下执行【 ospf [process-id | router-id router-id] 】命令，启动 OSPF 进程，配置 OSPF 路由器的 Router ID，进入 OSPF 视图。OSPF 进程 ID 的值为 1～65535，而且只有本地含义，不同路由器的 OSPF 路由进程 ID 可以不同，默认值为 1。执行【 reset ospf process 】命令，使配置的新路由器 ID 生效。每个 OSPF 进程的 Router ID 要保证在 OSPF 网络中唯一，否则会导致邻居无法正常建立、路由信息不正确等。

（2）在 OSPF 视图下执行【 bandwidth-reference value 】命令，设置通过公式计算接口开销所依据的带宽参考值。带宽参考值取值为 1～2147483648，单位是 Mbit/s，默认值是 100Mbit/s。建议所有设备的 OSPF 参考带宽一致。

（3）在 OSPF 视图下执行【 silent-interface { all | interface-type interface-number } 】命令，禁止接口接收和发送 OSPF 报文。禁止接口收发 OSPF 报文后，该接口的直连路由仍可以发布出去，但接口的 Hello 报文将被阻塞，接口上无法建立 OSPF 邻居关系，这样可以增强 OSPF 的组网适应能力，减少系统资源的消耗。

（4）在 OSPF 视图下执行【 area area-id 】命令，创建并进入 OSPF 区域视图。Area ID 是 0～4294967295 的十进制数。当 Area ID 为 0 时称为骨干区域。

（5）在 OSPF 区域视图下执行【 network ip-address wildcard-mask 】命令，配置使能 OSPF 的接口范围，匹配到该网络范围的路由器的所有接口将激活 OSPF 功能，反掩码越精确，激活接口的范围就越小。

（6）在接口视图下执行【 ospf enable [process-id] area area-id 】命令，在接口上使能 OSPF。

（7）在接口视图下执行【 ospf cost cost 】命令，配置接口上运行 OSPF 协议所需的开销值，其取值为 1～65535，默认值是 1。

（8）在接口视图下执行【 ospf network-type { broadcast | nbma | p2mp | p2p } 】命令，设置 OSPF 接口的网络类型。一般情况下，链路两端的 OSPF 接口的网络类型必须一致，否则双方无法建立起邻居关系。例如，当链路两端的 OSPF 接口的网络类型一端是广播网而另一端是 P2P 时，双方仍可以正常地建立起邻居关系，但互相学不到 OSPF 路由信息。

（9）在接口视图下执行【 ospf dr-priority priority 】命令，设置接口在选举 DR 时的优先级。其值越大，优先级越高。优先级取值为 0～255，默认值是 1。

（10）在接口视图下执行【 ospf timer hello interval 】命令，设置接口发送 Hello 报文的时间间隔，单位是秒。值越小，发现网络拓扑改变的速度越快，路由开销也就越大。

（11）在接口视图下执行【 ospf timer dead interval 】命令，设置 OSPF 的邻居失效时间，单位是秒。其值默认是 Hello 报文发送间隔的 4 倍。修改 Hello 间隔时，Dead 时间自动随之乘以 4。

2. 配置 OSPF 安全性

（1）配置 OSPF 接口验证。

接口验证方式用于在相邻的路由器之间设置验证模式和口令，优先级高于区域验证方式。

① 在接口视图下执行【 ospf authentication-mode simple [plain plain-text | [cipher] cipher-text] 】命令，配置 OSPF 接口的简单验证模式。

② 在接口视图下执行【 ospf authentication-mode { md5 | hmac-md5 | hmac-sha256 } [*key-id* { plain *plain-text* | [cipher] *cipher-text* }] 】命令，配置 OSPF 接口的 MD5、HMAC-MD5 或 HMAC-SHA256 验证模式。

（2）配置 OSPF 区域验证。

① 在 OSPF 区域视图下执行【 authentication-mode simple [plain *plain-text* | [cipher] *cipher-text*] 】命令，配置 OSPF 区域的简单验证模式。

② 在 OSPF 区域视图下执行【 authentication-mode { md5 | hmac-md5 | hmac-sha256 } [*key-id* { plain *plain-text* | [cipher] *cipher-text* }] 】命令，配置 OSPF 区域的 MD5、HMAC-MD5 或 HMAC-SHA256 验证模式。

③ 在 OSPF 区域视图下执行【 authentication-mode keychain *keychain-name* 】命令，配置 OSPF 区域的 Keychain 验证模式。

3. 配置 OSPF 默认路由注入

在 OSPF 视图下执行【 default-route-advertise [always | cost *cost* | type *type* | route-policy *route-policy-name*] 】命令，将默认路由通告到 OSPF 路由区域。该命令的主要参数包括 always、cost 和 tag。其中，always 参数表示无论路由表中是否存在默认路由，路由器都会向 OSPF 网络内注入一条默认路由；cost 参数指定了初始度量值，默认为 1；type 参数指定了 OSPF 外部路由的类型是类型 1 还是 2，默认为类型 2。

4. 配置 OSPF 路由聚合

（1）在 OSPF 区域视图下执行【 abr-summary *ip-address mask* [[cost *cost* | [advertise [generate-null0-route] | not-advertise | generate-null0-route [advertise]]]] 】命令，配置 OSPF 的 ABR 路由聚合。

（2）在 OSPF 视图下执行【 asbr-summary *ip-address mask* [not-advertise | tag *tag* | cost *cost*] 】命令，配置 OSPF 的 ASBR 路由聚合。

5. 配置 OSPF 特殊区域

（1）配置末节区域。

① 在 OSPF 区域视图下执行【 stub [no-summary] 】命令，配置当前区域为末节区域。其中，no-summary 参数用来禁止 ABR 向末节区域内发送类型 3 LSA，ABR 仅生成一条默认路由并发布给末节区域中的其他路由器。

② 在 OSPF 区域视图下执行【 default-cost *cost* 】命令，配置发送到末节区域默认路由的开销，默认值为 1。

（2）配置 NSSA。

① 在 OSPF 区域视图下执行【 nssa [default-route-advertise | no-summary | no-import-route] 】命令，配置当前区域为 NSSA。其中，default-route-advertise 参数用来在 ASBR 上产生默认的类型 7 LSA 到 NSSA；no-summary 参数用来禁止 ABR 向 NSSA 内发送类型 3 LSA，ABR 仅生成一条默认路由并发布给 NSSA 中的其他路由器；no-import-route 参数使 OSPF 通过执行【 import-route 】命令引入的外部路由不被通告到 NSSA。

② 在 OSPF 区域视图下执行【 default-cost *cost* 】命令，配置 ABR 发送到 NSSA 的类型 3 LSA 的默认路由的开销。默认情况下，ABR 发送到 NSSA 的默认路由的开销为 1。

1.2 项目案例：配置多区域 OSPF 实现企业网络互联

1. 项目背景

为了确保资源共享、办公自动化和节省人力成本，公司 E 申请了两条专线将深圳总部和广州、北京两家分公司的网络连接起来。小张同学正在该公司实习，为了提高实际工作的准确性和工作效率，项目经理安排他在实验室环境下完成测试，为设备上线运行奠定坚实的基础。小张用一台路由器模拟因特网服务提供商（Internet Service Provider，ISP）的网络，总部通过静态默认路由实现到 ISP 的连接；分公司和总部内部网络通过三层交换机实现 VLAN 间路由，总部和分公司运行 OSPF 协议实现网络互联。

2. 项目任务

本项目需要完成的任务如下。

（1）在总部和分公司相应交换机上完成 VLAN 相关配置，包括 VLAN 创建和端口划分、Trunk 配置、以太网通道配置和 MSTP 配置等。

（2）在总部和分公司的网络中完成 IP 地址配置，包括配置路由器接口的 IP 地址，为三层交换机创建 VLANIF 并配置 IP 地址，配置计算机和服务器的 IP 地址、子网掩码和网关。

（3）为总部核心交换机配置 VRRP，为主机提供冗余网关。

（4）配置 NAT，使总部和分公司的主机可以通过 SZ 路由器访问 Internet。

（5）测试以上所有直连链路的连通性。

（6）OSPF 区域划分：广州分公司和深圳总部网络划分到 OSPF Area 1 中，深圳总部和北京分公司网络划分到 OSPF Area 2 中，深圳总部网络划分到 OSPF Area 0 中，修改 OSPF 计算度量值参考带宽为 1000Mbit/s。路由器 SZ 的 Router ID 为 1.1.1.1，路由器 GZ 的 Router ID 为 2.2.2.2，路由器 BJ 的 Router ID 为 3.3.3.3，交换机 S1 的 Router ID 为 4.4.4.4，交换机 S2 的 Router ID 为 5.5.5.5，交换机 S5 的 Router ID 为 6.6.6.6，交换机 S6 的 Router ID 为 7.7.7.7。

（7）在深圳总部路由器上分别配置 OSPF Area 0、1 和 2 的 ABR 路由聚合，以便减少路由表大小，提高路由查找效率。

（8）为了减少向局域网发送不必要的 OSPF 更新，将分公司交换机适当接口配置为静默接口。

（9）为了提高网络安全性，在深圳总部到分公司的两条链路上配置 OSPF MD5 验证，在深圳总部的 OSPF Area 0 设备上配置 MD5 验证。

（10）在深圳总部和北京分公司的链路上，将接口发送 Hello 报文间隔改为 5s，Dead 时间改为 20s。

（11）将 Area 2 配置为完全末节区域。

（12）控制 DR 选举，使深圳总部路由器成为连接三层交换机 S1 和 S2 的相应网段的 DR。

（13）在深圳总部路由器上配置指向 ISP 的静态默认路由，并向 OSPF 网络注入默认路由。

（14）查看各路由器的 OSPF 邻居表、链路状态数据库和路由表，并进行网络连通性测试。

（15）保存配置文件，完成项目测试报告。

3. 项目目的

通过本项目可以掌握如下知识点和技能点，同时积累项目经验。

（1）启动 OSPF 路由进程和启用参与 OSPF 协议接口的方法。

（2）配置 OSPF 计时器参数的方法。

（3）OSPF 计算度量值参考带宽的修改方法。

（4）修改 OSPF 接口优先级控制 DR 选举的方法。

（5）广播多路访问链路上 OSPF 的特征。

（6）基于链路和基于区域的 OSPF 验证的配置方法。

（7）区域间路由汇聚和向 OSPF 网络注入默认路由的方法。

（8）OSPF 不同路由器类型的功能和 OSPF LSA 的类型及特征。

（9）OSPF 链路状态数据库的特征和含义，以及 OSPF 第一类外部路由和第二类外部路由的区别。

（10）查看和调试 OSPF 协议相关信息的方法。

4. 项目拓扑

配置多区域 OSPF 实现企业网络互联的网络拓扑如图 1-24 所示。

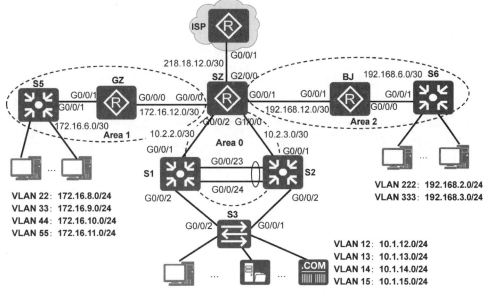

图 1-24　配置多区域 OSPF 实现企业网络互联的网络拓扑

5. 项目实施

这里只涉及 OSPF 的配置部分，项目任务（1）～（5）请读者自己完成。

（1）3 台路由器和 4 台交换机配置基本 OSPF，包括创建 OSPF 进程、手动指定 Router ID、修改度量值计算的参考带宽、激活运行 OSPF 的路由器接口及配置静默接口等。

① 配置路由器 SZ。

```
[SZ]ospf 1 router-id 1.1.1.1
//启动 OSPF 进程，进入 OSPF 视图，配置 OSPF 路由器 ID
[SZ-ospf-1]bandwidth-reference 1000 //修改 OSPF 计算度量值参考带宽
[SZ-ospf-1]area 0　//创建并进入 OSPF 区域视图
[SZ-ospf-1-area-0.0.0.0]network 10.2.2.1 0.0.0.0
[SZ-ospf-1-area-0.0.0.0]network 10.2.3.1 0.0.0.0
//配置参与 OSPF 的接口范围，匹配到该网络范围的路由器的所有接口将激活 OSPF 功能
[SZ-ospf-1]area 1
[SZ-ospf-1-area-0.0.0.1]network 172.16.12.2 0.0.0.0
[SZ-ospf-1]area 2
[SZ-ospf-1-area-0.0.0.2]network 192.168.12.1 0.0.0.0
```

② 配置路由器 GZ。

```
[GZ]ospf 1 router-id 2.2.2.2
[GZ-ospf-1]bandwidth-reference 1000
[GZ-ospf-1]area 1
[GZ-ospf-1-area-0.0.0.1]network 172.16.6.2 0.0.0.0
[GZ-ospf-1-area-0.0.0.1]network 172.16.12.1 0.0.0.0
```

③ 配置路由器 BJ。

```
[BJ]ospf 1 router-id 3.3.3.3
[BJ-ospf-1]bandwidth-reference 1000
[BJ-ospf-1]area2
[BJ-ospf-1-area-0.0.0.2]network 192.168.6.1 0.0.0.0
```

```
[BJ-ospf-1-area-0.0.0.2]network 192.168.12.2 0.0.0.0
```

④ 配置交换机 S1。

```
[S1]ospf 1 router-id 4.4.4.4
[S1-ospf-1]bandwidth-reference 1000
[S1-ospf-1]area 0
[S1-ospf-1-area-0.0.0.0]network 10.2.2.2 0.0.0.0
[S1-ospf-1-area-0.0.0.0]network 10.1.12.252 0.0.0.0
[S1-ospf-1-area-0.0.0.0]network 10.1.13.252 0.0.0.0
[S1-ospf-1-area-0.0.0.0]network 10.1.14.252 0.0.0.0
[S1-ospf-1-area-0.0.0.0]network 10.1.15.252 0.0.0.0
```

⑤ 配置交换机 S2。

```
[S2]ospf 1 router-id 5.5.5.5
[S2-ospf-1]bandwidth-reference 1000
[S2-ospf-1]area 0
[S2-ospf-1-area-0.0.0.0]network 10.1.12.253 0.0.0.0
[S2-ospf-1-area-0.0.0.0]network 10.1.13.253 0.0.0.0
[S2-ospf-1-area-0.0.0.0]network 10.1.14.253 0.0.0.0
[S2-ospf-1-area-0.0.0.0]network 10.1.15.253 0.0.0.0
```

⑥ 配置交换机 S5。

```
[S5]ospf 1 router-id 6.6.6.6
[S5-ospf-1]silent-interface Vlanif2    //配置静默接口
[S5-ospf-1]silent-interface Vlanif3
[S5-ospf-1]silent-interface Vlanif4
[S5-ospf-1]silent-interface Vlanif5
[S5-ospf-1]bandwidth-reference 1000
[S5-ospf-1]area 1
[S5-ospf-1-area-0.0.0.1]network 172.16.6.1 0.0.0.0
[S5-ospf-1-area-0.0.0.1]network 172.16.8.254 0.0.0.0
[S5-ospf-1-area-0.0.0.1]network 172.16.9.254 0.0.0.0
[S5-ospf-1-area-0.0.0.1]network 172.16.10.254 0.0.0.0
[S5-ospf-1-area-0.0.0.1]network 172.16.11.254 0.0.0.0
```

⑦ 配置交换机 S6。

```
[S6]ospf 1 router-id 7.7.7.7
[S6-ospf-1]silent-interface Vlanif2
[S6-ospf-1]silent-interface Vlanif3
[S6-ospf-1]bandwidth-reference 1000
[S6-ospf-1]area 2
[S6-ospf-1-area-0.0.0.2]network 192.168.6.2 0.0.0.0
[S6-ospf-1-area-0.0.0.2]network 192.168.2.254 0.0.0.0
[S6-ospf-1-area-0.0.0.2]network 192.168.3.254 0.0.0.0
```

（2）配置 OSPF 特殊区域，将 Area 2 配置为完全末节区域。

① 配置路由器 SZ。

```
[SZ-ospf-1]area 2
[SZ-ospf-1-area-0.0.0.2]stub no-summary
//将 Area 2 配置为完全末节区域，no-summary 参数表示禁止 ABR 向末节区域内发送类型 3 LSA
```

② 配置路由器 BJ。

```
[BJ-ospf-1]area2
[BJ-ospf-1-area-0.0.0.2]stub    //配置末节区域
```

③ 配置交换机 S6。

```
[S6-ospf-1]area 2
[S6-ospf-1-area-0.0.0.2]stub
```

（3）配置 OSPF 验证。

① 在深圳总部到分公司广州和北京的两条链路上配置 OSPF 的 MD5 验证。

```
[SZ]interface GigabitEthernet0/0/0
[SZ-GigabitEthernet0/0/0]ospf authentication-mode md5 1 cipher 123456
//配置 OSPF 接口的 MD5 验证
[SZ]interface GigabitEthernet0/0/1
[SZ-GigabitEthernet0/0/1]ospf authentication-mode md5 1 cipher 123456

[GZ]interface GigabitEthernet0/0/0
[GZ-GigabitEthernet0/0/0]ospf authentication-mode md5 1 cipher 123456

[BJ]interface GigabitEthernet0/0/1
[BJ-GigabitEthernet0/0/1]ospf authentication-mode md5 1 cipher 123456
```

② 在深圳总部的设备 SZ、S1 和 S2 上配置 OSPF Area 0 的 MD5 验证。

```
[SZ-ospf-1]area 0
[SZ-ospf-1-area-0.0.0.0]authentication-mode md5 1 cipher 123456
//配置 OSPF Area 0 的 MD5 验证

[S1-ospf-1]area 0
[S1-ospf-1-area-0.0.0.0]authentication-mode md5 1 cipher 123456

[S2-ospf-1]area 0
[S2-ospf-1-area-0.0.0.0]authentication-mode md5 1 cipher 123456
```

（4）配置 OSPF 路由聚合，在路由器 SZ 上分别配置 OSPF Area 0、1 和 2 的 ABR 路由聚合。

```
[SZ-ospf-1]area 0
[SZ-ospf-1-area-0.0.0.0]abr-summary 10.1.12.0 255.255.252.0
//配置 OSPF 的 ABR 路由聚合
[SZ-ospf-1]area 1
[SZ-ospf-1-area-0.0.0.1]abr-summary 172.16.8.0 255.255.252.0
[SZ-ospf-1]area 2
[SZ-ospf-1-area-0.0.0.2]abr-summary 192.168.2.0 255.255.254.0
```

（5）配置 OSPF 默认路由注入，在路由器 SZ 上配置指向 ISP 的静态默认路由，并向 OSPF 网络注入默认路由。

```
[SZ]ip route-static 0.0.0.0 0.0.0.0 218.18.12.2 //配置指向 ISP 的静态默认路由
[SZ]ospf 1
[SZ-ospf-1]default-route-advertise //向 OSPF 网络注入默认路由
```

（6）控制 OSPF DR 选举，使路由器 SZ 成为连接三层交换机 S1 和 S2 的相应网段的 DR。

```
[SZ]interface GigabitEthernet0/0/2
[SZ-GigabitEthernet0/0/2]ospf dr-priority 2    //修改 OSPF 在选举 DR 时的优先级
[SZ]interface GigabitEthernet1/0/0
[SZ-GigabitEthernet1/0/0]ospf dr-priority 2
```

（7）调整 OSPF 接口计时器参数，在路由器 SZ 和 BJ 之间的链路上调整 OSPF 计时器参数。

```
[SZ]interface GigabitEthernet0/0/1
[SZ-GigabitEthernet0/0/1]ospf timer hello 5    //修改接口 OSPF Hello 报文发送间隔
[SZ-GigabitEthernet0/0/1]ospf timer dead 20 //修改接口 OSPF 的邻居失效时间

[BJ]interface GigabitEthernet0/0/1
[BJ-GigabitEthernet0/0/1]ospf timer hello 5
[BJ-GigabitEthernet0/0/1]ospf timer dead 20
```

6．项目测试

（1）查看 OSPF 中各区域邻居的信息。

```
[GZ]display ospf peer
        OSPF Process 1 with Router ID 2.2.2.2     //OSPF 路由进程及路由器 ID
            Neighbors //邻居
 Area 0.0.0.1 interface 172.16.12.1(GigabitEthernet0/0/0)'s neighbors
//接口所属区域及与邻居相连的接口和接口地址
    Router ID: 1.1.1.1          Address: 172.16.12.2   //邻居路由器 ID 及邻居接口地址
    State: Full   Mode:Nbr is  Slave   Priority: 1
//邻居状态、DD 交换进程中的角色及邻居接口的优先级
    DR: 172.16.12.1   BDR: 172.16.12.2   MTU: 0   //DR 和 BDR 接口地址及 MTU
    Dead timer due in 37  sec   //距邻居失效时间还有 37s
    Retrans timer interval: 5    //重传 LSA 的时间间隔，单位为秒
    Neighbor is up for 01:37:32   //邻居建立的时长
    Authentication Sequence: [ 11981 ] //验证序列号，因为该接口启用了 MD5 验证
            Neighbors
 Area 0.0.0.1 interface 172.16.6.2(GigabitEthernet0/0/1)'s neighbors
    Router ID: 6.6.6.6          Address: 172.16.6.1
    State: Full   Mode:Nbr is  Master   Priority: 1
    DR: 172.16.6.1   BDR: 172.16.6.2   MTU: 0
    Dead timer due in 37  sec
    Retrans timer interval: 5
    Neighbor is up for 02:40:46
    Authentication Sequence: [ 0 ]
```

以上输出信息表明路由器 GZ 有两个 OSPF 邻居信息，它们的路由器 ID 分别为 1.1.1.1 和 6.6.6.6。

（2）查看 OSPF 中各区域邻居的摘要信息。

```
[GZ]display ospf peer brief
        OSPF Process 1 with Router ID 2.2.2.2
            Peer Statistic Information //邻居统计信息
 ----------------------------------------------------------------------
 Area Id    Interface               Neighbor id        State
 0.0.0.1    GigabitEthernet0/0/0    1.1.1.1            Full
 0.0.0.1    GigabitEthernet0/0/1    6.6.6.6            Full
 ----------------------------------------------------------------------
```

OSPF 邻居关系建立非常复杂，受到多种因素的限制，不能建立邻居关系的常见原因如下。

① Hello Interval 和 Router Dead Interval 不同。同一链路上的 Hello Interval 和 Router Dead Interval 必须相同才能建立邻居关系。

② 建立 OSPF 邻居关系的两个接口所在 Area ID 不同。

③ 特殊区域（如末节区域、NSSA 等）的区域类型不匹配。

④ 身份验证类型或验证信息不一致。

⑤ 建立 OSPF 邻居关系的 Router ID 相同。

⑥ 接口下应用了拒绝 OSPF 报文的 ACL。

⑦ 链路上的 MTU 不匹配，可以通过执行【undo ospf mtu-enable】命令忽略 MTU 检测。

⑧ 在多路访问网络中，各接口的子网掩码不同。

（3）查看 OSPF 的接口信息。

```
[SZ]display ospf interface
    OSPF Process 1 with Router ID 1.1.1.1
        Interfaces
 Area: 0.0.0.0           (MPLS TE not enabled)   //属于 Area 0 的接口
 IP Address      Type        State      Cost       Pri       DR            BDR
```

```
10.2.2.1        Broadcast    DR      1       2      10.2.2.1       10.2.2.2
10.2.3.1        Broadcast    BDR     1       2      10.2.3.2       10.2.3.1
   Area: 0.0.0.1          (MPLS TE not enabled)   //属于 Area 1 的接口
IP Address      Type         State   Cost   Pri    DR             BDR
172.16.12.2     Broadcast    BDR     1       1      172.16.12.1    172.16.12.2
   Area: 0.0.0.2          (MPLS TE not enabled)   //属于 Area 2 的接口
IP Address      Type         State   Cost   Pri    DR             BDR
192.168.12.1    Broadcast    BDR     1       1      192.168.12.2   192.168.12.1
```

以上输出信息显示了路由器 SZ 上属于 OSPF Area 0、1 和 2 的各个接口的信息，包括接口网络类型、接口状态、接口开销、接口优先级、DR 和 BDR 的接口地址。可以通过下面的命令查看 OSPF 接口更为详细的信息，包括接口 MTU 值及和计时器相关的信息。

```
[SZ]display ospf interface GigabitEthernet 0/0/2
     OSPF Process 1 with Router ID 1.1.1.1
          Interfaces
Interface: 10.2.2.1 (GigabitEthernet0/0/2)
Cost: 1        State: DR        Type: Broadcast      MTU: 1500
Priority: 2
Designated Router: 10.2.2.1
Backup Designated Router: 10.2.2.2
Timers: Hello 10 , Dead 40 , Poll  120 , Retransmit 5 , Transmit Delay 1
```

（4）查看 OSPF 的 LSDB 摘要信息。

```
[SZ]display ospf lsdb
     OSPF Process 1 with Router ID 1.1.1.1
          Link State Database
               Area: 0.0.0.0 //区域 0 的 LSDB 摘要信息
Type       LinkState ID    AdvRouter     Age    Len   Sequence     Metric
Router     4.4.4.4         4.4.4.4       994    84    80000024     1    //类型 1 LSA
Router     1.1.1.1         1.1.1.1       980    48    80000030     1
Router     5.5.5.5         5.5.5.5       974    84    8000001D     1
Network    10.2.3.2        5.5.5.5       974    32    80000002     0    //类型 2 LSA
Network    10.1.13.252     4.4.4.4       403    32    80000009     0
Network    10.2.2.1        1.1.1.1       984    32    80000002     0
Network    10.1.12.252     4.4.4.4       403    32    80000009     0
Network    10.1.15.252     4.4.4.4       403    32    80000009     0
Network    10.1.14.252     4.4.4.4       404    32    80000009     0
Sum-Net    172.16.12.0     1.1.1.1       1327   28    80000006     1 //类型 3 LSA
Sum-Net    192.168.12.0    1.1.1.1       1324   28    80000009     1
Sum-Net    172.16.6.0      1.1.1.1       676    28    80000005     2
Sum-Net    192.168.2.0     1.1.1.1       479    28    80000002     3
Sum-Net    172.16.8.0      1.1.1.1       676    28    80000005     3
Sum-Net    192.168.6.0     1.1.1.1       1325   28    80000006     2
               Area: 0.0.0.1 // Area 1 的 LSDB 摘要信息
Type       LinkState ID    AdvRouter     Age    Len   Sequence     Metric
Router     2.2.2.2         2.2.2.2       669    48    80000021     1
Router     6.6.6.6         6.6.6.6       270    84    8000001A     1
Router     1.1.1.1         1.1.1.1       676    36    80000015     1
Network    172.16.6.1      6.6.6.6       870    32    80000008     0
Network    172.16.12.1     2.2.2.2       669    32    80000009     0
Sum-Net    10.1.12.0       1.1.1.1       993    28    80000001     2
Sum-Net    192.168.12.0    1.1.1.1       1324   28    80000008     1
Sum-Net    192.168.2.0     1.1.1.1       479    28    80000002     3
Sum-Net    10.2.3.0        1.1.1.1       1020   28    80000002     1
```

| Sum-Net | 10.2.2.0 | 1.1.1.1 | 1031 | 28 | 80000009 | 1 |
| Sum-Net | 192.168.6.0 | 1.1.1.1 | 1326 | 28 | 80000006 | 2 |

Area: 0.0.0.2 // Area 2 的 LSDB 摘要信息

Type	LinkState ID	AdvRouter	Age	Len	Sequence	Metric
Router	7.7.7.7	7.7.7.7	450	60	80000007	1
Router	1.1.1.1	1.1.1.1	1324	36	8000000C	1
Router	3.3.3.3	3.3.3.3	481	48	80000013	1
Network	192.168.6.1	3.3.3.3	481	32	80000003	0
Network	192.168.12.2	3.3.3.3	1324	32	80000007	0
Sum-Net	0.0.0.0	1.1.1.1	994	28	80000001	1

AS External Database //OSPF 外部路由信息

Type	LinkState ID	AdvRouter	Age	Len	Sequence	Metric	
External	0.0.0.0	1.1.1.1	1325	36	80000008	1	//类型 5 LSA

以上输出信息显示了 Area 0 的类型 1、2 和 3 的 LSA 的 LSDB 摘要信息，Area 1 的类型 1、2 和 3 的 LSA 的 LSDB 摘要信息，Area 2 的类型 1、2 和 3 的 LSA 的 LSDB 摘要信息，以及类型 5 的 LSA 的 LSDB 摘要信息。如果在其他设备上执行相同的命令，则会发现相同区域的 LSDB 摘要信息是相同的。如果想要查看每种类型 LSA 的详细信息，则需要在该命令后面加上相应的参数，例如，通过参数 router、network、summary、asbr 和 ase 可以分别查看对应 LSA 类型 1～5 的详细信息。下面的例子为查看类型 5 LSA 的详细信息。

```
[SZ]display ospf lsdb ase
        OSPF Process 1 with Router ID 1.1.1.1
            Link State Database


    Type        : External         //LSA 类型
    Ls id       : 0.0.0.0          //链路状态 ID
    Adv rtr     : 1.1.1.1          //通告路由器
    Ls age      : 716             //老化时间
    Len         : 36              //报文长度
    Options     : E               //允许泛洪 AS External LSA
    seq#        : 8000000c        //LSA 序列号
    chksum      : 0xcaf6          //LSA 校验和
    Net mask    : 0.0.0.0          //ASE LSA 中的网络掩码
    TOS 0    Metric: 1            //服务类型和开销值
    E type      : 2               //ASE 路由类型
    Forwarding Address : 0.0.0.0 //转发地址
    Tag         : 1               //外部路由标记，32 位，可用来防止路由环路
    Priority    : Low             //优先级别
```

（5）查看 OSPF 的概要信息。

```
[SZ]display ospf brief
        OSPF Process 1 with Router ID 1.1.1.1
            OSPF Protocol Information
    RouterID: 1.1.1.1          Border Router:   AREA   AS //该路由器是 ABR 和 ASBR
    ---省略部分显示内容---
    Default ASE parameters: Metric: 1 Tag: 1 Type: 2 //默认 ASE 参数：开销为 1，标记为 1，类型为 2
    Route Preference: 10           //默认 OSPF 路由优先级
    ASE Route Preference: 150      //默认 OSPF ASE 路由优先级
    SPF Computation Count: 51      //SPF 算法执行的次数
    RFC 1583 Compatible            // RFC1583 兼容，建议所有设备选择一致的 OSPF 选路规则
    Retransmission limitation is disabled
    Area Count: 3    Nssa Area Count: 0   //区域数量和 NSSA 数量
    ExChange/Loading Neighbors: 0
    Process total up interface count: 4
```

Process valid up interface count: 4

Area: 0.0.0.0   (MPLS TE not enabled)   //OSPF Area 0 概要信息
Authtype: MD5   **Area flag:** Normal   //验证类型和区域类型
SPF scheduled Count: 51   // SPF 算法调用的次数
ExChange/Loading Neighbors: 0
Router ID conflict state: Normal   // 路由器 ID 冲突自动恢复状态机，Normal、Wait select 和 Selecting 等
Area interface up count: 2   //当前区域中 Up 的接口数量

Interface: 10.2.2.1 (GigabitEthernet0/0/2) //运行 OSPF 接口信息
Cost: 1   State: DR   Type: Broadcast   MTU: 1500   //接口开销、状态、网络类型和 MTU
Priority: 2 //OSPF 接口优先级
Designated Router: 10.2.2.1   //指定路由器
Backup Designated Router: 10.2.2.2   //备份指定路由器
Timers: Hello 10 , Dead 40 , Poll   120 , Retransmit 5 , Transmit Delay 1 //相关计时器的值

Interface: 10.2.3.1 (GigabitEthernet1/0/0)
Cost: 1   State: DR   Type: Broadcast   MTU: 1500
Priority: 2
Designated Router: 10.2.3.1
Backup Designated Router: 10.2.3.2
Timers: Hello 10 , Dead 40 , Poll   120 , Retransmit 5 , Transmit Delay 1

Area: 0.0.0.1   (MPLS TE not enabled)   //OSPF Area 1 概要信息
Authtype: None   Area flag: Normal
SPF scheduled Count: 51
ExChange/Loading Neighbors: 0
Router ID conflict state: Normal
Area interface up count: 1

Interface: 172.16.12.2 (GigabitEthernet0/0/0)
Cost: 1   State: BDR   Type: Broadcast   MTU: 1500
Priority: 1
Designated Router: 172.16.12.1
Backup Designated Router: 172.16.12.2
Timers: Hello 10 , Dead 40 , Poll   120 , Retransmit 5 , Transmit Delay 1

Area: 0.0.0.2   (MPLS TE not enabled)   //OSPF Area 2 概要信息
Authtype: None   Area flag: Stub
SPF scheduled Count: 51
ExChange/Loading Neighbors: 0
Router ID conflict state: Normal
Area interface up count: 1

Interface: 192.168.12.1 (GigabitEthernet0/0/1)
Cost: 1   State: BDR   Type: Broadcast   MTU: 1500
Priority: 1
Designated Router: 192.168.12.2
Backup Designated Router: 192.168.12.1
Timers: Hello 5 , Dead 20 , Poll   120 , Retransmit 5 , Transmit Delay 1

（6）查看 OSPF 路由表的信息。

[SZ]display ospf routing
    OSPF Process 1 with Router ID 1.1.1.1

```
                    Routing Tables
         Routing for Network
         Destination       Cost  Type      NextHop        AdvRouter    Area
         10.2.2.0/30       1     Transit   10.2.2.1       1.1.1.1      0.0.0.0
         10.2.3.0/30       1     Transit   10.2.3.1       1.1.1.1      0.0.0.0
         172.16.12.0/30    1     Transit   172.16.12.2    1.1.1.1      0.0.0.1
         192.168.12.0/30   1     Transit   192.168.12.1   1.1.1.1      0.0.0.2
         10.1.12.0/24      2     Transit   10.2.2.2       4.4.4.4      0.0.0.0
         10.1.12.0/24      2     Transit   10.2.3.2       4.4.4.4      0.0.0.0
         10.1.13.0/24      2     Transit   10.2.2.2       4.4.4.4      0.0.0.0
         10.1.13.0/24      2     Transit   10.2.3.2       4.4.4.4      0.0.0.0
         10.1.14.0/24      2     Transit   10.2.2.2       4.4.4.4      0.0.0.0
         10.1.14.0/24      2     Transit   10.2.3.2       4.4.4.4      0.0.0.0
         10.1.15.0/24      2     Transit   10.2.2.2       4.4.4.4      0.0.0.0
         10.1.15.0/24      2     Transit   10.2.3.2       4.4.4.4      0.0.0.0
         172.16.6.0/30     2     Transit   172.16.12.1    2.2.2.2      0.0.0.1
         172.16.8.0/24     3     Stub      172.16.12.1    6.6.6.6      0.0.0.1
         172.16.9.0/24     3     Stub      172.16.12.1    6.6.6.6      0.0.0.1
         172.16.10.0/24    3     Stub      172.16.12.1    6.6.6.6      0.0.0.1
         172.16.11.0/24    3     Stub      172.16.12.1    6.6.6.6      0.0.0.1
         192.168.2.0/24    3     Stub      192.168.12.2   7.7.7.7      0.0.0.2
         192.168.3.0/24    3     Stub      192.168.12.2   7.7.7.7      0.0.0.2
         192.168.6.0/30    2     Transit   192.168.12.2   3.3.3.3      0.0.0.2
         Total Nets: 20 //区域内部、区域间、ASE 和 NSSA 的网络总数
         Intra Area: 20   Inter Area: 0   ASE: 0   NSSA: 0 //各区域 OSPF 路由的数量
```

以上输出信息显示了路由器 SZ 的 OSPF 路由表信息，包括目的网络、到达目的网络的开销、到达目的网络的类型（Inter-area 表示区域间路由，Intra-area 表示区域内路由，Stub 表示通过类型 1 LSA 发布的路由，Transit 表示通过类型 2 LSA 发布的路由）、到达目的网络的下一跳 IP 地址、LSA 通告设备及区域号。

（7）查看路由表中的 OSPF 路由。

① 查看路由器 SZ 路由表中的 OSPF 路由。

```
[SZ]display ip routing-table protocol ospf
Route Flags: R – relay, D – download to fib
//路由标记，R 表示该路由是迭代路由，D 表示该路由下发到 FIB 表中
------------------------------------------------------------------------
Public routing table : OSPF   //OSPF 公网路由表
        Destinations : 12        Routes : 16     //目的网络数量和路由数量
OSPF routing table status : <Active> //OSPF 路由表的状态：激活的路由
        Destinations : 12        Routes : 16     //激活的目的网络数量和路由数量
Destination/Mask    Proto   Pre   Cost   Flags NextHop      Interface
10.1.12.0/24        OSPF    10    2      D     10.2.2.2     GigabitEthernet0/0/2
                    OSPF    10    2      D     10.2.3.2     GigabitEthernet1/0/0
10.1.13.0/24        OSPF    10    2      D     10.2.2.2     GigabitEthernet0/0/2
                    OSPF    10    2      D     10.2.3.2     GigabitEthernet1/0/0
10.1.14.0/24        OSPF    10    2      D     10.2.2.2     GigabitEthernet0/0/2
                    OSPF    10    2      D     10.2.3.2     GigabitEthernet1/0/0
10.1.15.0/24        OSPF    10    2      D     10.2.2.2     GigabitEthernet0/0/2
                    OSPF    10    2      D     10.2.3.2     GigabitEthernet1/0/0
//以上 4 条路由条目均为等价路径
172.16.6.0/30       OSPF    10    2      D     172.16.12.1  GigabitEthernet0/0/0
172.16.8.0/24       OSPF    10    3      D     172.16.12.1  GigabitEthernet0/0/0
172.16.9.0/24       OSPF    10    3      D     172.16.12.1  GigabitEthernet0/0/0
172.16.10.0/24      OSPF    10    3      D     172.16.12.1  GigabitEthernet0/0/0
```

```
172.16.11.0/24      OSPF   10   3        D   172.16.12.1     GigabitEthernet0/0/0
192.168.2.0/24      OSPF   10   3        D   192.168.12.2    GigabitEthernet0/0/1
192.168.3.0/24      OSPF   10   3        D   192.168.12.2    GigabitEthernet0/0/1
192.168.6.0/30      OSPF   10   2        D   192.168.12.2    GigabitEthernet0/0/1
OSPF routing table status : <Inactive>   //OSPF 路由表的状态: 非激活的路由
        Destinations : 0        Routes : 0
```

② 查看路由器 GZ 路由表中的 OSPF 路由。

```
[GZ]display ip routing-table protocol ospf
Route Flags: R – relay, D – download to fib
------------------------------------------------------------------------------------

Public routing table : OSPF
        Destinations : 11       Routes : 11
OSPF routing table status : <Active>
        Destinations : 11       Routes : 11
Destination/Mask    Proto    Pre  Cost    Flags  NextHop      Interface
0.0.0.0/0           O_ASE    150  1       D      172.16.12.2  GigabitEthernet0/0/0
10.1.12.0/22        OSPF     10   3       D      172.16.12.2  GigabitEthernet0/0/0
10.2.2.0/30         OSPF     10   2       D      172.16.12.2  GigabitEthernet0/0/0
10.2.3.0/30         OSPF     10   2       D      172.16.12.2  GigabitEthernet0/0/0
172.16.8.0/24       OSPF     10   2       D      172.16.6.1   GigabitEthernet0/0/1
172.16.9.0/24       OSPF     10   2       D      172.16.6.1   GigabitEthernet0/0/1
172.16.10.0/24      OSPF     10   2       D      172.16.6.1   GigabitEthernet0/0/1
172.16.11.0/24      OSPF     10   2       D      172.16.6.1   GigabitEthernet0/0/1
192.168.2.0/23      OSPF     10   4       D      172.16.12.2  GigabitEthernet0/0/0
192.168.6.0/30      OSPF     10   3       D      172.16.12.2  GigabitEthernet0/0/0
192.168.12.0/30     OSPF     10   2       D      172.16.12.2  GigabitEthernet0/0/0
OSPF routing table status : <Inactive>
        Destinations : 0        Routes : 0
```

③ 查看路由器 BJ 路由表中的 OSPF 路由。

```
[BJ]display ip routing-table protocol ospf
Route Flags: R – relay, D – download to fib
------------------------------------------------------------------------------------

Public routing table : OSPF
        Destinations : 3        Routes : 3
OSPF routing table status : <Active>
        Destinations : 3        Routes : 3
Destination/Mask    Proto    Pre  Cost    Flags  NextHop       Interface
0.0.0.0/0           OSPF     10   2       D      192.168.12.1  GigabitEthernet0/0/1
192.168.2.0/24      OSPF     10   2       D      192.168.6.2   GigabitEthernet0/0/0
192.168.3.0/24      OSPF     10   2       D      192.168.6.2   GigabitEthernet0/0/0
OSPF routing table status : <Inactive>
        Destinations : 0        Routes : 0
```

以上输出信息表明 OSPF 路由的优先级是 10，OSPF 外部路由的优先级是 150。路由器 BJ 和 GZ 的路由表的输出信息表明，在路由器 SZ 上通过执行【default-route-advertise】命令确实可以向 OSPF 网络注入 1 条默认路由，默认初始度量值为 1。

本章总结

OSPF 是目前应用最为广泛的链路状态路由协议，通过区域划分很好地实现了路由的分级管理，本章介绍了 OSPF 的特征、术语、报文类型、网络类型、邻居关系和邻居关系的建立、区域划分和路由器类型、LSA 类型、特殊区域类型、路由计算、路由类型、路由聚合、OSPFv2 和 OSPFv3 的对比、OSPF 的配置等内容，并通过项目案例演示和验证了多区域 OSPF 的配置实现。

 习题

1. OSPF 协议 AS 外部路由的优先级默认情况下是（　　　）。

   A. 10　　　　　　　　B. 15　　　　　　　　C. 150　　　　　　　　D. 255

2. OSPF 协议采用（　　）作为度量标准。

   A. 带宽　　　　　　　B. 延迟　　　　　　　C. 负载　　　　　　　D. 开销

3. OSPF 协议选举 DR 时的接口优先级的最大值是（　　　）。

   A. 64　　　　　　　　B. 128　　　　　　　　C. 240　　　　　　　　D. 255

4. OSPF 数据被封装到 IP 报文中，则 IP 报文中协议字段值是（　　　）。

   A. 84　　　　　　　　B. 89　　　　　　　　C. 88　　　　　　　　D. 112

5. 【多选】下列（　　　）不是 OSPF 协议的报文类型。

   A. Hello　　　　　　B. DD　　　　　　　　C. LSP　　　　　　　　D. LSA

   E. LSR　　　　　　　F. LSU

6. 【多选】下列（　　　）是 OSPFv3 相对于 OSPFv2 新增加的 LSA。

   A. 路由 LSA　　　　　B. 网络 LSA　　　　　C. 链路 LSA　　　　　D. 区域间汇总 LSA

   E. 区域内汇总 LSA　　F. 外部 LSA

第 2 章
IS-IS协议

02

近几年来，随着在 ISP 中的广泛应用，中间系统到中间系统（Intermediate System to Intermediate System，IS-IS）路由协议已经变得很普及。IS-IS 最初是由 DECnet 公司开发的，1985 年被 ISO 采纳并更名为 IS-IS，是工作在 OSI 无连接网络服务（Connectionless Network Service，CLNS）的环境中的链路状态路由协议。为了提供对 IP 的路由支持，IETF 在 RFC1195 中对 IS-IS 进行了扩充和修改，使它能够同时应用在 TCP/IP 和 OSI 环境中，称为集成化 IS-IS（Integrated IS-IS 或 Dual IS-IS）。本章重点讨论集成化 IS-IS 路由协议。

学习目标

① 掌握 IS-IS 的应用场景、特征和相关术语。
② 了解 IS-IS 的报文类型及其作用。
③ 掌握 IS-IS 的路由器类型和路由类型。
④ 掌握 IS-IS 邻居关系的建立过程。
⑤ 掌握 IS-IS LSP 泛洪机制和链路状态数据库同步过程。

⑥ 了解 IPv6 IS-IS 特征。
⑦ 掌握 IS-IS 验证、路由渗透和快速收敛特性。
⑧ 掌握 IS-IS 和 IPv6 IS-IS 配置实现。

2.1 IS-IS 协议概述

IS-IS 属于内部网关协议（Interior Gateway Protocol，IGP），用于自治系统内部。IS-IS 是一种链路状态协议，使用 SPF 算法进行路由计算。

2.1.1 IS-IS 协议的特征

IS-IS 协议是一个非常灵活的路由协议，具有很好的可扩展性，其主要特征如下。

（1）IS-IS 协议维护了一个链路状态数据库，并使用 SPF 算法来计算最佳路由。

（2）IS-IS 协议用 Hello 数据包建立和维护邻居关系。

（3）为了支持大规模的路由网络，IS-IS 协议在自治系统内采用骨干区域与非骨干区域两级的分层结构。

（4）IS-IS 协议在区域之间可以使用路由聚合来减少路由器的负担。

（5）IS-IS 协议支持 VLSM 和 CIDR，可以基于接口、区域和路由域进行验证，支持明文验证、MD5 验证和 Keychain 验证。

（6）IS-IS 只支持广播和点对点两种网络类型。在广播网络类型中，其通过选举指定 IS（Designated Intermediate System，DIS）来管理和控制网络中的泛洪扩散。

（7）IS-IS 路由优先级为 15，支持宽度量（Wide Metric）和窄度量（Narrow Metric）。IS-IS 路由度量的类型包括默认度量、延迟度量、开销度量和差错度量。默认情况下，IS-IS 采用默认度量，接口的链路开销为 10。

（8）IS-IS 协议收敛快速，适用于大型网络。

2.1.2　IS-IS 协议的术语

掌握以下术语对于理解 IS-IS 协议的工作原理和工作过程非常有帮助。

（1）无连接网络服务（CLNS）：提供数据的无连接传送，在数据传输之前不需要建立连接。

（2）无连接网络协议（Connectionless Network Protocol，CLNP）：OSI 参考模型中网络层的一种无连接的网络协议，和 IP 有相同的特质。

（3）终端系统（End System，ES）：相当于 TCP/IP 参考模型中的主机系统。ES 不参与 IS-IS 路由协议的处理，ISO 使用专门的 ES-IS 协议定义终端系统与中间系统间的通信。

（4）中间系统：有数据包转发能力的网络节点，相当于 TCP/IP 中的路由器，是 IS-IS 协议中生成路由和传播路由信息的基本单元。

（5）路由域（Routing Domain，RD）：在一个路由域中，多个 IS 通过相同的路由协议来交换路由信息。

（6）区域（Area）：路由域的细分单元，IS-IS 协议基于路由器划分区域，IS-IS 协议允许将整个路由域分为多个区域。

（7）链路状态数据库（LSDB）：网络内所有链路的状态组成了链路状态数据库，在每一个 IS 中至少有一个 LSDB。IS 协议使用 SPF 算法利用 LSDB 来计算最佳路由。

（8）链路状态数据包（Link State Packet，LSP）：在 IS-IS 协议中，每一个 IS 都会生成 LSP，此 LSP 包含了本 IS 的所有链路状态信息。每个 IS 收集本区域内所有的 LSP 并生成自己的 LSDB。

（9）子网连接点（Subnetwork Point of Attachment，SNPA）：这是和三层地址对应的二层地址，在以太网接口中，SNPA 通常被设置为接口 MAC 地址。由于网络服务访问点（Network Service Access Point，NSAP）和网络实体名称（Network Entity Titles，NET）相当于一个设备或节点，因此 SNPA 用来区分该设备上的不同接口。

（10）序列号 PDUs（Sequence Number PDUs，SNP）：确保 IS-IS 的 LSDB 同步以及使用最新的 LSP 计算路径。其中，部分 SNP（Partial SNP，PSNP）用于确认和请求丢失的链路状态信息，是 LSDB 中的完整 LSP 的一个子集，其在功能上类似于 OSPF 协议中的 LSR 或 LSAck 报文；完整 SNP（Complete SNP，CSNP）用于描述 LSDB 中的完整 LSP 列表，其在功能上类似于 OSPF 协议中的 DD 报文。

2.1.3　IS-IS 的拓扑结构

为了支持大规模的路由网络，IS-IS 在自治系统内采用骨干区域与非骨干区域两级的分层结构，其拓扑结构如图 2-1 所示。一般来说，将 Level-1（简写为 L1）路由器部署在非骨干区域，Level-2（简写为 L2）路由器和 Level-1-2（简写为 L1-2）路由器部署在骨干区域。每一个非骨干区域都通过 L1-2 路由器与骨干区域相连，所有物理连续的 L1-2 和 L2 路由器构成了 IS-IS 的骨干区域。如图 2-1 所示，路由器 R2、R3、R4、R5、R6 所连接的网络构成了 IS-IS 的骨干区域。

IS-IS 协议定义了以下 3 种类型的路由器。

（1）L1 路由器：负责区域内的路由，它只与属于同一区域的 L1 和 L1-2 路由器形成邻居关系，与属于不同区域的 L1 路由器不能形成邻居关系。如图 2-1 所示，路由器 R1 和 R2 只形成 L1 的邻居关系。L1 路由器只负责维护 L1 的 LSDB，该 LSDB 包含本区域的路由信息，到本区域外的报文转发给最近的 L1-2 路由器。

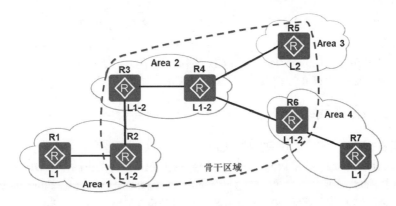

图 2-1　IS-IS 的拓扑结构

（2）L2 路由器：负责区域间的路由，它可以与同一区域不同区域的 L2 路由器和其他区域的 L1-2 路由器形成邻居关系。如图 2-1 所示，路由器 R4 和 R5 只形成 L2 的邻居关系。L2 路由器维护了一个 L2 的 LSDB，该 LSDB 包含区域间的路由信息。所有 L2 级别（即形成 L2 邻居关系）的路由器组成路由域的骨干网，负责在不同区域间通信。路由域中 L2 级别的路由器必须是物理连续的，以保证骨干网的连续性。只有 L2 级别的路由器才能直接与区域外的路由器交换数据报文或路由信息。

（3）L1-2 路由器：同时属于 L1 和 L2 的路由器称为 L1-2 路由器，它可以与同一区域的 L1 和 L1-2 路由器形成 L1 邻居关系，也可以与其他区域的 L2 和 L1-2 路由器形成 L2 的邻居关系。如图 2-1 所示，路由器 R3 和 R4 分别形成 L1 和 L2 的邻居关系。L1 路由器必须通过 L1-2 路由器才能连接至其他区域。L1-2 路由器维护两个 LSDB，L1 的 LSDB 用于区域内路由，L2 的 LSDB 用于区域间路由。

2.1.4　IS-IS 的网络服务访问点

NSAP 是 CLNS 的地址，类似于 IP 包头中的 IP 地址。但与 IP 地址不同的是，CLNS 的地址代表的不是接口而是节点。IS-IS 的 LSP 通过 NSAP 地址来标识路由器，并建立拓扑表和底层的 IS-IS 路由选择树，因此即使纯粹的 IP 环境也必须有 NSAP 地址。NSAP 地址长度为 8～20 字节，其结构如图 2-2 所示，各字段的含义如下。NSAP 由初始域部分（Initial Domain Part，IDP）和特定域部分（Domain Specific Part，DSP）组成。IDP 相当于 IP 地址中的主网络号，DSP 相当于 IP 地址中的子网号和主机地址。

图 2-2　NSAP 地址的结构

（1）IDP 是 ISO 规定的，它由权限和格式标识符（Authority and Format Identifier，AFI）、初始域标识符（Initial Domain Identifier，IDI）构成。其中，AFI 表示地址分配机构和地址格式，如 39 代表 ISO 数据国别编码，45 代表 E.164，49 表示本地管理，相当于 RFC1918 的私有地址；IDI 用来标识域。

（2）DSP 由高位 DSP（High Order DSP，HODSP）、系统 ID（System ID）和 NSAP 选择器（NSAP Selector，NSEL）构成。其中，高位 DSP 用来将域划分为不同的区域；系统 ID 用来标识 OSI 设备，长度为 6 字节。NSEL 类似于 TCP 或 UDP 端口号，不同的传输协议对应不同的 NSEL，如在 IP 中，其值为 0。IDP 和 DSP 中的高位 DSP 组合在一起，既能够标识路由域，又能够标识路由域中的区域，因此，它们一起被称为区域地址（Area Address），相当于 OSPF 中的区域号。

NET 是当 NSAP 地址格式中 NSEL 为 0 时的 NSAP 地址。一台路由器最多只能配置 3 个 NET，配置多个 NET 时，必须保证它们的 System ID 相同。例如，NET 地址为 49.0001.2222.2222.2222.00，其中，区域地址为 49.0001，系统 ID 为 2222.2222.2222，NSEL 为 00。

2.1.5 IS-IS 的网络类型

根据物理链路的不同，IS-IS 协议只支持广播和点对点两种类型的网络。

在广播类型的网络中，IS-IS 协议需要在所有的路由器中选举一个路由器作为 DIS，DIS 用来创建和更新伪节点（Pseudonodes），并负责生成伪节点的 LSP，用来描述该网络上有哪些网络设备，如图 2-3 所示。伪节点是用来模拟广播网络的一个虚拟节点，并非真实的路由器。在 IS-IS 中，伪节点用 DIS 的系统 ID 和一个字节的非 0 值的电路 ID（Circuit ID）标识。

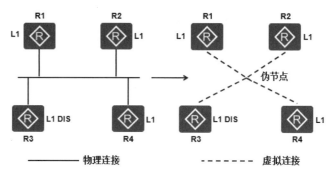

图 2-3　DIS 和伪节点

使用伪节点可以简化网络拓扑，使路由器产生的 LSP 长度较小。另外，当网络发生变化时，需要产生的 LSP 数量也会较少，减少了 SPF 的资源消耗。在邻居关系建立后，路由器会等待两个 Hello 报文间隔，再进行 DIS 的选举。L1 和 L2 的 DIS 是分别选举的，用户可以为不同级别的 DIS 选举设置不同的优先级，在图 2-3 中，路由器 R3 被选举为 L1 的 DIS。

IS-IS 广播网络中的 DIS 选举与 OSPF 中的 DR 选举相比，主要有 3 个不同点。首先，优先级为 0 的路由器也会参与 DIS 的选举；其次，当有新的路由器加入，并符合成为 DIS 的条件时，这个路由器会被选中成为新的 DIS，原有的伪节点被删除，即 DIS 选举具有抢占性；最后，同一网段中的同一级别的路由器之间会形成邻居关系，所有的非 DIS 路由器之间也会形成邻居关系。IS-IS 广播网中所有的路由器之间都形成了邻居关系，但 LSDB 的同步仍然依靠 DIS 来保证。

2.1.6 IS-IS 的报文类型

IS-IS 路由协议使用了 3 大类报文：Hello 报文、LSP 报文和 SNP 报文，共计 9 种具体的报文。每种报文都有一个特定的类型号，在 IS-IS 的报文头部有一个报文类型字段，此字段中所包含的信息就是 IS-IS 报文的类型号，路由器就是通过类型号来识别所收到报文的类型的。

IS-IS 报文的头部字段都是相同的，长度为 8 字节，其格式如图 2-4 所示，各字段的含义如下。

（1）域内路由选择协议标识符（Intradomain Routing Protocol Discriminator）：这是 ISO 9577 分配给 IS-IS 协议的一个固定的值，用于标识网络层协议数据单元的类型。对于 IS-IS 报文而言，该字段的值为 0x83。

（2）长度标识符（Length Indicator）：标识报文头部字段的长度（单位为字节）。

（3）版本/协议 ID 扩展（Version/Protocol ID Extension）：当前设置为 1。

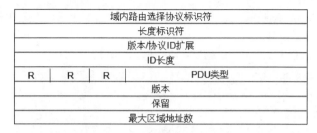

图 2-4　IS-IS 报文头部的格式

（4）ID 长度（ID Length）：表示系统 ID 的长度，单位为字节。

（5）保留位（Reserved，R）：没有使用的比特位，始终为 0。

（6）PDU 类型（PDU Type）：5 个比特的字段，标识 IS-IS 报文的类型。如 L1 和 L2 LAN 的 Hello 报文类型值分别为 15 和 16，点对点链路的 Hello 报文类型值为 17，L1 和 L2 的 LSP 报文类型值分别为 18 和 20，L1 和 L2 的 CSNP 报文类型值分别为 24 和 25，L1 和 L2 的 PSNP 报文类型值分别为 26 和 27。

（7）版本（Version）：当前值为 1。

（8）保留（Reserved）：当前设置为全 0。

（9）最大区域地址数（Maximum Area Address）：IS 区域所允许的最大区域地址数量，值为 0 时表示最多支持的区域地址数为 3。

1. IS-IS LAN Hello 报文格式

IS-IS LAN Hello 报文格式如图 2-5 所示，各字段的含义如下。

注：L1 和 L2 LAN 的 Hello 报文的格式是相同的，只是报文头部的 PDU 类型字段的值不同。

	保留6比特		电路类型
	源ID		
	保持时间		
	PDU长度		
R	优先级		
	LAN ID		
	可变长度域		

```
ISIS HELLO
    .... ..11 = Circuit type: Level 1 and 2 (0x3)
    0000 00.. = Reserved: 0x00
    SystemID {Sender of PDU}: 1111.1111.1111
    Holding timer: 9
    PDU length: 1497
    .100 0000 = Priority: 64
    0... .... = Reserved: 0
    SystemID {Designated IS}: 1111.1111.1111.01
  ▷ Area address(es) (t=1, l=4)
  ▷ IS Neighbor(s) (t=6, l=6)
  ▷ IP Interface address(es) (t=132, l=4)
  ▷ Protocols Supported (t=129, l=1)
  ▷ Restart Signaling (t=211, l=3)
  ▷ Multi Topology (t=229, l=2)
```

图 2-5　IS-IS LAN Hello 报文的格式

（1）电路类型（Circuit Type）：2 比特，01 表示 L1 路由器，10 表示 L2 路由器，11 表示 L1-2 路由器，如果为 00，则该报文被忽略。

（2）源 ID（Source ID）：发送 Hello 报文的路由器的系统 ID。

（3）保持时间（Holding Time）：在此时间内如果没有收到邻居发送来的 Hello 报文，则终止已建立的邻居关系。默认情况下，IS-IS 接口发送 Hello 报文的间隔时间是 10s，IS-IS 的保持时间是发送 Hello 报文间隔的 3 倍。

（4）PDU 长度（PDU Length）：整个报文的长度，单位为字节。

（5）优先级（Priority）：接口的 DIS 优先级，用来选举 DIS。优先级数值越高，路由器成为 DIS 的可能性越大，默认值是 64。在 IS-IS 中，广播链路本身被视为一个伪节点，需要选举一个路由器作为 DIS 来代表该伪节点。DIS 用来创建和更新伪节点，并负责生成伪节点的 LSP，用来描述这个网络中有哪些路由器。在 IS-IS 中，伪节点用 DIS 的系统 ID 和一个字节的非 0 值的电路 ID 标识。使用伪节点可以简化网络拓扑，使产生的 LSP 数量较少，减少 SPF 对设备资源的消耗。DIS 优先级数值最大的被选为 DIS；如果优先级数值相同，则其中 MAC 地址最大的路由器被选举为 DIS。

（6）LAN ID：由 DIS 的系统 ID 和 1 字节的伪节点 ID 组成，LAN ID 用来区分同一台 DIS 上的不同 LAN。

（7）可变长度域（Variable Length Fields）：报文中的可变长度域部分由多个 TLV（Type-Length-Value）三元组构成，每种 IS-IS 报文都会支持特定的 TLV 字段，不同报文类型所包含的 TLV 是不同的，这些 TLV 字段在报文中是可选的，所以该部分长度是可变的。IS-IS 协议最初就是基于 TLV 设计的，所以在后续非常方便其功能扩展。常见的类型及对应的数值包括区域地址（值为 1）、用邻居路由器 MAC 地址标识的 IS 邻居（值为 6）、认证信息（值为 10）、支持的协议（值为 129）、IP 可达性（值为 128）、IP 接口地址（值为 132）等。

2. IS-IS 点对点 Hello 报文格式

IS-IS 点对点 Hello 报文的格式如图 2-6 所示，从 IS-IS 点对点 Hello 报文的格式可以看出，大部分字段与 LAN Hello 报文的格式相同。但是在点对点 Hello 报文中没有优先级字段，因为在点对点链路上不需要选举 DIS，而且它使用本地电路 ID 字段代替了 LAN 报文中的 LAN ID 字段。本地电路 ID 是由发送 Hello 报文的路由器分配给这条电路的标识，并且在路由器的接口上是唯一的。在点对点链路的另一端，Hello 报文中的本地电路 ID 的值可能相同，也可能不同。

图 2-6 IS-IS 点对点 Hello 报文的格式

3. IS-IS LSP 报文格式

LSP 报文分为 L1 LSP 和 L2 LSP 报文，它们各自承载了 IS-IS 不同层次的路由选择信息，但是它们有着相同的报文格式。IS-IS LSP 报文的格式如图 2-7 所示，各字段的含义如下。

PDU长度			
剩余生存时间			
LSP ID			
序列号			
校验和			
P	ATT	OL	IS类型
可变长度域			

```
ISO 10589 ISIS Link State Protocol Data Unit
    PDU length: 98
    Remaining lifetime: 1199
    LSP-ID: 1111.1111.1111.00-00
    Sequence number: 0x0000000f
    Checksum: 0x1706 [correct]
    [Checksum Status: Good]
  ▷ Type block(0x03): Partition Repair:0, Attached bits:0, Overload bit:0, IS type:3
  ▷ Protocols supported (t=129, l=1)
  ▷ Area address(es) (t=1, l=4)
  ▷ IS Reachability (t=2, l=12)
  ▷ IP Interface address(es) (t=132, l=8)
  ▷ IP Internal reachability (t=128, l=36)
```

图 2-7　IS-IS LSP 报文的格式

（1）PDU 长度（PDU Length）：整个报文的长度，单位为字节。

（2）剩余生存时间（Remaining Lifetime）：LSP 到期前的生存时间。当剩余生存时间为 0 时，LSP 会被从 LSDB 中清除。

（3）LSP ID：用来标识不同的 LSP 和生成 LSP 的源路由器。LSP ID 包括 3 部分：系统 ID（6 字节）、伪节点标识符（1 字节）和 LSP 分片号（1 字节）。

（4）序列号（Sequence Number）：32 比特的无符号数，主要作用是让路由器能够识别一个 LSP 的新旧版本。

（5）校验和（Checksum）：主要用于检查被破坏的 LSP 或者还没有从网络中清除的过期 LSP。

（6）区域修复（Partition Repair，P）：仅与 L2 LSP 有关，表示路由器是否支持自动修复区域分割。当 P 位被设置为 1 时，表明始发路由器支持自动修复区域的分段情况。

（7）区域关联（Attachment，ATT）：L1-2 路由器在其生成的 L1 LSP 中设置该字段，以通知同一区域中的 L1 路由器自己与其他区域相连。当 L1 区域中的路由器收到 L1-2 路由器发送的 ATT 位被置位的 L1 的 LSP 后，它将创建一条指向 L1-2 路由器的默认路由，以便数据可以被路由到其他区域。虽然 ATT 位同时在 L1 和 L2 的 LSP 中进行了定义，但是它只会在 L1 的 LSP 中被置位，并且只有 L1-2 路由器会设置这个字段。

（8）超载（Overload，OL）：表示本路由器因内存不足而导致 LSDB 不完整。如果该位被置位，就表示路由器发生了超载。被设置了 OL 位的 LSP 不会在网络中进行泛洪，并且当其他路由器收到设置了 OL 位的 LSP 后，在计算路径信息时不会考虑此 LSP，因此最终计算出来的到达目的地的路径将绕过超载的路由器。

（9）IS 类型（IS Type）：生成 LSP 的路由器的类型，表示 LSP 是来自 L1 路由器还是 L2 路由器，也表示了收到此 LSP 的路由器将把此 LSP 放到 L1 LSDB 还是 L2 LSDB 中。其中，01 表示 L1 路由器，11 表示 L2 路由器，00 与 10 未使用。

4. IS-IS SNP 报文格式

SNP 报文分为 CSNP 报文和 PSNP 报文。CSNP 报文与 PSNP 报文都包含了路由器本地 LSDB 中 LSP 的摘要信息。其中，CSNP 报文包含的是所有 LSP 的摘要信息，PSNP 报文只列举了最近收到的一个或多个 LSP 的序号，它能够一次对多个 LSP 进行确认，当发现 LSDB 不同步时，也用 PSNP 报文来请求邻居发送新的 LSP。

IS-IS CSNP 报文的格式如图 2-8 所示，其中，起始 LSP ID 表示 TLV 字段中描述的 LSP 范围的第一个 LSP ID；结束 LSP ID 表示 TLV 字段中描述的 LSP 范围的最后一个 LSP ID；可变长度域中的每个 LSP 条目（Entry）都包含该 LSP 的序列号、剩余生存时间和校验和。

PDU长度
源ID
起始LSP ID
结束LSP ID
可变长度域

```
◢ ISO 10589 ISIS Complete Sequence Numbers Protocol Data Unit
    PDU length: 99
    Source-ID: 1111.1111.1111.00
    Start LSP-ID: 0000.0000.0000.00-00
    End LSP-ID: ffff.ffff.ffff.ff-ff
  ▷ LSP entries (t=9, l=64)
```

图 2-8　IS-IS CSNP 报文的格式

IS-IS PSNP 报文的格式如图 2-9 所示，通过对比可以看出，PSNP 报文的格式与 CSNP 报文的格式相似，只不过没有起始 LSP ID 和结束 LSP ID 两个字段。由于 PSNP 报文携带的只是部分 LSP 的摘要信息，所以不需要起始和结束 LSP ID 字段。

数据包长度
源ID
可变长度域

```
◢ ISO 10589 ISIS Partial Sequence Numbers Protocol Data Unit
    PDU length: 35
    Source-ID: 222222222222
  ◢ LSP entries (t=9, l=16)
      Type: 9
      Length: 16
    ◢ LSP Entry
        LSP Sequence Number: 0x0000000e
        Remaining Lifetime: 1194
        LSP checksum: 0x1d35
      LSP-ID: 3333.3333.3333.00-00
```

图 2-9　IS-IS PSNP 报文的格式

2.1.7　IS-IS 邻居关系的建立

两台运行 IS-IS 的路由器在交互协议报文实现路由功能之前必须先建立邻居关系。在不同类型的网络上，IS-IS 的邻居建立方式并不相同。IS-IS 建立邻居关系就能形成邻接关系，即在 IS-IS 中，邻接关系等价于邻居关系，这一点和 OSPF 不同。

1. 广播链路邻居关系的建立

L1 路由器之间建立邻居的过程和 L2 路由器之间建立邻居的过程相同。本节以 L2 路由器为例，描述广播链路中建立邻居关系的过程，如图 2-10 所示。

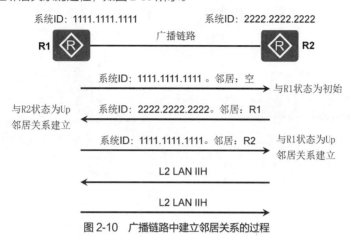

图 2-10 广播链路中建立邻居关系的过程

（1）路由器 R1 通过组播（组播 MAC 地址为 0180.C200.0015）发送 L2 LAN IIH（IS-IS Hello）报文，此报文中无邻居标识。

注：IS-IS 的 LAN IIH 报文使用 TLV 6 来携带邻居标识。

（2）路由器 R2 收到此报文后，将自己与路由器 R1 的邻居状态标识为初始（Initial），路由器 R2 再向路由器 R1 回复 L2 LAN IIH 报文，此报文中标识路由器 R1 为路由器 R2 的邻居。

（3）路由器 R1 收到此报文后，将自己与路由器 R2 的邻居状态标识为 Up，路由器 R1 再向路由器 R2 发送一个标识路由器 R2 为路由器 R1 邻居的 L2 LAN IIH 报文。

（4）路由器 R2 收到此报文后，将自己与路由器 R1 的邻居状态标识为 Up。这样，两个路由器成功建立了邻居关系。

2. 点对点链路邻居关系的建立

在点对点（P2P）链路上，IS-IS 邻居关系的建立分为两次握手机制和三次握手机制。

（1）两次握手机制：只要路由器收到对端发送来的 Hello 报文，就单方面宣布邻居为 Up 状态，建立邻居关系，如图 2-11 所示。

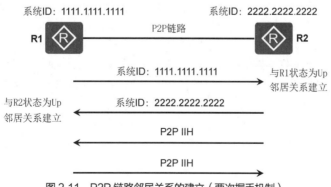

图 2-11 P2P 链路邻居关系的建立（两次握手机制）

两次握手机制存在明显的缺陷。当路由器间存在两条及以上的链路时，如果某条链路上到达对端的单向状态为 Down，而另一条链路同方向的状态为 Up，则路由器之间仍能建立起邻接关系。SPF 算法在计算时会使用状态为 Up 的链路上的参数，这样就导致没有检测到故障的路由器在转发报文时仍然试图通过状态为 Down 的链路。三次握手机制解决了上述不可靠 P2P 链路中存在的问题。这种方式下，路由器只有在知道邻居路由器也接收到它的报文时，才宣布邻居路由器处于 Up 状态，从而建立邻居关系。

（2）三次握手机制：通过三次发送 P2P 的 IS-IS Hello 报文最终建立起邻居关系，类似于广播邻居关系的建立，如图 2-12 所示。在 P2P 的 IS-IS Hello 报文中携带了一个新的 TLV（类型为 240）来记录对端的系统 ID，该 TLV 的名称为点对点邻接状态（Point-to-Point Adjacency State）。

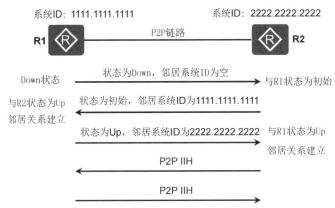

图 2-12　P2P 链路邻居关系的建立（三次握手机制）

IS-IS 建立邻居关系时需要遵循如下原则。

（1）只有同一层次的相邻路由器才有可能成为邻居。

（2）对于 L1 路由器来说，区域号必须一致。

（3）链路两端 IS-IS 接口的网络类型必须一致。

（4）链路两端 IS-IS 接口的地址必须处于同一网段。

（5）如果配置了认证，则认证参数必须匹配。

（6）最大区域地址数字段的值必须一致，默认值是 0，表示支持 3 个区域地址。

2.1.8　IS-IS LSP 泛洪机制

LSP 报文的泛洪（Flooding）是指当一个路由器向相邻路由器通告自己的 LSP 后，相邻路由器再将同样的 LSP 报文发送到除发送该 LSP 的路由器外的其他邻居，并这样逐级将 LSP 传送到整个层次内所有路由器的一种方式。IS-IS 路由器收到邻居发送的新的 LSP 后，处理过程如下：首先，将接收的新的 LSP 放入到自己的 LSDB 中，并标记为 Flooding；其次，将新的 LSP 发送到除接收该 LSP 的接口以外的接口；最后，邻居路由器再扩散到其他 IS-IS 邻居。通过这种泛洪机制，整个层次内的每一个路由器都可以拥有相同的 LSP 信息，并保持 LSDB 的同步。每一个 LSP 都拥有一个标识自己的 4 字节的序列号。在路由器启动时所发送的第一个 LSP 报文中的序列号为 1，以后当需要生成新的 LSP 时，新 LSP 的序列号在前一个 LSP 序列号的基础上加 1，更高的序列号意味着更新的 LSP。

IS-IS 路由域内的所有路由器都会产生 LSP，以下事件会生成一个新的 LSP。

（1）邻居 Up 或 Down。

（2）IS-IS 相关接口 Up 或 Down。

（3）引入的 IP 路由发生变化。

（4）区域间的 IP 路由发生变化。

（5）接口被赋予了新的 Metric 值。

（6）周期性更新。

2.1.9 IS-IS 链路状态数据库同步

IS-IS 邻接关系建立后，邻居之间将进行 LSDB 的同步，同步过程主要由邻居间交互 LSP 和 SNP 协议报文来完成。广播链路和 P2P 链路同步 LSDB 的过程有所不同，下面分别进行介绍。

1. 广播链路 LSDB 同步过程

下面以图 2-13 为例介绍广播链路中新加入路由器与 DIS 同步 LSDB 的过程，具体过程如下。

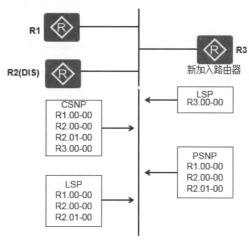

图 2-13　广播链路 LSDB 同步过程

（1）新加入的路由器 R3 先发送 Hello 报文，与该广播网络中的路由器建立邻居关系。

（2）建立邻居关系之后，路由器 R3 等待 LSP 刷新定时器超时，并将自己的 LSP 发往组播地址（L1 的组播地址为 01-80-C2-00-00-14，L2 的组播地址为 01-80-C2-00-00-15）。这样网络中所有的邻居都将收到该 LSP。

（3）该网段中的 DIS 会把收到的路由器 R3 的 LSP 加入到 LSDB 中，等待 CSNP 报文定时器超时并发送 CSNP 报文，进行该网络内的 LSDB 同步。

（4）路由器 R3 收到 DIS 发送来的 CSNP 报文，对比自己的 LSDB，并向 DIS 发送 PSNP 报文请求自己没有的 LSP。

（5）DIS 收到该 PSNP 报文请求后，向路由器 R3 发送对应的 LSP 报文进行 LSDB 同步。

注意　　在广播网络中，DIS 周期性（默认为 10s）以组播地址发送 CSNP 报文，因此在广播网络中，没有确认重传机制，LSDB 的完整性是靠 DIS 周期性发送 CSNP 报文来保证的。

在上述过程中，DIS R2 收到 R3 的 LSP 后，其 LSDB 更新过程如下。

（1）DIS 接收到 LSP，在 LSDB 中搜索对应的记录。若没有该 LSP 报文，则将其加入 LSDB，并组播发送新 LSDB 内容。

（2）若收到的 LSP 序列号大于本地 LSP 的序列号，则替换为新报文，并组播发送新 LSDB 内容；若收到的 LSP 序列号小于本地 LSP 的序列号，则向入端接口发送本地 LSP 报文。

（3）若收到的 LSP 和本地 LSP 的序列号相等，则比较 Remaining Lifetime。若收到的 LSP 报文的 Remaining Lifetime 为 0，则将本地的报文替换为新报文，并组播发送新 LSDB 内容；若收到的 LSP 报文的 Remaining Lifetime 不为 0，而本地 LSP 报文的 Remaining Lifetime 为 0，则向入端接口发送本地

LSP 报文。

（4）若两个序列号、Remaining Lifetime 都相等，则比较 Checksum。若收到的 LSP 的 Checksum 大于本地 LSP 的 Checksum，则将本地报文替换为新报文，并组播发送新 LSDB 内容；若收到的 LSP 的 Checksum 小于本地 LSP 的 Checksum，则向入端接口发送本地 LSP 报文。

（5）若收到的 LSP 和本地 LSP 的序列号相同且 Remaining Lifetime 都不为 0，则比较 Checksum。若收到的 LSP 的 Checksum 大于本地 LSP 的 Checksum，则将本地报文替换为新报文，并组播发送新 LSDB 内容；若收到的 LSP 的 Checksum 小于本地 LSP 的 Checksum，则向入端接口发送本地 LSP 报文。

（6）若收到的 LSP 和本地 LSP 序列号、Remaining Lifetime、Checksum 都相同，则不转发该报文。

2．P2P 链路上 LSDB 的同步过程

P2P 链路上 LSDB 的同步过程如图 2-14 所示。

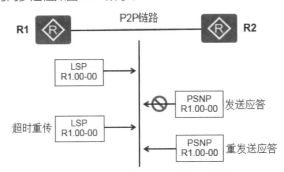

图 2-14　P2P 链路上 LSDB 的同步过程

（1）路由器 R1 与路由器 R2 建立 IS-IS 邻居关系。

（2）建立邻居关系之后，路由器 R1 与路由器 R2 会先发送 CSNP 报文给对端设备。如果对端的 LSDB 与 CSNP 报文没有同步，则发送 PSNP 报文请求相应的 LSP。

（3）如图 2-14 所示，假定路由器 R2 向路由器 R1 请求相应的 LSP。路由器 R1 在发送给路由器 R2 PSNP 报文请求的 LSP 的同时启动 LSP 重传定时器，并等待路由器 R2 发送的 PSNP 报文作为收到 LSP 的确认。

（4）如果在接口 LSP 重传定时器超时后，路由器 R1 还没有收到路由器 R2 发送的 PSNP 报文作为应答，则重新发送该 LSP 直至收到 PSNP 报文。

 注意　　从上面的描述可知，在 P2P 链路上，PSNP 报文有两种作用：一是作为应答以确认收到的 LSP，二是请求所需的 LSP。

在 P2P 链路上，IS-IS 路由器的 LSDB 更新过程如下。

（1）若收到的 LSP 比本地的序列号小，则直接给对方发送本地的 LSP，并等待对方给自己发送一条 PSNP 报文作为确认；若收到的 LSP 比本地的序列号大，则将这个新的 LSP 放入自己的 LSDB，再通过一条 PSNP 报文来确认收到此 LSP，最后将这个新 LSP 发送给除发送该 LSP 的邻居以外的邻居。

（2）若收到的 LSP 序列号和本地相同，则比较 Remaining Lifetime。若收到的 LSP 报文的 Remaining Lifetime 为 0，则将收到的 LSP 放入 LSDB 并发送 PSNP 报文来确认收到此 LSP，将该 LSP 发送给除发送该 LSP 的邻居以外的邻居；若收到的 LSP 报文的 Remaining Lifetime 不为 0，而本地 LSP 报文的 Remaining Lifetime 为 0，则直接给对方发送本地的 LSP，并等待对方给自己发送一条 PSNP 报文作为确认。

（3）若收到的 LSP 和本地 LSP 的序列号相同且 Remaining Lifetime 都不为 0，则比较 Checksum，

若收到 LSP 的 Checksum 大于本地 LSP 的 Checksum，则将收到的 LSP 放入 LSDB 并发送 PSNP 报文来确认收到此 LSP，将该 LSP 发送给除发送该 LSP 的邻居以外的邻居；若收到 LSP 的 Checksum 小于本地 LSP 的 Checksum，则直接给对方发送本地的 LSP，并等待对方给自己发送一条 PSNP 报文作为确认。

（4）若收到的 LSP 和本地 LSP 的序列号、Remaining Lifetime 和 Checksum 都相同，则不转发该报文。

2.1.10　IPv6 IS-IS

随着 IPv6 网络的建设，同样需要动态路由协议为 IPv6 报文的转发提供准确有效的路由信息。IS-IS 路由协议结合自身具有良好的扩展性的特点，实现了对 IPv6 网络层协议的支持，可以发现、生成和转发 IPv6 路由。为了支持 IPv6 路由的处理和计算，IS-IS 新增了两个 TLV 和一个新的网络层协议标识（Network Layer Protocol Identifier，NLPID）。新增的两个 TLV 分别是 IPv6 可达性（IPv6 Reachability）TLV 和 IPv6 接口地址（IPv6 Interface Address）TLV，如图 2-15 所示。其中，IPv6 可达性的 TLV 类型值为 236，通过定义路由信息前缀、度量值等信息来说明网络的可达性；IPv6 接口地址的 TLV 类型值为 232，相当于 IPv4 中的 IP 接口地址 TLV，只不过把 32 比特的 IPv4 地址改为了 128 比特的 IPv6 地址。NLPID 是标识网络层协议报文的一个 8 比特字段，IPv6 的 NLPID 值为 142（0x8E）。如果 IS-IS 支持 IPv6，那么向外发布 IPv6 路由时必须携带 NLPID 值，如图 2-16 所示。

```
IPv6 Interface address(es) (t=232, l=32)
  Type: 232
  Length: 32
  IPv6 interface address: 2020:1212::2
  IPv6 interface address: 2021:2222::2
IPv6 reachability (t=236, l=42)
  Type: 236
  Length: 42
▷ IPv6 Reachability: 2020:1212::/64
▷ IPv6 Reachability: 2019:1111::/64
▷ IPv6 Reachability: 2021:2222::/64
```

```
Protocols Supported (t=129, l=2)
  Type: 129
  Length: 2
  NLPID(s): IP (0xcc), IPv6 (0x8e)
```

图 2-15　IPv6 可达性 TLV 和 IPv6 接口地址 TLV　　图 2-16　IS-IS 协议支持 TLV 包含 IPv6 的 NLPID

2.1.11　IS-IS 验证和路由渗透

IS-IS 验证是基于网络安全性的要求而实现的一种验证手段，通过在 IS-IS 报文中增加验证字段来对报文进行验证。当本地路由器接收到远端路由器发送过来的 IS-IS 报文时，如果发现验证密码不匹配，则将收到的报文丢弃，达到自我保护的目的。

根据报文的种类，验证可以分为以下 3 类。

（1）接口验证：指使能 IS-IS 协议的接口以指定方式和密码对 L1 和 L2 的 Hello 报文进行验证。

（2）区域验证：指运行 IS-IS 的区域以指定方式和密码对 L1 的 SNP 和 LSP 报文进行验证。

（3）路由域验证：指运行 IS-IS 的路由域以指定方式和密码对 L2 的 SNP 和 LSP 报文进行验证。

根据报文的验证方式，可以分为以下 3 类。

（1）明文验证：指一种简单的验证方式，将配置的密码直接加入报文，这种验证方式安全性较低。

（2）MD5 验证：对配置的密码使用 MD5 算法之后再加入报文，提高密码的安全性。

（3）Keychain 验证：通过配置随时间变化的密码链表来进一步提高网络的安全性。

通常情况下，L1 区域内的路由通过 L1 路由器进行管理，所有的 L2 和 L1-2 路由器构成一个连续的骨干区域。L1 区域必须且只能与骨干区域相连，不同的 L1 区域之间并不相连。L1-2 路由器将学习到的 L1 路由信息装入 L2 LSP，再泛洪 LSP 给其他 L2 和 L1-2 路由器。因此，L1-2 和 L2 路由器知道整个 IS-IS 路由域的路由信息。但是，为了有效减小路由表的规模，在默认情况下，L1-2 路由器并不将自己知道的其他 L1 区域以及骨干区域的路由信息通告给其所在的 L1 区域的路由器，因此 L1 路由器将不了解本区域以外的路由信息，可能导致与本区域之外的目的地址通信时无法选择最佳的路由。为了解决上述问题，IS-IS 提供了路由渗透功能，将 L2 区域的路由向 L1 区域渗透。

IS-IS 通过路由渗透选择最佳路径的示例如图 2-17 所示，路由器 R1 发送报文给路由器 R6，选择的最佳路径应该是 R1→R2→R4→R5→R6，因为这条路径上的开销值为 40。但在路由器 R1 上查看到发送到路由器 R6 的报文选择的路径是 R1→R3→R5→R6，其开销值为 70，不是路由器 R1 到路由器 R6 的最优路由。因为路由器 R1 作为 L1 路由器并不知道本区域外部的路由，那么发往区域外的报文都会选择由最近的 L1-2 路由器产生的默认路由发送出去，所以会出现路由器 R1 选择次优路由转发报文的情况。如果分别在 L1-2 的路由器 R3 和 R4 上使能路由渗透功能，则 Area 10 中的 L1 路由器就会拥有经这两个 L1-2 路由器通向区域外的路由信息。经过路由计算，选择的转发路径为 R1→R2→R4→R5→R6，即路由器 R1 到路由器 R6 的最优路由。执行【import-route isis level-2 into level-1】命令可实现 L2 区域的路由向 L1 区域的渗透，通过在 L1-2 路由器上定义 ACL、路由策略、Tag 等方式，可将符合条件的路由筛选出来，将其他 L1 区域和骨干区域的部分路由信息通告给自己所在的 L1 区域。

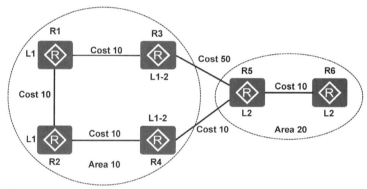

图 2-17　IS-IS 通过路由渗透选择最佳路径的示例

2.1.12　IS-IS 和 OSPF 的对比

IS-IS 协议和 OSPF 协议都是链路状态路由协议，二者之间既有相同点又有不同点。下面从基本特点、邻接关系、链路状态数据库同步过程和路由计算过程、性能 4 个方面对这两种协议进行比较。

1. 基本特点比较

（1）相同点。

① 它们都是应用广泛的 IGP，都是链路状态协议。

② 它们都支持 IP 环境。

③ 它们都采用分层设计和分区域设计。

（2）不同点。

① IS-IS 协议支持 CLNP 环境和 IP 环境，OSPF 协议仅支持 IP 环境。

② IS-IS 协议只支持点对点和广播网络类型，OSPF 协议支持点对点、广播、点对多点、NBMA 网络类型。

③ 报文封装方式不同，IS-IS 协议报文封装在数据链路层帧中，OSPF 协议报文封装在 IP 包中。

④ OSPF 协议基于接口划分区域，IS-IS 协议基于路由器划分区域。

2. 邻接关系比较

（1）相同点。

① 它们都通过 Hello 协议发现邻居，形成邻接关系。

② 它们都在多路访问网络中选举 DR/DIS。

（2）不同点。

① 建立邻接关系的条件不同，OSPF 协议的邻居关系的建立比 IS-IS 协议复杂。

② 在点对点链路上，OSPF 协议的邻接关系的形成比 IS-IS 协议可靠。

③ IS-IS 协议的邻接关系可分为 L1 和 L2 邻接关系。

④ 在广播类型网络中，IS-IS 协议在同一网段的同一级别的路由器之间都会形成邻接关系，所有的非 DIS 路由器之间也会形成邻接关系；而在 OSPF 协议中，DROther 路由器只与 DR 和 BDR 建立邻接关系。

⑤ DIS 和 DR 选举原则和过程不同。DIS 无备份 DIS，DIS 可以被抢占；而 DR 有 BDR，DR 不能被抢占。

3. 链路状态数据库同步过程和路由计算过程比较

（1）相同点。

① 它们都遵循基本的链路状态数据库同步方法。

② 它们都使用 SPF 算法计算最佳路由。

（2）不同点。

① OSPF 协议使用 LSA 来描述链路状态；IS-IS 协议使用 LSP 来描述链路状态。

② IS-IS 协议的数据库结构比较简单，易于定位故障；OSPF 协议的 LSA 种类繁多，数据库结构复杂，定位故障比较困难。

③ OSPF 和 IS-IS 协议的链路状态数据库的同步过程是不一样的。

④ OSPF 和 IS-IS 协议的最大老化时间和计时方法不同。IS-IS 协议的 LSP 最大生存时间（Max Age）默认从 1200s（可配置）往下递减到 0s，在这个时间减为 0 之前，如果没有接收到新的 LSP 来更新 LSDB，则 LSP 会从 LSDB 中清除；而 OSPF 协议的老化时间是从 0 往上增加到 1800s（周期不可配置）来清除及更新旧的 LSA。

⑤ OSPF 协议将前缀作为最短路径树（Shortest Path Tree，SPT）的节点；IS-IS 协议将前缀作为叶子，因此前缀变化时 IS-IS 协议可以使用部分路由进行 PRC 计算更新叶子而不用全局进行 SPF 计算。

⑥ IS-IS 协议路由的度量类型（默认度量、延迟度量、开销度量和差错度量）比 OSPF 协议复杂。

4. 性能比较

（1）相同点。

① 它们都无环路，收敛快。

② 它们都支持大规模网络应用。

（2）不同点。

IS-IS 协议采用了 TLV 结构，扩展性比 OSPF 协议更好。

2.1.13 IS-IS 配置任务

1. 配置 IS-IS 的基本功能

（1）在系统视图下执行【isis *process-id*】命令，创建 IS-IS 进程并进入 IS-IS 视图，IS-IS 进程 ID 的值为 1～65535，而且只有本地含义，不同路由器的路由进程 ID 可以不同，一台路由器可以启动多个 IS-IS 进程，系统默认的进程 ID 为 1。

（2）在 IS-IS 视图下执行【network-entity *net*】命令，设置网络实体名称。在整个区域和骨干区域中，要求保持系统 ID 唯一。NET 最多只能配 3 个，在配置多个 NET 时，必须保证它们的系统 ID 相同。

（3）在 IS-IS 视图下执行【is-level { level-1 | level-1-2 | level-2 } 】命令，设置设备的级别。默认设备的级别为 L1-2。

（4）在 IS-IS 视图下执行【cost-style { narrow | wide | wide-compatible } 】命令，设置 IS-IS 设备接收和发送路由的开销类型。默认情况下，开销类型为 narrow，只能发送和接收路由开销值为 1～63 的路由。在实际应用中，为了方便 IS-IS 实现其扩展功能，通常将 IS-IS 的路由开销类型设置为 wide，wide 模式下路由的开销值为 1～16777215。

（5）在 IS-IS 视图下执行【is-name *symbolic-name* 】命令，使能识别 LSP 报文中主机名称的功能，同时为本地路由器上的 IS-IS 配置动态主机名，并以 LSP 报文（TLV 类型为 137）的方式发布出去。通常，在运行 IS-IS 协议的设备上，查看 IS-IS 邻居和链路状态数据库等信息时，IS-IS 域中的各设备都是用由 12 位十六进制数组成的系统 ID 来表示的，这种表示方法比较烦琐，且易用性不好。为方便对 IS-IS 网络进行维护和管理，IS-IS 协议引入了动态主机名映射机制。

（6）在接口视图下执行【isis circuit-level [level-1 | level-1-2 | level-2] 】命令，设置接口的电路级别。只有在 IS-IS 路由器类型为 L1-2 时，该命令的配置才起作用。默认情况下，级别为 L1-2 的 IS-IS 路由器上的接口电路级别为 L1-2。

（7）在接口视图下执行【isis enable [*process-id*] 】命令，使能 IS-IS 接口。配置该命令后，IS-IS 将通过该接口建立邻居和扩散 LSP 报文。

（8）在接口视图下执行【isis dis-priority *priority* [level-1 | level-2] 】命令，指定选举对应级别 DIS 时 IS-IS 接口的优先级，值为 0～127，默认值为 64。如果命令中没有指定 L1 或 L2，则给 L1 和 L2 配置同样的优先级。

（9）在接口视图下执行【isis timer hello *hello-interval* [level-1 | level-2] 】命令，指定 IS-IS 接口发送 Hello 报文的间隔时间。默认情况下，IS-IS 接口发送 Hello 报文的间隔时间是 10s。如果没有指定级别，则默认级别为 L1 和 L2。

（10）在接口视图下执行【isis timer holding-multiplier *number* [level-1 | level-2] 】命令，配置 Hello 报文的发送间隔时间的倍数，以达到修改 IS-IS 的邻居保持时间的目的。其取值为 3～1000，默认值为 3。

2. 配置 IS-IS 安全性

（1）配置 IS-IS 接口的验证。

配置 IS-IS 接口的验证后，IS-IS 的 Hello 报文中添加 TLV 类型 10 携带验证信息。默认情况下，IS-IS 的 Hello 报文中不添加验证信息，对接收到的 Hello 报文也不做验证。

① 在接口视图下执行【isis authentication-mode simple { plain *plain-text* | [cipher] *plain-cipher-text* } [level-1 | level-2] 】命令，配置 IS-IS 接口的明文验证。

② 在接口视图下执行【isis authentication-mode md5 { plain *plain-text* | [cipher] *plain-cipher-text* } [level-1 | level-2] 】命令，配置 IS-IS 接口的 MD5 验证。

③ 在接口视图下执行【isis authentication-mode hmac-sha256 key-id *key-id* { plain *plain-text* | [cipher] *plain-cipher-text* } [level-1 | level-2] 】命令，配置 IS-IS 接口的 HMAC-SHA256 验证。

（2）配置 IS-IS 区域和路由域验证。

① 在 IS-IS 视图下执行【area-authentication-mode { { simple | md5 } { plain *plain-text* | [cipher] *plain-cipher-text* } | keychain *keychain-name* | hmac-sha256 key-id *key-id* } 】命令，设置区域验证。默认情况下，系统不对产生的 L1 路由信息报文添加验证信息，也不会验证收到的 L1 路由信息报文。

② 在 IS-IS 视图下执行【domain-authentication-mode { { simple | md5 } { plain *plain-text* | [cipher] *plain-cipher-text* } | keychain *keychain-name* | hmac-sha256 key-id *key-id* } 】命令，设置路由域验证。默认

情况下，系统不对产生的 L2 路由信息报文添加验证信息，也不会验证收到的 L2 路由信息报文。

3. 配置 IS-IS 默认路由注入

在 IS-IS 视图下执行【default-route-advertise [always | route-policy *route-policy-name*] [cost *cost* | tag *tag* | [level-1 | level-1-2 | level-2]]】命令，配置运行 IS-IS 协议的设备生成默认路由。该命令的主要参数包括 always、cost 和 tag。其中，always 参数指定设备无条件地发布默认路由，且在发布的默认路由中将自己作为下一跳；cost 参数指定了默认路由的开销值；tag 参数指定了发布的默认路由的标记值。只有当 IS-IS 协议的开销类型为 wide、wide-compatible 或 compatible 时，发布的 LSP 中才会携带 tag 参数。

4. 配置 IS-IS 路由聚合

在 IS-IS 视图下执行【summary *ip-address mask* [avoid-feedback | generate_null0_route | tag *tag* | [level-1 | level-1-2 | level-2]]】命令，设置 IS-IS 生成聚合路由。如果没有指定级别，则默认为 L2。该命令的主要参数包括 avoid-feedback、generate_null0_route 和 tag。其中，avoid-feedback 参数表示避免通过路由计算学习到聚合路由；generate_null0_route 参数表示为防止路由环路而生成 Null0 路由；tag 参数表示为发布的聚合路由分配管理标记。

2.2 项目案例：配置集成 IS-IS 实现企业网络互联

1. 项目背景

为了确保资源共享、办公自动化和节省人力成本，公司 E 申请了两条专线将深圳总部和广州、北京两家分公司网络连接起来。公司原来运行 OSFP 协议，现打算迁移到 IS-IS 协议，小张同学正在该公司实习，为了提高实际工作的准确性和工作效率，项目经理安排他在实验室环境下完成测试，为设备上线运行奠定坚实的基础。小张用一台路由器模拟 ISP 的网络，总部通过静态默认路由实现到 ISP 的连接；分公司和总部内部网络通过三层交换机实现 VLAN 间路由，总部和分公司运行 IS-IS 协议实现网络互联。

2. 项目任务

本项目需要完成的任务如下。

（1）在总部和分公司的相应交换机上完成 VLAN 相关配置，包括 VLAN 创建和端口划分、Trunk 配置、以太网通道配置和 MSTP 配置等。

（2）在总部和分公司的网络中完成 IP 地址配置，包括配置路由器接口的 IP 地址，为三层交换机创建 VLANIF 并配置 IP 地址，配置计算机和服务器的 IP 地址、子网掩码和网关。

（3）总部核心交换机配置虚拟路由冗余协议（缩写为 VRRP，在 7.1.3 节中讲解），为主机提供冗余网关。

（4）配置 NAT，使总部和分公司的主机可以通过 SZ 路由器访问 Internet。

（5）测试以上所有直连链路的连通性。

（6）IS-IS 区域划分：广州分公司网络划分到 IS-IS 区域 49.0002，北京分公司网络划分到 IS-IS 区域 49.0003，深圳总部网络划分到 IS-IS 区域 49.0001，修改 IS-IS 度量类型为宽度量，配置主机名映射。

（7）修改交换机 S1、S2、S5、S6 的 IS-IS 路由器类型为 L1。

（8）在深圳总部到分公司的两条链路上修改 IS-IS 电路类型为 L2。

（9）在三地边界路由器上分别配置路由聚合，以便缩小路由表大小，提高路由查找效率。

（10）为了提高网络安全性，在深圳总部到分公司的两条链路上，配置 IS-IS 接口的 MD5 验证。在深圳总部的 IS-IS 区域 49.0001 中配置区域的 MD5 验证。

（11）在深圳总部和北京分公司连接的链路上，将接口发送 Hello 报文周期改为 5s，邻居保持时间为 Hello 报文的发送间隔时间的 4 倍。

（12）控制 DIS 选举，使深圳总部路由器成为连接三层交换机 S1 和 S2 的相应网段的 DIS。

（13）在深圳总部路由器上配置指向 ISP 的静态默认路由，并向 IS-IS 网络注入默认路由。

（14）查看各路由器的 IS-IS 邻居表、链路状态数据库和路由表，并进行网络连通性测试。

（15）保存配置文件，完成项目测试报告。

3. 项目目的

通过本项目可以掌握如下知识点和技能点，同时积累项目经验。

（1）启动 IS-IS 路由进程的方法及启用参与 IS-IS 路由协议接口的方法。

（2）修改 IS-IS 路由器类型和链路上 IS-IS 电路类型的方法。

（3）配置 IS-IS 计时器参数和修改 IS-IS 度量类型的方法。

（4）修改 IS-IS 接口优先级并控制 DIS 选举的方法。

（5）IS-IS 接口验证和区域验证的配置方法。

（6）IS-IS 路由聚合配置以及向 IS-IS 网络中注入默认路由的方法。

（7）IS-IS LSP、PSNP 和 CSNP 的特征。

（8）IS-IS L1 和 L2 路由器的功能，L1 和 L2 路由类型的区别。

（9）IS-IS 链路状态数据库的同步过程、特征和含义。

（10）查看和调试 IS-IS 协议的相关信息。

4. 项目拓扑

配置集成 IS-IS 实现企业网络互联的网络拓扑如图 2-18 所示。

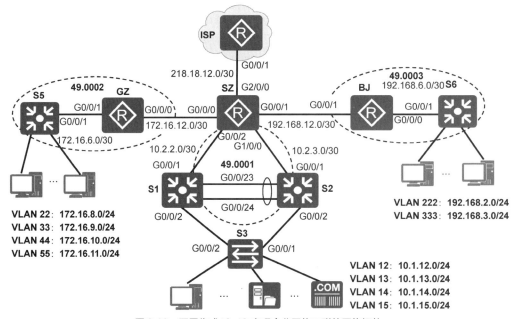

图 2-18　配置集成 IS-IS 实现企业网络互联的网络拓扑

5. 项目实施

本节只涉及 IS-IS 的配置部分，项目任务（1）～（5）请读者自己完成。

（1）为 3 台路由器和 4 台交换机配置基本 IS-IS，包括创建 IS-IS 进程，配置开销类型、NET、动态主机名及接口电路级别等。

① 配置路由器 SZ。

```
[SZ]isis 1 //创建 IS-IS 进程并进入 IS-IS 视图
[SZ-isis-1]cost-style wide　//设置 IS-IS 设备接收和发送路由的开销类型
[SZ-isis-1]network-entity 49.0001.1111.1111.1111.00//设置 IS-IS 网络实体名称
```

```
[SZ-isis-1]is-name SZ    //为本地路由器上的 IS-IS 系统配置动态主机名
[SZ]interface GigabitEthernet0/0/0
[SZ-GigabitEthernet0/0/0]isis enable 1
//使能 IS-IS 接口并指定要关联的 IS-IS 进程 ID
[SZ-GigabitEthernet0/0/0]isis circuit-level level-2
//配置 L1-2 路由器的接口电路类型
[SZ]interface GigabitEthernet0/0/1
[SZ-GigabitEthernet0/0/1]isis enable 1
[SZ-GigabitEthernet0/0/1]isis circuit-level level-2
[SZ]interface GigabitEthernet0/0/2
[SZ-GigabitEthernet0/0/2]isis enable 1
[SZ-GigabitEthernet0/0/2]isis circuit-level level-1
[SZ]interface GigabitEthernet1/0/0
[SZ-GigabitEthernet1/0/0]isis enable 1
[SZ-GigabitEthernet1/0/0]isis circuit-level level-1
```

② 配置路由器 GZ。

```
[GZ]isis 1
[GZ-isis-1]cost-style wide
[GZ-isis-1]network-entity 49.0002.2222.2222.2222.00
[GZ-isis-1]is-name GZ
[GZ]interface GigabitEthernet0/0/0
[GZ-GigabitEthernet0/0/0]isis enable 1
[GZ-GigabitEthernet0/0/0]isis circuit-level level-2
[GZ]interface GigabitEthernet0/0/1
[GZ-GigabitEthernet0/0/1]isis enable 1
[GZ-GigabitEthernet0/0/1]isis circuit-level level-1
```

③ 配置路由器 BJ。

```
[BJ]isis 1
[BJ-isis-1]cost-style wide
[BJ-isis-1]network-entity 49.0003.3333.3333.3333.00
[BJ-isis-1]is-name BJ
[BJ]interface GigabitEthernet0/0/0
[BJ-GigabitEthernet0/0/0]isis enable 1
[BJ-GigabitEthernet0/0/0]isis circuit-level level-1
[BJ]interface GigabitEthernet0/0/1
[BJ-GigabitEthernet0/0/1]isis enable 1
[BJ-GigabitEthernet0/0/1]isis circuit-level level-2
```

④ 配置交换机 S1。

```
[S1]isis 1
[S1-isis-1]is-level level-1
[S1-isis-1]cost-style wide
[S1-isis-1]network-entity 49.0001.4444.4444.4444.00
[S1-isis-1]is-name S1
```

VLANIF 接口 2、12~15 全部配置【isis enable 1】命令，使能 IS-IS 接口。

⑤ 配置交换机 S2。

```
[S2]isis 1
[S2-isis-1]is-level level-1
[S2-isis-1]cost-style wide
[S2-isis-1]network-entity 49.0001.5555.5555.5555.00
[S2-isis-1]is-name S2
```

VLANIF 接口 3、12~15 全部配置【isis enable 1】命令，使能 IS-IS 接口。

⑥ 配置交换机 S5。

```
[S5]isis 1
[S5-isis-1]is-level level-1
[S5-isis-1]cost-style wide
[S5-isis-1]network-entity 49.0002.6666.6666.6666.00
[S5-isis-1]is-name S5
```

VLANIF 接口 2~6 全部配置【isis enable 1】命令，使能 IS-IS 接口。

⑦ 配置交换机 S6。

```
[S6]isis 1
[S6-isis-1]is-level level-1
[S6-isis-1]cost-style wide
[S6-isis-1]network-entity 49.0003.7777.7777.7777.00
[S6-isis-1]is-name S6
```

VLANIF 接口 2、3、6 全部配置【isis enable 1】命令，使能 IS-IS 接口。

（2）配置 IS-IS 验证。

① 在深圳总部到分公司的两条链路上配置 IS-IS 接口 MD5 验证。

```
[SZ]interface GigabitEthernet0/0/0
[SZ-GigabitEthernet0/0/0]isis authentication-mode md5 cipher 123456
//配置 IS-IS 接口 MD5 验证
[SZ]interface GigabitEthernet0/0/1
[SZ-GigabitEthernet0/0/1]isis authentication-mode md5 cipher 123456

[GZ]interface GigabitEthernet0/0/0
[GZ-GigabitEthernet0/0/0]isis authentication-mode md5 cipher 123456

[BJ]interface GigabitEthernet0/0/1
 [BJ-GigabitEthernet0/0/1]isis authentication-mode md5 cipher 123456
```

② 在深圳总部的 IS-IS 区域 49.0001 的 3 台设备 SZ、S1 和 S2 上配置区域 MD5 验证。

```
[SZ]isis 1
[SZ-isis-1]area-authentication-mode md5 cipher 123456
//配置 IS-IS 区域 MD5 验证，IS-IS 区域将验证收到的 L1 路由信息报文（LSP 和 SNP），并为发送的 L1
报文加上认证信息

[S1]isis 1
[S1-isis-1]area-authentication-mode md5 123456

[S2]isis 1
[S2-isis-1]area-authentication-mode md5 123456
```

（3）配置 IS-IS 路由聚合，在深圳、广州和北京三地边界路由器上分别配置路由聚合，缩小路由表大小。

```
[SZ]isis 1
[SZ-isis-1]summary 10.1.12.0 255.255.252.0 avoid-feedback generate_null0_route
//配置 IS-IS 生成聚合路由

[GZ]isis 1
[GZ-isis-1]summary 172.16.8.0 255.255.252.0 avoid-feedback generate_null0_route

[BJ]isis 1
[BJ-isis-1]summary 192.168.2.0 255.255.254.0 avoid-feedback generate_null0_route
```

（4）配置 IS-IS 默认路由注入，在深圳总部路由器上配置指向 ISP 的静态默认路由，并向 IS-IS 网络注入默认路由。

```
[SZ]ip route-static 0.0.0.0 0.0.0.0 218.18.12.2 //配置指向 ISP 的静态默认路由
[SZ]isis 1
[SZ-isis-1]default-route-advertise always cost 20 tag 1111
//配置运行 IS-IS 协议的设备生成默认路由
```

（5）控制 IS-IS DIS 选举，使路由器 SZ 成为连接三层交换机 S1 和 S2 的相应网段的 DIS。交换机 S1 和 S2 为 L1 路由器，只需要更改 L1 的优先级即可。

```
[SZ]interface GigabitEthernet0/0/2
[SZ-GigabitEthernet0/0/2]isis dis-priority 96 level-1
//配置 IS-IS DIS 选举接口优先级
[SZ]interface GigabitEthernet1/0/0
[SZ-GigabitEthernet1/0/0]isis dis-priority 96 level-1
```

（6）调整 IS-IS 接口计时器参数，在路由器 SZ 和 BJ 之间的链路上调整 IS-IS 计时器参数。

```
[SZ]interface GigabitEthernet0/0/1
[SZ-GigabitEthernet0/0/1]isis timer hello 5 level-2
//配置 IS-IS 接口发送 Hello 报文的间隔时间
[SZ-GigabitEthernet0/0/1]isis timer holding-multiplier 4 level-2
//配置 Hello 报文的发送间隔时间的倍数

[BJ]interface GigabitEthernet0/0/1
[BJ-GigabitEthernet0/0/1]isis timer hello 5 level-2
[BJ-GigabitEthernet0/0/1]isis timer holding-multiplier 4 level-2
```

6. 项目测试

（1）查看 IS-IS 的邻居信息。

```
[SZ]display isis peer
                      Peer information for ISIS(1)
    System Id    Interface    Circuit Id       State HoldTime  Type   PRI
    -----------------------------------------------------------------------
    GZ           GE0/0/0      SZ.01            Up  27s          L2     64
    BJ           GE0/0/1      BJ.01            Up  6s           L2     64
    S1           GE0/0/2      SZ.03            Up  27s          L1     64
    S2           GE1/0/0      SZ.04            Up  26s          L1     64
    Total Peer(s): 4
```

以上输出信息表明路由器 SZ 有 4 个 IS-IS 邻居，具体包括系统 ID、与邻居相连的接口、电路 ID、邻居状态、保持时间、邻居类型和邻居的接口优先级。因为每台路由器都配置了 IS-IS 动态主机名映射，所以 System Id 显示的是各设备主机名，可以通过执行【display isis name-table】命令查看系统 ID 和主机名的映射关系。

（2）查看 IS-IS 的邻居的详细信息。

```
[SZ]display isis peer interface GigabitEthernet 0/0/2 verbose
                    Peer information for ISIS(1)
    System Id    Interface    Circuit Id      State  HoldTime  Type    PRI
    -----------------------------------------------------------------------
    S1           GE0/0/2      SZ.03           Up     30s       L1      64
    MT IDs supported   : 0(UP)              //对端接口支持的拓扑实例 ID
    Local MT IDs       : 0                  //本端接口支持的拓扑实例 ID
    Area Address(es)   : 49.0001            //邻居的区域地址
    Peer IP Address(es): 10.2.2.2           //对端接口 IP 地址
    Uptime             : 00:26:24           //邻接处于 Up 状态的时长
    Adj Protocol       : IPV4               //建立邻接关系的协议
    Restart Capable    : YES                //平滑启动（GR）能力
    Suppressed Adj     : NO                 //抑制邻居
    Peer System Id     : 4444.4444.4444     //邻居系统 ID
    Total Peer(s): 1                        //邻居的总数量
```

（3）查看 IS-IS 链路状态数据库的摘要信息。

```
[SZ]display isis lsdb
                    Database information for ISIS(1)
                 --------------------------------
                    Level-1 Link State Database
LSPID              Seq Num      Checksum     Holdtime     Length   ATT/P/OL
--------------------------------------------------------------------------
SZ.00-00*          0x0000002e   0xcb77       1027         121      1/0/0
SZ.03-00*          0x00000011   0x2e20       1027         73       0/0/0
SZ.04-00*          0x00000011   0xe39c       1027         73       0/0/0
S1.00-00           0x0000002c   0xabf4       530          199      0/0/0
S1.02-00           0x00000019   0x38c3       530          73       0/0/0
S1.03-00           0x00000019   0x44b0       530          73       0/0/0
S1.04-00           0x00000019   0x78fb       530          73       0/0/0
S1.05-00           0x00000019   0x1e82       530          73       0/0/0
S2.00-00           0x0000002a   0xd43d       362          199      0/0/0
Total LSP(s): 9
    *(In TLV)-Leaking Route, *(By LSPID)-Self LSP, +-Self LSP(Extended),
        ATT-Attached, P-Partition, OL-Overload
                    Level-2 Link State Database
LSPID              Seq Num      Checksum     Holdtime     Length   ATT/P/OL
--------------------------------------------------------------------------
SZ.00-00*          0x0000003a   0x9c23       1027         128      0/0/0
SZ.00-01*          0x0000001a   0x1a13       1027         41       0/0/0
SZ.01-00*          0x0000001c   0xefda       1027         54       0/0/0
GZ.00-00           0x00000030   0x868f       475          91       0/0/0
BJ.00-00           0x0000002e   0xf6a7       996          91       0/0/0
BJ.01-00           0x0000001c   0xefa7       996          54       0/0/0
Total LSP(s): 6
    *(In TLV)-Leaking Route, *(By LSPID)-Self LSP, +-Self LSP(Extended),
        ATT-Attached, P-Partition, OL-Overload
```

以上输出信息表明，IS-IS 协议的 L1 路由和 L2 路由分别维护独立的链路状态数据库。每条 LSP 信息中包括 LSPID（由系统 ID、伪节点 ID 和 LSP 分段号 3 部分构成）、序列号、校验和、保持时间、长度、连接位、分区位和过载位。其中，LSPID 后带星号的 LSP 表示本地生成的 LSP，IS-IS 的 LSP 老化时间为 20min，采用倒计时，每隔 15min 路由器链路状态刷新一次，序列号会加 1。

（4）查看 IS-IS 链路状态数据库的详细信息。

```
[SZ]display isis lsdb 3333.3333.3333.00-00 verbose
                    Database information for ISIS(1)
                 --------------------------------
                    Level-2 Link State Database
LSPID                  Seq Num      Checksum     Holdtime     Length   ATT/P/OL
------------------------------------------------------------------------------
3333.3333.3333.00-00   0x00000030   0xf2a9       388          91       0/0/0
    SOURCE      BJ.00              //源节点的系统 ID
    HOST NAME   BJ                 //动态主机名
    NLPID       IPV4               //支持的网络协议
    AREA ADDR   49.0003            //区域地址
    INTF ADDR   192.168.12.2       //接口地址
    INTF ADDR   192.168.6.1
   +NBR  ID     BJ.01              //可以携带 TE 信息的邻居系统 ID    COST: 10    //开销值
   +IP-Extended 192.168.12.0    255.255.255.252   COST: 10
```

```
+IP-Extended   192.168.6.0     255.255.255.252  COST: 10
+IP-Extended   192.168.2.0     255.255.254.0    COST: 20
//扩展的 IP 路由信息，可以携带与 TE 相关的信息
Total LSP(s): 1
    *(In TLV)-Leaking Route, *(By LSPID)-Self LSP, +-Self LSP(Extended),
    ATT-Attached, P-Partition, OL-Overload
[S5]display isis lsdb 2222.2222.2222.00-00 verbose
                    Database information for ISIS(1)
            ----------------------------------
                    Level-1 Link State Database
LSPID                  Seq Num      Checksum    Holdtime    Length   ATT/P/OL
------------------------------------------------------------------------------
2222.2222.2222.00-00   0x00000030   0x10ea      665         74       1/0/0
  SOURCE      GZ.00
  HOST NAME   GZ
  NLPID       IPV4
  AREA ADDR   49.0002
  INTF ADDR   172.16.12.1
  INTF ADDR   172.16.6.2
+NBR  ID      S5.05                 COST: 10
+IP-Extended  172.16.6.0     255.255.255.252  COST: 10
Total LSP(s): 1
    *(In TLV)-Leaking Route, *(By LSPID)-Self LSP, +-Self LSP(Extended),
    ATT-Attached, P-Partition, OL-Overload
```

（5）查看使能 IS-IS 的接口的摘要信息。

```
[SZ]display isis interface
                Interface information for ISIS(1)
        ----------------------------------
Interface    Id    IPv4.State      IPv6.State      MTU   Type   DIS
GE0/0/0      001   Up              Down            1497  L2     Yes
GE0/0/1      002   Up              Down            1497  L2     No
GE0/0/2      003   Up              Down            1497  L1     Yes
GE1/0/0      004   Up              Down            1497  L1     Yes
```

以上输出信息显示了使能 IS-IS 的接口的摘要信息，包括接口名称、接口链路 ID、IPv4 和 IPv6 链路状态、接口 MTU（链路两端 MTU 值相等才可以建立 IS-IS 邻居关系）、接口类型和是否为 DIS。

（6）查看使能 IS-IS 的接口的详细信息。

```
[SZ]display isis interface GigabitEthernet0/0/2 verbose
                Interface information for ISIS(1)
        ----------------------------------
Interface    Id    IPV4.State      IPV6.State      MTU   Type   DIS
GE0/0/2      003   Up              Down            1497  L1     Yes
  Circuit MT State        : Standard
//接口的拓扑状态，可以在 IS-IS 进程下，通过执行【ip enable topology】命令配置
  Description             : HUAWEI, AR Series, GigabitEthernet0/0/2 Interface
  //接口描述信息
  SNPA Address            : 00e0-fccd-1ebb          //SNPA 地址，即接口的 MAC 地址
  IP Address              : 10.2.2.1                //接口 IP 地址
  IPV6 Link Local Address :
  IPV6 Global Address(es) :
  Csnp Timer Value        : L1   10   L2   10       //发送 CSNP 报文的间隔时间
  Hello Timer Value       : L1   10   L2   10       //发送 Hello 报文的间隔时间
  DIS Hello Timer Value   : L1   3    L2   3        //DIS 发送 Hello 报文的间隔时间
```

```
    Hello Multiplier Value       : L1     3  L2      3      //Hello 报文的发送间隔时间的倍数
    LSP-Throttle Timer           : L12    50
//发送 LSP 或 CSNP 报文的间隔时间和每次发送的报文条数
    Cost                         : L1     10 L2      10     //IPv4 接口开销值
    Ipv6 Cost                    : L1     10 L2      10     //IPv6 接口开销值
    Priority                     : L1     96 L2      64     //参与 DIS 选举的优先级
    Retransmit Timer Value       : L12    5               //P2P 链路上 LSP 报文的重传间隔时间
    Bandwidth-Value              : Low 1000000000   High   0
    Static Bfd                   : NO
    Dynamic Bfd                  : NO
    Fast-Sense Rpr               : NO
```

（7）查看 IS-IS 协议的概要信息。

```
[SZ]display isis brief
                     ISIS Protocol Information for ISIS(1)
              ----------------------------------------
    SystemId: 1111.1111.1111       System Level: L12      //系统 ID 和设备级别
    Area-Authentication-mode: MD5                          //IS-IS 区域验证
    Domain-Authentication-mode: NULL                       //IS-IS 域验证
    Ipv6 is not enabled
    ISIS is in invalid restart status
    ISIS is in protocol hot standby state: Real-Time Backup    //IS-IS 热备份状态是实时备份

    Interface: 172.16.12.2(GE0/0/0)
    Cost: L1 10        L2 10            Ipv6 Cost: L1 10    L2 10
    State: IPV4 Up                     IPV6 Down
    Type: BROADCAST                    MTU: 1497
    Priority: L1 64    L2 64
    Timers:  Csnp: L1 10    L2 10    ,Retransmit: L12 5    , Hello: L1 10 L2 10   ,
    Hello Multiplier: L1 3      L2 3      , LSP-Throttle Timer: L12 50

    Interface: 192.168.12.1(GE0/0/1)
    Cost: L1 10        L2 10            Ipv6 Cost: L1 10    L2 10
    State: IPV4 Up                     IPV6 Down
    Type: BROADCAST                    MTU: 1497
    Priority: L1 64    L2 64
    Timers:  Csnp: L1 10    L2 10    ,Retransmit: L12 5    , Hello: L1 10 L2 5    ,
    Hello Multiplier: L1 3      L2 4      , LSP-Throttle Timer: L12 50

    Interface: 10.2.2.1(GE0/0/2)
    Cost: L1 10        L2 10            Ipv6 Cost: L1 10    L2 10
    State: IPV4 Up                     IPV6 Down
    Type: BROADCAST                    MTU: 1497
    Priority: L1 96    L2 64
    Timers:  Csnp: L1 10    L2 10    ,Retransmit: L12 5    , Hello: L1 10 L2 10   ,
    Hello Multiplier: L1 3      L2 3      , LSP-Throttle Timer: L12 50

    Interface: 10.2.3.1(GE1/0/0)
    Cost: L1 10        L2 10            Ipv6 Cost: L1 10    L2 10
    State: IPV4 Up                     IPV6 Down
    Type: BROADCAST                    MTU: 1497
    Priority: L1 96    L2 64
    Timers:  Csnp: L1 10    L2 10    ,Retransmit: L12 5    , Hello: L1 10 L2 10   ,
    Hello Multiplier: L1 3      L2 3      , LSP-Throttle Timer: L12 50
```

//以上 4 段显示了使能 IS-IS 的 4 个接口的信息，包括开销值、状态、网络类型、MTU 值、接口优先级和相关计时器的值

（8）查看 IS-IS 路由信息。

[SZ]display isis route

```
                        Route information for ISIS(1)
                        ------------------------------

                        ISIS(1) Level-1 Forwarding Table
                        ------------------------------
```

IPv4 Destination	IntCost	ExtCost	ExitInterface	NextHop	Flags
10.1.14.0/24	20	NULL	GE0/0/2	10.2.2.2	A/-/L/-
			GE1/0/0	10.2.3.2	
10.1.13.254/32	20	NULL	GE0/0/2	10.2.2.2	A/-/L/-
10.1.13.0/24	20	NULL	GE0/0/2	10.2.2.2	A/-/L/-
			GE1/0/0	10.2.3.2	
10.1.12.254/32	20	NULL	GE0/0/2	10.2.2.2	A/-/L/-
10.2.3.0/30	10	NULL	GE1/0/0	Direct	D/-/L/-
10.1.12.0/24	20	NULL	GE0/0/2	10.2.2.2	A/-/L/-
			GE1/0/0	10.2.3.2	
10.2.2.0/30	10	NULL	GE0/0/2	Direct	D/-/L/-
10.1.15.254/32	20	NULL	GE1/0/0	10.2.3.2	A/-/L/-
10.1.15.0/24	20	NULL	GE0/0/2	10.2.2.2	A/-/L/-
			GE1/0/0	10.2.3.2	
10.1.14.254/32	20	NULL	GE1/0/0	10.2.3.2	A/-/L/-

```
            Flags: D-Direct, A-Added to URT, L-Advertised in LSPs, S-IGP Shortcut,
                   U-Up/Down Bit Set
                        ISIS(1) Level-2 Forwarding Table
                        ------------------------------
```

IPv4 Destination	IntCost	ExtCost	ExitInterface	NextHop	Flags
192.168.2.0/23	30	NULL	GE0/0/1	192.168.12.2	A/-/-/-
172.16.8.0/22	30	NULL	GE0/0/0	172.16.12.1	A/-/-/-
192.168.6.0/30	20	NULL	GE0/0/1	192.168.12.2	A/-/-/-
172.16.12.0/30	10	NULL	GE0/0/0	Direct	D/-/L/-
10.2.3.0/30	10	NULL	GE1/0/0	Direct	D/-/L/-
172.16.6.0/30	20	NULL	GE0/0/0	172.16.12.1	A/-/-/-
10.2.2.0/30	10	NULL	GE0/0/2	Direct	D/-/L/-
192.168.12.0/30	10	NULL	GE0/0/1	Direct	D/-/L/-

```
            Flags: D-Direct, A-Added to URT, L-Advertised in LSPs, S-IGP Shortcut,
                   U-Up/Down Bit Set
```

以上输出信息表明，IS-IS 协议的 L1 路由和 L2 路由分别维护路由表，每条路由信息包括 IPv4 目的网络/掩码长度、IPv4 内部开销值和外部开销值、路由出接口、路由下一跳 IP 地址和路由标记。在路由标记中，D 表示直连路由，A 表示此路由被加入单播路由表中，L 表示此路由通过 LSP 报文发布出去，S 表示到达该前缀的路径上存在 IGP-Shortcut，U 表示 Up/Down 比特位。

（9）查看 IP 路由表中 IS-IS 的路由信息。

① 查看路由器 SZ 的 IS-IS 的路由信息。

```
[SZ]display ip routing-table protocol isis
Route Flags: R - relay, D - download to fib
------------------------------------------------------------------------------

Public routing table : ISIS
        Destinations : 13      Routes : 17
ISIS routing table status : <Active>
```

```
              Destinations : 13          Routes : 17
Destination/Mask      Proto    Pre  Cost      Flags  NextHop      Interface
       10.1.12.0/22   ISIS-L2 255   0          D    0.0.0.0      NULL0
       10.1.12.0/24   ISIS-L1 15    20         D    10.2.2.2     GigabitEthernet0/0/2
                      ISIS-L1 15    20         D    10.2.3.2     GigabitEthernet1/0/0
     10.1.12.254/32   ISIS-L1 15    20         D    10.2.2.2     GigabitEthernet0/0/2
       10.1.13.0/24   ISIS-L1 15    20         D    10.2.2.2     GigabitEthernet0/0/2
                      ISIS-L1 15    20         D    10.2.3.2     GigabitEthernet1/0/0
     10.1.13.254/32   ISIS-L1 15    20         D    10.2.2.2     GigabitEthernet0/0/2
       10.1.14.0/24   ISIS-L1 15    20         D    10.2.2.2     GigabitEthernet0/0/2
                      ISIS-L1 15    20         D    10.2.3.2     GigabitEthernet1/0/0
     10.1.14.254/32   ISIS-L1 15    20         D    10.2.3.2     GigabitEthernet1/0/0
       10.1.15.0/24   ISIS-L1 15    20         D    10.2.2.2     GigabitEthernet0/0/2
                      ISIS-L1 15    20         D    10.2.3.2     GigabitEthernet1/0/0
     10.1.15.254/32   ISIS-L1 15    20         D    10.2.3.2     GigabitEthernet1/0/0
      172.16.6.0/30   ISIS-L2 15    20         D    172.16.12.1  GigabitEthernet0/0/0
      172.16.8.0/22   ISIS-L2 15    30         D    172.16.12.1  GigabitEthernet0/0/0
     192.168.2.0/23   ISIS-L2 15    30         D    192.168.12.2 GigabitEthernet0/0/1
     192.168.6.0/30   ISIS-L2 15    20         D    192.168.12.2 GigabitEthernet0/0/1
ISIS routing table status : <Inactive>
              Destinations : 0           Routes : 0
```

② 查看路由器 GZ 的 IS-IS 的路由信息。

```
[GZ]display ip routing-table protocol isis
Route Flags: R - relay, D - download to fib
----------------------------------------------------------------------------
Public routing table : ISIS
              Destinations : 12          Routes : 12
ISIS routing table status : <Active>
              Destinations : 12          Routes : 12
Destination/Mask      Proto    Pre  Cost      Flags  NextHop      Interface
         0.0.0.0/0    ISIS-L2 15    30         D    172.16.12.2  GigabitEthernet0/0/0
       10.1.12.0/22   ISIS-L2 15    30         D    172.16.12.2  GigabitEthernet0/0/0
        10.2.2.0/30   ISIS-L2 15    20         D    172.16.12.2  GigabitEthernet0/0/0
        10.2.3.0/30   ISIS-L2 15    20         D    172.16.12.2  GigabitEthernet0/0/0
      172.16.8.0/22   ISIS-L2 255   0          D    0.0.0.0      NULL0
      172.16.8.0/24   ISIS-L1 15    20         D    172.16.6.1   GigabitEthernet0/0/1
      172.16.9.0/24   ISIS-L1 15    20         D    172.16.6.1   GigabitEthernet0/0/1
     172.16.10.0/24   ISIS-L1 15    20         D    172.16.6.1   GigabitEthernet0/0/1
     172.16.11.0/24   ISIS-L1 15    20         D    172.16.6.1   GigabitEthernet0/0/1
     192.168.2.0/23   ISIS-L2 15    40         D    172.16.12.2  GigabitEthernet0/0/0
     192.168.6.0/30   ISIS-L2 15    30         D    172.16.12.2  GigabitEthernet0/0/0
    192.168.12.0/30   ISIS-L2 15    20         D    172.16.12.2  GigabitEthernet0/0/0
ISIS routing table status : <Inactive>
              Destinations : 0           Routes : 0
```

③ 查看交换机 S5 的 IS-IS 的路由信息。

```
[S5]display ip routing-table protocol isis
Route Flags: R - relay, D - download to fib
----------------------------------------------------------------------------
Public routing table : ISIS
              Destinations : 1           Routes : 1
ISIS routing table status : <Active>
              Destinations : 1           Routes : 1
Destination/Mask      Proto    Pre  Cost      Flags  NextHop      Interface
```

| 0.0.0.0/0 | ISIS-L1 15 | 10 | D | 172.16.6.2 | Vlanif6 |

ISIS routing table status : <Inactive>
Destinations : 0   Routes : 0

以上输出信息表明，IS-IS 路由分为 L1 和 L2 两种类型，IS-IS 路由的优先级为 15。由于交换机 S5 为 L1 路由器，所以有一条到最近的 L1/L2 路由器的默认路由；由于路由器 SZ 和 GZ 是 L1-2 路由器，所以有 L1 和 L2 两种类型的路由。在路由器 SZ 和 GZ 上配置路由聚合时，配置了 generate_null0_route 参数，所以两台路由器本地路由表自动生成一条优先级为 255 的指向 Null0 的聚合路由条目，主要是为了避免路由环路。

本章总结

IS-IS 协议是一个非常灵活的路由协议，具有很好的可扩展性，使用 SPF 算法进行路由计算。为了支持大规模的路由网络，IS-IS 协议在路由域内采用两级分层结构。一个大的路由域被分成一个或多个区域，并定义了路由器的 3 种类型：L1、L2 和 L1-2。区域内的路由通过 L1 路由器管理，区域间的路由通过 L2 路由器管理。本章介绍了 IS-IS 协议的特征、术语、拓扑结构、网络服务访问点、路由器类型、网络类型、报文类型、邻居关系的建立、LSP 泛洪机制、IPv6 IS-IS、IS-IS 验证和路由渗透、IS-IS 与 OSPF 的对比、IS-IS 配置任务等内容，并通过项目案例演示和验证了集成 IS-IS 实现企业网络互联配置实现。

习题

1. 在华为 VRP 系统中，路由表中的 IS-IS 协议的优先级是（   ）。
   A. 10   B. 15   C. 110   D. 115
2. 在 IS-IS 的 NSAP 地址中，系统 ID 的长度是（   ）字节。
   A. 4   B. 6   C. 8   D. 16
3. ISO 9577 分配给 IS-IS 的域内路由选择协议标识符是一个固定的值，该值是（   ）。
   A. 0x82   B. 0x83   C. 0x88   D. 0x89
4. IS-IS 的 LSP 最大生存时间默认是（   ）s。
   A. 3600   B. 1800   C. 1200   D. 900
5. IS-IS 的链路状态刷新时间是（   ）min。
   A. 15   B. 30   C. 45   D. 60
6. IS-IS 通过 TLV 的形式携带验证信息，验证 TLV 的类型值为（   ）。
   A. 1   B. 10   C. 128   D. 129
   E. 132
7. 【多选】IS-IS 路由域内的所有路由器都会产生 LSP，以下（   ）事件会触发一个新的 LSP。
   A. 接口被赋予了新的 Metric 值   B. 区域间的 IP 路由发生变化
   C. 引入的 IP 路由发生变化   D. 邻居 Up 或 Down
8. 【多选】LSPID 由（   ）几部分构成。
   A. 系统 ID   B. 伪节点 ID   C. 区域 ID   D. LSP 分段号
9. 【多选】IS-IS 支持的验证类型包括（   ）。
   A. 接口验证   B. 区域验证   C. 域验证   D. 级别验证

第 3 章
BGP

03

通常可以将路由协议分为内部网关协议和外部网关协议（Exterior Gateway Protocol，EGP）两类。EGP 主要用于在互联网服务提供商之间交换路由信息。目前使用最为广泛的 EGP 是边界网关协议（Border Gateway Protocol，BGP）版本 4，它是第一个支持无类别域间路由和路由聚合的 BGP 版本。

学习目标

① 掌握 BGP 的应用场景、特征和相关术语。

② 了解 BGP 的报文类型及其作用。

③ 掌握 BGP 邻居关系建立过程和邻居状态机及其配置实现。

④ 掌握 BGP 路径属性分类和作用。

⑤ 掌握 BGP 路由判定原则和策略选路的配置实现。

⑥ 掌握 BGP 路由反射器和联盟的应用场景、作用。

⑦ 了解 BGP 路由衰减和 MP-BGP 的特征、作用及配置实现。

3.1 BGP 概述

BGP 是一种 EGP，与 OSPF 协议和 IS-IS 协议等 IGP 不同，其着眼点不在于发现和计算路由，而在于控制路由的传播和选择最佳路由。作为事实上的 Internet 路由协议，BGP-4 被广泛应用于 ISP 之间。

3.1.1 BGP 的特征

BGP 被称为基于策略的路径向量路由协议，它的任务是在自治系统之间交换路由信息，同时确保没有路由环路，其特征如下。

（1）使用属性（Attribute）描述路径，丰富的属性特征方便实现基于策略的路由控制，同时，BGP 路由通过携带 AS 路径信息彻底解决路由环路问题。

（2）使用 TCP（端口 179）作为其传输协议，并通过 Keepalive 报文来检验 TCP 的连接。

（3）拥有自己的 BGP 邻居表、BGP 表和路由表。

（4）为了保证 BGP 免受攻击，BGP 支持 MD5 验证和 Keychain 验证，对 BGP 邻居关系进行验证是提高安全性的有效手段。MD5 验证只能为 TCP 连接设置验证密码，而 Keychain 验证除了可以为 TCP 连接设置验证密码外，还可以对 BGP 报文进行验证。

（5）采用了增量更新和触发更新，BGP 只发送更新的路由，大大减少了 BGP 传播路由所占用的带宽，适用于在 Internet 上传播大量的路由信息。

（6）BGP 采用路由聚合和路由衰减防止路由振荡（Route Flaps），有效提高了网络的稳定性。

（7）BGP 易于扩展，能够适应网络新技术的发展。

3.1.2　BGP 的术语

（1）对等体（Peer）：当两台 BGP 路由器之间建立了一条基于 TCP 的连接，并且相互交换报文时，就称它们为邻居或对等体。若干采用相同更新策略的 BGP 对等体可以构成对等体组（Peer Group）。

（2）自治系统：为方便管理规模不断扩大的网络，网络被分成了不同的自治系统。自治系统是拥有同一选路策略，在同一技术管理部门下运行的一组路由器或主机，它们使用 IGP 决定如何在自治系统内部转发数据，并使用 BGP 决定如何把数据包转发到其他自治系统中。BGP 网络中的每个 AS 都被分配了一个唯一的 AS 号，用于区分不同的 AS。AS 号由互联网数字分配机构（Internet Assigned Numbers Authority，IANA）分配，AS 号分为 2 字节 AS 号和 4 字节 AS 号，其中，2 字节 AS 号为 1～65535（64512～65535 私有使用），4 字节 AS 号为 1～4294967295。支持 4 字节 AS 号的设备能够与支持 2 字节 AS 号的设备兼容。

（3）内部 BGP 和外部 BGP：当 BGP 在一个 AS 内运行时，称为内部 BGP（Interior BGP，IBGP）；当 BGP 运行在 AS 之间时，称为外部 BGP（Exterior BGP，EBGP）。如图 3-1 所示，路由器 R1 和 R2 之间运行的是 EBGP，路由器 R2 和 R3 之间运行的是 IBGP。

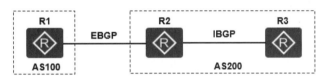

图 3-1　IBGP 和 EBGP

（4）网络层可达性信息（Network Layer Reachability Information，NLRI）：它是 BGP 更新报文的一部分，用于列出通过该路径可到达的目的地的集合，由一个或者多个前缀和前缀长度二元组构成。

（5）IBGP 水平分割（IBGP Split Horizon）：通过 IBGP 学习到的路由信息不能通告给其他的 IBGP 邻居，其主要目的是防止 AS 内产生路由环路，为此，AS 内所有 IBGP 对等体应该建立全连接。同时，为了解决 IBGP 对等体的连接数量太多的问题，BGP 设计了路由反射器和 BGP 联盟。如图 3-2 所示，路由器 R2 通过 EBGP 学习到的路由条目 1.1.1.0/24 通过 IBGP 传递给路由器 R3，但是路由器 R3 不会将该路由传递给路由器 R4。

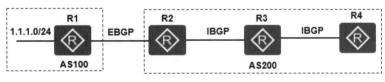

图 3-2　IBGP 水平分割

3.1.3　BGP 的报文类型

1.　BGP 报文头部

BGP 的报文类型主要包括打开（Open）、存活（Keepalive）、更新（Update）、路由刷新（Route-refresh）和通知（Notification）5 种类型。其中，Keepalive 报文为周期性发送，其他报文为触发式发送。这些报文具有相同的报文头部，长度为 19 字节，其格式如图 3-3 所示，各字段的含义如下。

图 3-3　BGP 报文头部的格式

（1）标记（Marker）：16 字节，用于标记 BGP 报文边界，可以用来检测对等体之间同步的丢失，以及在支持验证功能时用来验证报文。不使用验证时，所有比特均为 1。

（2）长度（Length）：2 字节，BGP 报文总长度（包括包头在内），以字节为单位，值为 19～4096。

（3）类型（Type）：1 字节，BGP 报文的类型。其取值为 1～5，分别表示 Open、Update、Notification、Keepalive 和 Route-refresh 报文。其中，前 4 种消息是在 RFC1771 中定义的，而 Type 为 5 的消息则是在 RFC2918 中定义的。

2. BGP Open 报文

BGP Open 报文是 TCP 连接建立后发送的第一个报文，用于建立 BGP 对等体之间的连接关系，其格式如图 3-4 所示，各字段的含义如下。

图 3-4　BGP Open 报文的格式

（1）版本（Version）：1 字节，BGP 的版本号，对于 BGP-4 来说，其值为 4。

（2）我的自治系统（My Autonomous System）：2 字节，BGP 邻居建立时发起者的 AS 号。通过比较两端的 AS 号来确定双方是 IBGP 邻居还是 EBGP 邻居。

（3）保持时间（Hold Time）：2 字节，指设备收到一个 Keepalive 报文之前允许等待的最长时间。如果在这个时间内未收到对端发送的 Keepalive 报文或 Update 报文，则认为 BGP 连接中断。在建立对等体关系时两端要协商保持时间，协商时采用 Open 报文中较小端的保持时间作为双方的保持时间，默认保持时间是 180s。

（4）BGP 标识符（BGP Identifier）：4 字节，发送者的 BGP 路由器 ID，用来识别 BGP 路由器，通常是 IPv4 地址的格式，由 BGP 会话建立时发送的 Open 报文携带。对等体之间建立 BGP 会话时，每个 BGP 设备都必须有唯一的路由器 ID，否则对等体之间不能建立 BGP 连接。BGP 的路由器 ID 在 BGP

网络中必须是唯一的，BGP 路由器 ID 的确定方法和 OSPF 路由器 ID 的确定方法相同。

（5）可选参数长度（Optional Parameters Length，Opt Parm Len）：1 字节，可选参数的长度。如果为 0，则表示没有可选参数。

（6）可选参数（Optional Parameters）：可变长度，用于 BGP 验证或多协议扩展等功能，包括一个可选参数列表，每个参数由 1 字节类型字段、1 字节长度字段和一个包含参数值的可变长度字段来确定，即 TLV（Type-Length-Value）方式。

3. BGP Update 报文

BGP Update 报文用于在对等体之间交换路由信息。它既可以发布可达路由信息，又可以撤销不可达的路由信息，其格式如图 3-5 所示，各字段的含义如下。

不可用路由长度
撤销路由
全部路径属性长度
路径属性
网络层可达信息

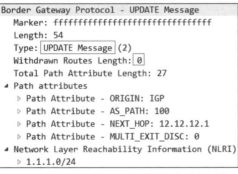
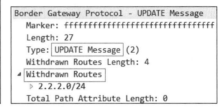

图 3-5　BGP Update 报文的格式

（1）不可用路由长度（Unfeasible Routes Length）：2 字节，撤销路由字段的整体长度。如果为 0，则说明没有路由被撤销，并且在该报文中没有撤销路由的字段。

（2）撤销路由（Withdrawn Routes）：可变长度，包含不可达路由的列表。

（3）全部路径属性长度（Total Path Attribute Length）：2 字节，路径属性字段的长度。如果为 0，则说明没有路径属性字段。

（4）路径属性（Path Attributes）：可变长度，列出与 NLRI 相关的所有路径属性列表，包括 AS_PATH、本地优先级和起源等，每个路径属性由一个 TLV 三元组构成。路径属性是 BGP 用于进行路由控制和决策的重要信息。

（5）网络层可达信息（Network Layer Reachability Information）：可变长度，是可达路由的前缀和前缀长度二元组。

4. BGP Notification 报文

当 BGP 检测到错误状态时，就向对等体发出 Notification 报文，之后 BGP 连接会立即中断。BGP Notification 报文的格式如图 3-6 所示，各字段的含义如下。

（1）错误编码（Error Code）：1 字节，错误类型。

（2）错误子码（Error Subcode）：1 字节，错误类型更详细的信息。

（3）数据（Data）：可变长度，用于诊断错误的原因，它的内容依赖于具体的错误编码和错误子码。

图 3-6　BGP Notification 报文的格式

5. BGP Keepalive 报文

BGP 会周期性（默认周期为 60s）地向对等体发出 Keepalive 报文，用来保持连接的有效性。其报文格式中只包含 BGP 包头，没有附加其他任何字段。Keepalive 报文的发送周期是保持时间的 1/3，但该时间不能低于 1s。如果协商后的保持时间为 0，则不发送 Keepalive 报文。

6. BGP Route-refresh 报文

BGP Route-refresh 报文用来要求对等体重新发送指定地址族的路由信息，其格式如图 3-7 所示，地址族标识（Address Family Identifier，AFI）可以是 IPv4 或 IPv6 等，子地址族标识（Subsequent Address Family Identifier，SAFI）可以是单播路由或组播路由等。

图 3-7　BGP Route-refresh 报文的格式

3.1.4　BGP 邻居状态机

BGP 邻居（对等体）的交互过程中存在空闲（Idle）、连接（Connect）、活跃（Active）、Open 报文发送（OpenSent）、Open 报文确认（OpenConfirm）和连接已建立（Established）6 种状态机，如图 3-8 所示。在 BGP 对等体建立的过程中，通常可见的 3 种状态机是 Idle、Active 和 Established。

（1）Idle：BGP 的初始状态，该状态下，BGP 拒绝邻居发送的连接请求。只有在收到本设备的 Start 事件后，BGP 才开始尝试和其他 BGP 对等体进行 TCP 连接，并转至 Connect 状态。

（2）Connect：BGP 启动连接重传定时器（Connect Retry），等待完成 TCP 连接。若连接成功，则向对等体发送 Open 消息，并进入 OpenSent 状态；如果连接失败，则继续侦听是否有对等体

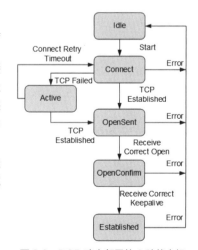

图 3-8　BGP 建立邻居的 6 种状态机

启动连接，并进入 Active 状态。如果连接重传定时器超时后，BGP 仍没有收到对等体的响应，那么 BGP 继续尝试和其他 BGP 对等体进行 TCP 连接，停留在 Connect 状态。

（3）Active：BGP 试图建立 TCP 连接。如果 TCP 连接成功，则 BGP 向对等体发送 Open 报文，关闭连接重传定时器，并转至 OpenSent 状态。如果 TCP 连接失败，则 BGP 停留在 Active 状态。如果连接重传定时器超时后，BGP 仍没有收到 BGP 对等体的响应，则 BGP 转至 Connect 状态。

（4）OpenSent：BGP 等待对等体的 Open 报文，并对收到的 Open 报文中的 AS 号和版本号等信息进行检查。如果收到的 Open 报文正确，则 BGP 向对等体发送 Keepalive 报文，并转至 OpenConfirm 状态；如果发现收到的 Open 报文有错误，则 BGP 向对等体发送 Notification 报文，并转至 Idle 状态。

（5）OpenConfirm：BGP 等待 Keepalive 或 Notification 报文。如果收到 Keepalive 报文，则进入 Established 状态；如果收到 Notification 报文，则进入 Idle 状态。

（6）Established：BGP 可以和其他对等体交换 Update、Notification 和 Keepalive 报文，并可以开始路由选择。如果收到了正确的 Update 和 Keepalive 报文，则认为对端处于正常运行状态，本地重置保持时间计时器；如果收到 Notification 报文，则进入 Idle 状态；如果 TCP 连接中断，则关闭 BGP 连接，并回到 Idle 状态。Route-refresh 报文不会改变 BGP 状态。

3.1.5 BGP 路径属性

BGP 用丰富的属性描述路由，为路由控制带来了很大的方便，BGP 路径属性分为以下 4 类。

（1）公认必遵（Well-Known Mandatory）：所有 BGP 设备都可以识别此类属性，且必须存在于 Update 报文中，包括起源（Origin）、AS 路径（AS_Path）和下一跳（Next_Hop）3 个属性。如果缺少这类属性，路由信息就会出错。

① Origin：属性类型代码为 1，该属性说明了路由信息的来源，标记了一条路由是怎样成为 BGP 路由的。其有 3 个可能的源：IGP、EGP 及 Incomplete。路由器在多个路由选择的处理中使用此信息。路由器选择具有 Origin 类型最低优先级的路径，Origin 类型优先级从低到高的顺序为 Incomplete < EGP<IGP。

② AS_Path：属性类型代码为 2，按一定次序记录了 BGP 路由从本地到目的地址所要经过的所有 AS 号，如图 3-9 所示。在接收 BGP 路由时，设备如果发现 AS_Path 列表中有本 AS 号，则不接收该路由，从而避免了 AS 间的路由环路。在其他因素相同的情况下，BGP 会优先选择路径较短的路由。在某些应用中，可以使用路由策略来人为地增加 AS 路径的长度，以便更为灵活地控制 BGP 路径的选择。需要注意的是，BGP 路由通告给 IBGP 对等体时，不会改变这条路由的 AS_Path 属性。

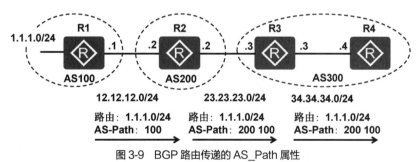

图 3-9 BGP 路由传递的 AS_Path 属性

③ Next_Hop：属性类型代码为 3，是路由器所获得的 BGP 路由的下一跳，BGP 的下一跳和 IGP 的有所不同，不一定就是邻居路由器的 IP 地址。对于 EBGP 会话来说，下一跳就是通告该路由的邻居路由器的源地址。对于 IBGP 会话而言，有两种情况：一是起源 AS 内部的路由的下一跳就是通告该路

由的邻居路由器的源地址，二是通过 EBGP 学到的路由传递给本 AS 的 IBGP 邻居时，它的下一跳会保持不变。如图 3-10 所示，假设 BGP 对等体都是通过直连接口建立邻居的。

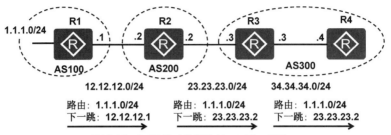

图 3-10　BGP 路由传递的 Next_Hop 属性

（2）公认任意（Well-Known Discretionary）：所有 BGP 设备都可以识别此类属性，但不要求必须存在于 Update 报文中，即就算缺少这类属性，路由信息也不会出错。

本地优先级（Local_Pref）属性是常用的公认任意属性，属性类型代码为 5，该属性仅在 IBGP 对等体之间交换，不通告给其他 AS，用于判断流量离开 AS 时的最佳路由。当 BGP 路由器通过不同的 IBGP 对等体得到目的地址相同但下一跳不同的多条路由时，将优先选择 Local_Pref 属性值较高的路由，Local_Pref 默认值为 100。如图 3-11 所示，路由器 R2 和 R3 发给路由器 R4 的 1.1.1.0/24 的路由携带 Local_Pref 的值分别为 100 和 200，所以路由器 R2 和 R4 转发目的地址为 1.1.1.0/24 的流量时选择路由器 R3 作为下一跳，即从 AS 200 到 AS 100 的 1.1.1.0/24 网络的流量将选择路由器 R3 作为出口。

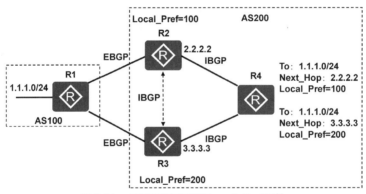

图 3-11　BGP 路由传递的 Local_Pref 属性

（3）可选过渡（Optional Transitive）：在 AS 之间具有可传递性的属性，BGP 设备可以不识别此类属性。即使 BGP 设备不识别此类属性，其仍然会接收这类属性，并通告给其他对等体。

团体（Community）是常用的可选过渡属性，分为标准团体属性和扩展团体属性两类。

① 标准团体属性：属性类型代码为 8，用于标识具有相同特征的 BGP 路由，使路由策略的应用更加灵活，同时降低了维护管理的难度，没有物理上的边界，与其所在的 AS 无关。团体属性可以解析为 AA:NN 的格式（如 100:111），长度为 4 字节，RFC 中规定，前 2 字节作为 AS 号，后 2 字节由该 AS 自己使用，可以用十进制或十六进制来表示该属性。团体属性可分为公认团体属性和自定义团体属性。公认团体属性包括 Internet、No_Advertise、No_Export 和 No_Export_Subconfed 4 种。在收到具有相应属性的路由后，Internet 表示可以向任何 BGP 对等体发送该路由；No_Advertise 表示不能被通告给任何其他的 BGP 对等体；No_Export 表示不能被发布到本地 AS 之外，如果使用了联盟，则不能被发布到联盟之外，但可以发布给联盟中的其他子 AS；No_Export_Subconfed 表示不能被发布到本地 AS 之外，也不能发布到联盟的其他子 AS 中。自定义团体属性有特殊的用途，在 RFC1998 中做了定义，此

RFC 描述了如何在 ISP 网络中，利用自定义团体属性操控 BGP 路由选路。

② 扩展团体属性：属性类型代码为 16，因为团体属性的使用越来越丰富，原有的 4 字节定义已经不能满足各种应用，应运而生的就是扩展团体属性，并于 RFC4360 中被定义。扩展团体属性的长度为 8 字节，以减少冲突的可能。扩展团体属性由类型字段和数值字段构成，其中，类型字段为 1 或 2 字节，剩余部分是数值字段。RFC4360 中给出了具体的扩展团体属性各字段的定义及若干种应用模板，其中较出名的就是在多协议标签交换虚拟专用网络（Multi-Protocol Label Switching Virtual Private Network，MPLS VPN）应用中，用路由目标（Route Target，RT）团体属性来区分不同虚拟路由转发（Virtual Routing Forwarding，VRF）的路由，路由器通过 RT 中的内容，判断该路由是否需要添加到相应的 VRF 中。

（4）可选非过渡（Optional Nontransitive）：BGP 设备可以不识别此类属性，如果 BGP 设备不识别此类属性，则会忽略该属性，且不会通告给其他对等体。可选非过渡属性包括多出口区分（Multi-Exit Discriminator，MED）、起源 ID（Originator_ID）和簇列表（Cluster_List）。

① MED：属性类型代码为 4，该属性仅在相邻两个 AS 之间交换，收到此属性的 AS 一方不会再将其通告给任何第三方 AS。MED 属性相当于 IGP 使用的度量值，它用于判断流量进入 AS 时的最佳路由。当一个运行 BGP 的路由器通过不同的 EBGP 对等体得到目的地址相同但下一跳不同的多条路由时，在其他条件相同的情况下，将优先选择 MED 值较小者作为最优路由。默认情况下，仅当路由来自同一个自治系统的不同邻居时，路由器才比较它们的 MED 值。如图 3-12 所示，路由器 R2 和 R3 发给路由器 R1 的 4.4.4.0/24 的路由携带 MED 的值分别为 0 和 100，因此路由器 R1 转发目的地址为 4.4.4.0/24 的流量时选择路由器 R2 作为下一跳。

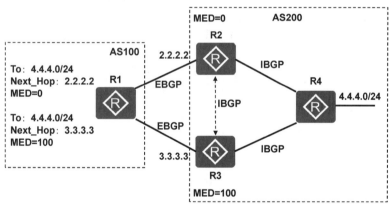

图 3-12　BGP 路由传递的 MED 属性

② Originator_ID：属性类型代码为 9，为了防止引入路由反射器（3.1.9 节中将详细介绍）之后出现环路，以 Originator_ID 属性来标识，反射器在发布路由时加入 Originator_ID，当反射器收到的路由信息中的 Originator_ID 就是自己的路由器 ID 时，就可以发现路由环路，并将该路由丢弃，不再转发。

③ Cluster_List：属性类型代码为 10，路由反射器及其客户机组成一个集群（Cluster），使用 AS 内唯一的 Cluster ID 作为标识。为了防止集群间产生路由环路，路由反射器使用 Cluster_List 属性记录路由经过的所有集群的 Cluster ID。在路由经过路由反射器时，路由反射器会将自己的 Cluster_ID 添加到路由携带的 Cluster_List 中，当路由反射器发现接收的路由的 Cluster_List 中包含了自己的 Cluster_ID 时，会将该路由丢弃，不再转发。

3.1.6　BGP 路由引入和发布策略

BGP 本身不发现路由，因此需要将其他路由引入到 BGP 路由表中，实现 AS 间的路由互通。当一个 AS 需要将路由发布给其他 AS 时，AS 边缘路由器会在 BGP 路由表中引入 IGP 的路由。为了更好地规划网络，BGP 在引入 IGP 的路由时，可以使用路由策略进行路由过滤和路由属性设置，也可以设置 MED 值，以指导 EBGP 对等体在流量进入 AS 时进行选路。BGP 引入路由时支持 Import 和 Network 两种方式。Import 方式是按协议类型将 OSPF 和 IS-IS 等协议的路由引入到 BGP 路由表中。为了保证引入的 IGP 路由的有效性，Import 方式还可以引入静态路由和直连路由。Network 方式是逐条将 IP 路由表中已经存在的路由引入到 BGP 路由表中，比 Import 方式更精确。

当一个 AS 需要引入其他 AS 的路由时，AS 边缘路由器会在 IGP 路由表中引入 BGP 的路由。为了避免大量 BGP 路由对 AS 内设备造成影响，当 IGP 引入 BGP 路由时，可以使用路由策略，进行路由过滤和路由属性设置。

BGP 路由器将最优路由加入 BGP 路由表，形成 BGP 路由。BGP 对等体建立邻居关系后，BGP 对等体之间发布 BGP 路由的策略如下。

（1）从 IBGP 对等体获得的 BGP 路由只发布给它的 EBGP 对等体，即 IBGP 水平分割。

（2）从 EBGP 对等体获得的 BGP 路由发布给其所有 EBGP 和 IBGP 对等体。

（3）当存在多条到达同一目的地址的有效路由时，只将最优路由发布给对等体。

（4）路由更新时，只发送更新的 BGP 路由。

（5）BGP 路由器会接收所有对等体发送的路由。

3.1.7　BGP 路由选择

BGP 使用很多属性来描述路由的特性，在 BGP 路由表中，可能存在多条到达同一目的地的有效路由，BGP 会选择其中一条路由作为最优路由，并只把此路由发送给其对等体。BGP 为了选出最优路由，会根据 BGP 的路由优选规则依次比较这些路由的 BGP 属性。理解 BGP 路由判定的过程非常重要，如果下一跳不可达，则不考虑该路由。下面按优先顺序给出了路由器在 BGP 路由选择中的判定过程。

（1）优选协议首选值（PrefVal）最高的路由。协议首选值是华为设备的特有属性，该属性仅在本地有效。如图 3-13 所示，路由器 R4 转发目的为 1.1.1.0/24 的流量选择路由器 R3 作为下一跳，因为通过路由器 R3 到达目的网络的 PrefVal 值比通过路由器 R2 到达目的网络的 PrefVal 值高。

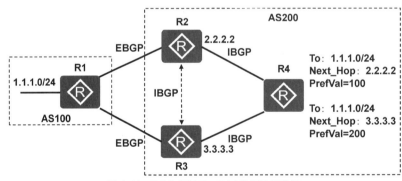

图 3-13　BGP 通过 PrefVal 选择最优路径

（2）优选本地优先级（Local_Pref）最高的路由。

（3）依次优选手动聚合路由、自动聚合路由、【network】命令引入的路由、【import-route】命令引入的路由、从对等体学习的路由。

（4）优选 AS 路径（AS_Path）最短的路由。

（5）依次选择 Origin 类型为 IGP、EGP 和 Incomplete 的路由。

（6）对于来自于同一 AS 的路由，优选 MED 值最低的路由。

（7）依次选择从 EBGP 和 IBGP 学习来的路由。

（8）优选到 BGP 下一跳 IGP 度量值最小的路由。在 IGP 中，对到达同一目的地址的不同路由，IGP 根据本身的路由算法计算路由的度量值。

（9）优选 Cluster_List 最短的路由。

（10）优选 Router ID 最小的设备发布的路由。如果路由携带 Originator_ID 属性，则不再比较 Router ID，优选 Originator_ID 最小的路由。

（11）优选从具有最小 IP Address 的对等体学习来的路由。

需要注意的是，如果配置了负载分担，当到达同一目的地址存在多条等价路由时，可以通过 BGP 等价负载分担实现均衡流量的目的，形成 BGP 等价负载分担的条件是上述 BGP 路由选择策略的规则（1）～（8）中需要比较的属性完全相同。

3.1.8　BGP 路由衰减

BGP 路由衰减（Route Dampening）用来解决路由不稳定的问题。路由不稳定的主要表现形式是路由振荡，即路由表中的某条路由反复消失和出现。发生路由振荡时，路由协议会向邻居发布路由更新，收到更新的路由器需要重新计算路由并修改路由表，所以频繁的路由振荡会消耗大量的带宽资源和 CPU 资源，严重时会影响到网络的正常工作。BGP 使用路由衰减来防止持续的路由振荡带来的不利影响。路由衰减工作示意图如图 3-14 所示。

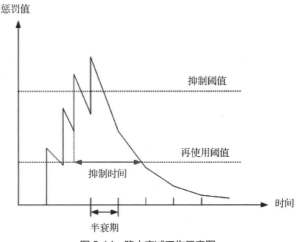

图 3-14　路由衰减工作示意图

路由衰减使用惩罚值（Penalty Value）来衡量一条路由的稳定性，惩罚值越高，说明路由越不稳定。下面先介绍以下几个术语。

（1）半衰期（Half-life）：每经过一个半衰期，抑制值就会减半，其默认为 15min。

（2）再使用阈值（Reuse Value）：当一条被抑制路由的惩罚值低于该值后，该路由恢复可用，其默认值为 750。

（3）抑制阈值（Suppress Value）：超过该值时，路由会被抑制，不加入路由表，也不再向其他 BGP 对等体发布更新报文，其默认值为 2000。惩罚值增加到一定程度之后，便不会再增加，这个值称为惩罚上限值，在 VRP 系统中，其默认值为 16000。

（4）抑制时间（Suppress Time）：从路由被抑制到路由恢复可用的时间。最大抑制时间指被抑制路由的抑制时间超过该值后，不管惩罚值为多少，路由都会恢复可用。

路由每发生一次振荡，即路由器收到该路由的撤销报文或者收到该路由的属性更新的 Update 报文时，BGP 便会给此路由增加一定的惩罚值（1000）。当惩罚值超过抑制阈值时，此路由被抑制，不加入 IP 路由表，路由器也不再向其他 BGP 对等体发布更新报文。如果该路由被打上 d 标志，则说明路由器最后收到的是 Update 报文；如果该路由被打上 h 标志，则说明路由器最后收到的是撤销报文。被抑制的路由每经过一段时间，惩罚值便会减少一半。如果是 d 标志的路由，则当惩罚值降到再使用阈值时，此路由会被去掉 d 标记，恢复可用并被优先后加入 IP 路由表，同时向其他 BGP 对等体发布更新报文；如果是 h 标志的路由，则当惩罚值降为 0 时，此路由会被从 BGP 路由表中删除。需要注意的是，BGP 路由抑制只对通过 EBGP 学习到的路由起作用，对通过 IBGP 学习到的路由不起作用。

3.1.9 BGP 路由聚合

在大规模的网络中，BGP 路由表十分庞大，给设备造成了很大的负担，同时使发生路由振荡的概率大大增加，影响了网络的稳定性。路由聚合是将多条路由合并的机制，它通过只向对等体发送聚合后的路由而不发送所有的具体路由的方法，减小了路由表的规模。被聚合的路由如果发生路由振荡，则不再对网络造成影响，从而提高了网络的稳定性。

BGP 在 IPv4 网络中支持自动聚合和手动聚合两种方式。

（1）自动聚合：对 BGP 引入的路由进行聚合。配置自动聚合后，BGP 将按照自然网段聚合路由（例如，非自然网段 A 类地址 10.1.1.1/24 和 10.2.1.1/24 将聚合为自然网段 A 类地址 10.0.0.0/8），并且 BGP 只向对等体发送聚合后的路由。

（2）手动聚合：对 BGP 本地路由表中存在的路由进行聚合。手动聚合可以控制聚合路由的属性，以及决定是否发布具体路由。

3.1.10 BGP 路由反射器

为了保证 IBGP 对等体之间的连通性，需要在 IBGP 对等体之间建立全连接关系。假设在一个 AS 内部有 n 台设备，那么建立的 IBGP 连接数为 $n(n-1)/2$。当设备数目很多时，设备配置将十分复杂，而且配置后网络资源和 CPU 资源的消耗都很大。在 IBGP 对等体间使用路由反射器可以解决以上问题。在一个 AS 内，其中一台路由器作为路由反射器（Route Reflector，RR），其他路由器作为客户机（Client）与路由反射器建立 IBGP 连接。路由反射器在客户机之间传递（反射）路由信息，而客户机之间不需要建立 BGP 连接。既不是反射器也不是客户机的 BGP 路由器被称为非客户机（Non-Client）。非客户机与路由反射器之间，以及所有的非客户机之间仍然必须建立全连接关系。RR 和它的客户机组成了一个集群，同一集群内的客户机只需要与该集群的 RR 直接交换路由信息。因此客户机只需要与 RR 建立 IBGP 连接，不需要与其他客户机建立 IBGP 连接，从而减少了 IBGP 连接数量。如图 3-15 所示，在 AS100 内，一台设备作为 RR，三台设备作为客户机，形成 Cluster1。此时 AS100 中 IBGP 的连接数从配置 RR 前的 10 条减少到 4 条，不仅简化了设备的配置，还减轻了网络和 CPU 的负担。RR 突破了 IBGP 水平分割的限制，并采用独有的 Cluster_List 属性和 Originator_ID 属性防止路由环路。

RR 向 IBGP 邻居发布的路由规则如下。

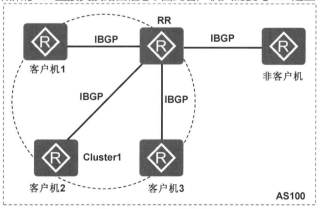

图 3-15　BGP 路由反射器

（1）从非客户机学习到的路由，发布给所有客户机。

（2）从客户机学习到的路由，发布给所有非客户机和客户机（发起此路由的客户机除外）。

（3）从 EBGP 对等体学习到的路由，发布给所有的非客户机和客户机。

某些情况下，为了增加网络的可靠性和防止单点故障，可以在一个集群中配置一个以上的路由反射器。如图 3-16 所示，路由反射器 RR1 和 RR2 在同一个集群内，配置了相同的 Cluster ID。

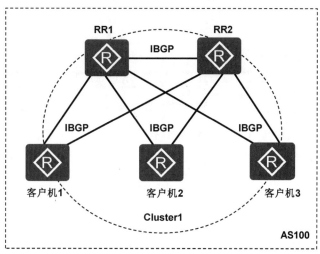

图 3-16　多路由反射器

当客户机 1 从 EBGP 对等体接收到一条更新路由时，它将通过 IBGP 向 RR1 和 RR2 通告这条路由。RR1 和 RR2 在接收到该更新路由后，将本地 Cluster ID 添加到集群列表前面，并向其他的客户机（客户机 2、客户机 3）反射，同时相互反射。RR1 和 RR2 在接收到该反射路由后，检查集群列表，发现自己的 Cluster ID 已经包含在集群列表中，于是 RR1 和 RR2 丢弃该更新路由，从而避免了路由环路。

3.1.11　BGP 联盟

解决 AS 内部的 IBGP 网络连接激增问题，除了使用路由反射器之外，还可以使用联盟。联盟将一个 AS 划分为若干个子 AS。每个子 AS 内部建立 IBGP 全连接关系，子 AS 之间建立联盟 EBGP 连接关系，但联盟外部 AS 仍认为联盟是一个 AS。配置联盟后，原 AS 号将作为每个路由器的联盟 ID。这样有两个好处：一是可以保留原有的 IBGP 属性，包括 Local Preference 属性、MED 属性和 Next_Hop 属性等；二是联盟相关的属性在传出联盟时会自动被删除，即管理员无须在联盟的出口处配置过滤子 AS 号等信息的操作。

BGP 联盟如图 3-17 所示，AS200 使用联盟后被划分为 3 个子 AS——AS65001、AS65002 和 AS65003，并使用 AS200 作为联盟 ID。此时 IBGP 的连接数量从 10 条减少到 4 条，不仅简化了设备的配置，还减轻了网络和 CPU 的负担。而 AS200 外的 AS100 的 BGP 设备因为仅知道 AS200 的存在，并不知道 AS200 内部的联盟关系，所以不会增加 CPU 的负担。

路由反射器和联盟都用于解决 AS 内部的 IBGP 网络连接激增的问题，二者的区别如下。

（1）在网络拓扑设计方面，路由反射器不需要更改现有的网络拓扑，兼容性好；而联盟需要改变现有的网络拓扑。

（2）在网络设备配置方面，路由反射器配置方便，只需要对作为反射器的设备进行配置，客户机并不需要知道自己是客户机；而联盟需要对所有设备重新进行配置。

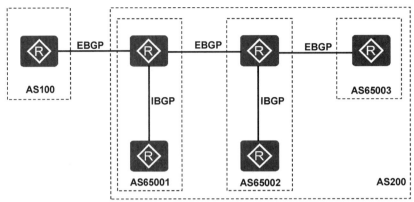

图 3-17　BGP 联盟

（3）在 AS 内部全连接方面，路由反射器集群与集群之间仍然需要全连接；而联盟的子 AS 之间是特殊的 EBGP 连接，不需要全连接。

（4）在技术适用网络规模方面，路由反射器适用于中、大规模网络；而联盟更适用于大规模网络。

3.1.12　BGP 配置任务

1. 配置 BGP 的基本功能

（1）在系统视图下执行【bgp { *as-number-plain* | *as-number-dot* }】命令，启动 BGP 进程，指定本地 AS 号，并进入 BGP 视图。其中，as-number-plain 参数指定了整数形式的 AS 号，取值是 1～4294967295；as-number-dot 参数指定了点分形式的 AS 号，格式为 x.y，x 和 y 都是整数形式，x 的取值是 1～65535，y 的取值是 0～65535。每台设备只能运行于一个 AS 内，即只能指定一个本地 AS 号。

（2）在 BGP 视图下执行【router-id *ipv4-address*】命令，配置 BGP 的 Router ID，改变路由器 ID 的配置或删除已配置的路由器 ID 时，BGP 会话将会重置。建立邻居关系的两台路由器的 BGP 路由器的 Router ID 不能相同。

（3）在 BGP 视图下执行【peer *ipv4-address* as-number { *as-number-plain* | *as-number-dot* }】命令，创建 BGP 对等体。为了确保能够建立 BGP 邻居关系，该命令指定的邻居地址必须可达，同时要确保发送方路由器的更新源地址（发送 BGP 报文的源 IP 地址）和接收方路由器的该命令所指定的地址相同。

（4）在 BGP 视图下执行【peer *ipv4-address* connect-interface *interface-type interface-number* [*ipv4-source-address*]】命令，指定发送 BGP 报文的源接口，并可指定发起连接时使用的源地址。默认情况下，BGP 使用报文的出接口作为发送 BGP 报文的源接口。如果网络中有多条路径，那么用环回接口建立 TCP 连接，并作为 BGP 路由的更新源，这样会增加 BGP 的稳定性。使用非直连物理接口建立 BGP 连接时，需要在两端均配置 connect-interface 参数，以保证两端连接的正确性，否则可能导致 BGP 连接建立失败。

（5）在 BGP 视图下执行【peer *ipv4-address* ebgp-max-hop [*hop-count*]】命令，指定建立 EBGP 连接允许的最大跳数。默认情况下，IBGP 报文的 TTL 为 255，EBGP 报文的 TTL 为 1。如果 EBGP 对等体之间不是直连的物理链路，则必须执行该命令，允许它们之间经过多跳建立 EBGP 邻居。

（6）在 BGP 视图下执行【peer *ipv4-address* enable】命令，使能与指定对等体之间交换相关的路由信息。默认情况下，只有 BGP-IPv4 单播地址族的对等体是自动启用的，当配置【peer as-number】命令后，系统会自动配置相应的【peer enable】命令。其他地址族视图下都必须手动使能。

（7）在 BGP 视图下执行【network *ipv4-address* [*mask* | *mask-length*] [route-policy *route-policy-name*]】命令，配置 BGP 引入 IPv4 路由表中的路由，route-policy 参数指定了发布路由应用的路由策

略。使用该命令注入 BGP 路由表的路由，其 Origin 属性为 IGP，同时命令指定的目的地址和掩码长度必须与本地 IP 路由表中对应的表项完全一致，路由才能正确发布。

（8）在 BGP 视图下执行【peer *ipv4-address* next-hop-local】命令，设置向 IBGP 对等体通告路由时，把下一跳属性设置为自身发送 BGP 报文的源地址。默认情况下，BGP 在向 EBGP 对等体通告路由时，会将下一跳属性设置为发送 BGP 报文的源地址；在向 IBGP 对等体通告路由时，不改变下一跳属性。

（9）在 BGP 视图下执行【undo synchronization】命令，关闭 BGP 与 IGP 的同步功能。默认情况下，同步功能是关闭的。同步是指 IBGP 和 IGP 之间的同步，其目的是避免误导外部 AS 路由器的现象发生。在 BGP 能够通告路由之前，该路由必须存在于当前的 IP 路由表中，也就是说，BGP 和 IGP 必须在网络能被通告前同步。

2. 配置 BGP 安全性

（1）在 BGP 视图下执行【peer *ipv4-address* password { cipher *cipher-password* | simple *simple-password* }】命令，配置 BGP MD5 验证。BGP 对等体在建立 TCP 连接时进行 MD5 验证，因此 BGP 的 MD5 验证只是为 TCP 连接设置 MD5 验证密码，由 TCP 完成验证，验证的 MD5 散列值保存在 TCP 的 Options 字段中。

（2）在 BGP 视图下执行【peer ipv4-address keychain *keychain-name*】命令，配置 BGP Keychain 验证。BGP 对等体两端必须都配置 Keychain 验证，且配置的 Keychain 必须使用相同的加密算法和密码，才能正常建立 TCP 连接，交互 BGP 报文。Keychain 验证推荐使用 SHA256 和 HMAC-SHA256 加密算法。BGP MD5 验证与 BGP Keychain 验证互斥。

3. 配置 BGP 路由反射器

（1）在 BGP 视图下，在路由反射器上执行【peer *ipv4-address* reflect-client】命令，配置路由反射器及其客户。

（2）在 BGP 视图下，在路由反射器上执行【reflector cluster-id *cluster-id*】命令，配置路由反射器的集群 ID。默认情况下，每个路由反射器使用自己的 Router ID 作为集群 ID。当在一个集群中配置一个以上的路由反射器时，同一个集群内的所有路由反射器配置相同的集群 ID，以便标识这个集群，避免路由环路。

（3）在 BGP 视图下执行【undo reflect between-clients】命令，禁止客户机之间的路由反射。默认情况下，客户机之间的路由反射是被允许的。

4. 配置 BGP 路由聚合

在 BGP 视图下执行【aggregate *ipv4-address* { *mask* | *mask-length* } [as-set | attribute-policy *route-policy-name1* | detail-suppressed | origin-policy *route-policy-name2* | suppress-policy *route-policy-name3*]】命令，在 BGP 路由表中创建一条聚合路由，在 IP 路由表中会自动生成一条相同的聚合路由，出接口为 Null0，用于防止路由环路。其中，as-set 参数用于使聚合路由 AS_Path 属性包含明细路由的所有 AS 路径信息；detail-suppressed 参数用于抑制该聚合路由包含的所有明细路由，只发布该聚合路由；suppress-policy 参数用于在产生聚合路由的同时抑制指定路由的通告；attribute-policy 参数可设置聚合路由的属性。BGP 还可以通过执行【summary automatic】命令支持路由自动聚合，BGP 将按照自然网段（A、B、C 类地址）聚合路由，并且 BGP 只向对等体发送聚合后的路由，自动聚合只对本地引入的路由生效，且其优先级低于手动聚合。

5. 配置 BGP 团体属性

（1）在系统视图下执行【route-policy *route-policy-name* { deny | permit } node *node*】命令，创建路由策略的节点，并进入路由策略视图。

（2）在路由策略视图下执行【apply community { *community-number* | *aa:nn* | internet | no-advertise | no-export | no-export-subconfed }】命令，配置 BGP 路由信息的团体属性。

（3）向 BGP 路由添加团体属性。

① 在 BGP 视图下执行【 peer *ipv4-address* route-policy *route-policy-name* export 】命令，对向对等体发布的路由添加团体属性。

② 在 BGP 视图下执行【 peer *ipv4-address* route-policy *route-policy-name* import 】命令，对从对等体接收的路由添加团体属性。

③ 在 BGP 视图下执行【 import-route *protocol* [*process-id*] route-policy *route-policy-name* 】命令，对 BGP 以 import 方式引入的路由添加团体属性。

④ 在 BGP 视图下执行【 network *ipv4-address* [*mask* | *mask-length*] route-policy *route-policy-name* 】命令，对 BGP 以 network 方式引入的路由添加团体属性。

（4）在 BGP 视图下执行【 peer *ipv4-address* advertise-community 】命令，配置允许将团体属性发布给对等体。默认情况下，不将团体属性发布给任何对等体。

6. 配置 BGP Dampening

在 BGP 视图下执行【 dampening [*half-life-reach reuse suppress ceiling* | route-policy *route-policy-name*] 】命令，配置 BGP Dampening，抑制不稳定的路由加入到 BGP 路由表中，也不将其向其他 BGP 对等体发布。参数分别为半衰期、再使用阈值、抑制阈值和惩罚上限值，参数值必须满足再使用阈值＜抑制阈值＜惩罚上限值。Dampening 命令只对 EBGP 路由生效。

7. 配置 BGP 联盟

（1）在 BGP 视图下执行【 confederation id { *as-number-plain* | *as-number-dot* } 】命令，配置联盟 ID。

（2）在 BGP 视图下执行【 confederation peer-as { *as-number-plain* | *as-number-dot* } 】命令，指定属于同一个联盟的子 AS 号。

3.2 项目案例：配置 BGP 实现企业网络接入运营商网络

1. 项目背景

近年来，A 公司网络规模不断扩大，新的业务对互联网接入的速度和稳定性提出了更高的要求。公司计划升级网络，为用户提供更好的服务品质和体验，为此向运营商 B 租用了两条线路并接入网络，目的是优化公司网络资源利用率，以及增强网络安全性、稳定性和可靠性。小李同学正在该公司实习，为了提高实际工作的准确性和工作效率，做好技术储备，项目经理安排他在实验室环境下模拟企业边界设备接入运营商网络，为项目实施和网络运行奠定坚实的基础。小李用一台路由器模拟运营商的网络，企业网络通过两台边界路由器接入运营商 B 的网络，企业内部网络运行 OSPF 协议实现网络互联。

2. 项目任务

本项目需要完成的任务如下。

（1）搭建网络拓扑，完成 IP 地址规划，公司内部网络设备之间及其环回接口使用私有地址，公司业务网段和与 ISP 设备互联的网络使用公网地址。

（2）配置路由器接口的 IP 地址并测试所有直连链路的连通性。

（3）内部网络配置 OSPF 协议，为建立 IBGP 邻居提供连通性。

（4）用环回接口为 BGP 路由更新源地址并配置 IBGP，用直连接口为 BGP 路由更新源地址并配置 EBGP。

（5）配置 next-hop-local 解决 BGP 路由下一跳可达问题。

（6）配置内部网络的团体属性，方便 ISP 进行控制和跟踪。

（7）IBGP 对等体之间不需要建立全连接关系，将路由器 R2 配置为 BGP 路由反射器，路由器 R1 和 R3 作为客户机。

（8）为了提高网络安全性，在路由器 R1 到 ISP 的链路上配置 BGP MD5 验证，在路由器 R3 到 ISP 的链路上配置 BGP Keychain 验证。

（9）通告相关网络，使公司业务网段的主机和运营商网络主机可达。

（10）对运营商网络环回接口路由配置 Dampening 功能，以抑制不稳定的路由。

（11）在边界路由器上分别配置 BGP 路由聚合，以便减少运营商设备路由表大小。

（12）查看各路由器的 BGP 邻居表、BGP 路由表和 IP 路由表，并进行网络连通性测试。

（13）保存配置文件，完成项目测试报告。

3. 项目目的

通过本项目可以掌握如下知识点和技能点，同时积累项目经验。

（1）启动 BGP 路由进程及通告网络的方法。

（2）IBGP 邻居和 EBGP 邻居配置的方法。

（3）BGP 路由更新源和 next-hop-local 配置的方法。

（4）BGP 路由反射器配置的方法。

（5）BGP 路由聚合和 BGP 团体属性配置的方法。

（6）BGP 验证和 Dampening 配置的方法。

（7）查看和调试 BGP 的相关信息。

4. 项目拓扑

配置 BGP 实现企业网络接入运营商网络的网络拓扑如图 3-18 所示。

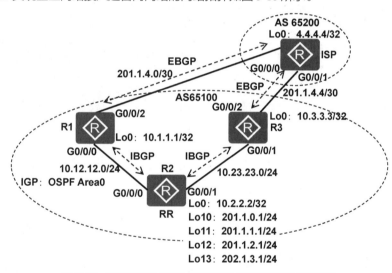

图 3-18　配置 BGP 实现企业网络接入运营商网络的网络拓扑

5. 项目实施

注意　本项目中涉及的前缀列表和路由策略的知识可参见第 4 章。

（1）在路由器 R1、R2 和 R3 上配置 OSPF 协议，为建立 IBGP 邻居提供连通性。

① 配置路由器 R1。

```
[R1]ospf 1 router-id 1.1.1.1
[R1-ospf-1]bandwidth-reference 1000
[R1-ospf-1]area 0
```

```
[R1-ospf-1-area-0.0.0.0]network 10.1.1.1 0.0.0.0
[R1-ospf-1-area-0.0.0.0]network 10.12.12.1 0.0.0.0
```

② 配置路由器 R2。

```
[R2]ospf 1 router-id 2.2.2.2
[R2-ospf-1]bandwidth-reference 1000
[R2-ospf-1]area 0
[R2-ospf-1-area-0.0.0.0]network 10.2.2.2 0.0.0.0
[R2-ospf-1-area-0.0.0.0]network 10.12.12.2 0.0.0.0
[R2-ospf-1-area-0.0.0.0]network 10.23.23.2 0.0.0.0
```

③ 配置路由器 R3。

```
[R3]ospf 1 router-id 3.3.3.3
[R3-ospf-1]bandwidth-reference 1000
[R3-ospf-1]area 0
[R3-ospf-1-area-0.0.0.0]network 10.3.3.3 0.0.0.0
[R3-ospf-1-area-0.0.0.0]network 10.23.23.3 0.0.0.0
```

（2）在 4 台路由器上配置基本 BGP。

① 配置路由器 R1。

```
[R1]bgp 65100 //启动 BGP 进程，进入 BGP 视图
[R1-bgp]router-id 1.1.1.1 //配置 BGP 路由器 ID
[R1-bgp]peer 10.2.2.2 as-number 65100 //创建对等体，并指定对等体所在的 AS 号
[R1-bgp]peer 10.2.2.2 connect-interface LoopBack0
//指定发送 BGP 报文的源接口，BGP 使用该接口的 IP 地址作为源地址发送 BGP 报文
[R1-bgp]peer 10.2.2.2 enable //使能与指定 BGP 对等体之间交换相关的路由信息
[R1-bgp]peer 10.2.2.2 next-hop-local
//配置向 IBGP 对等体通告 EBGP 路由时，把下一跳属性设置为自身的 BGP 更新源的 IP 地址
[R1-bgp]peer 201.1.4.2 as-number 65200
[R1-bgp]peer 201.1.4.2 enable
[R1-bgp]timer keepalive 60 hold 180
//配置 BGP 的存活时间与保持时间间隔，这也是默认配置
```

② 配置路由器 R2。

```
[R2]bgp 65100
[R2-bgp]router-id 2.2.2.2
[R2-bgp]peer 10.1.1.1 as-number 65100
[R2-bgp]peer 10.1.1.1 connect-interface LoopBack0
[R2-bgp]peer 10.1.1.1 enable
[R2-bgp]peer 10.3.3.3 as-number 65100
[R2-bgp]peer 10.3.3.3 connect-interface LoopBack0
[R2-bgp]peer 10.3.3.3 enable
[R2-bgp]network 201.1.0.0 24
[R2-bgp]network 201.1.1.0 24
[R2-bgp]network 201.1.2.0 24
[R2-bgp]network 201.1.3.0 24
```
//配置 BGP 将 IP 路由表中的路由以静态方式加入 BGP 路由表，并发布给对等体。如果想使用【network】命令通告以上 4 条明细路由的汇聚路由，则可以先执行【ip route-static 201.1.0.0 22 null0】命令创建一条静态路由，确保 IP 路由表中有将被通告的汇聚路由的表项，再执行【network 201.1.0.0 22】命令只通告该路由即可，也就是说，【network】命令不仅可以通告直连路由，还可以通告 IGP 路由表中的其他路由条目

③ 配置路由器 R3。

```
[R3]bgp 65100
[R3-bgp]router-id 3.3.3.3
[R3-bgp]peer 10.2.2.2 as-number 65100
[R3-bgp]peer 10.2.2.2 connect-interface LoopBack0
[R3-bgp]peer 10.2.2.2 enable
```

```
[R3-bgp]peer 10.2.2.2 next-hop-local
[R3-bgp]peer 201.1.4.6 as-number 65200
[R3-bgp]peer 201.1.4.6 enable
```

④ 配置路由器 ISP。

```
[ISP]bgp 65200
[ISP-bgp]router-id 4.4.4.4
[ISP-bgp]peer 201.1.4.1 as-number 65100
[ISP-bgp]peer 201.1.4.1 enable
[ISP-bgp]peer 201.1.4.5 as-number 65100
[ISP-bgp]peer 201.1.4.5 enable
[ISP-bgp]network 4.4.4.4 255.255.255.255
```

（3）配置 BGP 验证。

① 在路由器 R1 到 ISP 的链路上配置 BGP MD5 验证。

```
[R1]bgp 65100
[R1-bgp]peer 201.1.4.2 password cipher huawei123 //配置 BGP MD5 验证
[ISP]bgp 65200
[ISP-bgp]peer 201.1.4.1 password cipher huawei123
```

② 在路由器 R3 到 ISP 的链路上配置 BGP Keychain 验证。

```
[R3]keychain toISP mode periodic daily
```
//创建 Keychain，指定其生效的时间模式并进入 Keychain 视图。每个 Keychain 中可以定义多个 key，每个 key 需要对应配置一个验证算法，不同的 key 在不同时间段活跃，从而实现 Keychain 验证算法的动态切换，提高协议数据传输的安全性
```
[R3-keychain]key-id 1 //创建 key-id，每个 Keychain 中可以创建多个 key
[R3-keychain-keyid-1]algorithm md5
```
//配置 key 采用的验证算法，华为 VRP 系统支持 MD5、HMAC-MD5、SHA-1、SHA-256 和 HMAC-SHA-256 等验证算法
```
[R3-keychain-keyid-1]key-string cipher huawei123 //配置 Keychain 验证的密钥
[R3-keychain-keyid-1]send-time daily 00:00 to 23:59
```
//配置 key 发送报文生效的时间段，Keychain 在同一时间段只能有一个 key 生效，因此不同 key 的发送时间段不能重叠
```
[R3-keychain-keyid-1]receive-time daily 00:00 to 23:59
```
//配置 key 接收报文生效的时间段，key 的接收时间段可以重叠，即同一时间可以有多个接收 key 活跃，设备会根据接收的报文，选择合适的 key 进行解密
```
[R3]bgp 65100
[R3-bgp]peer 201.1.4.6 keychain toISP //配置 BGP 的 Keychain 验证

[ISP]keychain toR3 mode periodic daily
[ISP-keychain]key-id 1
[ISP-keychain-keyid-1]algorithm md5
[ISP-keychain-keyid-1]key-string cipher huawei123
[ISP-keychain-keyid-1]send-time daily 00:00 to 23:59
[ISP-keychain-keyid-1]receive-time daily 00:00 to 23:59
[ISP]bgp 65200
[ISP-bgp]peer 201.1.4.5 keychain toR3
```

（4）将路由器 R2 配置为 BGP 路由反射器，路由器 R1 和 R3 为客户机。

```
[R2]bgp 65100
[R2-bgp]undo reflect between-clients //关闭客户机之间的路由反射功能
[R2-bgp]reflector cluster-id 123 //配置路由反射器的集群 ID
[R2-bgp]peer 10.1.1.1 reflect-client
```
//配置本路由器为路由反射器，并将对等体作为路由反射器的客户机
```
[R2-bgp]peer 10.3.3.3 reflect-client
```

（5）在边界路由器 R1 和 R3 上分别配置 BGP 路由聚合，减小 ISP 路由表的大小。

```
[R1]bgp 65100
[R1-bgp]aggregate 201.1.0.0 255.255.252.0 as-set detail-suppressed
//配置 BGP 路由手动聚合

[R3]bgp 65100
[R3-bgp]aggregate 201.1.0.0 255.255.252.0 as-set detail-suppressed
```

（6）在边界路由器 R1 和 R3 上分别配置 BGP 团体属性，使聚合路由发布给 ISP 路由器时携带团体属性。

① 配置路由器 R1。

```
[R1]ip ip-prefix R1 index 10 permit 201.1.0.0 22
//定义前缀列表，匹配用于配置团体属性的路由
[R1]route-policy R1 permit node 10
[R1-route-policy]if-match ip-prefix R1
[R1-route-policy]apply community 65100:123 //自定义团体属性的值
[R1]route-policy R1 permit node 20
[R1]bgp 65100
[R1-bgp]peer 201.1.4.2 route-policy R1 export
//向对等体发布的路由指定路由策略，该策略是对汇聚的路由设置团体属性
[R1-bgp]peer 201.1.4.2 advertise-community
```

② 配置路由器 R3。

```
[R3]ip ip-prefix 3 index 10 permit 201.1.0.0 22
[R3]route-policy R3 permit node 10
[R3-route-policy]if-match ip-prefix R3
[R3-route-policy]apply community 65100:123
[R3]route-policy R3 permit node 20
[R3]bgp 65100
[R3-bgp]peer 201.1.4.6 route-policy R3 export
[R3-bgp]peer 201.1.4.6 advertise-community
```

（7）在路由器 R1 上对 4.4.4.4 路由配置 Damping 功能，抑制不稳定的路由。

```
[R1]ip ip-prefix 4 index 10 permit 4.4.4.4 32
//定义前缀列表，匹配用于配置 BGP 路由衰减的路由
[R1]route-policy fromISP permit node 10
[R1-route-policy]if-match ip-prefix 4
[R1-route-policy]apply dampening 15 750 2000 3000
//启用 BGP 路由振荡抑制及修改各种 BGP 路由振荡抑制参数
[R1]route-policy fromISP permit node 20
[R1]bgp 65100
[R1-bgp]dampening route-policy fromISP   //依据策略使能 BGP 路由 Damping 功能
```

6. 项目测试

（1）查看 TCP 连接状态信息。

```
[ISP]display tcp status
TCPCB    Tid/Soid  Local Add:port      Foreign Add:port   VPNID  State
b4b76f34 164/111   201.1.4.2:50552     201.1.4.1:179      0      Established *
b4b771bc 164/112   201.1.4.6:50552     201.1.4.5:179      0      Established
```

以上输出信息表明路由器 ISP BGP 配置完成之后，利用随机端口和路由器 R1、R3 的 179 端口建立了 TCP 连接。建立 TCP 连接的双方使用 BGP 路由更新源的地址。只要两台路由器之间建立了一条 TCP 连接，就可以形成 BGP 邻居关系。其中，TCPCB（十六进制）表示 TCP 任务控制块编号，Tid/Soid 表示 Task ID 和 Socket ID，Local Add:port 表示 TCP 连接的本端 IP 地址和本端端口号，Foreign Add:port 表示 TCP 连接的远端 IP 地址和远端端口号，VPNID 表示 VPN 接口号，State 表示 TCP 的连接状态，

最常见的状态包括 Listening（侦听）和 Established（连接建立）。

（2）查看 BGP 对等体信息。

```
[R3]display bgp peer
 BGP local router ID : 3.3.3.3      //本地 BGP 路由器 ID
 Local AS number : 65100            //本地 AS 号
 Total number of peers : 2          Peers in established state : 2
//BGP 对等体的总数量及建立邻居关系的数量

 Peer          V    AS      MsgRcvd  MsgSent  OutQ    Up/Down   State        PrefRcv
 10.2.2.2      4    65100   685      708      0       11:18:24  Established  4
 201.1.4.6     4    65200   584      580      0       09:35:19  Established  1
```

以上输出信息中 Peer 表示对等体的 BGP 更新源的 IP 地址，V 表示对等体使用的 BGP 版本，AS 表示对等体所在 AS 号，MsgRcvd 和 MsgSent 分别表示收到和发送的 BGP 报文的数目，OutQ 表示等待发往指定对等体的 BGP 报文，Up/Down 表示 BGP 会话处于当前状态的时长，State 表示 BGP 当前的状态（如 Idle、Active 和 Established）等，PrefRcv 表示本端从对等体上收到路由前缀的数目。通过执行【display bgp peer verbose】命令可以查看 BGP 对等体更为详细的信息，如下所示。

```
[R3]display bgp peer 201.1.4.6 verbose
BGP Peer is 201.1.4.6,   remote AS 65200  //对等体地址和所在 AS
 Type: EBGP link   //BGP 链路类型，包括 IBGP Link 和 EBGP Link 两种类型
 BGP version 4, Remote router ID 4.4.4.4 //BGP 版本和对等体 BGP 路由器 ID
 Update-group ID: 1   //对等体所在的 Update-group 的 ID
 BGP current state: Established, Up for 14h43m39s   //BGP 当前状态和 BGP 邻居持续时间
 BGP current event: KATimerExpired   //BGP 当前事件
 BGP last state: OpenConfirm   //BGP 上一个阶段的状态
 BGP Peer Up count: 3 //指定时间内 BGP 对等体的振荡次数
 Received total routes: 1    //接收的路由前缀数量
 Received active routes total: 1   //接收的活跃的路由前缀数量
 Advertised total routes: 1      //发送的路由前缀数量
 Port:  Local – 179    Remote – 50552 //建立 TCP 连接的本地端口号和远程端口号
 Configured: Connect-retry Time: 32 sec  //本地配置的对等体的连接重传时间间隔
 Configured: Active Hold Time: 180 sec     Keepalive Time:60 sec
//本地配置的 BGP 邻居存活时间间隔和邻居 Hold Time
         Received   : Active Hold Time: 180 sec    //对等体的 Hold Time
         Negotiated: Active Hold Time: 180 sec      Keepalive Time:60 sec
//BGP 对等体协商之后确定的 BGP 邻居存活时间间隔和邻居 Hold Time
         Peer optional capabilities:  //对等体可选的能力
         Peer supports bgp multi-protocol extension //对等体支持 MP-BGP 扩展
         Peer supports bgp route refresh capability //对等体支持路由刷新能力
         Peer supports bgp 4-byte-as capability  //对等体支持 4 字节 AS 号
         Address family IPv4 Unicast: advertised and received   //IPv4 单播地址族：通告和接收报文
 Received: Total 892 messages //接收报文的总数量
         Update messages          7
         Open messages            1
         KeepAlive messages       884
         Notification messages    0
         Refresh messages         0
 Sent: Total 888 messages     //发送报文的总数量
         Update messages          1
         Open messages            2
         KeepAlive messages       884
         Notification messages    1
         Refresh messages         0
 Authentication type configured: Keychain(toISP) //所配置的验证类型
```

```
    Last keepalive received: 2020/02/02 15:37:19 UTC-08:00
    Last keepalive sent    : 2020/02/02 15:37:20 UTC-08:00
    Last update   received: 2020/02/02 02:18:31 UTC-08:00
    Last update   sent    : 2020/02/02 00:54:19 UTC-08:00
    Minimum route advertisement interval is 30 seconds
    //路由通告的最短时间间隔, EBGP 为 30s, IBGP 为 15s
    Optional capabilities: //可选能力的启用情况
    Route refresh capability has been enabled
    4-byte-as capability has been enabled
    Send community has been configured   //启用发送团体属性功能
    Peer Preferred Value: 0   //对等体协议首选值
    Routing policy configured:  //路由策略配置情况
    No import update filter list
    No export update filter list
    No import prefix list
    No export prefix list
    No import route policy
    Export route policy is: R3   //出方向应用路由策略
    No import distribute policy
    No export distribute policy
```

（3）查看 BGP 初始化时的各项默认配置信息。

```
[R2]display default-parameter bgp
    BGP version              : 4            //BGP 的版本号
    EBGP preference          : 255          //EBGP 路由优先级
    IBGP preference          : 255          //IBGP 路由优先级
    Local preference         : 255 //本地路由优先级，如通过执行【network】命令进入 BGP 表的路由
    BGP connect-retry        : 32s          //BGP 连接重传时间间隔
    BGP holdtime             : 180s         //BGP 邻居保持时间
    BGP keepAlive            : 60s          //BGP 邻居存活（发送 Keepalive 报文）时间间隔
    EBGP route-update-interval: 30s         //EBGP 更新报文的最小时间间隔
    IBGP route-update-interval : 15s        //IBGP 更新报文的最小时间间隔
    Default local-preference : 100          //BGP 路由的默认本地优先级属性值
    Default MED              : 0            //BGP 路由的默认 MED 属性值
    IPv4-family unicast      : enable       //BGP 的 IPv4 单播地址族
    EBGP-interface-sensitive : enable
    //EBGP 在某个接口状态变为 Down 时，立即清除建立在该接口上的直连外部邻居的 BGP 会话
    Reflect between-clients  : enable       //客户机之间的路由反射
    Check-first-as           : enable
    //检查 EBGP 对等体发送来的更新消息中 AS_Path 属性的第一个 AS 号
    Synchronization          : disable      //IBGP 与 IGP 的同步功能
    Nexthop-resolved rules   :              //优选路由默认迭代方式
        IPv4-family          : unicast(ip)
                               label-route(ip)
                               multicast(ip)
                               vpn-instance(tunnel)
                               vpnv4(ip)
        IPv6-family          : unicast(ip)
                               vpn-instance(tunnel)
```

（4）查看 BGP 的路由信息。

```
[ISP]display bgp routing-table
    BGP Local router ID is 4.4.4.4 //本地 BGP 路由器 ID
    Status codes: * - valid, > - best, d - damped,
                  h - history,  i - internal, s - suppressed, S - Stale //BGP 路由状态代码
```

```
          Origin : i - IGP, e - EGP, ? - incomplete   //BGP 路由起源属性
     Total Number of Routes: 3   //BGP 路由总的数目
          Network            NextHop        MED        LocPrf     PrefVal Path/Ogn
     *>   4.4.4.4/32         0.0.0.0         0                     0       i
     *>   201.1.0.0/22       201.1.4.1                             0       65100i
     *                       201.1.4.5                             0       65100i
```

以上输出信息中，路由条目表项的状态代码（Status codes）的含义如下。

① *：表示该路由条目有效。

② >：表示该路由条目最优，可以被传递和添加到 IP 路由表中。

③ d：表示路由条目由于被惩罚而受到抑制，d 标志说明路由器最后收到的是 Update 报文，当惩罚值降到再使用阈值时，此路由会被去掉 d 标记，变为可用并被优选后加入 IP 路由表，同时向其他 BGP 对等体发布更新报文。

④ h：表示路由条目由于被惩罚而受到抑制，h 标志说明路由器最后收到的是撤销报文，如果是 h 标志的路由，则当惩罚值降为 0 时，此路由会从 BGP 路由表中删除。

⑤ i：表示该路由条目是从 IBGP 邻居学习到的。

⑥ s：表示路由条目被抑制。

⑦ S：和 BGP 的 GR（Graceful Restart）功能相关，当接收设备得知邻居进入 GR 后，会将从该邻居学来的 BGP 路由标记为 Stale 状态。标记为 Stale 状态的路由，在转发和选路方面与其他路由没有区别。

以上输出信息中，路由条目表项的 BGP 路由起源（Origin）属性的含义如下。

① i：表示 IGP，例如，使用【network】命令发布到 BGP 路由表中的路由，其 Origin 属性为 IGP。

② e：表示 EGP，通过 EGP 得到的路由信息，其 Origin 属性为 EGP。

③ ?：表示 Incomplete，指路由的来源无法确定。例如，BGP 通过【import-route】命令引入的路由，其 Origin 属性为 Incomplete。

下面具体地解释 BGP 路由条目*> 201.1.0.0/22   201.1.4.1   0   65100i 的含义。

① *>：因为路由器 ISP 通过 EBGP 学习到 201.1.0.0/22 路由条目，其路由优先级为 255，且关闭了同步功能，因此该路由条目有效，>表示该路由条目最优，可以被传递和放入路由表。而另一条下一跳为 201.1.4.5 的路由只是有效的，不是最优的，不被传递，也不放入路由表，这与 BGP 路由判定规则有关。

② 201.1.4.1：表示该 BGP 路由的下一跳，即邻居的 BGP 路由更新源。

③ 0（标题栏对应 MED）：表示该路由外部度量值（即 MED 值）为 0。

④ 空（标题栏对应 LocPrf）：表示通过 EBGP 邻居学习到的 BGP 路由本地优先级为空。

⑤ 0（标题栏对应 PrefVal）：表示该路由的协议首选值为 0，默认情况下，华为 VRP 系统从其他 BGP 对等体学习到的路由的首选值为 0。

⑥ 65100（标题栏对应 Path）：显示该路由所经过的 AS 路径号列表。

⑦ i（标题栏对应 Ogn）：表示路由条目来源为 IGP，它是路由器 R1 聚合后通告的。

（5）查看 BGP 的路由详细信息。

```
[R2]display bgp routing-table 4.4.4.4 32
  BGP local router ID : 2.2.2.2   //本地 BGP 路由器 ID
  Local AS number : 65100        //本地 BGP AS 号
  Paths:   2 available, 1 best, 1 select //路径信息，2 条可用，1 条最优，1 条优选
  BGP routing table entry information of 4.4.4.4/32: //BGP 路由表项信息
  RR-client route. //路由反射器客户机路由
  From: 10.1.1.1 (1.1.1.1) //路由来源，包括更新源及其 BGP 路由器 ID 信息
  Route Duration: 11h36m43s //路由持续时间
  Relay IP Nexthop: 10.12.12.1 //迭代路由下一跳 IP 地址
```

```
     Relay IP Out-Interface: GigabitEthernet0/0/0 //路由本地出接口
     Original nexthop: 10.1.1.1   //路由起始的下一跳地址
     Qos information : 0x0   //路由 QoS 信息
     AS-path 65200, origin igp, MED 0, localpref 100, pref-val 0, valid, internal, b
   est, select, active, pre 255, IGP cost 1
   //AS-Path 属性，起源属性，MED 属性，本地优先级属性，协议首选值，路由有效，路由是 IBGP 路由，
   路由最优，路由优选，路由是活跃路由，路由优先级，IGP 开销
     Not advertised to any peer yet //BGP 路由尚未向任何对等体发布

     BGP routing table entry information of 4.4.4.4/32:
     RR-client route.
     From: 10.3.3.3 (3.3.3.3)
     Route Duration: 11h36m42s
     Relay IP Nexthop: 10.23.23.3
     Relay IP Out-Interface: GigabitEthernet0/0/1
     Original nexthop: 10.3.3.3
     Qos information : 0x0
     AS-path 65200, origin igp, MED 0, localpref 100, pref-val 0, valid, internal, p
   re 255, IGP cost 1, not preferred for router ID
     Not advertised to any peer yet
```

（6）查看 BGP 路由表中携带团体属性的路由。

```
   [ISP]display bgp routing-table community
   BGP Local router ID is 4.4.4.4
   Status codes: * – valid, > – best, d – damped,
                 h – history,  i – internal, s – suppressed, S – Stale
                 Origin : i – IGP, e – EGP, ? – incomplete
   Total Number of Routes: 2
        Network           NextHop         MED      LocPrf     PrefVal    Community
    *>  201.1.0.0/22      201.1.4.1                            0         <65100:123>
    *                     201.1.4.5                            0         <65100:123>
```
//以上输出信息显示的是 ISP 路由器 BGP 表项中携带团体属性的路由，可以清楚地看到路由条目携带的团体
属性值

（7）查看已配置的 BGP 路由衰减参数。

```
   [R1]display bgp routing-table dampening parameter
   Maximum Suppress Time(in   second) : 3973      //最大抑制时间，单位为秒
   Ceiling Value                      : 16000     //惩罚上限值
   Reuse Value                        : 750       //路由解除抑制状态的阈值或恢复使用的阈值
   HalfLife Time(in   second)         : 900       //路由的半衰期，单位为秒
   Suppress-Limit                     : 2000      //路由进入抑制状态的阈值，即抑制阈值
   Route-policy                       : fromISP   //按照相应的路由策略执行路由抑制
```

（8）BGP 路由衰减调试。

在路由器 ISP 上将环回接口 0 的 IP 地址删除，再重新进行配置，重复几次后，在路由器 R1 上查看 BGP 路由衰减的信息。

① 若最后执行的是配置 IP 地址操作，则说明路由器 R1 最后收到的是 Update 报文，该路由被打上 d 标记，如下所示。

```
   [R1]display bgp routing-table | include d
   ---省略部分显示信息---
        Network           NextHop         MED      LocPrf     PrefVal Path/Ogn
    d   4.4.4.4/32        201.1.4.2       0                   0       65200i
```

② 若最后执行的是删除 IP 地址操作，则说明路由器 R1 最后收到的是撤销报文，该路由被打上 h 标记，如下所示。

```
[R1]display bgp routing-table | include h
---省略部分显示信息---
        Network            NextHop          MED          LocPrf         PrefVal Path/Ogn
    h   4.4.4.4/32         201.1.4.2        0                           0       65200i
```

可以通过执行【 reset bgp dampening 4.4.4.4 32 】命令来清除路由的衰减信息并释放被抑制的路由。

（9）查看 IP 路由表。

① 查看路由器 R1 的 IP 路由表。

```
[R1]display ip routing-table | include BGP
---省略部分显示信息---
Destination/Mask    Proto    Pre   Cost      Flags NextHop           Interface
4.4.4.4/32          EBGP     255   0         D     201.1.4.2         GigabitEthernet0/0/2
201.1.0.0/22        IBGP     255   0         D     127.0.0.1         NULL0
//该路由是配置路由聚合后自动在路由表中产生的，用于防止路由环路
201.1.0.0/24        IBGP     255   0         RD    10.2.2.2          GigabitEthernet0/0/0
201.1.1.0/24        IBGP     255   0         RD    10.2.2.2          GigabitEthernet0/0/0
201.1.2.0/24        IBGP     255   0         RD    10.2.2.2          GigabitEthernet0/0/0
201.1.3.0/24        IBGP     255   0         RD    10.2.2.2          GigabitEthernet0/0/0
//以上输出信息表明无论是 IBGP 还是 EBGP，其路由优先级都是 255
```

② 查看路由器 R2 的 IP 路由表。

```
[R2]display ip routing-table | include BGP
---省略部分显示信息---
Destination/Mask    Proto    Pre   Cost      Flags NextHop           Interface
4.4.4.4/32          IBGP     255   0         RD    10.1.1.1          GigabitEthernet0/0/0
//由于在路由器 R1 的 IBGP 邻居中配置了 next-hop-local 参数，所以可以看到该 BGP 路由条目的下一跳
为 10.1.1.1，即 R1 的 BGP 路由的更新源
201.1.0.0/22        IBGP     255   0         RD    10.1.1.1          GigabitEthernet0/0/0
```

③ 查看路由器 R3 的 IP 路由表。

```
[R3]display ip routing-table | include BGP
---省略部分显示信息---
Destination/Mask    Proto    Pre   Cost      Flags NextHop           Interface
4.4.4.4/32          EBGP     255   0         D     201.1.4.6         GigabitEthernet0/0/2
201.1.0.0/22        IBGP     255   0         D     127.0.0.1         NULL0
201.1.0.0/24        IBGP     255   0         RD    10.2.2.2          GigabitEthernet0/0/1
201.1.1.0/24        IBGP     255   0         RD    10.2.2.2          GigabitEthernet0/0/1
201.1.2.0/24        IBGP     255   0         RD    10.2.2.2          GigabitEthernet0/0/1
201.1.3.0/24        IBGP     255   0         RD    10.2.2.2          GigabitEthernet0/0/1
```

④ 查看路由器 ISP 的 IP 路由表。

```
[ISP]display ip routing-table | include BGP
---省略部分显示信息---
Destination/Mask    Proto    Pre   Cost      Flags NextHop           Interface
201.1.0.0/22        EBGP     255   0         D     201.1.4.1         GigabitEthernet0/0/0
//该路由是通过 EBGP 邻居学到的
```

（10）测试网络连通性。

在路由器 ISP 上 ping 路由器 R2 的环回接口 11 的 IP 地址 201.1.1.1 的连通性，结果是不通的，原因很简单，即路由器 R1 和 R2 的路由表中没有 201.1.4.0/30 的路由，此时如果执行扩展 ping，指定源地址为 4.4.4.4，则测试结果是通的，如下所示。

```
[ISP]ping 201.1.1.1
PING 201.1.1.1: 56   data bytes, press CTRL_C to break
   Request time out
   Request time out
   Request time out
```

81

```
        Request time out
        Request time out
    --- 201.1.1.1 ping statistics ---
        5 packet(s) transmitted
        0 packet(s) received
        100.00% packet loss


    [ISP]ping -a 4.4.4.4 201.1.1.1
    PING 201.1.1.1: 56   data bytes, press CTRL_C to break
        Reply from 201.1.1.1: bytes=56 Sequence=1 ttl=254 time=40 ms
        Reply from 201.1.1.1: bytes=56 Sequence=2 ttl=254 time=30 ms
        Reply from 201.1.1.1: bytes=56 Sequence=3 ttl=254 time=50 ms
        Reply from 201.1.1.1: bytes=56 Sequence=4 ttl=254 time=40 ms
        Reply from 201.1.1.1: bytes=56 Sequence=5 ttl=254 time=50 ms
    --- 201.1.1.1 ping statistics ---
        5 packet(s) transmitted
        5 packet(s) received
        0.00% packet loss
        round-trip min/avg/max = 30/42/50 ms
```

本章总结

　　BGP 是一种用于 AS 之间的动态路由协议，是当前唯一广泛使用的 EGP。与 OSPF 协议和 IS-IS 协议等 IGP 不同，其着眼点在于通过丰富的属性对路由实现灵活的过滤和最优选择。本章介绍了 BGP 的特征、术语、报文类型、邻居状态机、路径属性、路由选择、路由衰减、路由聚合、路由反射器和联盟等内容，并通过项目案例演示和验证了 BGP 配置，内容涵盖了 IBGP 和 EBGP 基本配置、BGP 验证、路由抑制、EBGP 多跳、BGP 地址聚合、路由反射器配置及团体配置等。

习题

1. BGP 用（　　）描述路径，丰富的属性特征方便实现基于策略的路由控制。
   A. 属性　　　　　　　　B. 开销　　　　　　　　C. 度量值　　　　　　　D. 跳数
2. BGP 使用（　　）作为其传输协议，提高了协议的可靠性。
   A. TCP（端口 179）　B. TCP（端口 79）　C. UDP（端口 179）　D. TCP（端口 69）
3. AS 号分为（　　）。
   A. 1 字节 AS 号和 2 字节 AS 号　　　　　　B. 2 字节 AS 号和 4 字节 AS 号
   C. 3 字节 AS 号和 6 字节 AS 号　　　　　　D. 4 字节 AS 号和 8 字节 AS 号
4. 默认情况下，BGP 的保持时间是（　　）。
   A. 30s　　　　　　　　B. 60s　　　　　　　　C. 90s　　　　　　　　D. 180s
5. BGP 路由衰减的半衰期在华为的 VRP 系统中默认是（　　）min。
   A. 5　　　　　　　　　B. 15　　　　　　　　C. 30　　　　　　　　D. 60
6.【多选】以下（　　）是 BGP 邻居的状态。
   A. Idle　　　　　　　　B. Active　　　　　　　C. Established　　　　　D. Inactive
   E. Passive

7.【多选】BGP 对等体的邻居类型包括（　　　）。

    A. IBGP   B. EGP   C. LBGP   D. EBGP

8.【多选】BGP 报文类型主要包括（　　　）。

    A. Open   B. Keepalive   C. LSP   D. Route-refresh

    E. BPDU   F. Update

9.【多选】BGP 的起源属性包括（　　　）值。

    A. IGP   B. EGP   C. OSPF   D. IS-IS

    E. Incomplete

10.【多选】以下（　　　）是 BGP 的公认必遵属性。

    A. Origin   B. AS_Path   C. MED   D. Local_Pref

    E. Next_Hop   F. Community

第4章
路由引入、路由控制和策略路由

04

随着网络规模的不断扩大，路由信息会越来越复杂，为了保证网络的伸缩性、稳定性、安全性和快速收敛，有必要对路由信息的更新及数据包转发路径进行控制和优化。路由汇聚、路由过滤和策略路由是路由优化的常用方法。当网络中运行多种路由协议时，必须在这些不同的路由协议之间共享路由信息，才能保证网络的连通性。

学习目标

① 掌握路由引入的原理和配置实现。

② 掌握前缀列表的功能、匹配原则。

③ 掌握路由策略的功能、结构和配置实现。

④ 掌握过滤策略的功能和配置实现。

⑤ 掌握策略路由的功能、特征、分类和配置实现。

⑥ 利用路由控制工具解决路由引入和路由更新过程中的问题。

⑦ 利用路由策略修改 BGP 路由属性进而实现 BGP 选路控制。

4.1 路由引入

由于采用的路由算法不同，不同的路由协议可以发现不同的路由。当网络规模比较大，且使用多种路由协议时，不同的路由协议之间通常需要发布其他路由协议发现的路由，这种在路由协议之间交换路由信息的过程被称为路由引入（Route Import）。

4.1.1 路由引入的原理

路由引入为在同一个互联网络中高效地支持多种路由协议提供了可能，执行路由引入的路由器被称为边界路由器，因为它们位于两个或多个自治系统的边界上。

路由引入时，必须要考虑路由度量，因为每一种路由协议都有自己的度量标准，所以在进行引入时必须指定外部引入的路由的初始度量值。路由引入的默认初始度量值如表 4-1 所示。

表 4-1 路由引入的默认初始度量值

路由协议	默认初始度量值	默认路由优先级	修改初始度量值命令
OSPF	1，路由类型为 2	10，ASE 为 150	default cost
IS-IS	0，路由类型为 L2	15	default cost
BGP	IGP 的度量值	255	default med

任何路由协议彼此都可以引入其他路由协议的路由（包括 IS-IS、OSPF、BGP）、直连路由和静态路由，但是值得注意的是，一种路由协议在引入其他路由协议的路由时，只引入在路由表中存在的路由，不出现在路由表中的路由是不会被引入的。

1. OSPF 路由引入命令

import-route { { bgp [permit-ibgp] | direct | static | isis [*process-id-isis*] | ospf [*process-id-ospf*] } [cost *cost* | type *type* | tag *tag* | route-policy *route-policy-name*] }

当 OSPF 协议引入外部路由时，可以配置路由度量值、标记和类型等。默认情况下，OSPF 协议引入外部路由的默认度量值为 1，引入的外部路由类型为 2，设置默认标记值为 1。配置【import-route bgp】命令时，表示只引入 EBGP 路由；配置【import-route bgp permit-ibgp】命令时，表示将 IBGP 路由也引入。【import-route】命令不能引入外部路由的默认路由，OSPF 协议通过路由表更新学习到外部路由的默认路由，如果外部路由的默认路由需要在 OSPF 普通区域中被发布，则需要执行【default-route-advertise】命令。可以使用 route-policy 参数只引入其他路由域的部分路由。

配置举例：配置 OSPF 引入 IS-IS 进程 1 的路由，指定 OSPF 外部路由类型为类型 1，路由标记为 2020，开销值为 10。

[R1-ospf-1]import-route isis 1 type 1 tag 2020 cost 10

2. IS-IS 路由引入命令

import-route {{ isis | ospf } [*process-id*] | static | direct | bgp [permit-ibgp] } [cost-type {external | internal} | cost *cost* | tag *tag* | route-policy *route-policy-name* | [level-1 | level-2 | level-1-2]]

当网络中部署了 IS-IS 和其他路由协议时，为了使 IS-IS 路由域内的流量可以到达 IS-IS 路由域外，可以在边界设备上向 IS-IS 域发布默认路由或者在边界设备上将其他路由域的路由引入到 IS-IS 中。配置【import-route direct】命令时，表示将直连接口所在的网段路由引入 IS-IS 路由表。可以使用 route-policy 参数只引入其他路由域的部分路由。如果不指定引入的级别，则默认引入路由到 L2 路由表中。

配置举例：配置 IS-IS 引入 OSPF 进程 1 的路由，并设置引入路由的开销值为 20，路由标记为 2020，并指定引入路由到 L2 的路由表中。

[R1-isis-1]import-route ospf 1 cost 20 tag 2020 level-2

3. BGP 路由引入命令

import-route *protocol* [*process-id*] [med *med* | route-policy *route-policy-name*]

BGP 引入路由时可支持 Import 和 Network 两种方式。Import 方式是按协议类型，将 OSPF、IS-IS 等协议的路由引入到 BGP 路由表中。为了保证引入的 IGP 路由的有效性，Import 方式还可以引入静态路由和直连路由。Network 方式是逐条将 IP 路由表中已经存在的路由引入到 BGP 路由表中，比 Import 方式更精确。如果没有配置【default-route imported】命令，则使用【import-route】命令引入其他协议的路由时，不能引入默认路由。

配置举例：配置 BGP 引入 OSPF 进程 1 的路由，并设置引入路由的开销值为 100。

[R1-bgp]import-route ospf 1 med 100

4.1.2　路由引入存在的问题

每种路由协议都有自己的防环机制，但是在路由协议之间相互引入的时候仍然可能会存在路由反馈、次优路由和路由环路等问题。路由反馈指路由器有可能将从一个自治系统学习到的路由信息发送回该自治系统，特别是在做双向引入的时候，一定要注意这一点；次优路由是指路由器通过路由引入所选择的路径可能并非最优路径；路由环路是指数据包不断在网络中传输，无法到达目的网络，最终可能导致网络瘫痪。一般可通过路由过滤、修改优先级和调整外部路由开销值等方式来解决路由引入的路由反馈、次优路由和路由环路问题。另外，在路由引入的时候还要考虑不同路由协议收敛时间不一致的问题。

路由引入过程中，次优路由、路由反馈和路由环路现象的分析过程如图 4-1 所示。

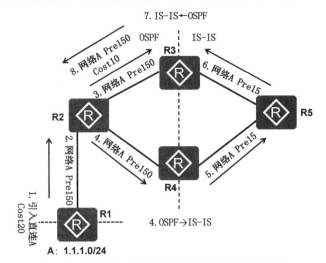

图 4-1　次优路由、路由反馈和路由环路现象的分析过程

（1）路由器 R1 通过引入直连网络把网络 A（1.1.1.0/24）引入 OSPF 进程中，开销值设置为 20。

（2）OSPF 将采用 ASE 路由（优先级为 150）的方式把路由 1.1.1.0/24 通告给路由器 R2。

（3）路由器 R2 将 OSPF ASE 路由 1.1.1.0/24 传递给路由器 R3 和 R4，路由器 R3 和 R4 将该路由添加到自己的路由表中。

（4）在路由器 R4 上执行路由引入，把 OSPF 路由引入 IS-IS 进程中，即把 1.1.1.0/24 引入 IS-IS 路由表中。

（5）路由器 R4 把 IS-IS 路由 1.1.1.0/24（优先级为 15）通告给路由器 R5，路由器 R5 将该路由添加到自己的路由表中。

（6）路由器 R5 把 IS-IS 路由 1.1.1.0/24（优先级为 15）通告给路由器 R3，此时路由器 R3 分别从路由器 R5 和 R2 两个来源学习到 1.1.1.0/24 的路由。通过比较路由优先级，从路由器 R2 学习到的路由的优先级为 150，从路由器 R5 学到的路由的优先级为 15，因此 R3 会把从路由器 R5 学习到的路由安装到路由表中，下一跳指向路由器 R5。此时出现次优路由，从路由器 R3 到达网络 1.1.1.0/24 的路径为 R3→R5→R4→R2→R1，而最优路径是 R3→R2→R1。

（7）在路由器 R3 上执行路由引入，把 IS-IS 路由引入 OSPF 进程中，即把 1.1.1.0/24 路由引入 OSPF 路由表中，开销值设置为 10。

（8）OSPF 将采用 ASE 路由（优先级为 150）的方式把路由 1.1.1.0/24 通告给路由器 R2。此时出现路由反馈，OSPF 路由 1.1.1.0/24 通过路由引入先进入 IS-IS 区域，再经过路由引入，重新回到 OSPF 区域。

（9）路由器 R2 分别从路由器 R1 和 R3 两个来源学习到 1.1.1.0/24 的路由，因为都是 OSPF ASE 路由，因此路由优先级相同（150），接下来比较两条路由的度量值，从路由器 R1 学习到的路由的度量值为 20，从路由器 R3 学习到的路由的度量值为 10，因此路由器 R2 会把从路由器 R3 学习到的路由安装到路由表中，下一跳指向 R3。此时出现路由环路，从路由器 R2 到达网络 1.1.1.0/24 的路径为 R2→R3→R5→R4→R2，从路由器 R2 出发，最后又回到路由器 R2。

通过以上分析可知在双点双向路由引入过程中，一定要通过技术手段避免路由反馈、次优路由和路由环路等情况的出现。例如，在步骤（6）中，可以将路由器 R5 发送给路由器 R3 的 1.1.1.0/24 路由的优先级设置为大于 150 的值，这样就可以很容易地避免出现次优路由。至于路由反馈和路由环路如何避免，本章的项目案例中会提出解决方案。

4.2 路由控制

为了减小路由表规模，节约系统资源，控制路由的接收、发布和引入，提高网络的安全性，以及通过修改路由属性对网络数据流量进行合理规划，提高网络性能。通常，在发布、接收和引入路由信息时会根据实际组网需求实施一些策略，以便对路由信息进行过滤并改变路由信息的属性，即实现路由控制。在路由控制流程中，先使用访问控制列表和前缀列表等工具匹配到相应的路由条目，再对匹配的路由通过路由策略、过滤策略等工具进行控制，包括路由过滤、路由属性的修改等。

4.2.1 前缀列表

前缀列表（Prefix List）的作用类似于访问控制列表（Access Control List，ACL），但比 ACL 更为灵活，且更易于理解。前缀列表的特点如下。

（1）编辑的方便性。配置前缀列表时，可以指定序号，只要序号不是连续的，此后就可以方便地插入条目，或者单独删除某个序号的条目，而不是删除整个前缀列表。

（2）执行的高效性。前缀列表在大型列表的加载和路由查找方面比 ACL 有显著的性能优势。

（3）灵活性。可以在前缀列表中指定掩码的长度，也可以指明掩码长度的范围。

配置 IPv4 前缀列表的命令如下。

```
ip ip-prefix ip-prefix-name [ index index-number ] { permit | deny } ipv4-address mask-length
[match-network] [ greater-equal greater-equal-value ] [ less-equal less-equal-value ]
```

以上命令中各参数的含义如下。

（1）*ip-prefix-name*：前缀列表名，注意列表名是区分字母大小写的。

（2）index *index-number*：32 比特的序号，用于确定语句被处理的顺序。默认情况下，该序号值按照配置的先后顺序依次递增，每次加 10，且第一个序号值为 10。

（3）permit | deny：匹配条目时所要采取的行为，如果路由前缀不与前缀列表中的条目匹配，则按照序号顺序执行下一条匹配。

（4）*ipv4-address/mask-length*：IPv4 前缀和前缀长度。

（5）match-network：该参数只有在 ipv4-address 为 0.0.0.0 时才可以配置，主要是用来匹配指定网络地址的路由。例如，ip ip-prefix p1 permit 0.0.0.0 8 可以匹配掩码长度为 8 的所有路由；而 ip ip-prefix p1 permit 0.0.0.0 8 match-network 可以匹配 0.0.0.1～0.255.255.255 内的所有路由。

（6）greater-equal *greater-equal-value*：匹配的前缀长度的下限。当然，greater-equal 和 less-equal 为可选参数。对于前缀长度的匹配范围，IPv4 要满足 length < greater-equal-value ≤ less-equal-value ≤ 32。

（7）less-equal *less-equal-value*：匹配的前缀长度的上限。如果只指定了 less-equal 参数，则前缀长度的匹配范围为 mask-length ≤ 前缀长度 ≤ less-equal-value；如果同时定义了 greater-equal 和 less-equal，则前缀长度的匹配范围为 greater-equal-value ≤ 前缀长度 ≤ less-equal-value；如果既没有指定 greater-equal，又没有指定 less-equal，则前缀长度的匹配范围只能是 mask-length/prefix-length，即精确匹配。

下面是 IPv4 前缀列表配置及匹配结果的实例，以便加深对前缀列表语法的理解。

```
[R1]ip ip-prefix test1 index 5 permit 0.0.0.0/0 greater-equal 32
//匹配所有主机路由
[R1]ip ip-prefix test2 index 10 permit 0.0.0.0/0 less-equal 32
//匹配所有路由
[R1]ip ip-prefix test3 index 15 permit 0.0.0.0/0 greater-equal 1
//匹配默认路由外的所有路由
[R1]ip ip-prefix test4 index 20 permit 0.0.0.0/1 greater-equal 8 less-equal 8
```

```
//匹配 A 类地址
[R1]ip ip-prefix test5 index 25 permit 128.0.0.0/2 greater-equal 16 less-equal 16
//匹配 B 类地址
[R1]ip ip-prefix test6 index 30   permit 192.0.0.0/3 greater-equal 24 less-equal 24
//匹配 C 类地址
[R1]ip ip-prefix test7 index 35 permit 192.168.0.0/16 less-equal 20
//匹配以 192.168 开头的，前缀长度在 16 到 20 之间（包括 16 和 20）的所有路由
[R1]ip ip-prefix test8 index 40 permit 192.168.0.0/16 greater-equal 20
//匹配以 192.168 开头的，前缀长度在 20 到 32 之间（包括 20 和 32）的所有路由。例如，192.168.0.0/16、
192.168.128.0/18 的路由不能匹配，但 192.168.64.0/24 的路由能匹配
```

4.2.2　路由策略

路由策略是为了改变网络流量所经过的途径而修改路由信息的技术，主要通过改变路由属性（包括可达性）来实现。路由策略可以用来控制路由的发布、控制路由的接收、管理引入的路由和设置路由的属性。路由策略是一种比较复杂的过滤器，它不仅可以匹配路由信息的某些属性，还可以在满足条件时改变路由信息的属性。路由策略可以使用 ACL、前缀列表等定义自己的匹配规则。

路由策略的实现主要包括两个步骤：定义将要实施路由策略的路由信息的特征，即定义一组匹配规则（可以灵活地定义各种匹配规则）；将匹配规则应用于路由的发布、接收和引入等过程的路由策略中。

路由策略的工作原理如图 4-2 所示。一个路由策略可以由多个节点构成，每个节点是匹配检查的一个单元。在匹配过程中，系统按节点序号升序依次检查各个节点。不同节点间是"或"的关系，如果通过了其中一个节点，则意味着通过该路由策略，不再对其他节点进行匹配。每个节点对路由信息的处理方式由匹配模式决定。匹配模式分为 permit 和 deny 两种，permit 模式表示路由将被允许通过，并且执行该节点的 apply 子句，对路由信息的一些属性进行设置；deny 模式表示路由将被拒绝通过。当路由与该节点的任意一个 if-match 子句匹配失败后，将进入下一个节点。如果和所有节点都匹配失败，则路由信息将被拒绝通过。

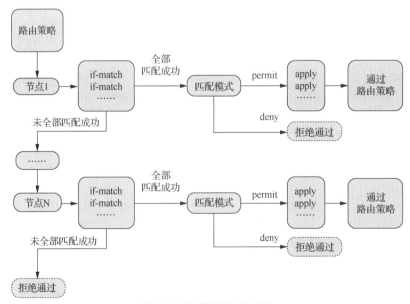

图 4-2　路由策略的工作原理

每个节点可以由一组 if-match 和 apply 子句组成。if-match 子句用于定义匹配规则，匹配对象是路由信息的一些属性。同一节点中的不同 if-match 子句是"与"的关系，只有满足节点内所有 if-match 子句指定的匹配条件，才能通过该节点的匹配。apply 子句用于指定动作，即在通过节点的匹配后，对路由信息的一些属性进行设置。if-match 和 apply 子句可以根据需要进行设置，都是可选的。例如，如果只过滤路由，不设置路由的属性，则不需要使用 apply 子句；又如，如果某个 permit 节点未配置任何 if-match 子句，则该节点匹配所有的路由。路由策略中至少配置一个节点的匹配模式是 permit，否则所有路由都将被过滤。通常，在多个 deny 节点后要设置一个不含 if-match 子句和 apply 子句的 permit 节点，用于允许其他的路由通过。

定义路由策略的命令结构如下。

```
route-policy route-policy-name { permit | deny } node node
    if-match
    apply
```

其中，if-match 子句用来定义路由策略，即匹配规则，常用的匹配条件包括 ACL、前缀列表、路由标记、路由类型及接口等；apply 子句用来为路由策略指定动作。在一个节点中，如果没有配置 apply 子句，则该节点仅起过滤路由的作用；如果配置了一个或多个 apply 子句，则通过节点匹配的路由将执行所有 apply 子句。常用的动作包括设置路由的开销值、设置路由的开销类型、设置路由的下一跳地址、设置路由协议的优先级、设置路由的标记和设置 BGP 路由的属性等。

下面是定义路由策略的实例，目的是对前缀列表 1 定义的路由信息设置路由标记。

```
[R1]ip ip-prefix 1 index 10 permit 1.1.1.0 24
[R1]route-policy example permit node 10
[R1-route-policy]if-match ip-prefix 1
[R1-route-policy]apply tag 1111
```

4.2.3　过滤策略

过滤策略提供了控制路由更新的另一种方法，通常与 ACL、前缀列表或者路由策略结合使用，用于控制路由的发布或接收，也可在路由协议之间做重分布的时候进行路由过滤，防止路由反馈和路由环路等，在 IGP 和 BGP 中都可以使用。过滤策略通常分为入方向策略和出方向策略。

入方向策略是对接收的路由设置过滤策略，会影响路由器自身路由表的变化，但是不同的路由协议实现的过滤效果可能有所不同。距离矢量路由协议基于路由表来通告路由，传递的是路由信息，通过执行【filter-policy import】命令可以对接收的路由进行过滤；链路状态路由协议基于链路状态数据库的信息来通告，传递的是链路状态，并不是路由信息，因此，【filter-policy import】命令不能阻断链路状态的传递，而且过滤的路由不能添加到本地路由表中。入方向策略的配置命令如下。

```
filter-policy { acl-number | acl-name acl-name | ip-prefix ip-prefix-name | route-policy route-policy-name } import
```

出方向策略是对发送的路由设置过滤策略。在距离矢量路由协议中，其用于向邻居发布路由时进行控制，影响邻居路由器路由表的变化；在链路状态路由协议中，其通常用于自治系统边界路由器，主要用来控制外部路由的引入。出方向策略的配置命令如下。

```
filter-policy { acl-number | acl-name acl-name | ip-prefix ip-prefix-name | route-policy route-policy-name } export [ protocol [ process-id ] ]
```

下面是过滤策略配置实例，如图 4-3 所示，分别在路由器 R1、R2 和 R3 上配置过滤策略，在路由器 R1 的 IS-IS 进程中引入直连路由，并将 172.16 开头的第三位为奇数的直连路由过滤；在路由器 R2 的 OSPF 进程中引入 IS-IS 路由时，只允许 172.16 开头的第三位被 4 整除的路由进入 IP 路由表；在路由器 R3 的 OSPF 进程中，只允许 172.16 开头的第三位被 8 整除的路由进入 IP 路由表。实现过程如下。

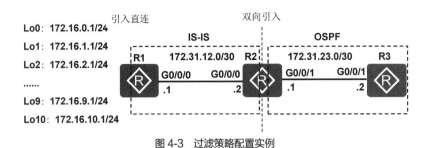

图 4-3 过滤策略配置实例

（1）在路由器 R1 的 IS-IS 进程中引入直连路由时，将 172.16 开头的第三位为奇数的路由过滤。

```
[R1]acl number 2000
[R1-acl-basic-2000]rule 10 deny source 172.16.1.0 0.0.254.0
//匹配 172.16 开头的第三位为奇数的路由
[R1-acl-basic-2000]rule 20 permit
[R1]isis 1
[R1-isis-1]is-level level-2
[R1-isis-1]network-entity 49.0001.1111.1111.1111.00
[R1-isis-1]import-route direct    //在 IS-IS 进程中引入直连路由
[R1-isis-1]filter-policy 2000 export direct
//出方向应用过滤策略，只允许 ACL 2000 匹配的路由进入 IS-IS
```

（2）在路由器 R2 的 OSPF 进程中引入 IS-IS 路由时，只允许 172.16 开头的第三位被 4 整除的路由进入 IP 路由表。

```
[R2]acl number 2000
[R2-acl-basic-2000]rule 10 permit source 172.16.0.0 0.0.252.0
//匹配 172.16 开头的第三位被 4 整除的路由
[R2]ospf 1
[R2-ospf-1]import-route isis 1    //在 OSPF 进程中引入 IS-IS 路由
[R2-ospf-1]filter-policy 2000 export isis 1
//出方向应用过滤策略，只允许 ACL 2000 匹配的路由进入 OSPF
[R2]isis 1
[R2-isis-1]is-level level-2
[R2-isis-1]network-entity 49.0001.2222.2222.2222.00
[R2-isis-1]import-route ospf 1
```

（3）在路由器 R3 的 OSPF 进程中，只允许 172.16 开头的第三位被 8 整除的路由进入 IP 路由表。

```
[R3]acl number 2000
[R3-acl-basic-2000]rule 10 permit source 172.16.0.0 0.0.248.0
//匹配 172.16 开头的第三位被 8 整除的路由
[R3]ospf 1
[R3-ospf-1]filter-policy 2000 import
```

（4）查看应用过滤策略的结果。

① 查看路由器 R2 的 IS-IS 路由。

```
[R2]display ip routing-table protocol isis
Destination/Mask    Proto    Pre  Cost     Flags NextHop       Interface
172.16.0.0/24       ISIS-L2  15   74         D   172.31.12.1   GigabitEthernet0/0/0
172.16.2.0/24       ISIS-L2  15   74         D   172.31.12.1   GigabitEthernet0/0/0
172.16.4.0/24       ISIS-L2  15   74         D   172.31.12.1   GigabitEthernet0/0/0
172.16.6.0/24       ISIS-L2  15   74         D   172.31.12.1   GigabitEthernet0/0/0
172.16.8.0/24       ISIS-L2  15   74         D   172.31.12.1   GigabitEthernet0/0/0
```

以上输出信息表明，路由器 R2 的路由表中的 IS-IS 路由只包含 172.16 开头的第三位为奇数的路由，达到了路由策略过滤的目的。

② 查看路由器 R3 的 OSPF 路由表。

```
[R3]display ospf routing
Routing for ASEs
Destination          Cost      Type        Tag         NextHop          AdvRouter
172.16.0.0/24        1         Type2       1           172.31.23.1      2.2.2.2
172.16.4.0/24        1         Type2       1           172.31.23.1      2.2.2.2
172.16.8.0/24        1         Type2       1           172.31.23.1      2.2.2.2
```

以上输出信息表明，路由器 R3 的 OSPF 路由表中只包含 172.16 开头的第三位能被 4 整除的路由，达到了路由策略过滤的目的。

③ 查看路由器 R3 的 IP 路由表中的 OSPF 路由。

```
[R3]display ip routing-table protocol ospf
Destination/Mask       Proto    Pre    Cost       Flags NextHop          Interface
  172.16.0.0/24        O_ASE    150    1          D     172.31.23.1      GigabitEthernet0/0/1
  172.16.8.0/24        O_ASE    150    1          D     172.31.23.1      GigabitEthernet0/0/1
```

以上输出信息表明，路由器 R3 的 IP 路由表中只包含 172.16 开头的第三位能被 8 整除的路由，达到了路由策略过滤的目的。通过步骤（2）和（3）的对比，进一步说明了【filter-policy import】命令不能阻断 OSPF 链路状态的传递，且被过滤的路由不能添加到本地 IP 路由表中。

4.3 策略路由

传统的路由转发原理首先根据报文的目的地址查找路由表，再进行报文转发。但是目前越来越多的用户希望能够在传统路由转发的基础上，根据自己定义的策略进行报文转发和选路。策略路由（Policy-Based Routing，PBR）使网络管理者既能够根据报文的目的地址，又能够根据报文的源地址、报文大小和链路质量等属性来制定策略，以改变数据包转发路径，满足用户需求。

需要注意的是，策略路由与路由策略是不同的概念。策略路由的操作对象是数据包，在路由表已经产生的情况下，不按照路由表进行转发，而是根据需要，依照某种策略改变数据包转发路径；而路由策略的操作对象是路由信息，路由策略主要实现了路由过滤和路由属性设置等功能，它通过改变路由属性（包括可达性）来改变网络流量所经过的路径。策略路由具有如下优点。

（1）可以根据用户实际需求制定策略进行路由选择，增强路由选择的灵活性和可控性。

（2）可以使不同的数据流通过不同的链路进行发送，提高了链路的利用效率。

（3）在满足业务服务质量的前提下，可以选择费用较低的链路传输业务数据，从而降低企业数据服务的成本。

策略路由分为本地策略路由、接口策略路由和智能策略路由（Smart Policy Routing，SPR）。

4.3.1 本地策略路由

本地策略路由仅对本设备自身发送的报文（如 OSPF、BGP 等）进行处理，对转发的报文不起作用。一条本地策略路由可以配置多个策略点，且这些策略点具有不同的优先级，本机下发报文优先匹配优先级高的策略点。下面是本地策略路由配置实例，如图 4-4 所示，路由器 R1 和 R2 之间配置静态路由到达对方的环回接口 0。现通过配置本地策略路由使大小为 64~100 字节的数据包选择上面的链路传送，大小为 101~500 字节的数据包选择下面的链路传送，所有其他长度的数据包都按基于目的地址的方法进行路由选路。

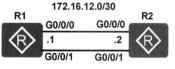

图4-4 本地策略路由配置实例

（1）在路由器 R1 上配置本地策略路由。

```
[R1]policy-based-route LP permit node 10
[R1-policy-based-route-LP-10]if-match packet-length 64 100 //匹配报文长度
[R1-policy-based-route-LP-10]apply ip-address next-hop 172.16.12.2
//设置下一跳地址
[R1]policy-based-route LP permit node 20
[R1-policy-based-route-LP-20]if-match packet-length 101 500
[R1-policy-based-route-LP-20]apply ip-address next-hop 172.16.21.2
[R1]ip local policy-based-route LP
```

（2）生成测试流量，在路由器 R1 上执行以下两条命令进行测试。

```
[R1]ping -a 172.16.1.1 -s 80 172.16.2.2
[R1]ping -a 172.16.1.1 -s 200 172.16.2.2
```

（3）查看本地策略路由匹配统计信息。

```
[R1]display ip policy-based-route statistics local
Local policy based routing information:
policy-based-route: LP
  permit node 10
    apply ip-address next-hop 172.16.12.2
      Denied: 0,
      Forwarded: 5
  permit node 20
    apply ip-address next-hop 172.16.21.2
      Denied: 0,
      Forwarded: 5
 Total denied: 0, forwarded: 10
```

以上输出信息表明两个策略点各转发 5 个数据包。

4.3.2 接口策略路由

接口策略路由通过在流行为中配置重定向实现，只对接口入方向的报文生效。默认情况下，设备按照路由表的下一跳进行报文转发，如果配置了接口策略路由，则设备按照接口策略路由指定的下一跳进行转发。在按照接口策略路由指定的下一跳进行报文转发时，如果设备上没有该下一跳 IP 地址对应的 ARP 表项，设备会触发 ARP 学习，如果一直学习不到下一跳 IP 地址对应的 ARP 表项，则报文按照路由表指定的下一跳进行转发；如果设备上有或者学习到了此 ARP 表项，则按照接口策略路由指定的下一跳 IP 地址进行报文转发。其只对转发的报文起作用，对设备自身发送的报文（如本地的 Ping 报文）不起作用。下面是接口策略路由配置实例，如图 4-5 所示，整个网络配置 OSPF 路由协议实现网络连通性。现通过在路由器 R1 的接口 G0/0/2 上配置接口策略路由，使 VLAN 10 主机（172.16.10.0/24 网络）的流量选择上面的链路传送，VLAN 20 主机（172.16.20.0/24 网络）的流量选择下面的链路传送，所有流量都按基于目的地址的方法进行路由选路。

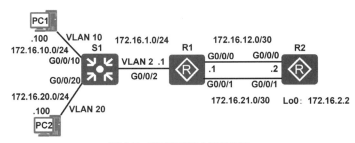

图 4-5　接口策略路由配置实例

（1）配置接口策略路由。

```
[R1]acl number 2000    //ACL 2000 匹配 VLAN 10 的流量
[R1-acl-basic-2000]rule 10 permit source 172.16.10.0 0.0.0.255
[R1]acl number 2001    //ACL 2001 匹配 VLAN 20 的流量
[R1-acl-basic-2001]rule 10 permit source 172.16.20.0 0.0.0.255
[R1]traffic classifier V10 //创建流分类
[R1-classifier-V10]if-match acl 2000
[R1]traffic classifier V20
[R1-classifier-V20]if-match acl 2001
[R1]traffic behavior V20 //配置流行为
[R1-behavior-V20]redirect ip-nexthop 172.16.21.2 //重定向下一跳地址
[R1-behavior-V20]statistic enable    //启用流量统计功能
[R1]traffic behavior V10
[R1-behavior-V10]redirect ip-nexthop 172.16.12.2
[R1-behavior-V10]statistic enable
[R1]traffic policy PBR    //创建流策略
[R1-trafficpolicy-PBR]classifier V10 behavior V10    //关联流分类和流行为
[R1-trafficpolicy-PBR]classifier V20 behavior V20
[R1]interface GigabitEthernet0/0/2
[R1-GigabitEthernet0/0/2]traffic-policy PBR inbound //接口入向应用流策略
```

（2）生成测试流量，在 PC1 和 PC2 上分别 ping 172.16.2.2。

（3）查看接口策略路由匹配统计信息（pps 和 bps 分别为 packet/s 和 bit/s 的行业内常用写法）。

```
[R1]display traffic policy statistics interface GigabitEthernet 0/0/2 inbound
 Interface: GigabitEthernet0/0/2
 Traffic policy inbound: PBR   //接口入向应用策略路由
 Rule number: 2   //策略路由定义的策略条目
 Current status: OK!   //当前状态
```

Item	Sum(Packets/Bytes)	Rate(pps/bps)
Matched	9/	1/
	882	336
+--Passed	9/	1/
	882	336

```
//以上输出信息显示了匹配策略路由并转发的数据包的个数及字节数
```

4.3.3　智能策略路由

随着网络业务需求的多样化，业务数据的集中放置，链路质量对网络业务越来越重要。越来越多的用户把关注点从网络的连通性转移到业务的可用性上，如业务的可获得性、响应速度和业务质量等。这些复杂的业务需求给传统的基于逐跳的路由协议带来了挑战，传统路由协议无法感知链路的质量和业务的需求，所以带给用户的业务体验也得不到保障，即使路由可达，链路质量也可能已经很差甚至无法正常转发报文了。

智能策略路由就是在这一背景下产生的一种策略路由，它可以主动探测链路质量并匹配业务的需求，从而选择一条最优链路转发业务数据，可以有效地避免网络黑洞、网络振荡等问题。所以说智能策略路由是基于业务需求的策略路由，它通过匹配链路质量和网络业务对链路质量的需求，实现智能选路。

下面是智能策略路由配置实例，如图 4-6 所示，整个网络配置静态路由实现网络的连通性。路由器 R1 通过两个运营商（ISPA 和 ISPB）的专线和路由器 R4 相连，路由器 R1 希望以 ISPA 的网络作为高速主用链路，以 ISPB 的网络作为备用链路。在路由器 R1 上配置网络质量分析（Network Quality

Analysis，NQA）客户端，在路由器 R4 上配置 NQA 服务器，以实现对路由器 R1 和 R4 之间链路质量的动态检测。NQA 是设备上的集成网络测试功能，不仅可以实现对网络运行情况的准确测试，还可以输出统计信息，有效地节约成本，相关原理详见第 7 章。在路由器 R1 上配置区分业务流的 ACL，以实现对目的地址为 Server1 的 IP 地址的报文进行智能路由选路。在路由器 R1 上配置智能策略路由的路由参数，以将探测链路加入链路组等。在路由器 R1 上配置智能策略路由与业务关联，以实现 ISPA 的链路作为主用链路，ISPB 的链路作为备用链路，且链路时延不大于 1000ms。

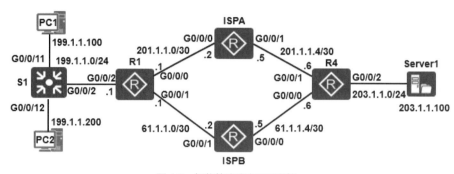

图 4-6　智能策略路由配置实例

（1）在路由器 R1 上配置 NQA 客户端。

```
[R1]nqa test-instance admin ISPA  //创建 NQA 测试例，并进入 NQA 测试例视图
[R1-nqa-admin-ISPA]test-type jitter //配置 NQA 测试例的测试类型
[R1-nqa-admin-ISPA]destination-address ipv4 201.1.1.6//配置 NQA 测试例的目的地址
[R1-nqa-admin-ISPA]destination-port 10000 //配置 NQA 测试例的目的端口号
[R1-nqa-admin-ISPA]frequency 10 //配置 NQA 测试例的自动执行测试时间间隔，单位是秒
[R1-nqa-admin-ISPA]source-interface GigabitEthernet0/0/0 //配置 NQA 测试例的源端口
[R1-nqa-admin-ISPA]start now //配置 NQA 测试例的启动方式和结束方式
[R1]nqa test-instance admin ISPB
[R1-nqa-admin-ISPB]test-type jitter
[R1-nqa-admin-ISPB]destination-address ipv4 61.1.1.6
[R1-nqa-admin-ISPB]destination-port 10001
[R1-nqa-admin-ISPB]frequency 10
[R1-nqa-admin-ISPB]source-interface GigabitEthernet0/0/1
[R1-nqa-admin-ISPB]start now
```

（2）在路由器 R4 上配置 NQA 服务器。

```
[R4]nqa-server udpecho 201.1.1.6 10000 //配置 NQA 测试的 UDP 服务器和端口号
[R4]nqa-server udpecho 61.1.1.6 10001
```

（3）在路由器 R1 上配置区分业务流的 ACL。

```
[R1]acl number 3000
[R1-acl-adv-3000]rule 10 permit ip destination 203.1.1.0 0.0.0.255
```

（4）在路由器 R1 上配置智能策略路由的路由参数。

```
[R1]smart-policy-route //创建智能策略路由，并进入智能策略路由视图
[R1-smart-policy-route]period 50
```
//配置 SPR 的切换周期，默认为 60s。SPR 根据 NQA 的探测结果判断链路是否需要切换。SPR 会定期获取 NQA 的探测结果，如果根据某次获取 NQA 的探测结果计算出的最优链路与当前使用的链路不一致，则切换周期计时器开始计时。在开始计时后且切换周期到达之前，如果根据某次获取 NQA 探测结果计算出的最优链路与当前使用链路一致，则切换周期计时器清零，直到下次出现不一致情况时再次开始计时。如果计时器开始计时后，在切换周期内探测结果一直处于不一致的情况，则 SPR 切换链路
```
[R1-smart-policy-route]route flapping suppression 100
```
//配置 SPR 中的振荡抑制周期，当链路频繁振荡时，SPR 会频繁地切换链路，严重影响业务数据转发效率。

执行该命令后，链路在下次切换前至少会等待振荡抑制周期配置的时间，避免链路频繁切换。建议配置振荡抑制周期的时间为切换周期的整数倍。振荡抑制周期的最短时间为切换周期的 2 倍

```
[R1-smart-policy-route]prober GigabitEthernet0/0/1 nqa admin ISPB
[R1-smart-policy-route]prober GigabitEthernet0/0/0 nqa admin ISPA
```
//配置 SPR 中的探测链路，SPR 实现智能选路的基础是探测链路，将链路关联 NQA 测试例，使之成为探测链路。一个或多个探测链路以链路组的形式和业务模板关联
```
[R1-smart-policy-route]link-group LG1 //在 SPR 中创建链路组并进入链路组视图
[R1-smart-policy-route-link-group-LG1]link-member GigabitEthernet0/0/0
```
//在 SPR 中将探测链路加入链路组
```
[R1-smart-policy-route]link-group LG2
[R1-smart-policy-route-link-group-LG2]link-member GigabitEthernet0/0/1
```

（5）在路由器 R1 上配置智能策略路由的业务参数。
```
[R1]smart-policy-route
[R1-smart-policy-route]service-map SPR //创建 SPR 中的业务模板并进入业务模板视图
[R1-smart-policy-route-service-map-SPR]match acl 3000 //配置 SPR 业务模板绑定的 ACL
[R1-smart-policy-route-service-map-SPR]set delay threshold 1000
```
//配置 SPR 中业务的时延阈值，默认是 5000ms。业务的时延阈值是业务能承受的时延上限值，对链路时延有要求的业务，需要指定该阈值。当链路的时延大于业务时延阈值时，链路不满足业务对时延的要求
```
[R1-smart-policy-route-service-map-SPR]set link-group LG1
```
//配置 SPR 中业务关联的链路组，指定业务需要使用的主用链路组
```
[R1-smart-policy-route-service-map-SPR]set link-group LG2 backup
```
//配置 SPR 中业务关联的链路组，指定业务需要使用的备份链路组

（6）查看 NQA 客户端测试例状态和配置信息。
```
[R1]display nqa-agent
 NQA Tests Max: 128          NQA Tests  Number:   2
```
//可以支持的 NQA 测试例的最大数目和当前测试例的数目
```
 NQA Flow   Max:  64          NQA Flow Remained:   54
```
//NQA 测试例支持的最大并发数和仍然可以启动的测试例最大并发数
```
 nqa test-instance admin ISPA   //以下 5 行信息是 NQA 客户端测试例 ISPA 的配置信息
  test-type jitter //测试类型
  destination-address ipv4 201.1.1.6   //测试目的地址
  destination-port 10000   //测试目的端口号
  frequency 10   //测试时间间隔
  source-interface GigabitEthernet0/0/0   //测试源端口
 nqa test-instance admin ISPB   //以下 5 行信息是 NQA 客户端测试例 ISPB 的配置信息
  test-type jitter
  destination-address ipv4 61.1.1.6
  destination-port 10001
  frequency 10
  source-interface GigabitEthernet0/0/1
```

（7）查看 NQA 测试的服务器端信息。
```
[R4]display nqa-server
 NQA Server Max: 64              NQA Server Num: 2
```
//可配置的 NQA 服务器的最大数量和当前 NQA 服务器的数量
```
 NQA Concurrent TCP Server: 0       NQA Concurrent UDP Server: 2
```
//配置的 TCP 服务器的数量和配置的 UDP 服务器的数量
```
 NQA Concurrent RTP-UDP Server: 0   ////配置的 RTP-UDP 服务器的数量
 nqa-server udpecho 61.1.1.6 10001 ACTIVE   //NQA UDP 服务器的 IP 地址、端口号和状态
 nqa-server udpecho 201.1.1.6 10000 ACTIVE
```

（8）查看 SPR 中探测链路的链路状态信息。
```
[R1]display smart-policy-route link-state
------------------------------------------------------------------------------
```

link-name	Delay	Jitter	Loss
GigabitEthernet0/0/0	5	2	0
GigabitEthernet0/0/1	5	2	0

以上输出信息显示了所有探测链路的状态信息，包括探测端口名、延迟、抖动和丢包率。

（9）查看 SPR 中业务模板的配置信息。

```
[R1]display smart-policy-route service-map SPR
```

Match acl	: 3000	//匹配业务流的 ACL
DelayThreshold	: 1000	//业务的时延阈值
LossThreshold	: 1000	//业务的丢包率阈值，SPR 中业务丢包率的阈值默认为 1000
JitterThreshold	: 3000	//业务的抖动时间阈值，默认值为 3000ms
CmiThreshold	: 0	

//业务的综合度量指标（Composite Measure Indicator，CMI）阈值，默认值为 0

GroupName	: LG1	//主用探测链路组名称
BackupGroupName	: LG2	//备用探测链路组名称
Description	: SPR	//业务模板描述
Cmi-Method	: d+l+j	

//CMI 计算方法。默认情况下，CMI 的计算公式为 CMI=9000 -（ D + J + L ），其中 D 代表 Delay， J 代表 Jitter，L 代表 Loss

CurLinkName	: GigabitEthernet0/0/0　//业务当前所选链路

4.4 项目案例

4.4.1 项目案例 1：路由引入中次优路由和路由环路问题及解决方案

1. 项目背景

近年来，A 公司网络规模不断扩大，近期 A 公司打算并购 B 公司，A 公司网络运行的是 OSPF 协议，B 公司网络运行的是 IS-IS 协议，为了确保资源共享、办公自动化和节省人力成本，需要将两个公司的网络合并，但 IT 部门协商后，两个公司都不打算重新规划和设计自己的网络，最后的解决方案是通过双点双向路由引入实现网络互通。小赵同学正在 A 公司实习，为了提高实际工作的准确性和工作效率，避免次优路由和路由环路等问题的出现，项目经理安排他在实验室环境下针对次优路由和路由环路问题提出解决方案，并进行网络连通测试，为项目顺利实施和网络可靠运行奠定坚实的基础。小赵用 4 台路由器模拟 A 公司和 B 公司的网络，通过两台边界路由器双向路由引入实现网络互通。

2. 项目任务

本项目需要完成的任务如下。

（1）搭建网络拓扑，完成 IP 地址规划，A 公司和 B 公司内部网络通过路由器 R2 和 R4 环回接口模拟。

（2）配置路由器接口的 IP 地址并测试所有直连链路的连通性。

（3）A 公司网络配置 OSPF 协议，B 公司网络配置 IS-IS 协议。

（4）在边界设备 R1 和 R3 上配置路由引入。

（5）分析次优路由和路由环路现象。

（6）对次优路由和路由环路问题提出最具有扩展性的解决方案。

（7）在路由器 R2 和 R4 上查看互相学习到的 A 公司和 B 公司内部网络路由为等价路径，进行网络连通性测试。

（8）保存配置文件，完成项目测试报告。

3. 项目目的

通过本项目可以掌握如下知识点和技能点，同时积累项目经验。

（1）OSPF 协议配置及 OSPF 引入直连路由的配置方法。

（2）IS-IS 协议配置及 IS-IS 引入直连路由的配置方法。

（3）OSPF 和 IS-IS 路由双向引入的配置方法。

（4）路由引入过程中次优路由和路由环路的分析方法。

（5）定义路由策略的方法。

（6）路由引入中调用路由策略的方法。

（7）查看和调试路由协议引入的相关信息。

4. 项目拓扑

路由引入中次优路由和路由环路问题及解决方案的网络拓扑如图 4-7 所示。

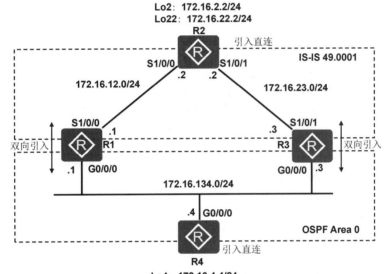

图 4-7　路由引入中次优路由和路由环路问题及解决方案的网络拓扑

5. 项目实施

（1）在路由器 R1～R4 上按照项目任务的要求完成基本 IS-IS 和 OSPF 协议的配置，并在路由器 R2 和 R4 上完成直连路由的引入。

① 配置路由器 R1。

```
[R1]isis 1
[R1-isis-1]cost-style wide
[R1-isis-1]network-entity 49.0001.1111.1111.1111.00
[R1]interface Serial1/0/0
[R1-Serial1/0/0]isis enable 1
[R1]ospf 1 router-id 1.1.1.1
[R1-ospf-1]bandwidth-reference 1000
[R1-ospf-1]area 0
```

```
[R1-ospf-1-area-0.0.0.0]network 172.16.134.1 0.0.0.0
```

② 配置路由器 R2。

```
[R2]isis 1
[R2-isis-1]cost-style wide
[R2-isis-1]network-entity 49.0001.2222.2222.2222.00
[R2-isis-1]import-route direct   //IS-IS 进程引入直连路由
[R2]interface Serial1/0/0
[R2-Serial1/0/0]isis enable 1
[R2]interface Serial1/0/1
[R2-Serial1/0/1]isis enable 1
```

③ 配置路由器 R3。

```
[R3]ospf 1 router-id 3.3.3.3
[R3-ospf-1]bandwidth-reference 1000
[R3-ospf-1]area 0
[R3-ospf-1-area-0.0.0.0]network 172.16.134.3 0.0.0.0
[R3]isis 1
[R3-isis-1]cost-style wide
[R3-isis-1]network-entity 49.0001.3333.3333.3333.00
[R3]interface Serial1/0/1
[R3-Serial1/0/1]isis enable 1
```

④ 配置路由器 R4。

```
[R4]ospf 1 router-id 4.4.4.4
[R4-ospf-1]import-route direct cost 10   //OSPF 进程引入直连路由，开销值为 10
[R4-ospf-1]bandwidth-reference 1000
[R4-ospf-1]area 0
[R4-ospf-1-area-0.0.0.0]network 172.16.134.4 0.0.0.0
```

（2）在路由器 R1 和 R3 上查看路由表。

以下路由表结果中只列出了本项目关注的 OSPF 和 IS-IS 路由，其他省略。

① 在路由器 R1 上查看路由表。

```
[R1]display ip routing-table
Destination/Mask    Proto    Pre  Cost   Flags NextHop        Interface
172.16.2.0/24       ISIS-L2  15   10     D    172.16.12.2     Serial1/0/0
172.16.4.0/24       O_ASE    150  10     D    172.16.134.4    GigabitEthernet0/0/0
172.16.22.0/24      ISIS-L2  15   10     D    172.16.12.2     Serial1/0/0
172.16.23.0/24      ISIS-L1  15   20     D    172.16.12.2     Serial1/0/0
172.16.44.0/24      O_ASE    150  10     D    172.16.134.4    GigabitEthernet0/0/0
```

② 在路由器 R3 上查看路由表。

```
[R3]display ip routing-table
Destination/Mask    Proto    Pre  Cost   Flags NextHop        Interface
172.16.2.0/24       ISIS-L2  15   10     D    172.16.23.2     Serial1/0/1
172.16.4.0/24       O_ASE    150  10     D    172.16.134.4    GigabitEthernet0/0/0
172.16.12.0/24      ISIS-L1  15   20     D    172.16.23.2     Serial1/0/1
172.16.22.0/24      ISIS-L2  15   10     D    172.16.23.2     Serial1/0/1
172.16.44.0/24      O_ASE    150  10     D    172.16.134.4    GigabitEthernet0/0/0
```

以上输出信息表明路由器 R1 和 R3 都学习到了路由器 R2 和 R4 直连接口的路由，路由器 R2 和 R4 引入直连路由成功。

（3）次优路由现象分析。

本项目在路由器 R3 上完成 OSPF 和 IS-IS 双向路由引入，相关配置如下。

```
[R3]ospf 1
[R3-ospf-1]import-route isis 1
```

```
[R3]isis 1
[R3-isis-1]import-route ospf 1
```

在路由器 R1 的路由表中，发现到目的网络 172.16.4.0 和 172.16.44.0 的下一跳地址是 172.16.12.2，即经过路由器 R2 和 R3 到达，而没有选择直接到路由器 R4，很明显这是不合理的，即产生了次优路由，如下所示。

```
[R1]display ip routing-table protocol isis
Destination/Mask    Proto    Pre Cost          Flags NextHop        Interface
172.16.4.0/24       ISIS-L2  15  20            D     172.16.12.2    Serial1/0/0
172.16.44.0/24      ISIS-L2  15  20            D     172.16.12.2    Serial1/0/0
```

接下来分析次优路由产生的原因：由于 172.16.4.0 和 172.16.44.0 是通过路由器 R4 引入直连进入 OSPF 的，所以是 OSPF ASE 路由，在路由器 R1 和 R3 上没有执行双向路由引入之前，路由 172.16.4.0 和 172.16.44.0 会以 O_ASE 代码出现在路由器 R1 和 R3 的路由表中，路由优先级为 150。在路由器 R3 上先执行了 OSPF 和 IS-IS 双向路由引入，外部路由条目 172.16.4.0 和 172.16.44.0 进入 OSPF 进程，该条目通过 5 类 LSA 传递给路由器 R1，路由器 R1 通过比较路由优先级，发现从路由器 R2 收到该路由条目的优先级为 15，而从路由器 R4 收到的路由条目优先级为 150，所以路由器 R1 更新路由表，选择路由条目优先级小的路由安装到路由表中，即下一跳指向路由器 R2，因而产生了次优路由。这一点可以通过查看路由器 R1 的 OSPF 数据库和 IS-IS 拓扑表得到证实。

```
[R1]display ospf lsdb
       OSPF Process 1 with Router ID 1.1.1.1
           Link State Database
               Area: 0.0.0.0
Type       LinkState ID    AdvRouter        Age      Len       Sequence    Metric
Router     4.4.4.4         4.4.4.4          1455     36        80000006    1
Router     1.1.1.1         1.1.1.1          1460     36        80000008    1
Router     3.3.3.3         3.3.3.3          718      36        80000007    1
Network    172.16.134.1    1.1.1.1          1460     36        80000005    0
           AS External Database
Type       LinkState ID    AdvRouter        Age      Len       Sequence    Metric
External    172.16.22.0     3.3.3.3          718      36        80000001    1
External    172.16.44.0     4.4.4.4          1443     36        80000003    10
External    172.16.23.0     3.3.3.3          718      36        80000001    1
External    172.16.4.0      4.4.4.4          1443     36        80000003    10
External    172.16.2.0      3.3.3.3          718      36        80000001    1
External    172.16.12.1     3.3.3.3          718      36        80000001    1
External    172.16.12.0     3.3.3.3          718      36        80000001    1
External    172.16.134.0    4.4.4.4          1443     36        80000003    10
[R1]display isis route
                        Route information for ISIS(1)
                   -----------------------------------

                        ISIS(1) Level-1 Forwarding Table
                   -----------------------------------

IPV4 Destination      IntCost    ExtCost ExitInterface    NextHop         Flags
-------------------------------------------------------------------------------
172.16.23.0/24        20         NULL    S1/0/0           172.16.12.2     A/-/L/-
172.16.12.0/24        10         NULL    S1/0/0           Direct          D/-/L/-
        Flags: D-Direct, A-Added to URT, L-Advertised in LSPs, S-IGP Shortcut,
                        U-Up/Down Bit Set
                        ISIS(1) Level-2 Forwarding Table
                   -----------------------------------

IPV4 Destination      IntCost    ExtCost ExitInterface    NextHop         Flags
-------------------------------------------------------------------------------
```

172.16.4.0/24	20	NULL	S1/0/0	172.16.12.2	A/-/-/-
172.16.134.0/24	20	NULL	S1/0/0	172.16.12.2	A/-/-/-
172.16.12.1/32	10	NULL	S1/0/0	172.16.12.2	A/-/-/-
172.16.22.0/24	10	NULL	S1/0/0	172.16.12.2	A/-/-/-
172.16.12.0/24	10	NULL	S1/0/0	Direct	D/-/L/-
172.16.2.0/24	10	NULL	S1/0/0	172.16.12.2	A/-/-/-
172.16.44.0/24	20	NULL	S1/0/0	172.16.12.2	A/-/-/-
172.16.23.3/32	10	NULL	S1/0/0	172.16.12.2	A/-/-/-

以上输出信息表明路由器 R1 的 OSPF 路由表和 IS-IS 路由表中都包含 172.16.4.0 和 172.16.44.0 路由，但是路由优先级小的 IS-IS 路由被安装到了 IP 路由表中。可以通过【tracert】命令查看如何从路由器 R1 到达 172.16.4.4。

```
[R1]tracert 172.16.4.4
 traceroute to   172.16.4.4(172.16.4.4), max hops: 30 ,packet length: 40,press CT
RL_C to break
 1 172.16.12.2 90 ms   30 ms   30 ms
 2 172.16.23.3 50 ms   40 ms   30 ms
 3 172.16.134.4 80 ms   50 ms   80 ms
```

以上输出信息表明路由器 R1 经过路由器 R2 和 R3 到达路由器 R4 的环回接口 4。次优路由问题可以通过很多方式解决，如修改路由优先级等。

（4）路由环路现象分析。

在路由器 R1 上完成 OSPF 和 IS-IS 双向路由引入，配置如下。

```
[R1]ospf 1
[R1-ospf-1]import-route isis 1
[R1]isis 1
[R1-isis-1]import-route ospf 1
```

在路由器 R1、R2 和 R3 上查看路由表，本项目只需要关注 172.16.4.0 和 172.16.44.0 两条路由。

① 在路由器 R1 上查看路由表。

```
[R1]display ip routing-table
Destination/Mask     Proto     Pre  Cost    Flags NextHop        Interface
172.16.4.0/24        ISIS-L2   15   20       D   172.16.12.2     Serial1/0/0
172.16.44.0/24       ISIS-L2   15   20       D   172.16.12.2     Serial1/0/0
```

② 在路由器 R2 上查看路由表。

```
[R2]display ip routing-table
Destination/Mask     Proto     Pre  Cost    Flags NextHop        Interface
172.16.4.0/24        ISIS-L2   15   10       D   172.16.23.3     Serial1/0/1
172.16.44.0/24       ISIS-L2   15   10       D   172.16.23.3     Serial1/0/1
```

③ 在路由器 R3 上查看路由表。

```
[R3]display ip routing-table
Destination/Mask     Proto     Pre  Cost    Flags NextHop        Interface
172.16.4.0/24        O_ASE     150  1        D   172.16.134.1    GigabitEthernet0/0/0
172.16.44.0/24       O_ASE     150  1        D   172.16.134.1    GigabitEthernet0/0/0
```

在以上输出信息中关注 3 台路由器上路由条目 172.16.4.0 和 172.16.44.0 的下一跳，发现路由环路已经产生，可以通过【tracert】命令查看如何从路由器 R1 到达 172.16.4.4。

```
[R1]tracert 172.16.4.4
 traceroute to   172.16.4.4(172.16.4.4), max hops: 30 ,packet length: 40,press CT
RL_C to break  //【tracert】命令中 TTL 值（最大跳数）默认为 30，数据包长度为 40 字节
 1 172.16.12.2 70 ms   30 ms   20 ms
 2 172.16.23.3 60 ms   30 ms   40 ms
 3 172.16.134.1 50 ms   20 ms   20 ms
 4 172.16.12.2 70 ms   50 ms   40 ms
```

```
5 172.16.23.3 50 ms   40 ms   40 ms
6 172.16.134.1 70 ms   60 ms   60 ms
7 172.16.12.2 60 ms   50 ms   70 ms
8 172.16.23.3 60 ms   80 ms   70 ms
......
28 172.16.12.2 220 ms   200 ms   220 ms
29 172.16.23.3 220 ms   220 ms   220 ms
30 172.16.134.1 200 ms   220 ms   220 ms
```

（5）次优路由和路由环路解决方案。

小赵经过分析和比对后，认为在路由引入时通过修改路由优先级，并使用路由策略和路由标记来解决次优路由、路由反馈和路由环路的方案扩展性非常好，于是决定在项目中尝试此方案。

下面先通过修改路由优先级解决次优路由和路由反馈问题，路由器 R1 和 R3 的配置完全一样，配置如下。

① 配置路由器 R1。

```
[R1]ip ip-prefix 4 index 10 permit 172.16.4.0 24
[R1]ip ip-prefix 4 index 20 permit 172.16.44.0 24
[R1]route-policy PRE permit node 10
[R1-route-policy]if-match ip-prefix 4
[R1-route-policy]apply preference 160
//对于匹配前缀列表 4 的路由修改路由优先级，这里一定要大于 OSPF ASE 路由的优先级 150
[R1]route-policy PRE permit node 20
[R1]isis 1
[R1-route-policy]preference route-policy PRE
//按照定义的路由策略修改 IS-IS 协议的优先级
```

② 配置路由器 R3。

```
[R3]ip ip-prefix 4 index 10 permit 172.16.4.0 24
[R3]ip ip-prefix 4 index 20 permit 172.16.44.0 24
[R3]route-policy PRE permit node 10
[R3-route-policy]if-match ip-prefix 4
[R3-route-policy]apply preference 160
[R3]route-policy PRE permit node 20
[R3]isis 1
[R3-route-policy]preference route-policy PRE
```

下面来用路由策略和路由标记来解决路由环路问题，配置如下。

① 配置路由器 R1。

```
[R1]route-policy O2I deny node 10
[R1-route-policy]if-match tag 200
[R1]route-policy O2I permit node 20
[R1-route-policy]apply tag 100
[R1]route-policy I2O deny node 10
[R1-route-policy]if-match tag 40
[R1]route-policy I2O permit node 20
[R1-route-policy]apply tag 300
[R1]ospf 1
[R1-ospf-1]import-route isis 1 route-policy I2O
[R1]isis 1
[R1-isis-1]import-route ospf 1 route-policy O2I
```

② 配置路由器 R3。

```
[R3]route-policy I2O deny node 10
[R3-route-policy]if-match tag 100
[R3]route-policy I2O permit node 20
```

```
[R3-route-policy]apply tag 200
[R3]route-policy O2I deny node 10
[R3-route-policy]if-match tag 300
[R3]route-policy O2I permit node 20
[R3-route-policy]apply tag 400
[R3]ospf 1
[R3-ospf-1]import-route isis 1 route-policy I2O
[R3]isis 1
[R3-isis-1]import-route ospf 1 route-policy O2I
```

6. 项目测试

（1）查看定义的路由策略。

```
[R1]display route-policy
Route-policy : O2I
    deny : 10 (matched counts: 8)
        Match clauses :
            if-match tag 200
    permit : 20 (matched counts: 17)
        Apply clauses :
            apply tag 100
Route-policy : I2O
    deny : 10 (matched counts: 10)
        Match clauses :
            if-match tag 400
    permit : 20 (matched counts: 68)
        Apply clauses :
            apply tag 300
Route-policy : PRE
    permit : 10 (matched counts: 19)
        Match clauses :
            if-match ip-prefix 4
        Apply clauses :
            apply preference 160
    permit : 20 (matched counts: 36)
```

以上输出信息表明路由器 R1 定义了 3 个路由策略，每个策略节点由 if-match 子句和 apply 子句构成，同时显示了匹配策略条件的数据包的数量。

（2）查看路由器 R1～R4 的 IP 路由表。

每台路由器的 IP 路由表中只关注路由器 R2 和 R4 环回接口的路由信息，其他路由信息省略。

① 查看路由器 R1 的 IP 路由表。

```
[R1]display ip routing-table
Destination/Mask    Proto     Pre  Cost   Flags NextHop        Interface
    172.16.2.0/24   ISIS-L2   15   10       D   172.16.12.2    Serial1/0/0
    172.16.4.0/24   O_ASE     150  10       D   172.16.134.4   GigabitEthernet0/0/0
    172.16.22.0/24  ISIS-L2   15   10       D   172.16.12.2    Serial1/0/0
    172.16.44.0/24  O_ASE     150  10       D   172.16.134.4   GigabitEthernet0/0/0
```

② 查看路由器 R2 的 IP 路由表。

```
[R2]display ip routing-table protocol isis
Destination/Mask    Proto     Pre  Cost   Flags NextHop        Interface
    172.16.4.0/24   ISIS-L2   15   10       D   172.16.23.3    Serial1/0/1
                    ISIS-L2   15   10       D   172.16.12.1    Serial1/0/0
    172.16.44.0/24  ISIS-L2   15   10       D   172.16.23.3    Serial1/0/1
                    ISIS-L2   15   10       D   172.16.12.1    Serial1/0/0
```

| | 172.16.134.0/24 | ISIS-L2 | 15 | 10 | | D | 172.16.23.3 | Serial1/0/1 |
| | | ISIS-L2 | 15 | 10 | | D | 172.16.12.1 | Serial1/0/0 |

③ 查看路由器 R3 的 IP 路由表。

```
[R3]display ip routing-table
```

Destination/Mask	Proto	Pre	Cost	Flags	NextHop	Interface
172.16.2.0/24	ISIS-L2	15	10	D	172.16.23.2	Serial1/0/1
172.16.4.0/24	O_ASE	150	10	D	172.16.134.4	GigabitEthernet0/0/0
172.16.22.0/24	ISIS-L2	15	10	D	172.16.23.2	Serial1/0/1
172.16.44.0/24	O_ASE	150	10	D	172.16.134.4	GigabitEthernet0/0/0

④ 查看路由器 R4 的 IP 路由表。

```
[R4]display ip routing-table protocol ospf
```

Destination/Mask	Proto	Pre	Cost	Flags	NextHop	Interface
172.16.2.0/24	O_ASE	150	1	D	172.16.134.3	GigabitEthernet0/0/0
	O_ASE	150	1	D	172.16.134.1	GigabitEthernet0/0/0
172.16.22.0/24	O_ASE	150	1	D	172.16.134.3	GigabitEthernet0/0/0
	O_ASE	150	1	D	172.16.134.1	GigabitEthernet0/0/0

以上路由器 R1～R4 的 IP 路由表输出信息表明网络中已经没有次优路由、路由反馈和路由环路，而且从路由器 R2 和 R4 的角度到达对方的两个环回接口所在网络的路径完全相同，因此，在路由器 R2 和 R4 的 IP 路由表中显示的都是对方环回接口所在网络的等价路径。

4.4.2 项目案例 2：配置 BGP 属性控制企业网络接入运营商的选路

1. 项目背景

近年来，A 公司网络规模不断扩大，新的业务对互联网接入的速度和稳定性提出了更高的要求，A 公司计划升级网络，为用户提供更好的服务品质和体验，为此向运营商 B 租用了两条线路并接入其网络，目的是优化公司网络资源利用率，增强网络安全性、稳定性及可靠性。正在该公司实习的小李同学已经按照项目经理的安排在实验室环境下完成 BGP 的配置，实现企业网络接入运营商项目，为项目实施和网络运行奠定坚实的基础。现在项目经理要求小李在配置完成基本的 BGP 的基础上，在实验室环境下深入研究 BGP 通过属性控制路由选路，为将来优化企业网络资源奠定基础。小李打算研究 Origin、AS-Path、Local_Pref、PrefVal 和 MED 属性。根据 BGP 路由判定的顺序（优先级别从低到高）设计案例，每个分解案例都是以较高的优先级别影响前面分解案例的 BGP 路由选路。通过修改 Origin、AS-Path、Local_Pref、PrefVal 属性，控制在 AS 65100 内路由器 R1、R2 和 R3 对路由器 ISP 上通告的 4.4.4.4/32 路由的选路。通过在路由器 R1 和 R3 上发布策略，控制从路由器 ISP 访问 AS 65100 的 201.1.0.0/24 网络选路。

2. 项目任务

本项目需要完成的任务如下。

（1）完成 BGP 基本配置。

（2）修改 BGP Origin 属性控制选路。

（3）修改 BGP AS-Path 属性控制选路。

（4）修改 BGP Local_Pref 属性控制选路。

（5）配置 BGP PrefVal 属性控制选路。

（6）修改 MED 属性控制选路。

（7）查看各路由器的 BGP 路由表，观察 BGP 选路结果。

（8）保存配置文件，完成项目测试报告。

3. 项目目的

通过本项目可以掌握如下知识点和技能点，同时积累项目经验。

（1）定义路由策略，修改 BGP Origin 属性，并应用策略控制选路。

（2）定义路由策略，修改 BGP AS-Path 属性，并应用策略控制选路。

（3）定义路由策略，修改 BGP Local_Pref 属性，并应用策略控制选路。

（4）定义路由策略，配置 BGP PrefVal 属性，并应用策略控制选路。

（5）定义路由策略，修改 MED 属性，并应用策略控制选路。

（6）深入理解 BGP 选路规则，通过路由器的 BGP 路由表观察 BGP 选路结果。

4. 项目拓扑

配置 BGP 属性控制企业网络接入运营商的选路的网络拓扑如图 4-8 所示。路由器 R1、R2 和 R3 建立全连接 IBGP 邻居关系，路由器 R1、R3 与 ISP 建立 EBGP 邻居关系。

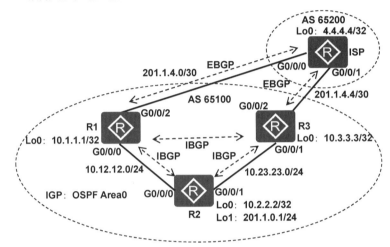

图 4-8　配置 BGP 属性控制企业网络接入运营商的选路的网络拓扑

5. 项目实施

（1）配置基本 BGP。

① 配置路由器 R1。

```
[R1-bgp]router-id 1.1.1.1
[R1-bgp]peer 10.2.2.2 as-number 65100
[R1-bgp]peer 10.2.2.2 next-hop-local
[R1-bgp]peer 10.2.2.2 connect-interface LoopBack0
[R1-bgp]peer 10.3.3.3 as-number 65100
[R1-bgp]peer 10.3.3.3 connect-interface LoopBack0
[R1-bgp]peer 10.3.3.3 next-hop-local
[R1-bgp]peer 201.1.4.2 as-number 65200
```

② 配置路由器 R2。

```
[R2]bgp 65100
[R2-bgp]router-id 2.2.2.2
[R2-bgp]peer 10.1.1.1 as-number 65100
[R2-bgp]peer 10.1.1.1 connect-interface LoopBack0
[R2-bgp]peer 10.3.3.3 as-number 65100
[R2-bgp]peer 10.3.3.3 connect-interface LoopBack0
[R2-bgp]network 201.1.0.0   24
```

③ 配置路由器 R3。

```
[R3]bgp 65100
[R3-bgp]router-id 3.3.3.3
[R3-bgp]peer 10.1.1.1 as-number 65100
```

```
[R3-bgp]peer 10.1.1.1 connect-interface LoopBack0
[R3-bgp]peer 10.1.1.1 next-hop-local
[R3-bgp]peer 10.2.2.2 as-number 65100
[R3-bgp]peer 10.2.2.2 connect-interface LoopBack0
[R3-bgp]peer 10.2.2.2 next-hop-local
[R3-bgp]peer 201.1.4.6 as-number 65200
```

④ 配置路由器 ISP。

```
[ISP]bgp 65200
[ISP-bgp]router-id 4.4.4.4
[ISP-bgp]peer 201.1.4.1 as-number 65100
[ISP-bgp]peer 201.1.4.5 as-number 65100
[ISP-bgp]network 4.4.4.4 255.255.255.255
```

（2）修改 BGP Origin 属性，以控制选路。

```
[ISP]ip ip-prefix 4 permit 4.4.4.4 32 //用前缀列表匹配要修改属性的路由
[ISP]route-policy Origin permit node 10 //配置路由策略
[ISP-route-policy]if-match ip-prefix 4
[ISP-route-policy]apply origin egp 900   //设置 BGP Origin 属性
[ISP]route-policy Origin permit node 20
[ISP-route-policy]bgp 65200
[ISP-bgp]peer 201.1.4.1 route-policy Origin export
//在出方向为去往邻居 R1 的路由设置策略
<ISP>reset bgp all //复位所有 BGP 的连接
```

（3）修改 BGP AS-Path 属性，以控制选路。

```
[ISP]route-policy Aspath permit node 10
[ISP-route-policy]if-match ip-prefix 4
[ISP-route-policy]apply as-path 65300 65400   additive
//设置 BGP AS-Path 属性，为匹配的路由条目追加 AS
[ISP]route-policy Aspath permit node 20
[ISP]bgp 65200
[ISP-bgp]peer 201.1.4.5 route-policy Aspath export
//在出方向为去往邻居路由器 R3 的路由设置策略。由于是出方向，因此在 R3 上看到的路由的 AS-Path 属
性应该是 65200 65300 65400
<ISP>reset bgp all
```

（4）修改 BGP Local_Pref 属性，以控制选路。

```
[R3]ip ip-prefix 4 permit 4.4.4.4 32 //用前缀列表匹配要修改属性的路由
[R3]route-policy LP permit node 10
[R3-route-policy]if-match ip-prefix 4
[R3-route-policy]apply local-preference 2000 //修改本地优先级属性
[R3]route-policy LP permit node 20
[R3]bgp 65100
[R3-bgp]peer 201.1.4.6 route-policy LP import
//对从邻居 201.1.4.6 进入的路由条目设置策略
<R3>reset bgp all
```

（5）配置 BGP PrefVal 属性，以控制选路。

```
[R1]bgp 65100
[R1-bgp]peer 10.2.2.2 preferred-value 200
[R1-bgp]peer 10.3.3.3 preferred-value 200
[R1-bgp]peer 201.1.4.2 preferred-value 500
```

以上命令用于修改路由器 R1 从邻居路由器 R2、R3 和 ISP 收到的路由条目的 PrefVal 属性。

（6）修改 MED 属性，以控制选路。

首先，查看路由器 ISP 的 BGP 路由表。

```
<ISP>display bgp routing-table | include 65100
---省略部分显示内容---
        Network          NextHop          MED          LocPrf      PrefVal Path/Ogn
 *>     201.1.0.0/24     201.1.4.1                                  0       65100i
 *                       201.1.4.5                                  0       65100i
```

以上 BGP 路由信息表明 ISP 到达 201.1.0.0/24 网络时优选下一跳 201.1.4.1，即通过路由器 R1 到达 201.1.0.0/24 网络。从步骤（5）的结果可知路由器 R2 到达 4.4.4.4 的下一跳为 10.3.3.3，即通过路由器 R3 到达 4.4.4.4，通过对比发现这是非对称路径，即数据包到达和返回的路径不一致。现通过修改 MED 属性，实现以路由器 R2 环回接口 1 为源地址到达 ISP 的环回接口 0 的路径为 R2→R3→ISP→R3→R2，即对称路径。

```
[R1]ip ip-prefix 201 permit 201.1.0.0 24
[R1]route-policy MED permit node 10
[R1-route-policy]if-match ip-prefix 201
[R1-route-policy]apply cost 200 //设置 MED 属性
[R1]route-policy MED permit node 20
[R1-bgp]peer 201.1.4.2 route-policy MED export

[R3]ip ip-prefix 201 permit 201.1.0.0 24
[R3]route-policy MED permit node 10
[R3-route-policy]if-match ip-prefix 201
[R3-route-policy]apply cost 100
[R3]route-policy MED permit node 20
[R3]bgp 65100
[R3-bgp]peer 201.1.4.6 route-policy MED export
```

6. 项目测试

（1）查看 BGP 路由表。

```
[R1]display bgp routing-table | include 65200
---省略部分显示内容---
        Network          NextHop          MED          LocPrf      PrefVal Path/Ogn
 *>i    4.4.4.4/32       10.3.3.3         0            100         0       65200i
 *                       201.1.4.2        0                        0       65200e

[R2]display bgp routing-table | include 65200
---省略部分显示内容---
        Network          NextHop          MED          LocPrf      PrefVal Path/Ogn
 *>i    4.4.4.4/32       10.3.3.3         0            100         0       65200i

[R3]display bgp routing-table | include 65200
---省略部分显示内容---
        Network          NextHop          MED          LocPrf      PrefVal Path/Ogn
 *>     4.4.4.4/32       201.1.4.6        0                        0       65200i
```

以上输出信息表明路由器 R1 学到两条关于 4.4.4.4/32 的 BGP 路由，但是由于起源代码 i 优先于 e，所以从路由器 R3 学到的 BGP 路由为最优，而从邻居路由器 ISP 学到的路由不是最优的（路由代码只为*，没有>），不能继续通告给路由器 R2 和 R3，所以路由器 R2 和 R3 只有一条关于 4.4.4.4/32 的路由。此时，路由器 R1 和 R2 通过路由器 R3 到达 4.4.4.4。

（2）查看 BGP 路由表。

```
[R1]display bgp routing-table | include 65200
---省略部分显示内容---
        Network          NextHop          MED          LocPrf      PrefVal Path/Ogn
 *>     4.4.4.4/32       201.1.4.2        0                        0       65200e
```

```
[R2]display bgp routing-table | include 65200
---省略部分显示内容---
       Network          NextHop         MED        LocPrf      PrefVal Path/Ogn
 *>i   4.4.4.4/32       10.1.1.1        0          100         0       65200e

[R3]display bgp routing-table | include 65200
---省略部分显示内容---
       Network          NextHop         MED        LocPrf      PrefVal Path/Ogn
 *>i   4.4.4.4/32       10.1.1.1        0          100         0       65200e
 *                      201.1.4.6       0                      0       65200 65300 65400 i
```

以上输出信息表明路由器 R3 学到两条关于 4.4.4.4/32 的路由，但是由于下一跳为 10.1.1.1 的路由的 AS-Path 属性比下一跳为 201.1.4.6 的路由的 AS-Path 属性短，所以优选下一跳为 10.1.1.1 的路由，而下一跳为 201.1.4.6 的路由不是最优的（路由代码为*，没有>），不能继续通告给路由器 R1 和 R2，所以路由器 R1 和 R2 只有一条 4.4.4.4/32 的 BGP 路由。此时，路由器 R2 和 R3 通过路由器 R1 到达 4.4.4.4。这也说明 BGP 在路由判定时，AS-Path 属性是优于 Origin 属性的。

（3）查看 BGP 路由表。

```
[R1]display bgp routing-table | include 65200
---省略部分显示内容---
       Network          NextHop         MED        LocPrf      PrefVal Path/Ogn
 *>i   4.4.4.4/32       10.3.3.3        0          2000        0       65200 65300 65400i
 *                      201.1.4.2       0                      0       65200e

[R2]display bgp routing-table | include 65200
---省略部分显示内容---
       Network          NextHop         MED        LocPrf      PrefVal Path/Ogn
 *>i   4.4.4.4/32       10.3.3.3        0          2000        0       65200 65300 65400i

[R3]display bgp routing-table | include 65200
---省略部分显示内容---
       Network          NextHop         MED        LocPrf      PrefVal Path/Ogn
 *>    4.4.4.4/32       201.1.4.6       0          2000        0       65200 65300 65400i
```

以上输出信息表明路由器 R1 学到两条关于 4.4.4.4/32 的 BGP 路由，但是由于下一跳为 10.3.3.3 的路由本地优先级的值比下一跳为 201.1.4.2 的路由的本地优先级的值高，所以优选下一跳为 10.3.3.3 的路由，而下一跳为 201.1.4.2 的路由不是最优的，不能继续通告给路由器 R2 和 R3，所以路由器 R2 和 R3 只有一条关于 4.4.4.4/32 的 BGP 路由。此时，路由器 R1 和 R2 通过路由器 R3 到达 4.4.4.4。这也说明 BGP 在路由判定时本地优先级属性是优于 AS-Path 属性的。

（4）查看 BGP 路由表。

```
[R1]display bgp routing-table | include 65200
---省略部分显示内容---
        Network         NextHop         MED        LocPrf      PrefVal Path/Ogn
 *>     4.4.4.4/32      201.1.4.2       0                      500     65200e
 * i                    10.3.3.3        0          2000        200     65200 65300 65400i
[R2]display bgp routing-table | include 65200
---省略部分显示内容---
        Network         NextHop         MED        LocPrf      PrefVal Path/Ogn
 *>i    4.4.4.4/32      10.3.3.3        0          2000        0       65200 65300 65400i
 * i                    10.1.1.1        0          100         0       65200e
[R3]display bgp routing-table | include 65200
---省略部分显示内容---
```

	Network	NextHop	MED	LocPrf	PrefVal Path/Ogn
*>	4.4.4.4/32	201.1.4.6	0	2000	0	65200 65300 65400i
*i		10.1.1.1	0	100	0	65200e

以上输出信息表明路由器 R1 学到两条关于 4.4.4.4/32 的 BGP 路由，但是由于下一跳为 201.1.4.2 的路由的 PrefVal 属性的值比下一跳为 10.3.3.3 的路由的 PrefVal 属性的值高，所以优选下一跳为 201.1.4.2 的路由。因为 PrefVal 属性只影响路由器 R1 自身选路，所以路由器 R2 和 R3 仍通过本地优先级选路。此时，路由器 R2 通过路由器 R3 到达 4.4.4.4。从路由器 R1 的选路说明 BGP 在路由判定时，PrefVal 属性是优于本地优先级属性的。

（5）查看 BGP 路由表并测试往返路径。

```
[ISP]display bgp routing-table | include 65100
---省略部分显示内容---
        Network          NextHop        MED       LocPrf    PrefVal Path/Ogn
  *>    201.1.0.0/24     201.1.4.5      100                 0       65100i
  *                      201.1.4.1      200                 0       65100i
```

以上输出信息表明路由器 ISP 学到的 201.1.0.0/24 路由携带了 MED 的值，而且优选 MED 值低的路径。

```
<R2>ping -a 201.1.0.1 -r -c 1 4.4.4.4
PING 4.4.4.4: 56   data bytes, press CTRL_C to break
  Reply from 4.4.4.4: bytes=56 Sequence=1 ttl=254 time=80 ms
   Record Route:
   201.1.4.5
   4.4.4.4
   10.23.23.3
   201.1.0.1
--- 4.4.4.4 ping statistics ---
   1 packet(s) transmitted
   1 packet(s) received
   0.00% packet loss
   round-trip min/avg/max = 80/80/80 ms
```

以上输出信息表明数据包以路由器 R2 环回接口 1（201.1.0.1）为源地址到达 ISP 的环回接口 0（4.4.4.4）的路径为 R2→R3→ISP→R3→R2，即对称路径。

本章总结

路由引入实现了不同路由协议之间的路由信息的共享，而路由控制和策略路由对提高网络的稳定性、安全性和收敛速度等意义重大。本章先介绍了路由引入的原理、规则，以及路由引入带来的问题和解决方案，再介绍了路由控制的流程和工具，包括前缀列表、路由策略和过滤策略的工作原理及配置实现，最后介绍了策略路由的工作原理和配置实现，并用两个项目案例演示和验证了路由引入配置和路由控制配置。

习题

1. OSPF 协议引入外部路由时，默认是（　　　）路由类型。
   A. 类型 1　　　　　B. 类型 2　　　　　C. 类型 3　　　　　D. 类型 4
2. OSPF 协议引入外部路由的默认度量值为（　　　）。

A. 1 B. 2 C. 10 D. 20

3. IS-IS 路由协议引入外部路由时，如果不指定引入的级别，则默认为引入路由到（　　）路由表中。

A. Level-1 B. Level-2 C. Level-1-2 D. Level-0

4. ping 命令指定源地址的参数是（　　）。

A. -a B. -c C. -s D. -r

5.【多选】BGP 引入路由时支持（　　）方式。

A. Import B. Export C. Network D. Summary

6.【多选】路由策略的匹配模式包括（　　）模式。

A. permit B. agree C. discard D. deny

7.【多选】与命令【ip ip-prefix 1 permit 10.1.0.0/16 greater-equal 20】定义的前缀列表匹配的条目包括（　　）。

A. 10.1.1.0/24 B. 10.1.0.0/20 C. 10.1.0.0/14 D. 10.1.1.0/30

8.【多选】路由策略可以用来（　　）。

A. 控制路由的发布 B. 控制路由的接收 C. 管理引入的路由 D. 设置路由的属性

9.【多选】策略路由分为（　　）类型。

A. 远程策略路由 B. 本地策略路由 C. 接口策略路由 D. 智能策略路由

10.【多选】路由引入时可能会出现（　　）问题。

A. 路由震荡 B. 次优路由 C. 路由反馈 D. 路由环路

第5章
VLAN高级特性

VLAN 和 Trunk 是交换网络最基本和最核心的网络技术，在部署和实施局域网时应用广泛。随着交换网络规模的不断扩大，有必要对 VLAN 之间的通信流量进行管理和控制，因此实际应用中会使用很多 VLAN 的高级特性。MUX VLAN 技术可以提供二层流量的有效隔离。VLAN 聚合技术可在一个物理网络内用多个 VLAN 隔离广播域，使不同的 VLAN 属于同一个子网。VLAN Mapping 技术可以通过修改报文携带的 VLAN Tag 来实现不同 VLAN 的相互映射。QinQ 技术通过在原有的 IEEE 802.1Q 报文的基础上增加一层 IEEE 802.1Q 标签来实现拓展 VLAN 的数量空间的目的。

学习目标

① 掌握 VLAN 和 Trunk 基础知识和配置实现。

② 掌握 MUX VLAN 应用场景、工作原理和配置实现。

③ 掌握 VLAN 聚合应用场景、工作原理和配置实现。

④ 掌握 VLAN Mapping 应用场景、工作原理和配置实现。

⑤ 掌握 QinQ 应用场景、工作原理和配置实现。

5.1 扩展 VLAN 技术

交换网络中，VLAN 技术以其对广播域的灵活控制和方便部署而得到了广泛的应用。扩展 VLAN 技术的目的是有效地管理和控制 VLAN 之间的流量，包括流量的有效隔离、节省 IP 地址、VLAN 映射和 VLAN 数量空间拓展等。本节介绍应用最为广泛的扩展 VLAN 技术，包括 MUX VLAN、VLAN 聚合、VLAN Mapping 和 QinQ 技术。

5.1.1 VLAN 基础

VLAN 是将一个物理的 LAN 在逻辑上划分成多个广播域的通信技术。VLAN 内的主机间可以直接通信，而 VLAN 间不能直接互通，从而将广播报文限制在一个 VLAN 内。VLAN 工作在 OSI 参考模型的第 2 层，是交换机端口的逻辑组合，可以把在同一交换机上的端口组合成一个 VLAN，也可以把在不同交换机上的端口组合成一个 VLAN。VLAN 有以下几个优点。

（1）限制广播域：广播域被限制在一个 VLAN 内，可以节省带宽，提高网络处理能力。

（2）增强局域网的安全性：不同 VLAN 内的报文在传输时是相互隔离的，即一个 VLAN 内的用户不能和其他 VLAN 内的用户直接通信。

（3）提高网络的健壮性：故障被限制在一个 VLAN 内，本 VLAN 内的故障不会影响其他 VLAN 的正常工作。

（4）灵活构建虚拟工作组：用 VLAN 可以划分不同的用户到不同的工作组中，同一工作组的用户也不必局限于某一固定的物理范围，网络构建和维护更方便灵活。

可以基于端口、MAC 地址、IP 子网、网络层协议和匹配策略方式来划分 VLAN。其中，基于端口划分最为常用，每种划分 VLAN 的方法都有自己的技术特点。基于端口划分 VLAN 的配置步骤如下。

（1）在系统视图下执行【 vlan *vlan-id* 】命令，创建 VLAN 并进入 VLAN 视图。如果 VLAN 已经创建，则直接进入 VLAN 视图。VLAN ID 的取值是 1～4094。如果需要批量创建 VLAN，则可以先执行【 vlan batch { *vlan-id1* [to *vlan-id2*] } 】命令批量创建，再执行【 vlan *vlan-id* 】命令进入相应的 VLAN 视图。执行【 quit 】命令，返回系统视图。

（2）在端口视图下执行【 port link-type access 】命令，配置以太网端口的 Access 链路类型。执行【 port default vlan *vlan-id* 】命令，将端口加入到指定的 VLAN 中。默认情况下，所有端口的默认 VLAN ID 为 1。如果配置了端口的默认 VLAN ID，则当端口接收到不带 VLAN Tag 的报文时，对于 Access 类型的端口，将该报文打上默认的 VLAN Tag。当端口接收到带 VLAN Tag 的报文时，对于 Access 类型的端口，如果该报文的 VLAN ID 与端口默认的 VLAN ID 相同，则转发该报文；如果该报文的 VLAN ID 与端口默认的 VLAN ID 不相同，则丢弃该报文。

下面是基于端口划分 VLAN 的例子。

```
[S1]vlan 2   //创建 VLAN 并进入 VLAN 视图
[S1]port-group VLAN   //创建端口组
[S1-port-group-macvlan]group-member Gi0/0/1 to Gi0/0/3
//将指定的以太网端口添加到端口组中
[S1-port-group-macvlan]port link-type access   //配置端口链路类型
[S1-port-group-vlan]port default vlan 2 //将端口划分到 VLAN 中
```

基于端口划分 VLAN 的结果如下。

```
[S1]display vlan 2
----------------------------------------------------------------
U: Up;          D: Down;          TG: Tagged;          UT: Untagged;
MP: Vlan-mapping;                 ST: Vlan-stacking;
#: ProtocolTransparent-vlan;      *: Management-vlan;
----------------------------------------------------------------
VID   Type    Ports
----------------------------------------------------------------
2     common  UT:GE0/0/1(U)      GE0/0/2(U)      GE0/0/3(U)
//端口 GE0/0/1、GE0/0/2 和 GE0/0/3 划分到 VLAN 2 中
VID   Status   Property        MAC-LRN Statistics Description

2     enable  default         enable  disable    VLAN 0002
```

Trunk 技术使在一条物理线路上可以传送多个 VLAN 的信息，交换机从属于某一 VLAN 的端口接收数据时，数据在 Trunk 链路上进行传输前，会进行 IEEE 802.1Q 封装，标记该数据所属的 VLAN，数据到达对方交换机后，交换机会把该标记去掉，只发送到属于对应 VLAN 端口的主机中。IEEE 802.1Q 技术是国际标准，得到了所有厂家的支持。该技术在原有以太帧的源 MAC 地址字段后插入 4 字节的标记（ Tag ）字段，同时用新的 FCS 字段替代了原有的 FCS 字段，IEEE 802.1Q 帧的格式如图 5-1 所示，插入 4 字节标记的各个字段的含义如下。

（1）标记协议 ID（ Tag Protocol Identifier，TPID ）：16 位，该字段为固定值 0x8100，表示 IEEE 802.1Q Tag 帧。

（2）优先级（ Priority，PRI ）：3 位的 IEEE 802.1p 优先级，取值为 0～7，值越大，优先级越高。其用于当交换机阻塞时，优先发送优先级高的数据帧。

（3）规范格式标识符（ Canonical Format Indicator，CFI ）：1 位，在以太网中，CFI 的值为 0。

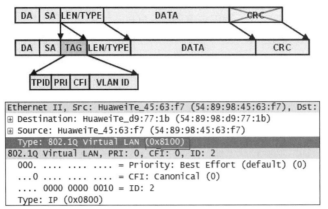

图 5-1　IEEE 802.1Q 帧的格式

（4）VLAN ID：12 位，标识帧的所属 VLAN ID，VLAN ID 取值为 0～4095。由于 0 和 4095 为协议保留取值，所以 VLAN ID 的有效取值为 1～4094。

VLAN 中有接入（Access）和干道（Trunk）两种链路类型，如图 5-2 所示。Access 链路是用于连接用户主机和交换机的链路。通常情况下，主机并不需要知道自己属于哪个 VLAN，主机硬件通常也不能识别带有 VLAN 标记的帧。因此，主机发送和接收的帧都是 Untagged 帧。Trunk 链路是交换机间的互联或交换机与路由器之间的连接。Trunk 链路可以承载多个不同 VLAN 数据，数据帧在 Trunk 链路传输时，链路的两端设备需要能够识别数据帧属于哪个 VLAN，所以在 Trunk 链路上传输的帧都是 Tagged 帧。端口从对端设备收到的帧有可能是 Untagged 帧，但所有以太网帧在设备中都是以

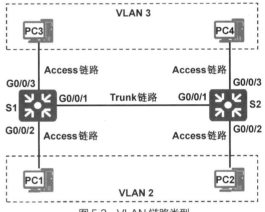

图 5-2　VLAN 链路类型

Tagged 的形式处理转发的，因此设备必须给端口收到的 Untagged 帧加上 Tag。为此，必须配置 Trunk 端口的默认 VLAN，当该端口收到 Untagged 帧时，要为它加上该端口默认 VLAN 的 VLAN Tag。

Trunk 的配置步骤如下。

（1）在接口视图下执行【port link-type trunk】命令，配置以太网端口的 Trunk 链路类型。

（2）在接口视图下执行【port trunk allow-pass vlan { { *vlan-id1* [to *vlan-id2*] } | all } 】命令，配置 Trunk 端口加入的 VLAN，即 Trunk 链路所允许通过的 VLAN，参数 all 指定所有 VLAN 加入 Trunk 端口，默认情况下，Trunk 端口只加入了 VLAN 1。

（3）在接口视图下执行【port trunk pvid vlan *vlan-id*】命令，配置 Trunk 类型端口的默认 VLAN。默认情况下，Trunk 类型端口的默认 VLAN 为 VLAN 1。

下面以图 5-2 为例，使 VLAN 2 和 VLAN 3 内的主机通过 Trunk 链路进行通信的配置。

```
[S1]vlan batch 2 to 3   //批量创建 VLAN
[S1]interface GigabitEthernet0/0/1
[S1-GigabitEthernet0/0/1]port link-type trunk //配置端口的链路类型为 Trunk
[S1-GigabitEthernet0/0/1]port trunk allow-pass vlan all
//配置 Trunk 端口加入的 VLAN
[S1-GigabitEthernet0/0/1]port trunk pvid vlan 1 //设置 Trunk 类型端口的默认 VLAN
[S1]interface GigabitEthernet0/0/2
```

```
[S1-GigabitEthernet0/0/2]port link-type access //配置端口的链路类型为 Access
[S1-GigabitEthernet0/0/2]port default vlan 2
//配置端口的默认 VLAN 并加入该 VLAN
[S1]interface GigabitEthernet0/0/3
[S1-GigabitEthernet0/0/3]port link-type access
[S1-GigabitEthernet0/0/3]port default vlan 3


[S2]vlan batch 2 to 3
[S2]interface GigabitEthernet0/0/1
[S2-GigabitEthernet0/0/1]port link-type trunk
[S2-GigabitEthernet0/0/1]port trunk allow-pass vlan 2 to 4094
[S2-GigabitEthernet0/0/1]port trunk pvid vlan 1
[S2]interface GigabitEthernet0/0/2
[S2-GigabitEthernet0/0/2]port link-type access
[S2-GigabitEthernet0/0/2]port default vlan 2
[S2]interface GigabitEthernet0/0/3
[S2-GigabitEthernet0/0/3]port link-type access
[S2-GigabitEthernet0/0/3]port default vlan 3
```

查看 VLAN 的信息。

```
[S1]display vlan 2 to 3
--------------------------------------------------------------------------------
U: Up;          D: Down;          TG: Tagged;       UT: Untagged;
MP: Vlan-mapping;                 ST: Vlan-stacking;
#: ProtocolTransparent-vlan;      *: Management-vlan;
--------------------------------------------------------------------------------

VID  Type    Ports
--------------------------------------------------------------------------------
2    common  UT:GE0/0/2(U)    //VLAN 的类型和加入 VLAN 的端口
             TG:GE0/0/1(U)
3    common  UT:GE0/0/3(U)
             TG:GE0/0/1(U)
```

查看 VLAN 中包含的端口信息。

```
[S1]display port vlan
Port                  Link Type    PVID    Trunk VLAN List
--------------------------------------------------------------------------------
GigabitEthernet0/0/1  trunk        1       1-4094
GigabitEthernet0/0/2  access       2       -
GigabitEthernet0/0/3  access       3       -
```

以上输出信息显示了端口链路类型、端口所属的默认 VLAN ID 及 Trunk 链路上静态配置允许通过的 VLAN ID。

5.1.2 MUX VLAN

MUX VLAN（Multiplex VLAN）提供了一种通过 VLAN 进行网络资源控制的机制。例如，在企业网络中，企业员工和企业客户可以访问企业的服务器。对于企业来说，希望企业内部员工之间可以互相交流，而企业客户之间是隔离的，不能够互相访问。为了使所有用户都可访问企业服务器，可通过配置 VLAN 间通信实现上述需求。但如果企业规模很大，拥有大量的用户，那么就要为不能互相访问的用户都分配 VLAN，这不但需要耗费大量的 VLAN ID，还增加了网络管理员的配置量及维护量。通过 MUX VLAN 提供的二层流量隔离的机制可以实现企业内部员工之间的互相交流，而企业客户之间是隔离的。MUX VLAN 分为主 VLAN（Principal VLAN）、从 VLAN（Subordinate VLAN），从 VLAN 又分为隔离 VLAN（Separate VLAN）、互通 VLAN（Group VLAN）。

（1）主 VLAN：端口从属于主端口（Principal Port），Principal Port 可以和 MUX VLAN 内的所有端口进行通信。

（2）隔离 VLAN：端口从属于隔离端口（Separate Port），Separate Port 只能和 Principal Port 进行通信，和其他类型的端口可完全隔离。每个隔离 VLAN 必须绑定一个主 VLAN。

（3）互通 VLAN：端口从属于互通端口（Group Port），Group Port 可以和 Principal Port 进行通信，在同一组内的端口也可互相通信，但不能和其他组端口或 Separate Port 通信。每个互通 VLAN 必须绑定一个主 VLAN。

如图 5-3 所示，根据 MUX VLAN 特性，企业可以用主端口连接企业服务器，隔离端口连接企业客户，互通端口连接企业员工。这样就能够实现企业客户、企业员工都能够访问企业服务器，而企业员工内部可以通信、企业客户间不能通信、企业客户和企业员工之间不能互访的效果。

MUX VLAN 的配置步骤如下。

（1）在 VLAN 视图下执行【mux-vlan】命令，配置主 VLAN 的 MUX VLAN 功能。

（2）在 VLAN 视图下执行【subordinate group { *vlan-id1* [to *vlan-id2*] }】命令，配置互通 VLAN 功能。一个主 VLAN 下最多可以配置 128 个互通 VLAN。

（3）在 VLAN 视图下执行【subordinate separate *vlan-id*】命令，配置隔离 VLAN 功能。一个主 VLAN 下只能配置一个隔离 VLAN。

（4）在接口视图下执行【port mux-vlan enable vlan *vlan-id*】命令，使能端口 MUX VLAN 功能。

下面是 MUX VLAN 配置实例，如图 5-4 所示。主 VLAN 为 VLAN 2，隔离 VLAN 为 VLAN 201，互通 VLAN 为 VLAN 202，网络地址为 10.1.1.0/24。其配置过程如下。

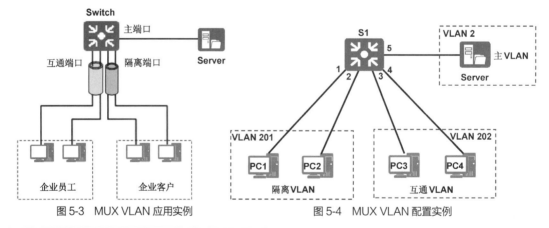

图 5-3　MUX VLAN 应用实例　　　　　　　　图 5-4　MUX VLAN 配置实例

```
[S1]vlan batch 2 201 to 202              //批量创建 VLAN
[S1]vlan 2                               //进入 VLAN 视图
[S1-vlan2]mux-vlan                       //将 VLAN 2 配置为 MUX VLAN 中的主 VLAN
[S1-vlan2]subordinate separate 201       //配置主 VLAN 下的隔离 VLAN
[S1-vlan2]subordinate group 202
//配置主 VLAN 下的互通 VLAN，不能为互通 VLAN 和隔离 VLAN 创建 VLANIF 端口
[S1]interface GigabitEthernet0/0/1
[S1-GigabitEthernet0/0/1]port link-type access //配置端口的链路类型为 Access
[S1-GigabitEthernet0/0/1]port default vlan 201
//配置端口的默认 VLAN 并加入该 VLAN
[S1-GigabitEthernet0/0/1]port mux-vlan enable //使能端口 MUX VLAN 功能
[S1]interface GigabitEthernet0/0/2
[S1-GigabitEthernet0/0/2]port link-type access
```

```
[S1-GigabitEthernet0/0/2]port default vlan 201
[S1-GigabitEthernet0/0/2]port mux-vlan enable
[S1]interface GigabitEthernet0/0/3
[S1-GigabitEthernet0/0/3]port link-type access
[S1-GigabitEthernet0/0/3]port default vlan 202
[S1-GigabitEthernet0/0/3]port mux-vlan enable
[S1]interface GigabitEthernet0/0/4
[S1-GigabitEthernet0/0/4]port link-type access
[S1-GigabitEthernet0/0/4]port default vlan 202
[S1-GigabitEthernet0/0/4]port mux-vlan enable
[S1]interface GigabitEthernet0/0/5
[S1-GigabitEthernet0/0/5]port link-type access
[S1-GigabitEthernet0/0/5]port default vlan 2
[S1-GigabitEthernet0/0/5]port mux-vlan enable
```

查看配置的 MUX VLAN 信息。

```
<S1>display mux-vlan
Principal  Subordinate Type      Interface
---------------------------------------------------------------------------
2          –           principal  GigabitEthernet0/0/5
2          201         separate   GigabitEthernet0/0/1 GigabitEthernet0/0/2
2          202         group      GigabitEthernet0/0/3 GigabitEthernet0/0/4
---------------------------------------------------------------------------
```

以上输出信息表明 VLAN 2 是 MUX VLAN 的主 VLAN，VLAN 201 和 VLAN 202 是 MUX VLAN 的从 VLAN，VLAN 201 是隔离 VLAN，VLAN 202 是互通 VLAN。进一步测试连通性可以发现，Server 可以访问 PC1～PC4，PC1 和 PC2 只能访问 Server，PC3 和 PC4 既可以互相访问，又可以访问 Server，测试结果很好地验证了 MUX VLAN 的特性。

5.1.3 VLAN 聚合

在一般的三层交换机中，通常会采用一个 VLAN 对应一个三层逻辑端口的方式实现广播域之间的互通，这样导致了 IP 地址的浪费。为了解决这一问题，VLAN 聚合（Aggregation）技术应运而生。VLAN 聚合技术就是在一个物理网络内，用多个 VLAN 隔离广播域，使不同的 VLAN 属于同一个子网。它引入了 Super-VLAN 和 Sub-VLAN 的概念。Super-VLAN 只建立三层端口，与该子网对应，且不包含物理端口，可以把它看作若干 Sub-VLAN 的集合；Sub-VLAN 只包含物理端口，用于隔离广播域的 VLAN，不能建立三层 VLANIF 端口，它与外部的三层交换是靠 Super-VLAN 的三层端口来实现的，不再占用一个独立的子网网段。

在同一个 Super-VLAN 中，无论主机属于哪一个 Sub-VLAN，它的 IP 地址都在 Super-VLAN 对应的子网网段内。这样，Sub-VLAN 间共用同一个三层端口，因此消除了子网差异，增加了编址的灵活性，减少了地址的浪费。在 VLAN 聚合的实现中，各 Sub-VLAN 间的界线也不再是从前的子网界线了，它们可以根据其各自主机的需求在 Super-VLAN 对应子网内灵活地划分地址范围。

VLAN 聚合在实现不同 VLAN 间共用同一子网网段地址的同时带来了 Sub-VLAN 间的三层转发问题。在普通 VLAN 实现方式中，VLAN 间的主机可以通过各自不同的网关进行三层转发来达到互通的目的。但是在 VLAN 聚合方式下，同一个 Super-VLAN 内的主机使用的是同一个网段的地址，并共用同一个网关地址。即使是属于不同 Sub-VLAN 的主机，由于它们同属一个子网，彼此通信时也只会做二层转发，而不会通过网关进行三层转发。实际上，不同的 Sub-VLAN 的主机在二层是相互隔离的，这就造成了 Sub-VLAN 间无法通信的问题。解决这一问题的方法就是使用代理 ARP（Proxy ARP），如图 5-5 所示。如果 ARP 请求要从一个网络内的主机发往另一个网络内的主机，连接这两个网络的设备就可以应答该请求，这个过程称作 Proxy ARP。路由式 Proxy ARP 是使那些在同一网段却不在同一物理网络内的网络设备能够相互通信的一种功能。

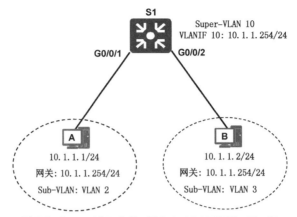

图 5-5　Proxy ARP 实现不同 Sub-VLAN 间的三层互通

　　VLAN 2 内的主机 A 与 VLAN 3 内的主机 B 的通信过程如下（假设主机 A 的 ARP 表中无主机 B 的对应表项，并且网关使能了 Sub-VLAN 间的 Proxy ARP 功能）。

　　（1）主机 A 将主机 B 的 IP 地址（10.1.1.2）和自己所在网段 10.1.1.0/24 进行比较，发现主机 B 和自己在同一个子网内，但是主机 A 的 ARP 表中无主机 B 的对应表项。

　　（2）主机 A 发送 ARP 广播，请求主机 B 的 MAC 地址。

　　（3）主机 B 并不在 VLAN 2 的广播域内，无法接收到主机 A 的 ARP 请求。

　　（4）由于网关交换机 S1 上启用 Sub-VLAN 间的 Proxy ARP 功能，因此，当交换机 S1 收到主机 A 的 ARP 请求后，开始在路由表中查找，发现 ARP 请求中的主机 B 的 IP 地址（10.1.1.2）为直连接口路由，交换机 S1 向所有其他 Sub-VLAN 端口发送一个 ARP 广播，请求主机 B 的 MAC 地址。

　　（5）主机 B 收到交换机 S1 发送的 ARP 广播后，对此请求进行 ARP 应答。

　　（6）交换机 S1 收到主机 B 的应答后，将自己的 MAC 地址当作主机 B 的 MAC 地址回应给主机 A。

　　（7）交换机 S1 和主机 A 的 ARP 表项中都存在主机 B 的对应表项。

　　（8）主机 A 之后要发送给主机 B 的报文都先发送给交换机 S1，由交换机 S1 做三层转发。

　　Super-VLAN 的配置步骤如下。

　　（1）在 VLAN 视图下执行【aggregate-vlan】命令，创建 Super-VLAN。

　　（2）在 VLAN 视图下执行【access-vlan { *vlan-id1* [to *vlan-id2*] }】命令，将 Sub-VLAN 加入 Super-VLAN。

　　（3）在接口视图下执行【arp-proxy inter-sub-vlan-proxy enable】命令，使能 Sub-VLAN 间的 Proxy ARP 功能。

　　Super-VLAN 的配置如图 5-5 所示，以 Proxy ARP 功能实现不同 Sub-VLAN 间的三层互通的配置如下。

```
[S1]vlan batch 2 to 3 10
[S1]vlan 10
[S1-vlan10]aggregate-vlan        //将 VLAN 10 配置为 Super-VLAN
[S1-vlan10]access-vlan 2 to 3  //将 Sub-VLAN 加入 Super-VLAN
[S1]interface Vlanif10
[S1-Vlanif10]ip address 10.1.1.254 255.255.255.0
[S1-Vlanif10]arp-proxy inter-sub-vlan-proxy enable //启用 VLAN 间的 Proxy ARP 功能
[S1]interface GigabitEthernet0/0/1
[S1-GigabitEthernet0/0/1]port link-type access
```

```
[S1-GigabitEthernet0/0/1]port default vlan 2
[S1]interface GigabitEthernet0/0/2
[S1-GigabitEthernet0/0/2]port link-type access
[S1-GigabitEthernet0/0/2]port default vlan 3
```

查看配置的 Super VLAN 信息。

```
<S1>display vlan 2 to 10
----------------------------------------------------------------------------
U: Up;          D: Down;          TG: Tagged;          UT: Untagged;
MP: Vlan-mapping;                 ST: Vlan-stacking;
#: ProtocolTransparent-vlan;      *: Management-vlan;
----------------------------------------------------------------------------

VID   Type      Ports
----------------------------------------------------------------------------
2     sub       UT:GE0/0/1(U)
3     sub       UT:GE0/0/2(U)
10    super
<S1>display arp
IP ADDRESS    MAC ADDRESS      EXPIRE(M) TYPE INTERFACE      VPN-INSTANCE
                                             VLAN
----------------------------------------------------------------------------
10.1.1.254    4c1f-cc4d-689c             I -  Vlanif10
10.1.1.2      5489-98a8-29de   8         D-0  GE0/0/2
                                             3
10.1.1.1      5489-98e9-5c7b   20        D-0  GE0/0/1
                                             2
----------------------------------------------------------------------------
Total:3       Dynamic:2        Static:0   Interface:1
```

以上输出信息表明 VLAN 10 是 Super-VLAN，VLAN 2 和 VLAN 3 是 Sub-VLAN。从交换机 S1 的 ARP 表项中已经可以看到主机 A/主机 B 的 IP 地址、MAC 地址的映射关系，学习到 ARP 表项的端口和端口所属 VLAN。

接下来研究一下 Sub-VLAN 与外部网络的三层通信过程，如图 5-6 所示。

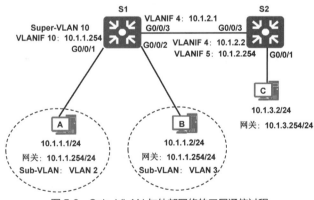

图 5-6　Sub-VLAN 与外部网络的三层通信过程

在图 5-6 中，交换机 S1 上配置了 Super-VLAN 10、Sub-VLAN 2 和 Sub-VLAN 3，并配置了一个普通的 VLAN 4；交换机 S2 上配置了普通的 VLAN 4 和 VLAN 5。假设 Super-VLAN 10 中的 Sub-VLAN 2 下的主机 A 想访问与交换机 S2 相连的主机 C，则其通信过程如下。（假设交换机 S1 和 S2 间通过 OSPF 协议实现网络连通性，即交换机 S1 上有到 10.1.3.0/24 网段的路由，交换机 S2 有到 10.1.1.0/24 网段的路由。）

（1）主机 A 将主机 C 的 IP 地址（10.1.3.2）和自己所在网段 10.1.1.0/24 进行比较，发现主机 C 和自己不在同一个子网内。

（2）主机 A 发送 ARP 请求给自己的网关交换机 S1，请求网关交换机 S1 的 MAC 地址。

（3）交换机 S1 收到该 ARP 请求后，查找 Sub-VLAN 和 Super-VLAN 的对应关系，从 Sub-VLAN 2 发送 ARP 应答给主机 A。ARP 应答报文中的源 MAC 地址为 Super-VLAN 10 对应的 VLANIF 10 的 MAC 地址。

（4）主机 A 学习到网关交换机 S1 的 MAC 地址。

（5）主机 A 向网关交换机 S1 发送目的 MAC 地址为 Super-VLAN 10 对应的 VLANIF 10 的 MAC 地址，目的 IP 地址为 10.1.3.2 的报文。

（6）交换机 S1 收到该报文后进行三层转发，下一跳地址为 10.1.2.2，出端口为 VLANIF 4，把报文发送给交换机 S2。

（7）交换机 S2 收到该报文后进行三层转发，通过直连出端口 VLANIF 5 把报文发送给主机 C。

（8）主机 C 收到回应报文后，在交换机 S2 上进行三层转发到达交换机 S1。

（9）交换机 S1 收到该报文后进行三层转发，通过 Super-VLAN 把报文发送给主机 A。

5.1.4　VLAN Mapping

在某些场景中，两个 VLAN 相同的二层用户网络通过骨干网络互联，为了实现用户之间的二层互通，以及二层协议（如 MSTP 等）的统一部署，需要实现两个用户网络的无缝连接，此时就需要骨干网络传输来自用户网络的带有 VLAN Tag 的二层报文。而在通常情况下，骨干网络的 VLAN 规划和用户网络的 VLAN 规划是不一致的，所以在骨干网络中无法直接传输用户网络的带有 VLAN Tag 的二层报文。可以通过 VLAN Mapping（也称 VLAN Translation）技术来解决，一侧用户网络的带有 VLAN Tag 的二层报文进入骨干网络后，骨干网络边缘设备将用户网络的 VLAN（C-VLAN）修改为骨干网络可以识别和承载的 VLAN（S-VLAN），传输到另一侧之后，边缘设备再将 S-VLAN 修改为 C-VLAN。这样就可以很好地实现两个用户网络二层的无缝连接。

在另一种场景中，如果由于规划的差异，导致两个直接相连的二层网络中部署的 VLAN ID 不一致，但是用户又希望可以把两个网络当作单个二层网络进行统一管理，如用户二层互通和二层协议的统一部署，则也可以在连接两个网络的交换机上部署 VLAN Mapping 功能，实现两个网络之间不同 VLAN ID 的映射，达到二层互通和统一管理的目的。如图 5-7 所示，总部 VLAN 2 的主机和分部 VLAN 3 的主机通过 VLAN Mapping 技术实现互相访问。当在交换机 S1 的端口 G0/0/2 上配置了 VLAN 2 和 VLAN 100 的映射后，端口在向外发送 VLAN 2 的帧时，将帧中的 VLAN Tag 2 替换成 VLAN Tag 100；在接收 VLAN 100 的帧时，将帧中的 VLAN Tag 100 替换成 VLAN Tag 2，并按照二层转发流程进行数据转发。同理，在交换机 S2 的端口 G0/0/2 上配置了 VLAN 3 和 VLAN 100 的映射，这样 VLAN 2 和 VLAN 3 就能实现互相通信。

VLAN Mapping 的配置步骤如下。

（1）在接口视图下执行【port link-type trunk】命令，配置链路类型为 Trunk。

（2）在接口视图下执行【qinq vlan-translation enable】命令，使能端口 VLAN 转换功能。

（3）在接口视图下执行【port vlan-mapping vlan *vlan-id1* [to *vlan-id2*] map-vlan *vlan-id3*】命令，配置端口的单层 Tag 的 VLAN Mapping 功能。

VLAN Mapping 的配置实例如图 5-7 所示，在交换机 S1 和 S2 上的配置如下。

```
[S1]vlan batch 2 100
[S1]interface GigabitEthernet0/0/1
[S1-GigabitEthernet0/0/1]port link-type trunk
[S1-GigabitEthernet0/0/1]port trunk allow-pass vlan 100
[S1]interface GigabitEthernet0/0/2
```

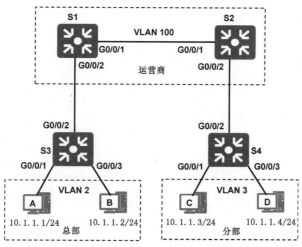

图 5-7   VLAN Mapping 的配置实例

```
[S1-GigabitEthernet0/0/2]qinq vlan-translation enable
//启用端口 VLAN 转换功能，端口启用 VLAN 转换功能后，才可以在端口上配置 VLAN Mapping
[S1-GigabitEthernet0/0/2]port link-type trunk
[S1-GigabitEthernet0/0/2]port trunk allow-pass vlan 2 100
[S1-GigabitEthernet0/0/2]port vlan-mapping vlan 2 map-vlan 100
//端口下对报文中携带的单层 Tag 进行映射操作，VLAN Mapping 发生在报文从入端口接收进来之后，且从
出端口转发出去之前。执行此命令后，可在接收到 VLAN Tag 2 帧后，依据帧中的 VLAN ID 进行映射操作，将
帧中的 VLAN ID 映射为 100
[S2]vlan batch 3 100
[S2]interface GigabitEthernet0/0/1
[S2-GigabitEthernet0/0/1]port link-type trunk
[S2-GigabitEthernet0/0/1]port trunk allow-pass vlan 100
[S2]interface GigabitEthernet0/0/2
[S2-GigabitEthernet0/0/2]qinq vlan-translation enable
[S2-GigabitEthernet0/0/2]port link-type trunk
[S2-GigabitEthernet0/0/2]port trunk allow-pass vlan 3 100
[S2-GigabitEthernet0/0/2]port vlan-mapping vlan 3 map-vlan 100
```

查看配置的 VLAN Mapping 信息。

```
[S1]display vlan 100
-----------------------------------------------------------------------
U: Up;          D: Down;          TG: Tagged;          UT: Untagged;
MP: Vlan-mapping;                 ST: Vlan-stacking;
#: ProtocolTransparent-vlan;      *: Management-vlan;
-----------------------------------------------------------------------

VID  Type      Ports
-----------------------------------------------------------------------
100  common    TG:GE0/0/1(U)      GE0/0/2(U)
               MP:GE0/0/2(U)      //MP 表示该端口执行 VLAN Mapping 功能
```

5.1.5   QinQ

随着以太网技术在运营商网络中的大量部署（即城域以太网的部署），利用 IEEE 802.1Q VLAN 对用户进行隔离和标记受到很大限制。因为 IEEE 802.1Q 中定义的 VLAN Tag 域只有 12 比特，仅能表示 4096 个 VLAN，无法满足城域以太网中标识大量用户的需求，于是 QinQ 技术应运而生。QinQ（IEEE 802.1Q-in- IEEE 802.1Q）技术是一项扩展 VLAN 空间的技术，通过在 IEEE 802.1Q 标签报文的基础上增加一层 IEEE 802.1Q 的 Tag 来达到扩展 VLAN 空间的功能，使 VLAN 数量增加到了 4094×4094 个，可以使私网 VLAN 透明地传输到公网中。由于在骨干网中传递的报文有两层 IEEE 802.1Q Tag（一层公网 Tag，一层私网 Tag），所以称之为 QinQ 协议。

随着城域以太网的发展及运营商精细化运作的要求，QinQ 的双层标签得到了进一步的发展。它的内外层标签可以代表不同的信息，如内层标签代表用户，外层标签代表业务。另外，QinQ 报文带着两层 Tag 穿越运营商网络，内层 Tag 透明传送，是一种简单、实用的 VPN 技术，因此，它可以作为核心 MPLS VPN 在城域以太网 VPN 中的延伸，最终形成端到端的 VPN 技术。由于 QinQ 方便易用，现在已经在各运营商中得到了广泛应用，如 QinQ 技术在城域以太网解决方案中可以和多种业务结合使用。

QinQ 报文有固定的格式，即在 IEEE 802.1Q 的标签之上再封装一层 IEEE 802.1Q 标签，QinQ 报文比 IEEE 802.1Q 报文多 4 字节，如图 5-8 所示，封装主要发生在城域网面向用户的 UPE 接口上。

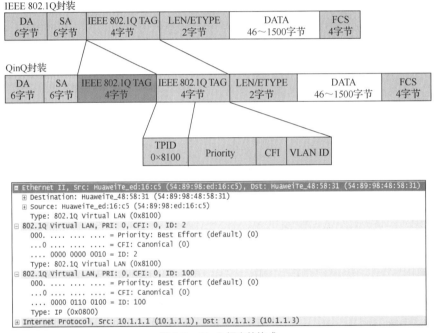

图 5-8　QinQ 报文的格式

QinQ 的实现方式分为基本 QinQ 和灵活 QinQ 两种。

1. 基本 QinQ

基本 QinQ 又称为 QinQ 二层隧道，是基于端口方式实现的。启用端口的基本 QinQ 功能后，当该端口接收到报文时，设备会为该报文封装上本端口默认 VLAN 的 VLAN Tag。如果接收到的是已经带有 VLAN Tag 的报文，则该报文成为双 Tag 的报文；如果接收到的是不带 VLAN Tag 的报文，则该报文成为带有端口默认 VLAN Tag 的报文。如图 5-9 所示，总部的 VLAN 2 的主机通过运营商的网络和分部的 VLAN 2 的主机通信，总部的 VLAN 3 的主机通过运营商的网络和分部的 VLAN 3 的主机通信。运营商可通过配置基本 QinQ 来实现以上需求，利用运营商提供的 VLAN 10 使总部和分部相同 VLAN 的主机互通。

基本 QinQ 的配置步骤如下。

（1）在接口视图下执行【port link-type dot1q-tunnel】命令，配置接口类型为 DOT1Q-Tunnel（DOT1Q 即 802.1Q）。

（2）在接口视图下执行【port default vlan *vlan-id*】命令，配置公网 VLAN Tag 的 VLAN（即端口的默认 VLAN）。默认情况下，所有端口的默认 VLAN ID 为 1。

基本 QinQ 的配置实例如图 5-9 所示，总部和分部的交换机 S3 和 S4 的配置非常简单，上行链路配置为 Trunk 链路，下行链路配置为 Access 链路，并且进行 VLAN 端口划分即可。基本 QinQ 在运营商交换机 S1 和 S2 上的配置如下。

```
[S1]vlan 10
[S1]interface GigabitEthernet0/0/1
[S1-GigabitEthernet0/0/1]port link-type trunk
[S1-GigabitEthernet0/0/1]port trunk allow-pass vlan 10
[S1]interface GigabitEthernet0/0/2
[S1-GigabitEthernet0/0/2]port link-type dot1q-tunnel
//配置端口的链路类型为 DOT1Q-Tunnel
[S1-GigabitEthernet0/0/2]port default vlan 10
//配置端口的默认 VLAN，该 VLAN 就是 QinQ 的外层标签的 VLAN

[S2]vlan 10
[S2]interface GigabitEthernet0/0/1
[S2-GigabitEthernet0/0/1]port link-type trunk
[S2-GigabitEthernet0/0/1]port trunk allow-pass vlan 10
[S2]interface GigabitEthernet0/0/2
[S2-GigabitEthernet0/0/2]port link-type dot1q-tunnel
[S2-GigabitEthernet0/0/2]port default vlan 10
```

配置完成后，测试 VLAN 3 主机的通信，此时主机 B 可以连通主机 D，在交换机 S1 和 S2 的链路上可以清晰地看到 QinQ 的封装，其外层标签为 10，内层标签为 3，如图 5-10 所示。

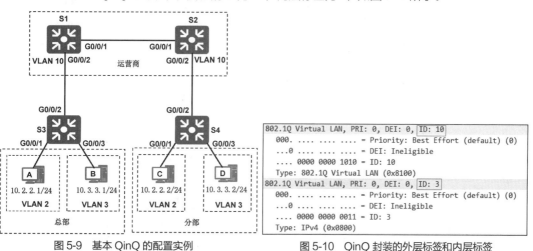

图 5-9　基本 QinQ 的配置实例　　　　　图 5-10　QinQ 封装的外层标签和内层标签

查看接口的链路类型，发现链路类型为 DOT1Q-Tunnel。

```
[S1]display port vlan | include dot1q-tunnel
Port                     Link Type     PVID   Trunk VLAN List
----------------------------------------------------------------------
GigabitEthernet0/0/2 dot1q-tunnel 10      -
```

2.　灵活 QinQ

灵活 QinQ 是对 QinQ 的一种灵活的实现，又称 VLAN Stacking 或 QinQ Stacking。它是基于端口与 VLAN 相结合的方式实现的。灵活 QinQ 除了能实现所有基本 QinQ 的功能外，对于同一个端口接收的报文，还可以根据不同的 VLAN 做不同的动作。其可以实现以下功能。

（1）基于 VLAN ID 的灵活 QinQ：为具有不同内层 VLAN ID 的报文添加不同的外层 VLAN Tag。

（2）基于 IEEE 802.1p 优先级的灵活 QinQ：根据报文的原有内层 VLAN 的 IEEE 802.1p 优先级添加不同的外层 VLAN Tag。

（3）基于流策略的灵活 QinQ：根据 QoS 策略添加不同的外层 VLAN Tag。基于流策略的灵活 QinQ 能够针对业务类型提供差别服务。

需要注意的是，配置灵活 QinQ 功能的当前端口类型建议为 Hybrid，且灵活 QinQ 功能只在当前端口的入方向生效。灵活 QinQ 封装后的外层 VLAN 必须存在，且设备只根据外层 VLAN Tag 转发报文，并根据报文的外层 VLAN Tag 进行 MAC 地址的学习。如图 5-11 所示，VLAN 2 和 VLAN 3 承载不同的数据业务，总部的 VLAN 2 的主机通过运营商的网络和分部的 VLAN 2 的主机通信，总部的 VLAN 3 的主机通过运营商的网络和分部的 VLAN 3 的主机通信。运营商可通过配置灵活 QinQ 来实现以上需求，利用运营商提供的 VLAN 10 使总部和分部相同 VLAN 2 的主机互通，利用运营商提供的 VLAN 20 使总部和分部相同 VLAN 3 的主机互通。运营商可以为不通的 C-VLAN 提供不同的 S-VLAN，通过使用灵活 QinQ 技术，在隔离运营商网络和用户网络的同时，又能够提供丰富的业务特性和更加灵活的组网能力。

灵活 QinQ 的配置步骤如下。

（1）在接口视图下执行【port link-type hybrid】命令，配置接口类型为 Hybrid。

（2）在接口视图下执行【port hybrid untagged vlan *vlan-id*】命令，配置端口以 Untagged 方式加入叠加后的 VLAN。叠加后的外层 VLAN 必须是设备上已经存在的 VLAN，叠加前的 VLAN 可以不创建。

（3）在接口视图下执行【qinq vlan-translation enable】命令，使能端口 VLAN 转换功能。

（4）在接口视图下执行【port vlan-stacking vlan *vlan-id1* [to *vlan-id2*] stack-vlan *vlan-id3*】命令，配置灵活 QinQ。

灵活 QinQ 的配置实例如图 5-11 所示，总部和分部的交换机 S3 和 S4 的配置非常简单，上行链路配置为 Trunk 链路，下行链路配置 Access 链路，并进行 VLAN 端口划分即可。灵活 QinQ 在运营商交换机 S1 和 S2 上的配置如下。

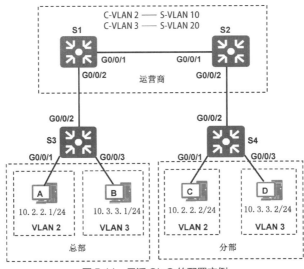

图 5-11　灵活 QinQ 的配置实例

```
[S1]vlan batch 10 20
[S1]interface GigabitEthernet0/0/1
[S1-GigabitEthernet0/0/1]port link-type trunk
[S1-GigabitEthernet0/0/1]port trunk allow-pass vlan 10 20
[S1]interface GigabitEthernet0/0/2
```

```
[S1-GigabitEthernet0/0/2]qinq vlan-translation enable
//启用端口 VLAN 转换功能，端口启用 VLAN 转换功能后，才可以在端口上配置灵活 QinQ 功能
[S1-GigabitEthernet0/0/2]port hybrid untagged vlan 10 20
[S1-GigabitEthernet0/0/2]port vlan-stacking vlan 2 stack-vlan 10
//配置 VLAN Stacking 功能，VLAN Stacking 是一种可以针对用户不同 VLAN 封装外层 VLAN Tag 的二层技术，
VLAN Stacking 可以根据用户报文的 VLAN ID，为用户报文封装相应的外层 Tag，以达到区分不同用户的目的
[S1-GigabitEthernet0/0/2]port vlan-stacking vlan 3 stack-vlan 20

[S2]vlan batch 10 20
[S2]interface GigabitEthernet0/0/1
[S2-GigabitEthernet0/0/1]port link-type trunk
[S2-GigabitEthernet0/0/1]port trunk allow-pass vlan 10 20
[S2]interface GigabitEthernet0/0/2
[S2-GigabitEthernet0/0/2]qinq vlan-translation enable
[S2-GigabitEthernet0/0/2]port hybrid untagged vlan 10 20
[S2-GigabitEthernet0/0/2]port vlan-stacking vlan 2 stack-vlan 10
[S2-GigabitEthernet0/0/2]port vlan-stacking vlan 3 stack-vlan 20
```

配置完成后，测试 VLAN 2 主机的通信，此时主机 A 可以连通主机 C，在交换机 S1 和 S2 的链路上可以清晰地看到 QinQ 的封装，其外层标签为 10，内层标签为 2；测试 VLAN 3 主机的通信，此时主机 C 可以连通主机 D，在交换机 S1 和 S2 的链路上可以清晰地看到 QinQ 的封装，其外层标签为 20，内层标签为 3，如图 5-12 所示。

```
802.1Q Virtual LAN, PRI: 0, DEI: 0, ID: 10
802.1Q Virtual LAN, PRI: 0, DEI: 0, ID: 2
Internet Protocol Version 4, Src: 10.2.2.1, Dst: 10.2.2.2

802.1Q Virtual LAN, PRI: 0, DEI: 0, ID: 20
802.1Q Virtual LAN, PRI: 0, DEI: 0, ID: 3
Internet Protocol Version 4, Src: 10.3.3.1, Dst: 10.3.3.2
```

图 5-12　灵活 QinQ 封装的外层标签和内层标签

查看交换机 S2 的 VLAN 信息。

```
[S2]display vlan 10 to 20
--------------------------------------------------------------------------------
U: Up;          D: Down;         TG: Tagged;        UT: Untagged;
MP: Vlan-mapping;                ST: Vlan-stacking;
#: ProtocolTransparent-vlan;     *: Management-vlan;
--------------------------------------------------------------------------------

VID  Type     Ports
--------------------------------------------------------------------------------
10   common   UT:GE0/0/2(U)
              TG:GE0/0/1(U)
              ST:GE0/0/2(U)      //ST 表示该端口执行 VLAN-Stacking 功能
20   common   UT:GE0/0/2(U)
              TG:GE0/0/1(U)
              ST:GE0/0/2(U)
```

5.2　项目案例：利用灵活 QinQ 技术实现企业网络互联

1. 项目背景

随着 A 公司总部和分公司网络规模的不断扩大，为了确保资源共享、办公自动化和节省人力成本，公司经研究决定两地通过租用运营商的二层网络实现互联，运营商通过灵活 QinQ 技术方案解决 A 公司的网络互联问题，并为 A 公司分配 100、101 和 102 三个 S-VLAN 来承载公司业务流量。A 公司目前有 5

个 C-VLAN，根据运营商分配的 S-VLAN，公司决定将业务流量按照 VLAN 进行整合，具体对应关系如下：C-VLAN 2～3 对应 S-VLAN 100，C-VLAN 4～5 对应 S-VLAN 101，C-VLAN 6 对应 S-VLAN 102。小孙同学正在 A 公司实习，为了提高实际工作的准确性和工作效率，增加技术储备，项目经理安排他在实验室环境下完成 QinQ 配置，最后进行网络连通性测试，为项目顺利实施和网络可靠运行奠定坚实的基础。小孙用 5 台交换机模拟 A 公司和运营商的网络，通过灵活 QinQ 技术实现总部和分公司的网络互通。

2. 项目任务

本项目需要完成的任务如下。

（1）搭建网络拓扑，完成 IP 地址规划和 VLAN 规划。

（2）在交换机上配置 VLAN 并按照需要进行端口划分。

（3）在交换机上配置 Trunk 链路，并允许相应 VLAN 的流量通过。

（4）在交换机 S1 和 S2 的 G0/0/23 端口上配置灵活 QinQ。

（5）在交换机 S5 上配置 MUX VLAN。

（6）在交换机 S3 和 S4 上创建 VLANIF 接口，并配置 IP 地址，以作为相应 VLAN 主机的网关，为实现 VLAN 间通信奠定基础。

（7）在 PC 上完成连通性测试。

（8）保存配置文件，完成项目测试报告。

3. 项目目的

通过本项目可以掌握如下知识点和技能点，同时积累项目经验。

（1）创建 VLAN 和端口划分的配置方法。

（2）VLAN 链路类型（Access、Trunk 和 Hybrid）的配置方法。

（3）灵活 QinQ 的配置方法。

（4）VLAN 间路由的配置方法。

（5）MUX VLAN 的配置和调试方法。

（6）查看和调试 QinQ 的相关信息。

4. 项目拓扑

利用灵活 QinQ 技术实现企业网络互联的网络拓扑如图 5-13 所示。

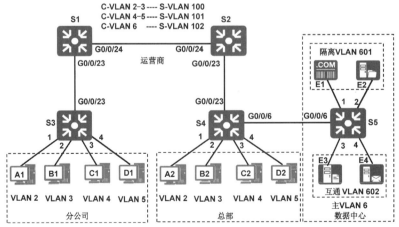

图 5-13　利用灵活 QinQ 技术实现企业网络互联的网络拓扑

5. 项目实施

（1）创建 VLAN 并进行端口划分。

```
[S1]vlan batch 100 to 102    //运营商交换机创建 S-VLAN
```

```
[S2]vlan batch 100 to 102

[S3]vlan batch 2 to 6
[S3]interface GigabitEthernet0/0/1
[S3-GigabitEthernet0/0/1]port link-type access          //配置端口链路类型
[S3-GigabitEthernet0/0/1]port default vlan 2            //配置端口默认 VLAN
[S3]interface GigabitEthernet0/0/2
[S3-GigabitEthernet0/0/2]port link-type access
[S3-GigabitEthernet0/0/2]port default vlan 3
[S3]interface GigabitEthernet0/0/3
[S3-GigabitEthernet0/0/3]port link-type access
[S3-GigabitEthernet0/0/3]port default vlan 4
[S3]interface GigabitEthernet0/0/4
[S3-GigabitEthernet0/0/4]port link-type access
[S3-GigabitEthernet0/0/4]port default vlan 5

[S4]vlan batch 2 to 6
[S4]interface GigabitEthernet0/0/1
[S4-GigabitEthernet0/0/1]port link-type access
[S4-GigabitEthernet0/0/1]port default vlan 2
[S4]interface GigabitEthernet0/0/2
[S4-GigabitEthernet0/0/2]port link-type access
[S4-GigabitEthernet0/0/2]port default vlan 3
[S4]interface GigabitEthernet0/0/3
[S4-GigabitEthernet0/0/3]port link-type access
[S4-GigabitEthernet0/0/3]port default vlan 4
[S4]interface GigabitEthernet0/0/4
[S4-GigabitEthernet0/0/4]port link-type access
[S4-GigabitEthernet0/0/4]port default vlan 5
[S4]interface GigabitEthernet0/0/6
[S4-GigabitEthernet0/0/6]port link-type access
[S4-GigabitEthernet0/0/6]port default vlan 6

[S5]vlan batch 6 601 to 602
```

（2）配置 Trunk 链路类型。

```
[S1]interface GigabitEthernet0/0/24
[S1-GigabitEthernet0/0/24]port link-type trunk
[S1-GigabitEthernet0/0/24]port trunk allow-pass vlan 100 to 102
//允许 VALN 100～VLAN 102 的流量通过 Trunk 链路

[S2]interface GigabitEthernet0/0/24
[S2-GigabitEthernet0/0/24]port link-type trunk
[S2-GigabitEthernet0/0/24]port trunk allow-pass vlan 100 to 102

[S3]interface GigabitEthernet0/0/23
[S3-GigabitEthernet0/0/23]port link-type trunk
[S3-GigabitEthernet0/0/23]port trunk allow-pass vlan 2 to 6

[S4]interface GigabitEthernet0/0/23
[S4-GigabitEthernet0/0/23]port link-type trunk
[S4-GigabitEthernet0/0/23]port trunk allow-pass vlan 2 to 6
```

（3）配置 VLANIF 接口，实现 VLAN 间路由。

```
[S3]interface Vlanif2 //创建 VLANIF 接口，为 VLAN 间路由做准备
[S3-Vlanif2]ip address 10.2.2.252 255.255.255.0
//接口地址是相应 VLAN 主机的默认网关
[S3]interface Vlanif3
[S3-Vlanif3]ip address 10.3.3.252 255.255.255.0
[S3]interface Vlanif4
[S3-Vlanif4]ip address 10.4.4.252 255.255.255.0
[S3]interface Vlanif5
[S3-Vlanif5]ip address 10.5.5.252 255.255.255.0
[S3]interface Vlanif6
[S3-Vlanif6]ip address 10.6.6.252 255.255.255.0

[S4]interface Vlanif2
[S4-Vlanif2]ip address 10.2.2.253 255.255.255.0
[S4]interface Vlanif3
[S4-Vlanif3]ip address 10.3.3.253 255.255.255.0
[S4]interface Vlanif4
[S4-Vlanif4]ip address 10.4.4.253 255.255.255.0
[S4]interface Vlanif5
[S4-Vlanif5]ip address 10.5.5.253 255.255.255.0
[S4]interface Vlanif6
[S4-Vlanif6]ip address 10.6.6.253 255.255.255.0
```

（4）配置灵活 QinQ。

```
[S1]interface GigabitEthernet0/0/23
[S1-GigabitEthernet0/0/23]qinq vlan-translation enable
//启用端口 VLAN 转换功能，端口启用 VLAN 转换功能后，才可以在端口上配置灵活 QinQ 功能
[S1-GigabitEthernet0/0/23]port hybrid untagged vlan 100 to 102
//配置 Hybrid 类型端口加入的 VLAN，这些 VLAN 的帧以 Untagged 方式通过端口
[S1-GigabitEthernet0/0/23]port vlan-stacking vlan 2 to 3 stack-vlan 100
//配置 VLAN Stacking 功能，针对 VLAN 2~3 封装外层 VLAN Tag 100
[S1-GigabitEthernet0/0/23]port vlan-stacking vlan 4 to 5 stack-vlan 101
[S1-GigabitEthernet0/0/23]port vlan-stacking vlan 6 stack-vlan 102

[S2]interface GigabitEthernet0/0/23
[S2-GigabitEthernet0/0/23]qinq vlan-translation enable
[S2-GigabitEthernet0/0/23]port hybrid untagged vlan 100 to 102
[S2-GigabitEthernet0/0/23]port vlan-stacking vlan 2 to 3 stack-vlan 100
[S2-GigabitEthernet0/0/23]port vlan-stacking vlan 4 to 5 stack-vlan 101
[S2-GigabitEthernet0/0/23]port vlan-stacking vlan 6 stack-vlan 102
```

（5）配置 MUX VLAN。

```
[S5]vlan 6
[S5-vlan6]mux-vlan    //将 VLAN 6 配置为 MUX VLAN 中的主 VLAN
[S5-vlan6]subordinate separate 601    //配置主 VLAN 下的隔离 VLAN
[S5-vlan6]subordinate group 602       //配置主 VLAN 下的互通 VLAN
[S5]interface GigabitEthernet0/0/1
[S5-GigabitEthernet0/0/1]port link-type access
[S5-GigabitEthernet0/0/1]port default vlan 601
[S5-GigabitEthernet0/0/1]port mux-vlan enable    //使能端口 MUX VLAN 功能
[S5]interface GigabitEthernet0/0/2
[S5-GigabitEthernet0/0/2]port link-type access
[S5-GigabitEthernet0/0/2]port default vlan 601
[S5-GigabitEthernet0/0/2]port mux-vlan enable
```

```
[S5]interface GigabitEthernet0/0/3
[S5-GigabitEthernet0/0/3]port link-type access
[S5-GigabitEthernet0/0/3]port default vlan 602
[S5-GigabitEthernet0/0/3]port mux-vlan enable
[S5]interface GigabitEthernet0/0/4
[S5-GigabitEthernet0/0/4]port link-type access
[S5-GigabitEthernet0/0/4]port default vlan 602
[S5-GigabitEthernet0/0/4]port mux-vlan enable
[S5]interface GigabitEthernet0/0/6
[S5-GigabitEthernet0/0/6]port link-type access
[S5-GigabitEthernet0/0/6]port default vlan 6
[S5-GigabitEthernet0/0/6]port mux-vlan enable
```

6. 项目测试

（1）查看运营商交换机的 VLAN 相关信息。

```
[S1]display vlan 100 to 102
--------------------------------------------------------------------
U: Up;          D: Down;          TG: Tagged;          UT: Untagged;
MP: Vlan-mapping;                 ST: Vlan-stacking;
#: ProtocolTransparent-vlan;      *: Management-vlan;
--------------------------------------------------------------------
VID  Type     Ports
--------------------------------------------------------------------
100  common   UT:GE0/0/23(U)
              TG:GE0/0/24(U)
              ST:GE0/0/23(U)
101  common   UT:GE0/0/23(U)
              TG:GE0/0/24(U)
              ST:GE0/0/23(U)
102  common   UT:GE0/0/23(U)
              TG:GE0/0/24(U)
              ST:GE0/0/23(U)   //ST 表示该端口执行 VLAN-Stacking 功能
VID  Status  Property     MAC-LRN Statistics Description
--------------------------------------------------------------------
100  enable  default      enable  disable    VLAN 0100
101  enable  default      enable  disable    VLAN 0101
102  enable  default      enable  disable    VLAN 0102
//VLAN ID、当前 VLAN 状态、属性、MAC 地址学习功能、流量统计功能、描述信息
```

以上输出信息表明了交换机 S1 的 VLAN 100～VLAN 102 的信息，包括 VLAN ID、VLAN 类型和加入该 VLAN 的端口。

（2）查看数据中心交换机的 VLAN 信息。

```
[S5]display vlan | include mux
The total number of vlans is : 4
--------------------------------------------------------------------
U: Up;          D: Down;          TG: Tagged;          UT: Untagged;
MP: Vlan-mapping;                 ST: Vlan-stacking;
#: ProtocolTransparent-vlan;      *: Management-vlan;
--------------------------------------------------------------------
VID  Type     Ports
--------------------------------------------------------------------
6    mux      UT:GE0/0/6(U)
601  mux-sub  UT:GE0/0/1(U)      GE0/0/2(U)
602  mux-sub  UT:GE0/0/3(U)      GE0/0/4(U)
```

以上输出信息表明了 MUX VLAN 的主 VLAN 和从 VLAN 的信息，以及加入从 VLAN 的端口。

（3）查看 MUX VLAN 的相关信息。

```
[S5]display mux-vlan
Principal Subordinate Type            Interface
--------------------------------------------------------------------------------
6          -           principal      GigabitEthernet0/0/6
6          601         separate       GigabitEthernet0/0/1 GigabitEthernet0/0/2
6          602         group          GigabitEthernet0/0/3 GigabitEthernet0/0/4
--------------------------------------------------------------------------------
```

以上输出信息表明 VLAN 6 是 MUX VLAN 的主 VLAN，接口 G0/0/6 加入该 VLAN；VLAN 601 和 VLAN 602 是 MUX VLAN 的从 VLAN，VLAN 601 是隔离 VLAN，接口 G0/0/1 和 G0/0/2 加入该 VLAN；VLAN 602 是互通 VLAN，接口 G0/0/3 和 G0/0/4 加入该 VLAN。进一步测试连通性可以发现，E1 和 E2 不能互相访问，只能访问数据中心外的主机，E3 和 E4 既可以互相访问，又可以访问数据中心外的主机，测试结果很好地验证了 MUX VLAN 的特性。

（4）连通性测试。

整个网络的连通性测试表明，交换机 S5 上的主机受限于 MUX VLAN 访问特性的限制，其他主机之间都可以互相访问，从而通过灵活 QinQ 技术实现了企业网络的互联。

本章总结

随着 VLAN 和 Trunk 技术在交换网络中的大面积部署和使用，出现了很多实用的 VLAN 技术的高级特性。本章先介绍了 VLAN 和 Trunk 的基础知识和配置实现，再详细介绍了 VLAN 扩展技术的使用场景、技术原理和配置实现，包括 MUX VLAN、VLAN 聚合、VLAN Mapping 和 QinQ，在 QinQ 技术中又介绍了基本 QinQ 和灵活 QinQ 两种技术，并以项目案例演示和验证了利用 QinQ 技术实现企业网络互联的配置。

习题

1. VLAN 工作在 OSI 参考模型的第（   ）层。
    A. 1   B. 2   C. 3   D. 4
2. 华为 VRP 系统中，交换机接口默认的链路类型是（   ）。
    A. Access   B. DOT1Q-Tunnel   C. Hybrid   D. Trunk
3. 在 VLAN 聚合技术中，Sub-VLAN 间的通信通过（   ）技术实现。
    A. Gratuitous ARP   B. Proxy ARP   C. Inverse ARP   D. Passive ARP
4. 灵活 QinQ 也称为（   ）。
    A. VLAN Mapping   B. VLAN Stacking   C. VLAN Aggregation D. VLAN Translation
5. 【多选】华为 VRP 系统中，交换机接口链路类型包括（   ）。
    A. Access   B. DOT1Q-Tunnel   C. Hybrid   D. Trunk
6. 【多选】华为交换机支持基于（   ）方式来划分 VLAN。
    A. 端口   B. MAC 地址   C. IP 子网   D. 网络层协议
7. 【多选】IEEE 802.1Q 封装插入以太帧的 4 字节包括（   ）字段。
    A. TPID   B. CFI   C. PRI   D. VLAN ID
8. 【多选】MUX VLAN 的从 VLAN 的类型包括（   ）。
    A. Separate VLAN   B. Isolate VLAN   C. Group VLAN   D. Primary VLAN

第6章
STP

06

为了减少网络的故障，网络设计中经常会采用冗余拓扑，冗余是保持网络可靠性的关键设计。设备之间的多条物理链路能够提供冗余路径，当单个链路或端口发生故障时，网络可以继续运行，同时冗余链路可以增加网络容量，提供流量负载分担，但是冗余会带来交换环路的问题，由此诞生了生成树协议（Spanning Tree Protocol，STP）。生成树协议分为标准生成树协议、快速生成树协议（Rapid STP，RSTP）和多生成树协议（Multiple STP，MSTP）3 个版本，分别对应 IEEE 发布的 IEEE 802.1d、IEEE 802.1w 和 IEEE 802.1s。

学习目标

① 掌握 STP/RSTP/MSTP 的功能、术语和报文格式。
② 掌握 STP/RSTP/MSTP 的端口角色和端口状态。
③ 掌握 STP/RSTP/MSTP 的拓扑计算方法。
④ 掌握 STP/RSTP/MSTP 的拓扑变更和收敛机制。

⑤ 掌握 RSTP/MSTP 的快速收敛机制。
⑥ 掌握 STP 保护应用场景和配置实现。
⑦ 掌握 STP/RSTP/MSTP 的配置实现。

6.1 STP 概述

为了增加局域网的冗余性，网络设计中常常会引入冗余链路，然而，这样会引起交换环路。交换环路会带来广播风暴、同一帧的多个副本、交换机 MAC 地址表振荡等问题，对网络可靠性有着极为严重的影响。为解决交换网络中的环路问题，人们提出了生成树协议。运行 STP 的设备通过彼此交互信息发现网络中的环路，并有选择地对某个端口进行阻塞，最终将环形网络结构修剪成无环路的树形网络结构，从而防止报文在环形网络中不断循环，避免设备由于重复接收相同的报文而造成处理能力的下降。

6.1.1 STP 简介

STP 是二层网络中用于消除环路的协议，通过阻塞可能导致环路的冗余路径，以确保网络中所有目的地之间只有一条逻辑路径。当一个端口阻止流量进入或离开时，称该端口处于阻塞状态。阻塞冗余路径对于防止交换环路非常关键。为了提供冗余功能，这些物理路径实际上依然存在，只是被禁用以免产生环路。一旦网络发生故障，需要启用处于阻塞状态的端口，STP 就会重新计算路径，将必要的端口解除阻塞，使阻塞端口进入转发状态。

网桥协议数据单元（Bridge Protocol Data Unit，BPDU）是运行 STP 功能的交换机之间交换的数据帧，BPDU 报文被封装在以太网数据帧中，BPDU 包含拓扑变化通知（Topology Change Notification，

TCN）BPDU 和配置 BPDU（Configuration BPDU）两种类型。

（1）TCN BPDU：用于通知网络拓扑的变化。当下游拓扑发生变化时，向上游发送拓扑变化通知，直到根节点。当端口状态变为 Forwarding 状态，指定端口收到 TCN BPDU，复制 TCN BPDU 并从根端口发往根桥的时候都会产生 TCN BPDU。TCN BPDU 只包含 BPDU 协议 ID、协议版本 ID 和 BPDU 类型 3 个字段，长度只有 4 字节，其报文的格式如图 6-1 所示，目的 MAC 地址是组播 MAC 地址 01-80-C2-00-00-00。

```
IEEE 802.3 Ethernet
▷ Destination: Spanning-tree-(for-bridges)_00 (01:80:c2:00:00:00)
▷ Source: HuaweiTe_a1:25:21 (4c:1f:cc:a1:25:21)
  Length: 7
  Padding: 0000000000000000000000000000000000000000000000000…
Logical-Link Control
▷ DSAP: Spanning Tree BPDU (0x42)
▷ SSAP: Spanning Tree BPDU (0x42)
▷ Control field: U, func=UI (0x03)
Spanning Tree Protocol
  Protocol Identifier: Spanning Tree Protocol (0x0000)
  Protocol Version Identifier: Spanning Tree (0)
  BPDU Type: Topology Change Notification (0x80)
```

图 6-1　TCN BPDU 报文的格式

（2）配置 BPDU：这是一种心跳报文，只要端口启用 STP，配置 BPDU 就会按照 Hello Time 定时器规定的时间间隔从指定端口发出，用于生成树计算，其报文的格式如图 6-2 所示。

```
IEEE 802.3 Ethernet
▷ Destination: Spanning-tree-(for-bridges)_00 (01:80:c2:00:00:00)
▷ Source: HuaweiTe_29:55:a5 (4c:1f:cc:29:55:a5)
  Length: 38
  Padding: 0000000000000000
Logical-Link Control
▷ DSAP: Spanning Tree BPDU (0x42)
▷ SSAP: Spanning Tree BPDU (0x42)
▷ Control field: U, func=UI (0x03)
Spanning Tree Protocol
  Protocol Identifier: Spanning Tree Protocol (0x0000)
  Protocol Version Identifier: Spanning Tree (0)
  BPDU Type: Configuration (0x00)
▷ BPDU flags: 0x00
▷ Root Identifier: 32768 / 0 / 4c:1f:cc:29:55:a5
  Root Path Cost: 0
▷ Bridge Identifier: 32768 / 0 / 4c:1f:cc:29:55:a5
  Port identifier: 0x8002
  Message Age: 0
  Max Age: 20
  Hello Time: 2
  Forward Delay: 15
```

图 6-2　配置 BPDU 报文的格式

配置 BPDU 在以下 3 种情况下会产生。

① 只要端口启用 STP，配置 BPDU 就会按照 Hello Time 定时器规定的时间间隔从指定端口发出。

② 当根端口收到配置 BPDU 时，如果其优先级比自己的配置 BPDU 高，则会根据收到的配置 BPDU 中携带的信息更新自己 STP 端口存储的配置 BPDU 信息，并从指定端口向下游发送，否则会丢弃该配置 BPDU。

③ 当指定端口收到比自己差的配置 BPDU 时，会立刻向下游设备发送自己的 BPDU。

BPDU 各字段的名称和含义如表 6-1 所示，理解 BPDU 的各个字段的含义对于掌握 STP 的工作原理至关重要，这里重点介绍网桥 ID、路径开销、端口 ID 和 BPDU 定时器等相关字段。

表 6-1　BPDU 各字段的名称和含义

字段名称	长度（字节）	字段含义
协议 ID（Protocol Identifier）	2	该值总为 0
协议版本 ID（Protocol Version Identifier）	1	STP 的版本（IEEE 802.1d 时，其值为 0）
BPDU 类型（BPDU Type）	1	配置 BPDU 的值为 0x00，TCN BPDU 的值为 0x80
标志（Flags）	1	IEEE 802.1d 只使用 8 比特中的最高位和最低位，其中最低位置 1 表示 TC 标志，最高位置 1 表示 TCA 标志
根桥 ID（Root Identifier）	8	根桥的 ID
根路径开销（Root Path Cost）	4	到达根桥的开销值
网桥 ID（Bridge Identifier）	8	发送 BPDU 的网桥 ID
端口 ID（Port Identifier）	2	发送 BPDU 的网桥端口 ID
消息老化时间（Message Age）	2	该 BPDU 的消息年龄。如果配置 BPDU 是根桥发出的，则 Message Age 为 0。实际实现中，配置 BPDU 报文每经过一个网桥，Message Age 就增加 1
最大老化时间（Max Age）	2	交换机端口保存配置 BPDU 的最长时间
Hello 时间（Hello Time）	2	根桥连续发送 BPDU 的时间间隔
转发延迟（Forward Delay）	2	交换机处于侦听和学习状态的时间

1. 网桥 ID

为了在网络中形成一个没有环路的拓扑，在 STP 运行时，网络中的交换机首先要选举根桥。每个交换机都具有唯一的网桥 ID，用于确定网络中的根桥，IEEE 802.1d 标准中规定 BID 是由 16 位的网桥优先级（Bridge Priority）与网桥 MAC 地址构成的。BID 网桥优先级占据高 16 位，网桥优先级的值只能是 4096（2^{12}）的倍数，值为 0～61440，即优先级步长为 4096，其余的低 48 位是 MAC 地址。在 STP 网络中，桥 ID 最小的设备会被选举为根桥。可以通过执行【stp [instance *instance-id*] priority *priority*】命令来配置交换设备在指定生成树中的优先级。

2. 路径开销

选举出根桥后，STP 会确定其他交换机到达根桥的最佳路径。路径开销是一个端口变量，是 STP 用于选择链路的参考值。STP 通过计算路径开销，选择性能较为稳定的链路，阻塞多余的链路，将网络修剪成无环路的树形网络结构。在一个 STP 网络中，某端口到根桥的路径开销由其经过的各个桥上的各端口的路径开销累加而成，这个值称为根路径开销。交换机的每个端口都有开销值，端口路径开销值由路径开销计算方法决定。华为交换机支持的路径开销计算方法包括 IEEE 802.1d—1998 标准、IEEE 802.1t 标准和华为计算方法，各方法的默认开销值如表 6-2 所示，而各设备制造商采用的路径开销标准各不相同。在默认情况下，华为 VRP 系统路径开销值的计算方法为 IEEE 802.1t 标准。可以通过执行【stp pathcost-standard { dot1d-1998 | dot1t | legacy }】命令来配置路径开销值的计算方法。可以通过执行【stp [instance *instance-id*] cost *cost*】命令来配置当前端口在指定生成树上的端口路径开销。

表 6-2　不同路径开销计算方法的默认开销值

端口速率	STP 路径开销计算方法		
	IEEE 802.1d—1998 标准	IEEE 802.1t 标准	华为计算方法
100Mbit/s	19	200000	200
1Gbit/s	4	20000	20
10Gbit/s	2	2000	2
40Gbit/s	1	500	1

3. 端口 ID

端口 ID 由交换机端口的优先级和端口号构成，其中，高 4 位是端口优先级，低 12 位是端口号。华为 VRP 系统的端口优先级默认值为 128，其取值为 0~240（步长为 16）。例如，端口 ID 为 128.6，那么高 4 位的值为 1000，低 12 位的值为 000000000110。可以通过执行【stp [instance *instance-id*] port priority *priority* 】命令来配置当前端口在生成树计算时的优先级。

4. BPDU 定时器

BPDU 定时器决定了 STP 的性能和状态转换的时间，具体介绍如下。

（1）Hello Time：交换机发送 BPDU 的时间间隔。默认值为 200cs，取值为 100~1000cs，步长为 100。在运行 STP 的网络中，以 Hello Time 为周期，交换设备会定时向处于同一棵生成树的其他设备发送 BPDU，以此来维护生成树的稳定性。在根桥上配置的 Hello Time 定时器的时间将通过 BPDU 传递下去，所以会成为整棵生成树内所有交换设备的 Hello Time 定时器的时间。如果交换设备在超时时间（超时时间=Hello Time × 3 × Timer Factor）内没有收到上游交换设备发送的 BPDU，则生成树会重新进行计算。可以通过执行【stp [vlan { *vlan-id1* [to *vlan-id2*] }] timer hello *hello-time* 】命令来配置 Hello Time 定时器的时间。

（2）Forward Delay：在运行生成树算法的网络中，当网络拓扑结构发生变化时，因为新的 BPDU 配置消息需要经过一定的时间才能传遍整个网络，所以本应被阻塞的端口可能还来不及被阻塞，而之前被阻塞的端口已经不再阻塞，这样就有可能会形成临时的环路。为了避免临时环路的产生，可以通过 Forward Delay 定时器设置延时时间，即在这个延时时间内所有端口会临时被阻塞，其默认值为 1500cs，可取值为 400~3000cs，步长为 100。在根桥上配置的 Forward Delay 定时器的时间将通过 BPDU 传递下去，从而成为整棵生成树内所有交换设备的 Forward Delay 定时器的时间。可以通过执行【stp [vlan { *vlan-id1* [to *vlan-id2*] }] timer forward-delay *forward-delay* 】命令来配置交换设备的 Forward Delay 定时器的时间。

（3）Max Age：交换机端口保存的配置 BPDU 的最长时间。当交换机收到 BPDU 时，会保存 BPDU，同时会启动计时器开始倒计时，如果在 Max Age 内还没有收到新的 BPDU，那么交换机将认为邻居交换机无法联系，网络拓扑发生了变化，从而开始新的 STP 计算。其默认值为 2000cs，取值是 600~4000，步长为 100。可以通过执行【stp [vlan { *vlan-id1* [to *vlan-id2*] }] timer max-age *max-age* 】命令来配置 Max Age。

考虑到交换机系统优化问题，不建议单独调整 STP 定时器的值，建议通过执行【stp [vlan { *vlan-id1* [to *vlan-id2*] }] bridge-diameter *diameter* 】命令配置网络直径，交换设备会自动根据网络直径计算出 Hello Time、Forward Delay 及 Max Age 这 3 个时间参数的最优值。

6.1.2 STP 的端口角色和端口状态

1. 端口角色

STP 工作中先会选出根桥，而根桥在网络拓扑中的位置决定了如何计算端口角色。在交换机工作过程中，端口会被自动配置为以下 3 种不同的端口角色。

（1）根端口（Root Port，RP）：指去往根桥路径开销最小（根路径开销最小者）的端口。根端口从根桥接收 BPDU 并向下转发。在一个运行 STP 的设备上，根端口有且只有一个，根桥上没有根端口。根端口可以使用所接收帧的源 MAC 地址填充 MAC 地址表。如图 6-3 所示，交换机 S2 到达根桥交换机 S1 有两条路径，很明显，经过 G0/0/2 到达根桥的开销值小，所以 G0/0/2 为根端口。

（2）指定端口（Designated Port，DP）：指根桥和非根桥上的端口。通常，根桥上的交换机的所有端口都是指定端口；而对于非根桥，指定端口指根据需要接收 BPDU 帧或向根桥转发 BPDU 帧的交换机端口。一个网段中只能有一个指定端口。指定端口也可以使用所接收帧的源 MAC 地址填充 MAC 地址表。如图 6-3 所示，根桥交换机 S1 与 S2、S3 的根端口相连的端口 G0/0/1 和 G0/0/2 都是其对应网段的指定端口。

（3）替代端口（Alternate Port，AP）和备份端口（Backup Port，BP）：替代端口和备份端口都是被阻塞的交换机端口，这两种端口不会转发数据帧，也不会使用接收帧的源 MAC 地址填充 MAC 地址表，但是可以转发 BPDU 帧。AP 由于收到其他网桥更优的 BPDU 而被阻塞，BP 由于收到本交换机其他端口发出的更优的 BPDU 而被阻塞。如图 6-3 所示，交换机 S3 的 GO/0/1 端口是该网段的指定端口，交换机 S2 将会从 G0/0/1 端口接收到交换机 S3 发送的更优的 BPDU，所以为替代端口；交换机 S3 的 G0/0/2 将接收到交换机 S3 自己的 G0/0/1 端口发出的更优的 BPDU，所以为备份端口；当交换机 S2 的根端口发送出现故障时，交换机 S2 的替代端口 G0/0/1 将成为新的根端口，所以说替代端口是根端口的备份；而当交换机 S3 的指定端口 G0/0/1 出现故障时，交换机 S3 的备份端口 G0/0/2 将成为新的指定端口，所以说备份端口是指定端口的备份。

2. 端口状态

当网络的拓扑发生变化时，交换机端口会从一个状态向另一个状态过渡，这些状态与 STP 的运行及交换机的工作原理有着重要的关系。STP 的端口状态及行为如表 6-3 所示。

表 6-3　STP 的端口状态及行为

IEEE 802.1d—1998 行为	端口状态				
	阻塞（Blocking）	侦听（Listening）	学习（Learning）	转发（Forwarding）	禁用（Disabled）
接收并处理 BPDU	能	能	能	能	不能
学习 MAC 地址	不能	不能	能	能	不能
转发收到的数据帧	不能	不能	不能	能	不能

端口处于各种端口状态的时间长短取决于 BPDU 定时器的设置。默认情况下，交换机 STP 端口状态过渡和停留时间如图 6-4 所示。

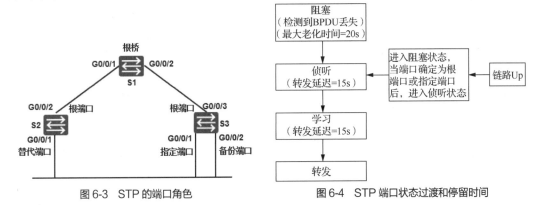

图 6-3　STP 的端口角色　　　　图 6-4　STP 端口状态过渡和停留时间

需要注意的是，在华为 VRP 系统的 STP 实现中，支持 STP、RSTP 和 MSTP 3 种模式，默认情况下处于 MSTP 模式，当从 MSTP 模式切换到 STP 模式时，运行 STP 的设备上端口支持的端口状态仍然和 MSTP 支持的端口状态一样，即丢弃（Discarding）、学习（Learning）和转发（Forwarding）3 种状态，端口状态和 IEEE 802.1d—1998 标准的描述并不相同。

6.1.3　STP 的拓扑计算

网络中所有的设备运行 STP 后，每一台设备都认为自己是根桥。此时，每台设备仅仅收发配置 BPDU，而不转发用户流量，所有的端口都处于侦听状态。所有设备通过交换配置 BPDU 后，会进行选举工作，选出根桥、根端口和指定端口。STP 的拓扑计算过程分为以下 3 个步骤。

1. 选举根桥

初始时，由于每个交换机都认为自己是根桥，所以在每个端口所发出的 BPDU 中，根桥字段都是各自的网桥 ID，Root Path Cost 字段是累计的到达根桥的开销值，发送者网桥 ID 是自己的网桥 ID，PID 是发送该 BPDU 端口的端口 ID。通过交换配置 BPDU，交换机之间比较根桥 ID，网络中根桥 ID 最小的交换机被选为根桥。如何比较根桥 ID 大小呢？先比较优先级，如果优先级相同，则比较 MAC 地址。交换机上的根桥 ID 字段更新后，交换机将在所有后续 BPDU 中包含新的根桥 ID，这样即可确保具有最小的根桥 ID 的 BPDU 最终能传递给网络中的所有其他交换机，即所有交换机都能收到最优的配置 BPDU。STP 拓扑计算过程实例如图 6-5 所示，3 台交换机的 STP 优先级都相同（默认值为 32768），然而，交换机 S1 的 MAC 地址为 4c1f-cc29-55a5，比交换机 S2 和 S3 的 MAC 地址小，所以它被选举为根桥，根桥交换机 S1 上的 G0/0/1 和 G0/0/2 端口为指定端口。

2. 选举根端口

选举了根桥后，交换机开始为每一个交换机端口配置端口角色。需要确定的第一个角色是根端口，根端口是非根桥设备接收最优配置消息的交换机端口。确定根端口的竞选规则按以下顺序进行，一旦比较出大小，就不再向下比较。

（1）到达根桥的最小的开销值。

（2）发送者最小的网桥 ID。

（3）发送者最小的端口 ID。

（4）接收者最小的端口 ID。

在图 6-5 中，假设开销值计算方法为 IEEE 802.1t 标准方法。交换机 S3 从 G0/0/2 端口到达根桥的开销值为 20000，从 G0/0/3 端口到达根桥的开销值为 20000+20000=40000，因此交换机 S3 上的 G0/0/2 端口就是根端口。同样，交换机 S2 从 G0/0/1 端口到达根桥的开销值为 20000，从 G0/0/3 端口到达根桥的开销值为 20000+20000=40000，因此交换机 S2 上的 G0/0/1 端口就是根端口。

有时候通过比较到达根桥的开销值并不能确定根端口。STP 根端口选举实例如图 6-6 所示，交换机 S1 为根桥，交换机 S2 通过 G0/0/1 和 G0/0/2 端口到达根桥的开销值都是 20000；继续比较发送者的网桥 ID，因为 BPDU 都是交换机 S1 发送的，所以网桥 ID 也相同；继续比较发送者的端口 ID，交换机 S1 的 G0/0/1 端口 ID 为 128.1，G0/0/2 的端口 ID 为 128.2，因此交换机 S2 的端口 G0/0/1 为根端口，相应的，G0/0/2 端口为替代端口。

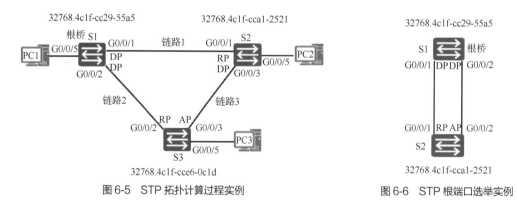

图 6-5　STP 拓扑计算过程实例　　　　　　　图 6-6　STP 根端口选举实例

3. 选举指定端口

当交换机确定了根端口后，接下来需要确定指定端口，以完成逻辑无环生成树的创建。交换网络中的每个网段只能有一个指定端口。当 2 个非根端口的交换机端口连接到同一个网段时，会发生竞选端口角色的情况。这 2 台交换机会交换 BPDU 帧，以确定哪个交换机端口是指定端口，竞选规则和根端口竞选规则的比较顺序相同。

在图 6-5 所示的交换机 S2 和 S3 之间的网络中，交换机 S2 的 G0/0/3 端口和交换机 S3 的 G0/0/3 端口不能同时处于转发数据的状态，否则将导致环路的产生，必须在该网络中选举一个指定端口。由于交换机 S2 和 S3 发送的 BPDU 中到达根桥的开销值都为 20000，所以要进一步比较发送者的网桥 ID，交换机 S2 具有较小的网桥 ID，因此交换机 S2 上的 G0/0/3 成为指定端口，而交换机 S3 上的 G0/0/3 成为替换定端口，处于阻塞状态。

以下输出信息是图 6-5 所示的 STP 的运行结果，可以清楚地看到每个端口的端口角色和端口状态。

```
[S1]display stp brief
  MSTID   Port                      Role   STP State      Protection
    0     GigabitEthernet0/0/1      DESI   FORWARDING     NONE
    0     GigabitEthernet0/0/2      DESI   DISCARDING     NONE
    0     GigabitEthernet0/0/5      DESI   DISCARDING     NONE
[S2]display stp brief
  MSTID   Port                      Role   STP State      Protection
    0     GigabitEthernet0/0/1      ROOT   FORWARDING     NONE
    0     GigabitEthernet0/0/3      DESI   FORWARDING     NONE
    0     GigabitEthernet0/0/5      DESI   DISCARDING     NONE
[S3]display stp brief
  MSTID   Port                      Role   STP State      Protection
    0     GigabitEthernet0/0/2      ROOT   FORWARDING     NONE
    0     GigabitEthernet0/0/3      ALTE   DISCARDING     NONE
    0     GigabitEthernet0/0/5      DESI   DISCARDING     NONE
```

完成 STP 拓扑计算后，接下来研究网络发生故障时 STP 的收敛情况。这里以图 6-5 所示的链路 2 发生中断为例介绍 STP 的收敛情况。

（1）标准 STP 实现。

交换机 S3 的端口 G0/0/2 是根端口，当链路 2 发生中断时，交换机 S3 的根端口 G0/0/2 消失，交换机 S3 开始重新计算端口角色，认为自己是根桥，端口 G0/0/3 初始为指定端口，端口状态为阻塞状态，并从端口 G0/0/3 通告自己的 BPDU，交换机 S2 从端口 G0/0/3 收到次级 BPDU，立即回复自己端口缓存的 BPDU 给交换机 S3，交换机 S3 收到 BPDU 后，重新进行 STP 计算，将端口 G0/0/3 置为根端口。如果交换机 S3 还连接了其他设备（如连接 PC3 的端口 G0/0/5），则会继续计算其他端口的角色，最后交换机 S3 的根端口以及指定端口经过两个转发延迟（默认 15s）进入转发状态。所以，当链路 2 发生中断后，PC3 和 PC1 的通信恢复时间是 30s 左右。

（2）华为实现。

因为交换机 S3 的 G0/0/3 的端口角色是替代端口，是到根桥交换机 S1 的次优路径，因此，当交换机 S3 检测到根端口 G0/0/2 出现故障后，替代端口 G0/0/3 立即成为根端口，状态为阻塞状态，不需要重新计算端口角色，但是端口状态从阻塞状态到转发状态仍需要经过两个转发延迟，PC3 和 PC1 的通信恢复时间仍为 30s 左右。

下面再以图 6-5 所示的链路 1 发生中断为例介绍 STP 的收敛情况。

（1）标准 STP 实现。

交换机 S2 的端口 G0/0/1 是根端口，当链路 1 发生中断时，交换机 S2 的根端口 G0/0/1 消失，交换机 S2 开始重新计算端口角色，认为自己是根桥并把所有端口置为指定端口，状态为阻塞状态，并开始通过端口 G0/0/3 通告自己的 BPDU。对于交换机 S3 来说，其会对从端口 G0/0/3 收到的 BPDU 和自己端口缓存的 BPDU 进行比较，因为是次级 BPDU，所以忽略该 BPDU，而且端口角色保持不变，直到端口 G0/0/3 缓存的 BPDU 到达最大老化时间（默认 20s）后才开始重新计算端口角色，将端口 G0/0/3 置为指定端口，开始转发 BPDU 到交换机 S2，但是端口状态为阻塞状态。交换机 S2 从端口 G0/0/3 收到 BPDU 后，重新进行 STP 计算，将端口 G0/0/3 置为根端口。最后，交换机 S2 的根端口 G0/0/3 和交换机 S3 的指定端口 G0/0/3 经过两个转发延迟进入转发状态。所以，当链路 1 发生中断后，PC3 和 PC1 的通信恢复时间为 50s 左右。

（2）华为实现。

当链路 1 发生中断时，交换机 S2 的根端口 G0/0/2 消失，交换机 S2 开始重新计算端口角色，认为自己是根桥并把所有端口置为指定端口，状态为阻塞状态，开始通过端口 G0/0/3 通告自己的 BPDU。交换机 S3 从替代端口 G0/0/3 收到次级 BPDU 后立刻开始重新计算端口角色（忽略最大老化时间的延迟），将端口 G0/0/3 置为指定端口，开始转发 BPDU 到交换机 S2，但是端口状态为阻塞状态。交换机 S2 从端口 G0/0/3 收到 BPDU 后，重新进行 STP 计算，将端口 G0/0/3 置为根端口。最后，交换机 S2 的根端口 G0/0/3 和交换机 S3 的指定端口 G0/0/3 经过两个转发延迟进入转发状态。所以，当链路 1 发生中断后，PC3 和 PC1 的通信恢复时间为 30s 左右。

6.1.4 STP 的拓扑变更

当交换机检测到拓扑更改时，会通知生成树的根桥，根桥将该拓扑更改信息泛洪到整个网络中。在 IEEE 802.1d 的 STP 运行过程中，交换机会一直通过根端口从根桥接收配置 BPDU，它不会向根桥发送 BPDU。为了将拓扑更改信息通知根桥，引入了一种特殊的 BPDU，即 TCN BPDU。当交换机检测到拓扑更改时，它便开始通过根端口沿着去往根桥的方向发送 TCN。TCN 是一种非常简单的 BPDU，只包含 BPDU 的前 3 个字段，它按 Hello Time 发送。交换机收到 TCN 后，立即返回拓扑更改确认（Topology Change Acknowledgment，TCA）置位的配置 BPDU，以确认收到 TCN 并通知对方停止发送 TCN。此交换过程会持续向根桥的方向进行，直到根桥收到 TCN 并作出响应。TCN 与 TCA 的发送如图 6-7 所示，交换机 E 检测到拓扑更改，它向交换机 B 发出 TCN，交换机 B 收到该 TCN 后使用 TCA 向交换机 E 予以确认；交换机 B 继续发送 TCN 给根桥 A，A 同样使用 TCA 向交换机 B 予以确认，此时根桥获知网络中发生了拓扑更改。图 6-8 所示为根桥发送 TC 信息，根桥会持续发送 TC 置位的 BPDU，持续时间为最大老化时间和转发延迟之和（默认为 20s+15s=35s），根桥发送的拓扑更改置位的配置 BPDU 将传播到网络中的每台交换机上，所有的交换机都知道到网络中发生了拓扑更改，会将自己的 MAC 地址表老化时间缩短为转发延时时间。

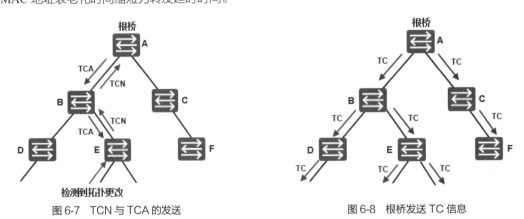

图 6-7　TCN 与 TCA 的发送　　　　　　　图 6-8　根桥发送 TC 信息

在华为的 STP 实现中，只有非边缘端口进入转发状态的时候才会触发产生 TCN，而端口未启用时并不会触发产生 TCN。另外，当交换机收到 TC 置位的配置 BPDU 后，会将 MAC 地址表清空，而不是设置 MAC 地址表老化时间为转发延迟时间，这样做的目的是及时清除 MAC 地址表中错误的信息，避免数据转发产生黑洞。

6.1.5　STP 的不足

STP 虽然能够解决环路问题，但是网络拓扑收敛慢，会影响用户通信质量。如果网络中的拓扑结构频繁发生变化，网络也会随之频繁失去连通性，从而导致用户通信频繁中断，这是用户无法忍受的。STP 的不足之处主要包括以下 3 点。

（1）STP 没有细致区分端口状态和端口角色，不利于初学者学习及部署。从用户角度来讲，侦听、学习和阻塞状态并没有区别，都不转发用户流量。从使用和配置角度来讲，端口之间最本质的区别并不在于端口状态，而在于端口扮演的角色。

（2）STP 算法是被动的算法，依赖定时器等待的方式判断拓扑变化，收敛速度慢。

（3）STP 的算法要求在稳定的拓扑中使用，根桥主动发出配置 BPDU 报文，而其他设备进行处理，传遍整个 STP 网络。这也是导致拓扑收敛慢的主要原因之一。

6.2　RSTP 概述

RSTP（IEEE 802.1w）是 IEEE 802.1d 的 STP 的一种发展。RSTP 的术语大部分与 IEEE 802.1d 的 STP 术语一致，所以熟练掌握 STP 知识后，学习 RSTP 非常容易。

6.2.1　RSTP 简介

RSTP 保留了 STP 的大部分算法和计时器，只在一些细节上做了改进。但这些改进相当关键，极大地提升了 STP 的性能，使其能满足如今低延时、高可靠性的网络要求。后续诞生的 MSTP 的单个实例中的算法和 RSTP 几乎一样，可以说从 STP 发展到 RSTP 的这套算法，是整个生成树协议的精髓。RSTP 针对 STP 的改动包括以下几个方面。

1. BPDU 报文的改动

RSTP 使用与 STP 相同的 BPDU 报文格式，其和 STP 配置 BPDU 的主要区别在于协议版本 ID（字段值为 2）、BPDU 类型（字段值为 2）和标志字段。RSTP 取消了 TCN 和 TCA 报文，其在拓扑结构变化时只发送 TC 报文。RSTP 使用了标志字段的 8 位，如图 6-9 所示，各标志位的含义如下。

7	6	5	4	3	2	1	0
TCA	同意	转发	学习	端口角色		提议	TC

0	0	未知端口
0	1	AP/BP
1	0	RP
1	1	DP

```
BPDU flags: 0x7c, Agreement, Forwarding, Learning, Port Role: Designated
  0... .... = Topology Change Acknowledgment: No
  .1.. .... = Agreement: Yes
  ..1. .... = Forwarding: Yes
  ...1 .... = Learning: Yes
  .... 11.. = Port Role: Designated (3)
  .... ..0. = Proposal: No
  .... ...0 = Topology Change: No
```

图 6-9　RSTP BPDU 的标志字段

（1）第 0 位为 TC 标志位，在拓扑发生改变时，RSTP 的拓扑改变处理过程不再使用 TCN BPDU，而使用 Flags 位中 TC 置位的 RST BPDU（RSTP 的 BPDU 被称为 RST BPDU）取代 TCN BPDU，并通过泛洪方式快速地通知到整个网络中。

（2）第 1 位为提议（Proposal）标志位，该位置位表示该 BPDU 为快速收敛机制中的 Proposal 报文。

（3）第 2 位和第 3 位为端口角色（Port Role）标志位，00 表示端口角色未知，01 表示端口为替代或备份端口，10 表示端口为根端口，11 表示端口为指定端口。

（4）第 4 位为学习（Learning）标志位，该位置位表示端口处于 Learning 状态。

（5）第 5 位为转发（Forwarding）标志位，该位置位表示端口处于 Forwarding 状态。

（6）第 6 位为同意（Agreement）标志位，该位置位表示该 BPDU 为快速收敛机制中的 Agreement 报文。

（7）第 7 位为 TCA 标志位，RSTP 中的 TCA 报文不再使用，主要用于和 STP 兼容。

2. 对配置 BPDU 的处理的改动

（1）自主的 BPDU 发送。

拓扑稳定后，配置 BPDU 报文的发送方式会发生变化。标准 STP 在拓扑稳定后，根桥按照 Hello Time 定时器规定的时间间隔发送配置 BPDU，其他非根桥设备在收到上游设备发送过来的配置 BPDU 后，才会触发并发出配置 BPDU，此方式使 STP 计算复杂且缓慢。RSTP 对此进行了改进，即在拓扑稳定后，无论非根桥设备是否接收到根桥传来的配置 BPDU 报文，非根桥设备都按照 Hello Time 定时器规定的时间间隔发送配置 BPDU，该行为完全由每台设备自主进行。

（2）更短的 BPDU 超时计时。

如果一个端口在超时时间（超时时间 = Hello Time × 3 × Timer Factor）内没有收到上游设备发送过来的配置 BPDU，那么该设备认为与此邻居之间的协商失败，而不像 STP 那样需要先等待一个 Max Age。

（3）高效的次级 BPDU 处理。

当一个端口收到上游的发来的 RST BPDU 报文时，该端口会将自身存储的 RST BPDU 与收到的 RST BPDU 进行比较。如果该端口存储的 RST BPDU 的优先级高于收到的 RST BPDU，那么该端口会直接丢弃收到的 RST BPDU，立即回应自身存储的 RST BPDU。当上游设备收到下游设备回应的 RST BPDU 后，上游设备会根据收到的 RST BPDU 报文中相应的字段立即更新自己存储的 RST BPDU。由此，RSTP 处理次级 BPDU 报文不再依赖于任何定时器通过超时解决拓扑收敛问题，从而加快了拓扑收敛。

3. 端口角色和端口状态的改动

根据 STP 的不足，RSTP 删除了 Disabled、Blocking 和 Listening 3 种端口状态，只有丢弃、学习和转发 3 种状态。

（1）丢弃：稳定的活动拓扑，以及拓扑同步和更改期间都会出现此状态。丢弃状态禁止转发数据帧，因而可以阻止第 2 层环路。

（2）学习：稳定的活动拓扑，以及拓扑同步和更改期间都会出现此状态。学习状态会接收数据帧来填充 MAC 地址表，以限制未知单播帧泛洪。

（3）转发：仅在稳定的活动拓扑中出现此状态。转发状态的交换机端口决定了网络拓扑。发生拓扑变化，或在同步期间，只有当议和同意过程完成后才会转发数据帧。

RSTP 对 STP 的端口角色进行了细分，简化了生成树协议的理解及部署。增加的端口角色是边缘端口（Edge Port），并且把端口属性充分地按照状态和角色进行解耦。AP 和 BP 的定义和区别已经在 6.1.2 节中做了讲述，这里不再赘述。

在华为 VRP 系统 STP 的实现中，端口角色的计算过程和端口状态名称和 RSTP 一致，区别是 RP

和 DP 进入转发状态的时间不一致。RSTP 能够实现相当快的收敛速度，有时甚至只需几百毫秒即可实现收敛。

4. 链路类型的改动

IEEE 802.1d 对交换机之间的链路没有要求，但是 IEEE 802.1w 对链路类型有严格的要求，因为链路类型会影响到 RSTP 的收敛速度。非边缘端口链路分为点对点和共享（Shared）两种链路类型。链路类型是 RSTP 自动确定的（全双工链路就是点对点类型，半双工链路就是共享类型），但可以通过执行【stp point-to-point { auto | force-false | force-true }】命令修改 RSTP 的链路类型，默认是 auto，即链路类型自动检测。需要注意的是，RSTP 在点对点类型的链路上才能实现快速收敛。

在交换机上运行 RSTP 十分简单，只需要执行【stp mode rstp】命令将 STP 模式配置为 RSTP 即可。以下是图 6-5 所示的拓扑运行 RSTP 后，交换机 S1 的 STP 状态和统计信息的输出结果。

```
[S1]display stp
-------[CIST Global Info][Mode RSTP]-------    // CIST 全局信息和 STP 运行模式
CIST Bridge          :32768.4c1f-cc29-55a5    // CIST 桥 ID
Config Times         :Hello 2s MaxAge 20s FwDly 15s MaxHop 20    //手工配置的定时器的时间值
Active Times         :Hello 2s MaxAge 20s FwDly 15s MaxHop 20    //实际使用的定时器的时间值
CIST Root/ERPC       :32768.4c1f-cc29-55a5 / 0    //CIST 总根交换设备 ID/外部路径开销
CIST RegRoot/IRPC    :32768.4c1f-cc29-55a5 / 0    //CIST 域根桥 ID/内部路径开销
CIST RootPortId      :0.0    //CIST 根端口的 ID, 0.0 表示交换设备是根交换设备，没有根端口
BPDU-Protection      :Disabled    //BPDU 保护功能
TC or TCN received   :21        //收到的 TC 或者 TCN 报文数量
TC count per hello   :0         //每个 Hello Time 内收到的 TC 报文总数
STP Converge Mode:Normal       //STP 收敛方式
Time since last TC   :0 days 0h:27m:6s    //从上次拓扑变化到现在经过的时间
Number of TC         :25        //拓扑变化的次数
Last TC occurred     :GigabitEthernet0/0/2    //最近一次收到 TC 的接口
----[Port1(GigabitEthernet0/0/1)][FORWARDING]----    //端口 1 处于转发状态
 Port Protocol       :Enabled    //端口 STP 启用信息
 Port Role           :Designated Port    //端口角色为指定端口
 Port Priority       :128        //端口的优先级
 Port Cost(Dot1T )   :Config=auto / Active=20000
//端口开销计算方法，Config 指手工配置的路径开销，Active 指实际使用的路径开销
 Designated Bridge/Port    :32768.4c1f-cc29-55a5 / 128.1    //指定交换设备的 ID 和指定端口的 ID
 Port Edged          :Config=default / Active=disabled    //边缘端口配置和实际使用情况
 Point-to-point      :Config=auto / Active=true    //端口的链路类型的配置和实际使用情况
 Transit Limit       :147 packets/hello-time
//当前端口在每个 Hello Time 内发送 BPDU 的最大数量
 Protection Type     :None    //端口启用的 STP 保护类型
 Port STP Mode       :RSTP    //端口的 STP 模式
 Port Protocol Type  :Config=auto / Active=dot1s    //端口收发报文的格式和实际使用的报文格式
 BPDU Encapsulation:Config=stp / Active=stp    //端口收发 BPDU 报文的格式
 PortTimes           :Hello 2s MaxAge 20s FwDly 15s RemHop 20    //端口定时器
 TC or TCN send      :96    //指定端口发送的 TC 标记报文或 TCN 报文数目的统计
 TC or TCN received :13    //指定端口接收的 TC 标记报文或 TCN 报文数目的统计
 BPDU Sent           :33603    //发送 BPDU 报文的总数量
       TCN: 0, Config: 21367, RST: 12236, MST: 0    //发送 BPDU 报文信息的统计
 BPDU Received       :17    //接收 BPDU 报文的总数量
       TCN: 4, Config: 2, RST: 11, MST: 0        //接收 BPDU 报文信息的统计
----[Port2(GigabitEthernet0/0/2)][FORWARDING]----
 Port Protocol       :Enabled
 Port Role           :Designated Port
 Port Priority       :128
```

```
        Port Cost(Dot1T )     :Config=auto / Active=20000
        Designated Bridge/Port    :32768.4c1f-cc29-55a5 / 128.2
        Port Edged        :Config=default / Active=disabled
        Point-to-point       :Config=auto / Active=true
        Transit Limit        :147 packets/hello-time
        Protection Type       :None
        Port STP Mode        :RSTP
        Port Protocol Type    :Config=auto / Active=dot1s
        BPDU Encapsulation   :Config=stp / Active=stp
        PortTimes         :Hello 2s MaxAge 20s FwDly 15s RemHop 20
        TC or TCN send       :2
        TC or TCN received :0
        BPDU Sent         :749
             TCN: 0, Config: 0, RST: 749, MST: 0
        BPDU Received      :1
             TCN: 0, Config: 0, RST: 1, MST: 0
----[Port5(GigabitEthernet0/0/5)][FORWARDING]----
        Port Protocol      :Enabled
        Port Role        :Designated Port
        Port Priority       :128
        Port Cost(Dot1T )     :Config=auto / Active=20000
        Designated Bridge/Port    :32768.4c1f-cc29-55a5 / 128.5
        Port Edged        :Config=enabled / Active=enabled   //该端口被配置为边缘端口
        Point-to-point       :Config=auto / Active=true
        Transit Limit        :147 packets/hello-time
        Protection Type       :None
        Port STP Mode        :RSTP
        Port Protocol Type    :Config=auto / Active=dot1s
        BPDU Encapsulation   :Config=stp / Active=stp
        PortTimes         :Hello 2s MaxAge 20s FwDly 15s RemHop 20
        TC or TCN send       :17
        TC or TCN received :0
        BPDU Sent         :13161
             TCN: 0, Config: 934, RST: 12227, MST: 0
        BPDU Received      :0
             TCN: 0, Config: 0, RST: 0, MST: 0
```

6.2.2 RSTP 的快速收敛机制

1. 根端口快速切换机制

如果网络中的一个根端口失效，那么网络中最优的替代端口将成为根端口，进入 Forwarding 状态，因为通过此替代端口连接的网段中必然有指定端口可以通往根桥。如图 6-5 所示，当链路 2 发生中断时，因为交换机 S3 的 G0/0/3 的端口角色是替代端口，是到根桥交换机 S1 的次优路径，当交换机 S3 检测到根端口 G0/0/2 出现故障后，替代端口 G0/0/3 立即成为根端口，并进入转发状态。所以 PC3 访问 PC1 时流量几乎没有中断，而转发路径切换到经由交换机 S2 到达 PC1。

2. 边缘端口快速转发机制

对于运行生成树协议的二层网络，与终端相连的端口没有必要参与生成树计算，这些端口参与计算会影响网络拓扑的收敛速度，且这些端口的状态改变也可能会引起网络振荡，导致用户流量中断。此时，可以通过执行【stp edged-port enable】命令将当前端口配置成边缘端口，该端口便不再参与生成树计算，从而加快网络拓扑的收敛时间并加强网络的稳定性。边缘端口启动后直接转到 Forwarding 状态，且不经历延时。但是一旦边缘端口收到配置 BPDU 报文，交换设备就会自动将边缘端口设置为非边缘端口，并重新进行生成树计算。如图 6-5 所示，可以将连接 PC 的交换机端口配置为边缘端口。

3. 提议/同意机制

当一个端口被选举成为指定端口之后，在 STP 中，该端口至少要等待一个转发延时（Learning）才会迁移到 Forwarding 状态。而在 RSTP 中，此端口会先进入 Discarding 状态，再通过提议/同意（Proposal/Agreement，P/A）机制快速进入 Forwarding 状态。RSTP 使用 P/A 机制完成快速收敛的过程如图 6-10 所示。根桥交换机 S1 和交换机 S2 之间新添加了一条链路。在当前状态下，交换机 S2 的 p2 是替代端口，p3 是指定端口且处于 Forwarding 状态，p4 是边缘端口。

新链路连接成功后，P/A 机制协商过程如下。

（1）p0 和 p1 两个端口角色立刻成为指定端口，端口状态为 Discarding，同时发送 RST BPDU。

（2）交换机 S2 的 p1 口收到更优的 RST BPDU，端口成为根端口，停止发送 RST BPDU。

（3）交换机 S1 的 p0 处于 Discarding 状态，于是发送的 RST BPDU 中将 Proposal 和 Agreement 置 1，如图 6-11 所示。

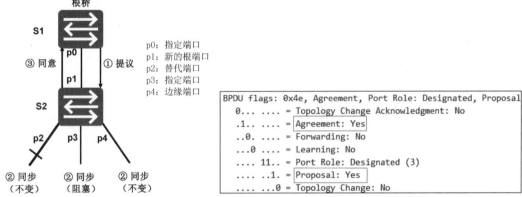

图 6-10　RSTP 使用 P/A 机制完成快速收敛的过程　　　　图 6-11　RSTP Proposal 报文中的标志位

（4）交换机 S2 收到根桥发送的携带 Proposal 的 RST BPDU，开始将自己的所有端口进入同步变量置位。

（5）p2 已经阻塞，状态不变；p4 是边缘端口，不参与运算；只需要阻塞非边缘指定端口 p3 即可。

（6）各端口的 synced 变量置位后，p2、p3 进入 Discarding 状态，p1 进入 Forwarding 状态并向交换机 S1 返回 Agreement 置位的回应 RST BPDU，如图 6-12 所示。该 RST BPDU 携带和刚才根桥发送过来的 BPDU 一样的信息，但 Agreement 置位（Proposal 清零）。

```
BPDU flags: 0x79, Agreement, Forwarding, Learning, Port Role: Root, Topology Change
    0... .... = Topology Change Acknowledgment: No
    .1.. .... = Agreement: Yes
    ..1. .... = Forwarding: Yes
    ...1 .... = Learning: Yes
    .... 10.. = Port Role: Root (2)
    .... ..0. = Proposal: No
    .... ...1 = Topology Change: Yes
```

图 6-12　RSTP Agreement 报文中的标志位

（7）当交换机 S1 判断出这是对刚刚发出的 Proposal 的回应后，p0 马上进入 Forwarding 状态。

以上 P/A 过程可以向下游继续传递，也就是说，P/A 协商机制逐段由根桥向网络边缘扩散，下游交换机收到 Proposal 后，回应 Agreement，则本段 P/A 协商完成，继续 P/A 协商，直到网络边缘。事实上，对于 STP，指定端口的选择可以很快完成，主要的速度瓶颈在于，为了避免环路，必须等待足够长的时间，使全网的端口状态全部确定，也就是说，必须要等待至少一个转发延迟，所有端口才能进行转发。而 RSTP 的主要目的就是消除这个瓶颈，通过阻塞自己的非根端口来保证不会出现环路，使用 P/A 机制加快了上游端口转到 Forwarding 状态的速度。一旦 P/A 协商不成功，指定端口的选择就需要等待两个转发延迟，协商过程与 STP 一样。

6.2.3　RSTP 的拓扑变更

在 RSTP 中，检测拓扑是否发生变化只有一个标准：一个非边缘端口迁移到 Forwarding 状态。一旦检测到拓扑发生变化，将进行如下处理。

1. 本交换机处理过程

本交换机的所有非边缘指定端口和根端口启动一个 TC While 计时器，该计时器的值是 Hello Time 的两倍。在这段时间内，清空所有端口上学习到的 MAC 地址。同时，由非边缘指定端口和根端口向外发送 RST BPDU，其中 TC 置位。一旦 TC While 计时器超时，就停止发送 RST BPDU。即 RSTP 中 TC 报文的泛洪由 STP 的根桥泛洪改为逐级泛洪，RSTP TC 泛洪机制如图 6-13 所示。

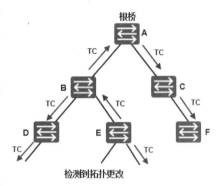

图 6-13　RSTP TC 泛洪机制

2. 其他交换机处理过程

其他交换机接收到 RST BPDU 后，先清空所有端口学习到的 MAC 地址，但除了收到 RST BPDU 的端口之外。再为自己所有的非边缘指定端口和根端口启动 TC While 计时器，重复上述过程。如此，网络中就会产生 RST BPDU 的泛洪。

6.2.4　RSTP 保护

STP 并没有采取措施对交换机的身份进行验证。在稳定的网络中，如果接入非法交换机，则可能给网络中的 STP 运行带来灾难性的破坏，因此需要特定的技术保护 STP。最常使用的就是 BPDU 保护、根保护、TC 保护和环路保护技术。

1. BPDU 保护

对于运行生成树协议的二层网络，与终端相连的端口不用参与生成树计算，因此将这些端口配置为边缘端口，从而加快网络拓扑的收敛时间及加强网络的稳定性。边缘端口收到 BPDU 报文后会失去其边缘端口属性。为防止攻击者伪造 BPDU 报文导致边缘端口属性变成非边缘端口，可通过执行【stp bpdu-protection】命令配置交换设备的 BPDU 保护功能。配置 BPDU 保护功能后，如果边缘端口收到 BPDU 报文，则边缘端口将会被关闭，边缘端口属性不变。因 BPDU 保护而关闭的端口默认不会自动恢复，只能由网管先执行【shutdown】命令再执行【undo shutdown】命令手动恢复，也可以在接口视图下执行【restart】命令重启端口。如果用户希望被关闭的端口自动恢复，则可以在系统视图下执行【error-down auto-recovery cause bpdu-protection interval *interval-value*】命令，即启用端口状态自动恢复为 Up 的功能，并设置端口自动恢复为 Up 的延时时间，使被关闭的端口经过延时时间后能够自动恢复。

2. 根保护

由于维护人员的错误配置或网络中的恶意攻击，根桥会收到优先级更高的 BPDU，失去根桥的地位，重新进行生成树的计算。由于拓扑结构的变化，可能造成高速流量迁移到低速链路上，引起网络拥塞。对于启用根保护功能的指定端口，其端口角色只能保持为指定端口。一旦启用根保护功能的指定端口收到优先级更高的 BPDU，端口状态就会进入 Discarding 状态，不再转发报文。在经过一段时间（通常为两个转发延迟）后，如果端口一直没有再收到优先级较高的 BPDU，则端口会自动恢复到正常的 Forwarding 状态。建议当端口在所有实例中都是指定端口时配置根保护功能。在其他类型的端口上执行【stp root-protection】命令，根保护功能并不生效。在图 6-5 中所示的拓扑，交换机 S1 是根桥，在其指定端口 G0/0/1 和 G0/0/2 上配置根保护功能，查看 STP 摘要信息，会看到两个端口都启用了根保护功能，并处于 Forwarding 状态，如下所示。

```
[S1]display stp brief
 MSTID  Port                 Role    STP State      Protection
   0    GigabitEthernet0/0/1  DESI    FORWARDING     ROOT
   0    GigabitEthernet0/0/2  DESI    FORWARDING     ROOT
```

在交换机 S3 上通过执行【stp priority 4096】命令修改桥优先级，模拟恶意攻击，再次在交换机 S1 上查看 STP 摘要信息，会看到启用根保护的指定端口收到优先级更高的 BPDU 后，端口状态为 Discarding 状态，如下所示。

```
[S1]display stp brief
 MSTID  Port                 Role    STP State      Protection
   0    GigabitEthernet0/0/1  DESI    DISCARDING     ROOT
   0    GigabitEthernet0/0/2  DESI    DISCARDING     ROOT
```

3. TC 保护

如果攻击者伪造拓扑变化 BPDU 报文恶意攻击交换设备，交换设备短时间内会收到很多拓扑变化 BPDU 报文，频繁地删除 MAC 地址表项或者 ARP 表项会给设备造成很大的负担，也给网络的稳定带来了很大隐患。启用 TC 保护功能后，在单位时间内，交换设备处理拓扑变化报文的次数可配置。如果在单位时间内，交换设备收到拓扑变化报文的数量大于配置的阈值，那么设备只会处理阈值指定的报文个数。对于其他超出阈值的拓扑变化报文，指定时间超时后设备只对其统一处理一次。这样可以避免频繁地删除 MAC 地址表项和 ARP 表项，从而达到保护设备的目的。通过执行【stp tc-protection interval *interval-value*】命令可以配置设备处理阈值指定数量的 TC 报文所需的时间。默认情况下，设备处理最大数量的拓扑变化报文所需的时间是 Hello Time。通过执行【stp tc-protection threshold *threshold*】命令可以配置交换设备在收到 TC 类型的 BPDU 报文后，单位时间内处理 TC 类型 BPDU 报文并立即刷新转发表项的阈值。默认情况下，设备在指定时间内处理拓扑变化报文的最大数量是 1。

4. 环路保护

在运行 RSTP 的网络中，根端口和其他阻塞端口状态是依靠不断接收来自上游交换设备的 BPDU 来维持的。当由于链路拥塞或者单向链路故障导致这些端口收不到来自上游交换设备的 BPDU 时，交换设备会重新选择根端口。原先的根端口会转变为指定端口，而原先的阻塞端口会迁移到转发状态，从而使交换网络中可能产生环路。为了防止以上情况发生，可部署环路保护功能。在启用了环路保护功能后，如果根端口或替代端口长时间收不到来自上游设备的 BPDU 报文，则向网管发出通知信息（此时根端口会进入 Discarding 状态，角色切换为指定端口），而替代端口会一直保持在阻塞状态（角色也会切换为指定端口），不转发报文，从而不会在网络中形成环路。当链路不再拥塞或单向链路故障恢复时，端口重新收到 BPDU 报文进行协商，并恢复到链路拥塞或者单向链路故障前的角色和状态。通过执行【stp loop-protection】命令可以配置交换设备根端口或替代端口的环路保护功能。

6.3 MSTP 概述

RSTP 在 STP 的基础上进行了改进，实现了网络拓扑的快速收敛。但 RSTP 和 STP 还存在同一个缺陷：由于局域网内所有的 VLAN 共享一棵生成树，因此无法在 VLAN 间实现数据流量的负载均衡，链路被阻塞后将不承载任何流量，造成带宽浪费，还有可能造成部分 VLAN 的报文无法转发。为了弥补 STP 和 RSTP 的缺陷，IEEE 于 2002 年发布的 IEEE 802.1s 标准中定义了 MSTP。MSTP 兼容 STP 和 RSTP，既可以快速收敛，又提供了数据转发的多个冗余路径，还在数据转发过程中实现了 VLAN 数据的负载均衡。

6.3.1　MSTP 简介

MSTP 是 IEEE 802.1s 中提出的一种 STP 和 VLAN 结合使用的新协议，它既继承了 RSTP 端口快速迁移的优点，又解决了 RSTP 中不同 VLAN 必须运行在同一棵生成树上的问题。

MSTP 可将一个交换网络划分成多个域，每个域内形成多棵生成树，生成树之间彼此独立。每棵生成树称为一个多生成树实例（ Multiple Spanning Tree Instance，MSTI ），每个 MSTI 都使用单独的 RSTP算法，计算单独的生成树。每个域称为一个 MST 域（ Multiple Spanning Tree Region，MST Region ），如图 6-14 所示，假设图中的 STP 优先级顺序和交换机标号顺序一致，×表示端口被阻塞。

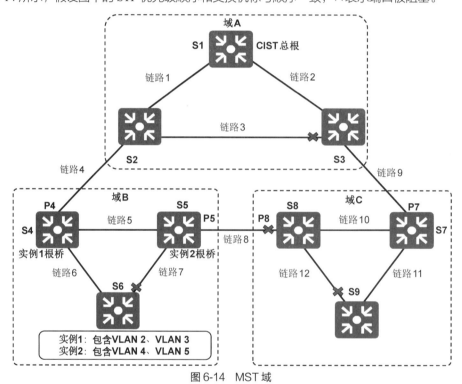

图 6-14　MST 域

MSTP 中引入了实例和 MST 域等多个概念，这些概念对于理解 MSTP 工作原理非常重要，下面逐一介绍。

（1）实例（ Instance ）：多个 VLAN 的一个集合，这种通过将多个 VLAN 捆绑到一个实例中的方法可以节省通信开销并降低资源占用率。MSTP 各个实例拓扑的计算是独立的，通过控制这些实例上的STP 选举，可以实现负载均衡。默认情况下，交换机只有一个实例 0。如图 6-14 所示，域 B 的实例 1包含 VLAN 2 和 VLAN 3，实例 2 包含 VLAN 4 和 VLAN 5。

（2）MST 域（ MST Region ）：交换网络中的多台交换设备以及它们之间的网段构成一个 MST 域，MST 域包括配置名称（ Configuration Name ）、修订级别（ Revision Level ）、格式选择器（ Format Selector ）、VLAN 与实例的映射关系（ Mapping of VIDs to Spanning Trees ）。其中，配置名称（32 字节）、格式选择器（1 字节）和修订级别（2 字节）在 BPDU 报文中都有相关字段，而 VLAN 与实例的映射关系在 BPDU 报文中表现为摘要信息（ Configuration Digest ），该摘要是根据映射关系计算得到的一个 16 字节签名。只有上述 4 者都一样且相互联接的交换机才认为在同一个域内。默认时，域名就是交换机的 MAC 地址，修订级别为 0，格式选择器为 0，所有的 VLAN 都映射到实例 0 上。图 6-14 中包括 A、B 和 C 3 个 MST 域。

（3）VLAN 映射表：即 MST 域的属性，它描述了 VLAN 和 MSTI 之间的映射关系。如在图 6-14 中，域 B 包含 3 个映射表，实例 1 对应的 VLAN 映射表为 VLAN 2 和 VLAN 3，实例 2 对应的 VLAN 映射表为 VLAN 4 和 VLAN 5，实例 0 对应的 VLAN 映射表为 VLAN 1 和 VLAN 6～VLAN 4094。

（4）公共生成树（Common Spanning Tree, CST）：连接交换网络内所有 MST 域的一棵生成树。如果把每个 MST 域看作一个节点，CST 就是这些节点通过 STP 或 RSTP 计算生成的一棵生成树。在图 6-14 中，链路 4、8 和 9 及所其连接的交换机组成 CST。

（5）内部生成树（Internal Spanning Tree, IST）：各 MST 域内的一棵生成树。IST 是一个特殊的 MSTI，MSTI 的 ID 为 0，通常称为 MSTI0。IST 是 CIST 在 MST 域中的一个片段。在图 6-14 中，假设交换机 S4 实例 0 的优先级最低，则域 B 的 IST 由链路 5 和 7 及其所连接的交换机组成。

（6）公共和内部生成树（Common and Internal Spanning Tree, CIST）：通过 STP 或 RSTP 计算生成的，连接一个交换网络内所有交换设备的单生成树。所有 MST 域的 IST 加上 CST 就构成一棵完整的生成树。在图 6-14 中，链路 1、2、4、5、6、9、10 和 11 及其所连接的交换机组成 CIST。

（7）总根：这是一个全局概念，总根是 CIST 的根桥。在图 6-14 中，交换机 S1 是总根。

（8）域根：这是一个局部概念，是相对于某个域的某个实例而言的，分为 IST 域根和 MSTI 域根。IST 域根是 IST 生成树中距离总根最近的交换设备；MSTI 域根是每个多生成树实例的树根。在图 6-14 的域 B 中，交换机 S5 是 MSTI2 的域根，而交换机 S4 是 MSTI1 和 IST 的域根。

（9）主桥（Master Bridge）：即 IST Master，它是域内距离总根最近的交换设备。如果总根在 MST 域中，则总根为该域的主桥。在图 6-14 中，域 A 的主桥是交换机 S1，域 B 的主桥是交换机 S4，域 C 的主桥是交换机 S7。

（10）外部路径开销和内部路径开销：外部路径开销是相对于 CIST 而言的，同一个域内，外部路径开销是相同的；内部路径开销是域内相对于某个实例而言的，同一端口对于不同实例对应不同的内部路径开销。

（11）Master 端口和域边缘端口：MSTP 在 RSTP 的基础上新增了两种端口，MSTP 的端口角色共有 7 种——根端口、指定端口、替代端口、备份端口、边缘端口、Master 端口和域边缘端口。其中，根端口、指定端口、替代端口、备份端口和边缘端口的作用与 RSTP 中的定义相同。同一端口在不同的生成树实例中可以担任不同的角色。Master 端口是 MST 域和总根相连的所有路径中最短路径上的端口，它是交换设备上连接 MST 域到总根的端口，是域中的报文去往总根的必经之路。Master 端口是特殊域边缘端口，Master 端口在 CIST 上的角色是根端口，在其他各实例上的角色都是 Master 端口。在图 6-14 中，P4 和 P7 都是 Master 端口。域边缘端口是指位于 MST 域的边缘并连接其他 MST 域或 SST 的端口。进行 MSTP 计算时，域边缘端口在 MSTI 上的角色和 CIST 实例的角色保持一致，即如果边缘端口在 CIST 实例上的角色是 Master 端口，则它在域内所有 MSTI 上的角色都是 Master 端口。在图 6-14 中，域 B 的 P4 和 P5 以及域 C 的 P7 和 P8 都是域边缘端口。

6.3.2 MSTP 报文

MSTP 使用多生成树桥协议数据单元（MST BPDU）作为生成树计算的依据。MST BPDU 报文用来计算生成树的拓扑、维护网络拓扑及传达拓扑变化记录。MST BPDU 报文各字段的名称和含义如表 6-4 所示，其中，长度字段的单位为字节。无论是域内的还是域间的 MST BPDU，其前 36 字节都和 RST BPDU 相同，从第 37 个字节开始是 MSTP 的专有字段。最后的 MSTI 配置信息字段由若干 MSTI 配置信息组连缀而成。

表 6-4　MST BPDU 报文各字段的名称和含义

字段名称	长度	字段含义
Protocol Identifier	2	协议标识符，该值总为 0
Protocol Version Identifier	1	协议版本标识符，STP 为 0，RSTP 为 2，MSTP 为 3
BPDU Type	1	BPDU 类型：配置 BPDU 的值为 0x00，TCN BPDU 的值为 0x80，RST BPDU 或者 MST BPDU 的值为 0x02
CIST Flags	1	CIST 标志字段
CIST Root Identifier	8	CIST 的总根 ID
CIST External Path Cost	4	CIST 外部路径开销，根据链路带宽计算
CIST Regional Root Identifier	8	CIST 的域根 ID，即 IST Master ID
CIST Port Identifier	2	本端口在 IST 中的指定端口 ID
Message Age	2	BPDU 报文的生存期
Max Age	2	BPDU 报文的最大老化时间
Hello Time	2	Hello Time 定时器，默认为 2s
Forward Delay	2	Forward Delay 定时器，默认为 15s
Version 1 Length	1	Version 1 BPDU 的长度，值固定为 0
Version 3 Length	2	Version 3 BPDU 的长度
MST Configuration Identifier	51	MST 配置标识，表示 MST 域的标签信息，包含配置名称、修订级别、格式选择器、摘要信息 4 个字段
CIST Internal Root Path Cost	4	CIST 内部路径开销，根据链路带宽计算
CIST Bridge Identifier	8	CIST 的桥 ID
CIST Remaining Hops	1	BPDU 报文在 CIST 中的剩余跳数
MSTI Configuration Messages(may be absent)	16	MSTI 配置信息。每个 MSTI 的配置信息占 16 字节，如果有 n 个 MSTI，则其占用 $n×16$ 字节

MSTP 专有字段示例如图 6-15 所示。

6.3.3　MSTP 的拓扑计算

MSTP 可以将整个二层网络划分为多个 MST 域，各个域之间通过计算生成 CST。域内则通过计算生成多棵生成树，每棵生成树都被称为一个多生成树实例。MSTP 同 STP 一

```
MST Extension
  MST Config ID format selector: 0
  MST Config name: Region1
  MST Config revision: 0
  MST Config digest: 47cac1ce872ffd89640049f4cc87bcb2
  CIST Internal Root Path Cost: 0
▷ CIST Bridge Identifier: 32768 / 0 / 4c:1f:cc:2e:08:e6
  CIST Remaining hops: 20
▷ MSTID 1, Regional Root Identifier 4096 / 4c:1f:cc:45:6a:09
▷ MSTID 2, Regional Root Identifier 4096 / 4c:1f:cc:bd:3b:85
```

图 6-15　MSTP 专有字段示例

样，使用配置消息进行生成树的计算，只是配置消息中携带的是设备上 MSTP 的配置信息。

MSTI 和 CIST 都是根据优先级向量来计算的，参与 CIST 计算的优先级向量为{根交换设备 ID，外部路径开销，域根 ID，内部路径开销，指定交换设备 ID，指定端口 ID，接收端口 ID }，参与 MSTI 计算的优先级向量为{域根 ID，内部路径开销，指定交换设备 ID，指定端口 ID，接收端口 ID}，括号中的向量的优先级从左到右依次递减，这些优先级向量信息都包含在 MST BPDU 中。各交换设备互相交换 MST BPDU 来生成 MSTI 和 CIST。

同一向量进行比较时，值最小的向量具有最高优先级。向量优先级按如下原则进行比较：先比较根交换设备 ID；如果根交换设备 ID 相同，则比较外部路径开销；如果外部路径开销相同，则比较域根 ID；如果域根 ID 仍然相同，则比较内部路径开销；如果内部路径仍然相同，则比较指定交换设备 ID；如果指定交换设备 ID 仍然相同，则比较指定端口 ID；如果指定端口 ID 也相同，则比较接收端口 ID。

1. CIST 的拓扑计算

经过配置消息的比较后,在整个网络中选择一个优先级最高的交换设备作为 CIST 的树根。在每个 MST 域内,MSTP 通过计算生成 IST;同时,MSTP 将每个 MST 域作为单台交换设备对待,通过计算在 MST 域间生成 CST。CST 和 IST 构成了整个交换设备网络的 CIST。

2. MSTI 的拓扑计算

在 MST 域内,MSTP 根据 VLAN 和生成树实例的映射关系,针对不同的 VLAN 生成不同的生成树实例。每棵生成树独立进行计算,其计算过程与 RSTP 计算生成树的过程类似。

6.4 项目案例:用 MSTP 构建无环的园区网络

1. 项目背景

G 公司的总部包含 4 个部门,园区网络包含 2 台核心交换机和 10 台接入交换机,项目组为了增加网络的可靠性,避免单点故障,在接入层交换机上通过双链路分别连接到 2 台核心层交换机上,前期已经完成设计和部署,现在需要在所有交换机上配置 MSTP,确保网络中不会出现交换环路,同时实现负载均衡。小李同学正在该公司实习,为了提高实际工作的准确性和工作效率,项目经理安排他在实验室环境下完成测试,为设备上线运行奠定坚实的基础。小李用 2 台交换机模拟核心层交换机,2 台交换机模拟接入层交换机。

2. 项目任务

本项目需要完成的任务如下。

(1)搭建网络拓扑,配置 VLAN、Trunk 和链路聚合。

(2)在 4 台交换机上配置 MSTP,在交换机上创建 2 个实例,将 VLAN 2 和 VLAN 3 划分到实例 1 中,将 VLAN 4 和 VLAN 5 划分到实例 2 中。

(3)通过配置 MSTP,使实例 1 和 2 的 MSTI 具有不同的根桥,实现负载均衡和快速收敛。交换机 S1 是实例 1 的根桥(优先级为 4096),是实例 2 的次根桥(优先级为 8192);交换机 S2 是实例 1 的次根桥(优先级为 8192),是实例 2 的根桥(优先级为 4096)。

(4)在接入交换机 S3 和 S4 上将连接计算机的所有端口配置为边缘端口,并在边缘端口上启用 BPDU 保护功能,增加网络的安全性。

(5)对以上配置逐项进行测试,确保局域网中没有环路。

(6)保存配置文件,完成项目测试报告。

3. 项目目的

通过本项目可以掌握如下知识点和技能点,同时积累项目经验。

(1)MSTP 的工作原理。

(2)MSTP 的端口角色和端口状态。

(3)MSTP 的收敛过程。

(4)MSTP 的拓扑计算。

(5)利用 MSTP 实现负载均衡的设计。

(6)MSTP 的配置和调试方法。

(7)STP 保护的配置和调试方法。

(8)查看和调试 MSTP 相关信息。

4. 项目拓扑

使用 MSTP 构建无环的园区网络的网络拓扑如图 6-16 所示。

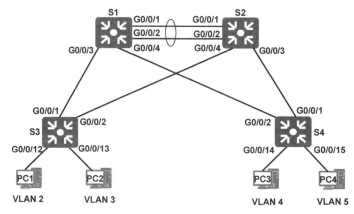

图6-16　使用 MSTP 构建无环的园区网络的网络拓扑

5. 项目实施

（1）配置 STP 模式为 MSTP。交换机 S1～S4 执行相同的命令（这里仅以交换机 S1 为例给出命令）。

[S1]stp mode mstp　　//配置生成树的模式为 MSTP，这是华为交换机的 STP 的默认模式

（2）配置 MSTP 域。交换机 S1～S4 执行相同的命令（这里仅以交换机 S1 为例给出命令）。

[S1]stp region-configuration　//进入 MST 域视图
[S1-mst-region]region-name Region1　//配置 MST 域的名称
[S1-mst-region]revision-level 1234　//MST 域的修订级别，默认 MST 域的修订级别是 0
[S1-mst-region]instance 1 vlan 2 to 3　//配置 MST 实例和 VLAN 的映射关系
[S1-mst-region]instance 2 vlan 4 to 5
[S1-mst-region]active region-configuration　//激活 MSTP 域配置

（3）配置 MSTP 实例优先级，实现负载分担。

[S1]stp instance 0 priority 4096　//配置实例 0 的优先级，使交换机 S1 是实例 0 的根桥
[S1]stp instance 1 priority 4096　//配置实例 1 的优先级，使交换机 S1 是实例 1 的根桥
[S1]stp instance 2 priority 8192　//配置实例 2 的优先级，使交换机 S1 是实例 2 的次根桥

[S2]stp instance 0 priority 8192　//配置实例 0 的优先级，使交换机 S2 是实例 0 的次根桥
[S2]stp instance 1 priority 8192　//配置实例 1 的优先级，使交换机 S2 是实例 1 的次根桥
[S2]stp instance 2 priority 4096　//配置实例 2 的优先级，使交换机 S2 是实例 2 的根桥

（4）配置边缘端口和 BPDU 保护功能。

[S3]interface GigabitEthernet0/0/12
[S3-GigabitEthernet0/0/12]stp edged-port enable　//配置边缘端口
[S3-GigabitEthernet0/0/12]stp bpdu-protection　//配置 BPDU 保护功能
[S3]interface GigabitEthernet0/0/13
[S3-GigabitEthernet0/0/13]stp edged-port enable
[S3-GigabitEthernet0/0/13]stp bpdu-protection

[S4]interface GigabitEthernet0/0/14
[S4-GigabitEthernet0/0/14]stp edged-port enable
[S4-GigabitEthernet0/0/14]stp bpdu-protection
[S4]interface GigabitEthernet0/0/15
[S4-GigabitEthernet0/0/15]stp edged-port enable
[S4-GigabitEthernet0/0/15]stp bpdu-protection

6. 项目测试

（1）查看 STP 摘要信息。

① 查看交换机 S1 的摘要信息。

```
[S1]display stp brief
  MSTID   Port                     Role    STP State       Protection
    0     GigabitEthernet0/0/3     DESI    FORWARDING      NONE
    0     GigabitEthernet0/0/4     DESI    FORWARDING      NONE
    0     Eth-Trunk1               DESI    FORWARDING      NONE
    1     GigabitEthernet0/0/3     DESI    FORWARDING      NONE
    1     GigabitEthernet0/0/4     DESI    FORWARDING      NONE
    1     Eth-Trunk1               DESI    FORWARDING      NONE
    2     GigabitEthernet0/0/3     DESI    FORWARDING      NONE
    2     GigabitEthernet0/0/4     DESI    FORWARDING      NONE
    2     Eth-Trunk1               ROOT    FORWARDING      NONE    //实例 2 根端口
```

② 查看交换机 S2 的摘要信息。

```
[S2]display stp brief
  MSTID   Port                     Role    STP State       Protection
    0     GigabitEthernet0/0/3     DESI    FORWARDING      NONE
    0     GigabitEthernet0/0/4     DESI    FORWARDING      NONE
    0     Eth-Trunk1               ROOT    FORWARDING      NONE    //实例 0 根端口
    1     GigabitEthernet0/0/3     DESI    FORWARDING      NONE
    1     GigabitEthernet0/0/4     DESI    FORWARDING      NONE
    1     Eth-Trunk1               ROOT    FORWARDING      NONE    //实例 1 根端口
    2     GigabitEthernet0/0/3     DESI    FORWARDING      NONE
    2     GigabitEthernet0/0/4     DESI    FORWARDING      NONE
    2     Eth-Trunk1               DESI    FORWARDING      NONE
```

③ 查看交换机 S3 的摘要信息。

```
[S3]display stp brief
  MSTID   Port                     Role    STP State       Protection
    0     GigabitEthernet0/0/1     ROOT    FORWARDING      NONE
    0     GigabitEthernet0/0/2     ALTE    DISCARDING      NONE    //实例 0 替代端口
    0     GigabitEthernet0/0/12    DESI    FORWARDING      NONE
    0     GigabitEthernet0/0/13    DESI    FORWARDING      NONE
    1     GigabitEthernet0/0/1     ROOT    FORWARDING      NONE    //实例 1 根端口
    1     GigabitEthernet0/0/2     ALTE    DISCARDING      NONE    //实例 1 替代端口
    1     GigabitEthernet0/0/12    DESI    FORWARDING      NONE
    1     GigabitEthernet0/0/13    DESI    FORWARDING      NONE
    2     GigabitEthernet0/0/1     ALTE    DISCARDING      NONE    //实例 2 替代端口
    2     GigabitEthernet0/0/2     ROOT    FORWARDING      NONE    //实例 2 根端口
```

以上输出信息表明交换机 S3 的实例 1 阻塞 G0/0/2 端口，实例 2 阻塞 G0/0/1 端口，不同的实例阻塞不同的端口，从而可以实现负载分担。

④ 查看交换机 S4 的摘要信息。

```
[S4]display stp brief
  MSTID   Port                     Role    STP State       Protection
    0     GigabitEthernet0/0/1     ALTE    DISCARDING      NONE    //实例 0 替代端口
    0     GigabitEthernet0/0/2     ROOT    FORWARDING      NONE    //实例 0 根端口
    0     GigabitEthernet0/0/14    DESI    FORWARDING      NONE
    0     GigabitEthernet0/0/15    DESI    FORWARDING      NONE
    1     GigabitEthernet0/0/1     ALTE    DISCARDING      NONE    //实例 1 替代端口
    1     GigabitEthernet0/0/2     ROOT    FORWARDING      NONE    //实例 1 根端口
    2     GigabitEthernet0/0/1     ROOT    FORWARDING      NONE    //实例 2 根端口
    2     GigabitEthernet0/0/2     ALTE    DISCARDING      NONE    //实例 2 替代端口
    2     GigabitEthernet0/0/14    DESI    FORWARDING      NONE
    2     GigabitEthernet0/0/15    DESI    FORWARDING      NONE
```

（2）查看 MSTP 实例 1 的端口信息。

```
[S3]display stp instance 1 interface GigabitEthernet0/0/1
-------[MSTI 1 Global Info]-------    //MSTI 全局信息
MSTI Bridge ID            :32768.4c1f-cc2e-08e6 //MSTI 桥 ID
MSTI RegRoot/IRPC         :4096.4c1f-cc45-6a09 / 20000   //MSTI 根桥 ID 和内部路径开销
MSTI RootPortId           :128.1  //MSTI 根端口 ID
Master Bridge             :4096.4c1f-cc45-6a09   //主桥 ID
Cost to Master            :20000    //到达主桥的开销
TC received               :21       //接收 TC 的数量
TC count per hello        :0        //每个 Hello Time 发送 TC 的数量
Time since last TC        :0 days 0h:0m:31s   //最近一次接收 TC 的时间
Number of TC              :14      //TC 的数量
Last TC occurred          :GigabitEthernet0/0/1
  ----[Port1(GigabitEthernet0/0/1)][FORWARDING]---- //端口 1 处于转发状态
  Port Role               :Root Port //端口角色为根端口
  Port Priority           :128       //端口的优先级
  Port Cost(Dot1T )       :Config=auto / Active=20000
//端口开销计算方法，Config 指手工配置的路径开销，Active 指实际使用的路径开销
  Designated Bridge/Port  :4096.4c1f-cc45-6a09 / 128.4   //指定根桥 ID 和端口 ID
  Port Times              :RemHops 20 //端口定时器
  TC or TCN send          :1   //指定端口发送的 TC 标记报文或 TCN 报文数目的统计
  TC or TCN received      :6   //指定端口接收的 TC 标记报文或 TCN 报文数目的统计
```

（3）查看 MSTP 实例 0 的端口信息。

```
[S3]display stp instance 0 interface GigabitEthernet 0/0/1
-------[CIST Global Info][Mode MSTP]------- // CIST 全局信息和 STP 运行模式
CIST Bridge               :32768.4c1f-cc2e-08e6     //CIST 桥 ID
Config Times              :Hello 2s MaxAge 20s FwDly 15s MaxHop 20
//手工配置的定时器的时间值
Active Times              :Hello 2s MaxAge 20s FwDly 15s MaxHop 19
//实际使用的定时器的时间值
CIST Root/ERPC            :4096 .4c1f-cc45-6a09 / 0    //CIST 总根交换设备 ID/外部路径开销
CIST RegRoot/IRPC         :4096 .4c1f-cc45-6a09 / 20000   //CIST 域根桥 ID/内部路径开销
CIST RootPortId           :128.1                       //CIST 根端口 ID
BPDU-Protection           :Disabled                    //BPDU 保护功能
TC or TCN received        :23     //收到的 TC 或者 TCN 报文数量
TC count per hello        :0      //每个 Hello Time 时间内收到的 TC 报文总数
STP Converge Mode         :Normal //STP 收敛方式
Time since last TC        :0 days 0h:16m:43s    //从上次拓扑变化到现在经过的时间
Number of TC              :14      //拓扑变化的次数
Last TC occurred          :GigabitEthernet0/0/1   //最近一次收到 TC 的接口
  ----[Port1(GigabitEthernet0/0/1)][FORWARDING]---- //端口 1 处于转发状态
  Port Protocol           :Enabled      //端口 STP 启用信息
  Port Role               :Root Port    //端口角色为根端口
  Port Priority           :128          //端口优先级
  Port Cost(Dot1T )       :Config=auto / Active=20000
//端口开销计算方法，Config 指手工配置的路径开销，Active 指实际使用的路径开销
  Designated Bridge/Port  :4096.4c1f-cc45-6a09 / 128.4 //指定交换设备的 ID 和指定端口的 ID
  Port Edged              :Config=default / Active=disabled //边缘端口配置和实际使用情况
  Point-to-point          :Config=auto / Active=true    //端口的链路类型的配置和实际使用情况
  Transit Limit           :147 packets/hello-time
//当前端口在每个 Hello Time 时间内发送 BPDU 的最大数量
```

```
    Protection Type            :None       //端口启用的 STP 保护类型
    Port STP Mode              :MSTP      //端口的 STP 模式
    Port Protocol Type         :Config=auto / Active=dot1s
//端口收发报文的格式和实际使用的报文格式
    BPDU Encapsulation         :Config=stp / Active=stp //端口收发 BPDU 报文的格式
    PortTimes                  :Hello 2s MaxAge 20s FwDly 15s RemHop 20   //端口定时器
    TC or TCN send             :1    //指定端口发送的 TC 标记报文或 TCN 报文数目的统计
    TC or TCN received         :6    //指定端口接收的 TC 标记报文或 TCN 报文数目的统计
    BPDU Sent                  :2          //发送 BPDU 报文的总数量
          TCN: 0, Config: 0, RST: 0, MST: 2    //发送 BPDU 报文信息的统计
    BPDU Received              :2621       //接收 BPDU 报文的总数量
          TCN: 0, Config: 0, RST: 0, MST: 2621   //接收 BPDU 报文信息的统计
```

（4）查看交换设备上当前生效的 MST 域配置信息。

```
[S3]display stp region-configuration
  Oper configuration
     Format selector       :0          //格式选择器
     Region name           :Region1 //配置名称
     Revision level        :1234       //修订级别
     Instance    VLANs Mapped          //实例和 VLAN 映射表
        0        1, 6 to 4094
        1        2 to 3
        2        4 to 5
```

（5）查看 MSTP 拓扑变化相关的统计信息。

```
[S1]display stp topology-change
  CIST topology change information    //CIST 拓扑变化信息
     Number of topology changes            :21 //从 MSTP 初始化开始，发生拓扑变化的总计次数
     Time since last topology change       :0 days 0h:31m:44s
//当前距离最近一次拓扑变化的时间
     Topology change initiator(notified)   :Eth-Trunk1
//由于收到拓扑变化报文而触发拓扑变化的端口
     Topology change last received from    :4c1f-ccbd-3b85 //拓扑变化报文来源的桥 MAC 地址
     Number of generated topologychange traps :   8   //产生的告警次数
     Number of suppressed topologychange traps:   1   //抑制的告警次数

  MSTI 1 topology change information
     Number of topology changes            :20
     Time since last topology change       :0 days 0h:31m:44s
     Topology change initiator(notified)   :Eth-Trunk1
     Topology change last received from    :4c1f-ccbd-3b85
     Number of generated topologychange traps :   8
     Number of suppressed topologychange traps:   1

  MSTI 2 topology change information
     Number of topology changes            :12
     Time since last topology change       :0 days 0h:32m:15s
     Topology change initiator(notified)   :Eth-Trunk1
     Topology change last received from    :4c1f-ccbd-3b85
     Number of generated topologychange traps :   8
     Number of suppressed topologychange traps:   1
```

以上输出信息表明了 CIST、MSTI1 和 MSTI2 的拓扑变化信息。

本章总结

为解决交换网络中的环路问题，生成树协议应运而生。与众多协议的发展过程一样，生成树协议也是随着网络的发展而不断更新的，从最初的 IEEE 802.1d 中定义的 STP 到 IEEE 802.1w 中定义的 RSTP，再到目前的 IEEE 802.1s 中定义的 MSTP，由于 MSTP 克服了 STP 和 RSTP 的缺陷，所以应用非常广泛。本章分别介绍了 STP、RSTP 和 MSTP 的基本原理、报文格式、端口角色和端口状态、拓扑计算、拓扑变更和 STP 保护等基础知识，并用项目案例演示和验证了 MSTP 的配置和调试。

习题

1. STP 的 BPDU 的 Hello Time 默认是（　　）。
   A. 2s　　　　　　　B. 15s　　　　　　　C. 20s　　　　　　　D. 30s
2. MSTP 中总根是（　　）的根桥。
   A. IST　　　　　　　B. CST　　　　　　　C. SST　　　　　　　D. CIST
3. STP 中，默认转发延迟是（　　）。
   A. 2s　　　　　　　B. 15s　　　　　　　C. 20s　　　　　　　D. 30s
4. 【多选】MSTP 在 RSTP 的基础上新增了（　　）。
   A. 总根端口　　　　B. 域内部端口　　　C. Master 端口　　　D. 域边缘端口
5. 【多选】MSTP 中，CIST 由（　　）构成。
   A. IST　　　　　　　B. CST　　　　　　　C. MST　　　　　　　D. SST
6. 【多选】标准 STP 的两种 BPDU 类型是（　　）。
   A. 配置 BPDU　　　B. RST BPDU　　　C. TCN　　　　　　D. MST BPDU
7. 【多选】网桥 ID 由（　　）组成。
   A. 优先级　　　　　B. MAC 地址　　　　C. 端口优先级　　　D. 端口号
8. 【多选】以下（　　）是 RSTP 的端口角色。
   A. DP　　　　　　　B. RP　　　　　　　C. AP　　　　　　　D. BP
   E. MP　　　　　　　F. EP
9. 【多选】RSTP 的端口状态包括（　　）。
   A. Discarding　　　B. Learning　　　　C. Listening　　　　D. Forwarding
   E. Blocking

第 7 章
可靠性技术

07

　　随着网络的快速普及和应用的日益增多，各种增值业务（如 IPTV、视频会议等）得到了广泛部署，网络中断可能影响大量业务，造成重大损失。因此，基础网络的可靠性日益成为用户关注的焦点。但实际中总无法避免各种技术和非技术原因造成的网络故障和服务中断，因此提高系统容错能力、提高故障恢复速度是提高系统可靠性的有效途径。本章将介绍其中的常用技术。

学习目标

1. 了解可靠性的度量。
2. 了解实现可靠性的常用技术。
3. 了解双向转发检测的原理及典型应用场景。
4. 了解网络质量分析的原理。

5. 掌握双向转发检测的配置。
6. 掌握双向转发检测与静态路由、OSPF、VRRP 联动的配置。
7. 掌握网络质量分析与静态路由、VRRP 联动的配置。

7.1 可靠性概述

　　可靠性是指产品、系统在规定的条件下和规定的时间内，无故障工作的能力。本节将讨论网络系统的可靠性。

7.1.1 可靠性需求

　　可靠性需求根据其目标和实现方法的不同可分为 3 个级别，各级别的目标和实现方法如表 7-1 所示。第 1 级别需求的满足应在网络设备的设计和生产过程中予以考虑；第 2 级别需求的满足应在设计网络架构时予以考虑；第 3 级别的需求则应在网络部署过程中，根据网络架构和业务特点采用相应的可靠性技术来予以满足，后续将重点介绍这些可靠性技术。

表 7-1　可靠性需求各级别的目标和实现方法

级别	目标	实现方法
1	减少系统的软、硬件故障	硬件：简化电路设计、提高生产工艺、进行可靠性试验等。 软件：软件可靠性设计、软件可靠性测试等
2	即使发生故障，系统功能也不受影响	设备和链路的冗余设计，部署倒换策略，提高倒换成功率
3	尽管发生故障导致功能受损，但系统能够快速恢复	提供故障检测、诊断、隔离和恢复技术

7.1.2 可靠性度量

通常，人们使用平均故障间隔时间（Mean Time Between Failures，MTBF）和平均修复时间（Mean Time To Repair，MTTR）两个技术指标来评价系统的可靠性。

1. MTBF

MTBF 是指一个系统无故障运行的平均时间，通常以小时为单位。MTBF 的值越大，可靠性就越高。

2. MTTR

MTTR 是指一个系统从故障发生到恢复所需的平均时间，广义的 MTTR 还涉及备件管理、客户服务等，是设备维护的一项重要指标。MTTR 的计算公式如下：MTTR ＝故障检测时间+硬件更换时间+系统初始化时间+链路恢复时间+路由恢复时间+转发恢复时间。MTTR 的值越小，可靠性就越高。

7.1.3 可靠性技术

提高 MTBF 或降低 MTTR 都可以提高网络的可靠性。在实际网络中，各种因素导致的故障难以避免，因此能够让网络从故障中快速恢复的技术就显得非常重要。下面的可靠性技术主要用降低 MTTR 的方式满足第 3 级别的可靠性需求。可靠性技术的种类繁多，根据其解决网络故障的侧重不同，可分为故障检测技术和保护倒换技术。

1. 故障检测技术

故障检测技术侧重于网络的故障检测和诊断。故障检测技术的具体介绍如表 7-2 所示。

表 7-2　故障检测技术的具体介绍

名称	具体介绍
双向转发检测	双向转发检测（Bidirectional Forwarding Detection，BFD）是一种通用的、标准化的、介质无关、协议无关的快速故障检测机制，用于快速检测、监控网络中链路或 IP 路由的转发连通状况
最后一公里以太网	最后一公里以太网（Ethernet in the First Mile，EFM）是一种监控网络故障的工具，主要用于解决以太网接入"最后一公里"中常见的链路问题。用户通过在两个点对点连接的设备上启用 EFM 功能，可以监控这两台设备之间的链路状态
设备链路检测协议	交换机上的设备链路检测协议（Device Link Detection Protocol，DLDP）可以监控光纤/铜质双绞线的链路状态。如果发现单向链路存在，则 DLDP 会根据用户配置，自动关闭或通知用户手工关闭相关端口，以防止网络故障发生

2. 保护倒换技术

保护倒换技术侧重于网络故障时系统的恢复，主要通过对硬件、链路、路由信息和业务信息等进行冗余备份以及故障时的快速切换，来保证网络业务的连续性。保护倒换技术的具体介绍如表 7-3 所示。

表 7-3　保护倒换技术的具体介绍

名称	具体介绍
接口备份	接口备份是保证业务连续的一个重要手段。当路由器上某个接口出现故障或者带宽不足时，通过配置接口备份，可以快速平滑地将该接口上的业务切换到其他正常接口上
平滑重启	平滑重启（Graceful Restart，GR）是一种保证转发业务在设备进行 IP/MPLS 转发协议（如 BGP、IS-IS、OSPF、LDP 和 RSVP-TE 等）重启或主/备倒换时不中断的技术。它需要周边设备的配合来完成路由等信息的备份与恢复。支持该技术的协议有 RIP、IS-IS、IS-ISv6、OSPF、OSPFv3、BGP、BGP4+、IGMP/MLD、PIM、MSDP、IPv4 L3VPN、RSVP、LDP。说明：仅部分设备支持此技术

续表

名称	具体介绍
不间断路由	不间断路由（Non-Stop Routing, NSR）是一种保证数据传输在设备进行主/备倒换时不中断的技术。它将 IP/MPLS 等转发信息从主用主控板备份到备用主控板中，从而在设备进行主/备倒换时，无须周边设备配合即可完成上述信息的备份与恢复。支持该技术的协议有 IS-IS、IS-ISv6、OSPF、OSPFv3、BGP、BGP4+、IGMP/MLD、PIM、MSDP、IPv4 L3VPN、RSVP、LDP。说明：仅部分设备支持此技术
接口监控组	将网络侧接口加入接口监控组，通过监控网络侧接口的状态触发相应的接入侧接口状态变化，以达到接入侧主/备链路切换的目的
虚拟路由冗余协议	虚拟路由冗余协议（Virtual Router Redundancy Protocol，VRRP）是一种容错协议，在具有组播或广播能力的局域网（如以太网）中，使设备出现故障时仍能提供默认链路，有效地避免了单一链路发生故障后出现网络中断的问题
双机热备份	双机热备份为各个业务模块提供了统一的备份机制，当主用设备出现故障后，备用设备及时接替主用设备的业务并运行，以提高网络的可靠性
生成树协议	交换机上的生成树协议将环形网络修剪成为一个无环的树形网络，避免报文在环形网络中无限循环
Smart Link 和 Monitor Link	交换机上的 Smart Link 解决方案会针对双上行组网，实现主/备链路冗余备份及快速迁移。该方案为双上行组网量身定做，既保证了性能，又简化了配置。Monitor Link 是对 Smart Link 的补充，是一种接口联动的方案
快速环保护协议	交换机上的快速环保护协议（Rapid Ring Protection Protocol，RRPP）是一种专门应用于以太网环的链路层协议，具有拓扑收敛速度快，可防止数据环路引起的广播风暴等优点

7.2 双向转发检测

提高系统可靠性的途径有很多，BFD 是常用的一种技术，BFD 可以和其他技术联动实现高可靠性。本节将介绍 BFD 的原理和典型应用场景。

7.2.1 BFD 的原理

1. BFD 简介

BFD 提供了一种通用的、标准化的、介质无关和协议无关的快速故障检测机制。BFD 可以实现快速检测并监控网络中链路或 IP 路由的转发连通状态，发现通信故障时，可以更快地帮助用户建立备份通道，保证网络可靠性。

2. BFD 的工作过程

BFD 在两台网络设备上建立会话，用来检测网络设备间的双向转发路径，为上层应用服务。BFD 本身并没有邻居发现机制，依靠被服务的上层应用通知其邻居信息以建立会话。会话建立后会周期性地快速发送 BFD 报文，如果在检测时间内没有收到 BFD 报文，则认为该双向转发路径发生了故障，通知被服务的上层应用进行相应的处理。

下面以 OSPF 与 BFD 联动为例，简单介绍会话工作流程。网络上的链路故障或拓扑变化都会导致 OSPF 邻居中断，并引起 OSPF 进行路由计算，然而，这通常需要十几秒或者几十秒的时间，所以缩短路由协议的收敛时间对于提高网络的性能是非常重要的。BFD 和 OSPF 相关联，一旦与邻居之间的链路出现故障，BFD 就能快速检测到并通知 OSPF 邻居关系发生了中断，加快 OSPF 的收敛速度。图 7-1 所示为 BFD 会话建立过程，两台设备上同时配置了 OSPF 与 BFD，BFD 会话的建立过程如下。

（1）路由器 R1、R2 上的 OSPF 通过自己的 Hello 机制发现邻居并建立连接。

（2）OSPF 在建立了新的邻居关系后，将邻居信息（包括目的地址和源地址等）通告给 BFD。

（3）BFD 根据收到的邻居信息建立会话。

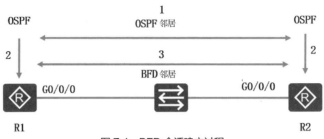

图 7-1　BFD 会话建立过程

如图 7-2 所示，会话建立以后，BFD 开始检测链路故障，并做出快速反应，过程如下。

（1）被检测链路出现故障。

（2）BFD 快速检测到链路故障，BFD 会话状态变为 Down。

（3）BFD 通知本地 OSPF 进程 BFD 邻居不可达。

（4）本地 OSPF 进程中断 OSPF 邻居关系。

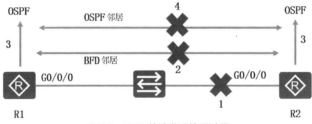

图 7-2　BFD 故障发现处理过程

BFD 通过控制报文中的本地标识符（Local Discriminator）和远端标识符（Remote Discriminator）区分不同的会话。BFD 会话的建立有两种方式，即静态建立 BFD 会话和动态建立 BFD 会话。静态和动态建立 BFD 会话的主要区别在于本地标识符和远端标识符的配置方式不同。

（1）静态建立 BFD 会话：通过命令行手工配置 BFD 会话参数，包括配置本地标识符和远端标识符等。

（2）动态建立 BFD 会话：系统自动分配 BFD 会话的本地标识符和远端标识符等。

BFD 的检测机制是两个系统建立 BFD 会话，并沿它们之间的路径周期性地发送 BFD 控制报文，如果一方在既定的时间内没有接收到 BFD 控制报文，则认为路径发生了故障。BFD 提供的是异步检测，在这种模式下，系统之间相互周期性地发送 BFD 控制报文，如果某个系统连续几个报文都没有接收到，则认为此 BFD 会话的状态是 Down。

3. BFD 的应用场景

BFD 的应用场景有很多，具体如下。

① BFD 检测 IP 链路。

② BFD 单臂回声功能。

③ BFD 与接口状态联动。

④ BFD 与静态路由联动。

⑤ BFD 与 OSPF 联动。

⑥ BFD 与 IS-IS 联动。

⑦ BFD 与 BGP 联动。

⑧ BFD 与 MPLS LSP 联动。

⑨ BFD 与 MPLS TE 联动。

⑩ BFD 与 VRRP 联动。

⑪ BFD 与 PIM 联动。

本章介绍以下几种常用场景。

（1）BFD 检测 IP 链路。

在 IP 链路上建立 BFD 会话，利用 BFD 机制快速检测故障。BFD 检测 IP 链路时支持单跳链路检测和多跳链路检测。

① BFD 单跳链路检测是指对两个直连系统进行 IP 连通性检测，"单跳"是 IP 链路的一跳。如图 7-3 所示，BFD 检测两台设备之间的 IP 单跳路径，BFD 会话绑定出口。

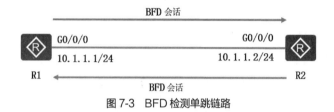

图 7-3　BFD 检测单跳链路

② BFD 多跳链路检测是指 BFD 可以检测两个系统间的任意路径，这些路径可能跨越很多跳，也可能在某些部分发生重叠。如图 7-4 所示，BFD 检测路由器 R1 和 R3 之间的 IP 多跳路径，BFD 会话绑定对端 IP 地址但不绑定出口。

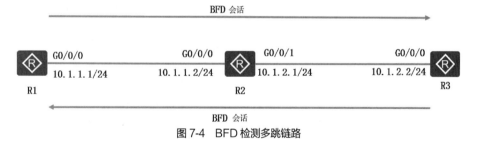

图 7-4　BFD 检测多跳链路

（2）BFD 与静态路由联动。

BFD 与静态路由联动可为每条静态路由绑定一个 BFD 会话，当这条静态路由上绑定的 BFD 会话检测到链路故障（状态由 Up 转为 Down）后，BFD 会将故障上报给路由管理系统，由路由管理模块将这条路由设置为"非激活"状态（此条路由不可用，从 IP 路由表中删除）。当这条静态路由上绑定的 BFD 会话成功建立或者从故障状态恢复后（状态由 Down 转为 Up），BFD 会上报给路由管理模块，由路由管理模块将这条路由设置为"激活"状态（此路由可用，加入 IP 路由表）。

（3）BFD 与 OSPF 联动。

BFD 与 OSPF 联动就是将 BFD 和 OSPF 协议关联起来，通过 BFD 对链路故障的快速感应通知 OSPF 协议，从而加快 OSPF 协议对于网络拓扑变化的响应。BFD 与 OSPF 联动后，OSPF 协议的收敛时间可以达到十毫秒级。

如图 7-5 所示，路由器 R1 分别与路由器 R3 和 R4 建立 OSPF 邻居关系，路由器 R1 到路由器 R2 的路由出口为 G0/0/0，经过路由器 R3 到达路由器 R2。邻居状态到达 Full 时通知 BFD 建立 BFD 会话。

当路由器 R1 和 R3 之间的链路出现故障时，BFD 先感知到并通知路由器 R1。路由器 R1 处理邻居 Down 事件，重新进行路由计算，新的路由出口为 G0/0/1，经过路由器 R4 到达路由器 R2。

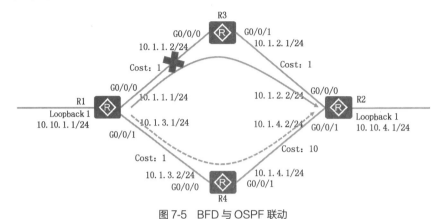

图 7-5　BFD 与 OSPF 联动

（4）BFD 与 VRRP 联动。

VRRP 的关键点是当 Master 出现故障时，Backup 能够快速接替 Master 的转发工作，保证数据流的中断时间尽量短。当 Master 出现故障时，VRRP 依靠 Backup 设置的超时时间来判断是否应该抢占，切换速度在秒级以上。将 BFD 应用于 Backup 对 Master 的检测上，可以实现对 Master 故障的快速检测，缩短用户流量中断时间。BFD 会对 Backup 和 Master 之间的实际地址通信情况进行检测，如果通信不正常，就认为 Master 已经不可用，并将 Backup 升级成 Master。VRRP 通过监视 BFD 会话状态实现主/备快速切换，切换时间控制在 50ms 以内。

如图 7-6 所示，路由器 R1 和 R2 之间配置 VRRP 备份组建立主/备关系，路由器 R1 为主用设备，路由器 R2 为备用设备，用户发送过来的流量从路由器 R1 发送出去。在路由器 R1 和 R2 之间建立 BFD 会话，VRRP 备份组监视该 BFD 会话，当 BFD 会话状态变化时，通过修改备份组优先级实现主/备快速切换。当 BFD 检测到路由器 R1 和交换机 S3 之间的链路出现故障时，上报给 VRRP 一个 BFD 检测 Down 事件，路由器 R2 上 VRRP 备份组的优先级增加，增加后的优先级大于路由器 R1 上的 VRRP 备份组的优先级，于是路由器 R2 立刻升为 Master，后继的用户流量就会通过路由器 R2 转发，从而实现 VRRP 的主/备快速切换。

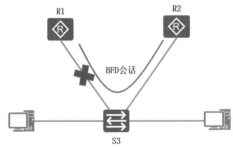

图 7-6　BFD 与 VRRP 联动

7.2.2　BFD 的配置

1. 配置 BFD 多跳链路检测

在三层接口上，BFD 多跳链路检测可以替代 BFD 单跳链路检测，限于篇幅，不在此处介绍 BFD

单跳链路检测。配置 BFD 多跳链路检测，可以实现快速检测和监控网络中的多跳路径，在配置 BFD 多跳链路检测之前，需要先配置路由协议，保证网络层可达。具体配置步骤如下。

（1）进入系统视图，执行【bfd】命令，使能全局 BFD 功能并进入 BFD 视图。

（2）返回系统视图，执行【bfd *session-name* bind peer-ip *ip-address* [vpn-instance *vpn-name*] [source-ip *ip-address*]】命令，创建 BFD 会话的绑定信息。在创建多跳 BFD 会话时，必须绑定对端 IP 地址。

（3）执行【discriminator local *discr-value*】命令，配置 BFD 会话的本地标识符。

（4）执行【discriminator remote *discr-value*】命令，配置 BFD 会话的远端标识符。

（5）执行【commit】命令，提交配置。

以图 7-4 为例，下面使用对方的 IP 地址建立 BFD 会话。注意：配置 BFD 多跳链路检测时，不能绑定接口。

```
[R1]bfd
//使能 BFD 功能
[R1-bfd]bfd atoc bind peer-ip 10.1.2.2 source-ip 10.1.1.1
//配置 BFD 会话对端和本端 IP 地址
[R1-bfd-session-atoc]discriminator local 1
//配置 BFD 会话的本地标识符
[R1-bfd-session-atoc]discriminator remote 2
//配置 BFD 会话的远端标识符
[R1-bfd-session-atoc]commit
//提交配置

[R3]bfd
[R3-bfd]bfd ctoa bind peer-ip 10.1.1.1 source-ip 10.1.2.2
[R3-bfd-session-ctoa]discriminator local 2
[R3-bfd-session-ctoa]discriminator remote 1
[R3-bfd-session-ctoa]commit
//路由器 R3 的配置和路由器 R1 对称，这里不再赘述
```

2. 配置静态路由与 BFD 联动

配置静态路由与 BFD 联动，可以快速感知从本地到路由目的地址的链路变化，提高网络可靠性。在配置静态路由与 BFD 联动之前，需要先配置接口的链路层协议参数和 IP 地址，使相邻节点网络层可达。具体配置步骤如下。

（1）配置 BFD 会话，具体参见"配置 BFD 多跳链路检测"的内容。

（2）进入系统视图，执行【ip route-static *ip-address* { *mask* | *mask-length* } { *nexthop-address* | *interface-type interface-number* [*nexthop-address*] } [preference *preference*] track bfd-session *cfg-name*】命令，为 IPv4 静态路由绑定静态 BFD 会话。为静态路由绑定 BFD 会话的时候，应确保 BFD 会话和静态路由在同一链路上。

以图 7-5 为例，路由器 R1 和 R2 通过 G0/0/0 接口的地址建立 BFD 会话，路由器 R1 的 Loopback 1 和路由器 R2 的 Loopback 1 之间的主路由（静态路由）和 BFD 会话联动。当 BFD 会话正常时，数据包经过路由器 R3；当 BFD 会话异常时，路由器 R1 和 R2 上的主路由联动删除，使用浮动静态路由，数据包经过路由器 R4 转发。具体配置如下。

```
[R1]bfd
//使能 BFD 功能
[R1-bfd]bfd atob bind peer-ip 10.1.2.2 source-ip 10.1.1.1
//配置 BFD 会话对端和本端 IP 地址
[R1-bfd-session-atob]discriminator local 1
//配置 BFD 会话的本地标识符
[R1-bfd-session-atob]discriminator remote 2
```

```
//配置 BFD 会话的远端标识符
[R1-bfd-session-atob]commit
[R1-bfd-session-atob]ip route-static 10.10.4.0 255.255.255.0 10.1.1.2 track bfd-session atob
//为 IPv4 静态路由绑定静态 BFD 会话
[R1]ip route-static 10.10.4.0 255.255.255.0 10.1.3.2 preference 100
//配置浮动静态路由，当 BFD 会话正常时，该路由不起作用

[R2]bfd
[R2-bfd]bfd btoa bind peer-ip 10.1.1.1 source-ip 10.1.2.2
[R2-bfd-session-btoa]discriminator local 2
[R2-bfd-session-btoa]discriminator remote 1
[R2-bfd-session-btoa]commit
[R2-bfd-session-btoa]ip route-static 10.10.1.0 255.255.255.0 10.1.2.1 track bfd-session btoa
[R2]ip route-static 10.10.1.0 255.255.255.0 10.1.4.1 preference 100
//路由器 R2 的配置和路由器 R1 对称，这里不再赘述
```

3. 配置 OSPF 与 BFD 联动

OSPF 通过周期性地向邻居发送 Hello 报文来实现邻居检测，检测到故障所需时间比较长，超过 1s。如果需要提高链路状态变化时 OSPF 的收敛速度，可以在运行 OSPF 的链路上配置 BFD 特性。当 BFD 检测到链路出现故障时，能够将故障通告给路由协议，触发路由协议的快速收敛；当邻居关系为 Down 时，动态删除 BFD 会话。具体配置步骤如下。

（1）进入系统视图，执行【bfd】命令，配置全局 BFD 功能。

（2）进入 OSPF 视图，执行【bfd all-interfaces enable】命令，使能 OSPF 的 BFD 特性，建立 BFD 会话。

（3）当配置了全局 BFD 特性，且邻居状态达到 Full 时，OSPF 为该进程下所有具有邻接关系的邻居建立 BFD 会话。如果需要配置 BFD 参数，则可执行【bfd all-interfaces { min-rx-interval *receive-interval* | min-tx-interval *transmit-interval* | detect-multiplier *multiplier-value* }】命令，指定需要建立 BFD 会话的各个参数值。

以图 7-5 为例，如下是在路由器 R1 上配置 OSPF 与 BFD 联动，其他路由器的配置与此类似。

```
[R1]ospf 1
[R1-ospf-1]bfd all-interfaces enable
//配置 OSPF 与 BFD 联动
[R1-ospf-1]area 0
[R1-ospf-1-area-0.0.0.0]network 10.0.0.0 0.255.255.255
```

4. 配置 VRRP 与 BFD 联动，实现 VRRP 快速切换

VRRP 备份组出现故障时，Backup 设备需要等待 Master_Down_Interval 定时器超时后才能感知故障并进行切换，切换时间通常在 3s 以上，在等待切换期间，业务流量仍会发往 Master 设备，此时会造成用户流量丢失。如图 7-7 所示，通过在 Backup 设备上配置 VRRP 联动 BFD，使用 BFD 会话快速检测 VRRP 备份组间的通信故障，并在检测到故障时及时通知 VRRP 备份组提高 Backup 设备的优先级，立即触发主/备切换，实现了毫秒级的切换速度。VRRP 备份组故障恢复时，Backup 设备在备份组中的优先级将恢复为原来的值，原 Master 设备将重新抢占成为 Master，继续承担流量转发的业务。配置 VRRP 与 BFD 联动时，备份组中的 Master 和 Backup 设备必须都工作在抢占方式下。建议 Backup 设备配置为立即抢占，Master 设备配置为延时抢占。具体配置步骤如下。

（1）配置静态或静态标识符自协商类型的 BFD 会话。具体配置参见"配置 BFD 多跳链路检测"的内容。

（2）进入 Backup 设备上 VRRP 备份组所在的接口视图，执行【vrrp vrid *virtual-router-id* track bfd-session { *bfd-session-id* | session-name *bfd-configure-name* } [increased *value-increased* | reduced *value-reduced*]】命令，配置 VRRP 与 BFD 联动。

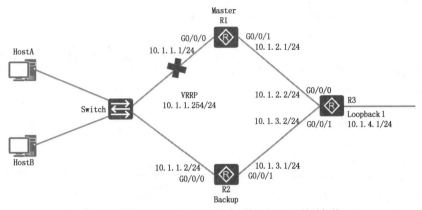

图 7-7　配置 VRRP 与 BFD 联动，实现 VRRP 快速切换

5. 配置 VRRP 与 BFD 联动监视上行链路

当 VRRP 备份组上行链路出现故障时，由于 VRRP 无法感知，可能会导致业务中断。如图 7-8 所示，通过在 Master 设备上配置 VRRP 与 BFD 联动，使用 BFD 会话检测 Master 设备上行链路状态，当 BFD 检测到上行链路出现故障时，及时通知 VRRP 备份组降低 Master 设备的优先级，触发主/备切换，以实现链路切换，减小链路故障对业务转发的影响。上行链路故障恢复时，原 Master 设备在备份组中的优先级将恢复为原来的值，重新抢占成为 Master，继续承担流量转发的业务。BFD 可以实现毫秒级的故障检测，联动 BFD 可以快速地检测故障，从而使主/备切换速度更快。具体配置步骤如下。

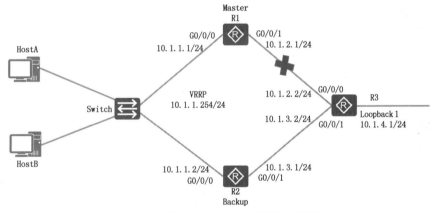

图 7-8　配置 VRRP 与 BFD 联动监视上行链路

（1）配置静态或静态标识符自协商类型的 BFD 会话。具体配置参见"配置 BFD 多跳链路检测"的内容。

（2）进入系统视图，执行【interface *interface-type interface-number*】命令，进入 Master 设备上 VRRP 备份组所在的接口视图。

（3）执行【vrrp vrid *virtual-router-id*　track bfd-session { *bfd-session-id* | session-name *bfd-configure-name* } [increased *value-increased* | reduced *value-reduced*] 】命令，配置 VRRP 与 BFD 联动。默认情况下，当 VRRP 联动的 BFD 状态变为 Down 时，优先级的数值会降低 10。

7.3　网络质量分析

网络质量分析（Network Quality Analysis，NQA）是一种实时的网络性能探测和统计技术，可以对响应时间、网络抖动、丢包率等网络信息进行统计，在网络发生故障时可以有效地进行故障诊断和定位。NQA 监测着网络中运行的多种协议的性能，使用户能够实时采集到各种网络运行指标，如 HTTP 的总时延、TCP 连接时延、DNS 解析时延、文件传输速率、FTP 连接时延、DNS 解析错误率等。NQA 是一种网络管理与监控工具，但也可以与 VRRP、静态路由等联动，实现网络的高可靠性，本节主要介绍如何利用 NQA 实现网络的高可靠性。

7.3.1　NQA 的工作原理

1．NQA 运行机制

NQA 的运行分为以下 3 个步骤。

（1）构造测试例。

NQA 测试中，把测试的两端称为客户端和服务器端（或者称为源端和目的端），NQA 的测试是由客户端（源端）发起的。在客户端通过命令行配置测试例或由管理员发送相应测试例操作后，NQA 把相应的测试例放到测试例队列中进行调度。

（2）启动测试例。

启动 NQA 测试例时，可以选择立即启动、延迟启动、定时启动。在定时器到时后，可根据测试例的测试类型，构造符合相应协议的报文。

（3）处理测试例。

测试例启动后，根据返回的报文，可以对相关协议的运行状态提供数据信息。发送报文时，把系统时间作为测试报文的发送时间，给报文打上时间戳，发送给服务器端。服务器端接收报文后，返回给客户端相应的回应信息，客户端在接收到报文时，再一次读取系统时间，给报文打上时间戳。根据报文的发送和接收时间，计算出报文的往返时间。这样用户就可以通过查看测试数据信息了解网络的运行情况和服务质量。

2．测试机制

NQA 可以支持的测试种类很多，如 DHCP 测试、DNS 测试、FTP 测试、HTTP 测试、ICMP 测试、LSP Ping 测试、LSP Trace 测试、SNMP 测试、TCP 测试、Trace 测试、UDP 测试、UDP Jitter 测试、UDP Jitter（hardware-based）测试。下面以 VRRP、静态路由与 NQA 联动时要用到的 ICMP 测试为例说明测试机制。

NQA 的 ICMP 测试例用于检测源端到目的端的路由是否可达。ICMP 测试提供类似于命令行中的【 ping 】命令的功能，但输出信息更为丰富：默认情况下能够保存最近 5 次的测试结果，结果中能够显示平均时延、丢包率、最后一个报文正确接收的时间等信息。如图 7-9 所示，NQA 的 ICMP 测试的过程如下。

（1）源端（R1）向目的端（R2）发送构造的 ICMP Echo Request 报文。

（2）目的端（R2）收到报文后，直接回应 ICMP Echo Reply 报文给源端（R1）。

（3）源端收到报文后，通过计算源端接收时间和源端发送时间之差，计算出源端到目的端的通信时间，从而清晰地反映出网络性能及网络畅通情况。

（4）ICMP 测试的结果和历史记录将记录在测试例中，可以通过命令行来查看测试结果和历史记录。

3．静态路由与 NQA 联动

静态路由本身并没有检测机制，如果非本机直连链路发生了故障，则静态路由不会自动改变（不会从 IP 路由表中自动删除），需要管理员介入，因此无法保证及时进行链路切换。基于以上原因，需要一种有效的方案来检测静态路由所在的链路。静态路由与 BFD

图 7-9　NQA 的 ICMP 测试场景

联动要求互通设备两端都必须支持 BFD，在某些应用场景下无法实施。而静态路由与 NQA 联动只要求互通设备的其中一端支持 NQA 即可。

静态路由与 NQA 联动特性即为静态路由绑定 NQA 测试例（ICMP 测试例），利用 NQA 测试例来检测静态路由所在链路的状态，根据 NQA 的检测结果决定静态路由是否活跃，达到避免通信中断或服务质量降低的目的。静态路由与 NQA 联动特性的功能如下。

（1）如果 NQA 测试例检测到链路出现故障，则路由器将这条静态路由设置为"非激活"状态（此条路由不可用，从 IP 路由表中删除）。

（2）如果 NQA 测试例检测到链路恢复正常，则路由器将这条静态路由设置为"激活"状态（此条路由可用，添加到 IP 路由表）。

4. VRRP 与 NQA 联动监视上行链路

与 7.2.2 节中介绍的 VRRP 与 BFD 联动监视上行链路类似，VRRP 也可以与 NQA 联动监视上行链路。通过配置 NQA（ICMP 测试例）检测 Master 上行链路的连通状况，当 Master 设备的上行链路发生故障时，NQA 可以快速检测故障并通知 Master 设备调整自身的优先级，触发主/备切换，确保流量正常转发。

如图 7-8 所示，路由器 R1 和 R2 之间配置了 VRRP 备份组，其中，路由器 R1 为 Master 设备，路由器 R2 为 Backup 设备，路由器 R1 和 R2 皆工作在抢占方式下。配置 NQA（ICMP 测试例）监测路由器 R1 到 R3 之间的链路，并在路由器 R1 上配置 VRRP 与 NQA 联动。当 NQA 检测到路由器 R1 到 R3 之间的链路出现故障时，通知路由器 R1 降低自身优先级，通过 VRRP 报文协商，路由器 R2 抢占成为 Master，确保用户流量正常转发。

7.3.2　与 NQA 联动实现高可靠性的配置

1. 配置 ICMP 测试例

通过配置 NQA 测试例，可以指定需要测试的测试类型。在配置 NQA 测试例之前，需要保证设备正常运行，设备之间路由可达。NQA 可以支持的测试种类有很多，不同的 NQA 测试需要配置不同的参数选项，下面以配置 ICMP 测试例为例进行说明。在配置 ICMP 测试例之前，需要保证 NQA 客户端与被测试设备间路由可达。具体配置步骤如下。

（1）进入系统视图，执行【nqa test-instance *admin-name test-name*】命令，建立 NQA 测试例，并进入测试例视图。其中，*admin-name* 是 NQA 测试例的管理者，*test-name* 是 NQA 测试例的名称。

（2）执行【test-type icmp】命令，配置测试例类型为 ICMP。

（3）执行【destination-address { ipv4 *ipv4-address* | ipv6 *ipv6-address* }】命令。其中，*ipv4-address* 是目的地址。

（4）（可选）根据需要，配置 ICMP 测试参数。ICMP 测试参数有很多，这里只介绍其中几个重要的参数。

① 执行【timeout *time*】命令，配置 NQA 测试例的一次测试的超时时间。

② 执行【probe-count *number*】命令，配置一次测试的探针数。

③ 执行【interval seconds *interval*】命令，配置测试报文的发送间隔。

④ 执行【frequency *interval*】命令，配置 NQA 测试例自动执行测试的时间间隔。

⑤ 发送报文的时间间隔 interval 的取值必须大于 timeout 的取值。自动执行测试的时间间隔 frequency 的取值必须大于 interval 和 probe-count 取值的乘积。

（5）执行【start now】命令，启动 NQA 测试例。

（6）查看配置结果。

① 在 NQA 客户端的 NQA 测试例视图下执行【display nqa-parameter】命令，查看当前测试例的参数配置信息。

② 在 NQA 客户端上执行【display nqa-agent】命令，查看 NQA 测试的客户端状态和配置信息。

③ 在 NQA 客户端上执行【display nqa results [test-instance *admin-name test-name*]】命令，查看 NQA 测试结果。默认情况下，只能显示最近 5 次的测试结果。

进行 ICMP 测试的具体配置如下。

```
[R1]nqa test-instance admin icmp
//创建 NQA 测试例，admin 是管理者，icmp 是测试例名称
[R1-nqa-admin-icmp]test-type icmp
//配置测试例类型为 ICMP
[R1-nqa-admin-icmp]destination-address ipv4 10.1.1.2
//配置目的地址
[R1-nqa-admin-icmp]frequency 4
//配置 NQA 测试例自动执行测试的时间间隔
[R1-nqa-admin-icmp]interval seconds 2
[R1-nqa-admin-icmp]timeout 1
[R1-nqa-admin-icmp]probe-count 2
//配置报文的发送间隔、超时时间、探针数
[R1-nqa-admin-icmp]start now
//启动 NQA 测试例
```

2. 配置静态路由与 NQA 联动

如果互通设备不支持 BFD 功能，则可以配置 IPv4 静态路由与 NQA 联动，利用 NQA 测试例对链路状态进行检测，从而提高网络可靠性。在配置 IPv4 静态路由与 NQA 联动之前，需要先配置接口的链路层协议参数，使接口的链路协议状态为 Up。具体配置步骤如下。

（1）配置 ICMP 类型的 NQA 测试例具体配置。参见"配置 ICMP 测试"的内容。

（2）配置静态路由与 NQA 测试例联动。进入系统视图，执行【ip route-static *ip-address* { *mask* | *mask-length* } { *nexthop-address* | *interface-type interface-number* [*nexthop-address*] } [preference *preference* track nqa *admin-name test-name*】命令，配置 IPv4 静态路由与 NQA 测试例联动。

（3）检查配置结果。执行【display nqa results [test-instance *admin-name test-name*]】命令，即可查看 NQA 测试结果。

配置静态路由与 NQA 联动的实例可参见 7.4.2 节。

3. 配置 VRRP 与 NQA 联动监视上行链路

配置 VRRP 与 NQA 联动监视上行链路，和配置 VRRP 与 BFD 联动监视上行链路非常类似，具体配置步骤如下。

（1）在 Master 设备上配置 ICMP 类型的 NQA 测试例，具体配置参见"配置 ICMP 测试"的内容。

（2）进入 Master 设备上 VRRP 备份组所在的接口视图，执行【vrrp vrid *virtual-router-id* track nqa *admin-name test-name* [reduced *value-reduced*]】命令，配置 VRRP 与 NQA 联动。

配置 VRRP 与 NQA 联动监视上行链路的实例可参见 7.4.3 节。

7.4 项目案例

7.4.1 项目案例 1：与 BFD 联动实现 VRRP 快速切换

1. 项目背景

如图 7-8 所示，为了满足用户（HostA、HostB 为代表）对网络高可靠性的要求，原有网络采取了路由器双机（R1、R2）热备的方法，配置了 VRRP。然而，VRRP 中主用路由器 R1、备用路由器 R2 的切换速度还不够快，管理员希望 VRRP 与 BFD 联动实现快速切换，实现秒级感知故障；同时，为了

防止主用路由器 R1 上行链路出现故障而导致网络中断，需要采用 BFD 技术监视上行链路。

2. 项目任务

（1）配置各设备接口 IP 地址及路由协议，使网络层路由可达。

（2）在路由器 R1 和 R2 上配置 VRRP 备份组，其中，路由器 R1 的优先级为 120，抢占延时为 5s，作为 Master 设备；路由器 R2 的优先级为默认值 100，抢占延时为 0，作为 Backup 设备，实现网关的主/备备份。

（3）在路由器 R1 和 R2 上配置动态 BFD 会话，监测路由器 R1 到路由器 R2 之间的链路。

（4）在路由器 R2 上配置 VRRP 与 BFD 联动，在链路出现故障时，实现 VRRP 备份组的快速切换。

（5）在路由器 R1 和 R3 上配置动态 BFD 会话，监测路由器 R1 到路由器 R3 之间的链路。

（6）在路由器 R1 上配置 VRRP 与 BFD 联动，在上行链路出现故障时，触发 VRRP 备份组进行主/备切换。

3. 项目目的

通过本项目可以掌握如下知识点和技能点，同时积累项目经验。

（1）配置三层接口的单跳或者多跳链路动态 BFD 会话。

（2）配置 VRRP 与 BFD 联动，实现快速切换。

（3）配置 VRRP 与 BFD 联动，监视上行链路。

（4）检查 BFD 配置并查看 BFD 会话状态。

4. 项目拓扑

与 BFD 联动实现 VRRP 快速切换的网络拓扑如图 7-8 所示。

5. 项目实施

（1）配置设备间的网络互联。配置设备各接口的 IP 地址和路由协议。此处以路由器 R1 为例进行介绍，其余路由器请读者自行配置。

```
[R1]rip 1
[R1-rip-1]network 10.0.0.0
[R1-rip-1]silent-interface GigabitEthernet0/0/0
```

（2）配置 VRRP 备份组。在路由器 R1 上创建 VRRP 备份组 1，配置路由器 R1 在该备份组中的优先级为 120，并配置抢占延时为 5s。

```
[R1]interface gigabitethernet 0/0/0
[R1-GigabitEthernet0/0/0]vrrp vrid 1 virtual-ip 10.1.1.254
[R1-GigabitEthernet0/0/0]vrrp vrid 1 priority 120
[R1-GigabitEthernet0/0/0]vrrp vrid 1 preempt-mode timer delay 5
```

在路由器 R2 上创建 VRRP 备份组 1，其在该备份组中的优先级为默认值 100。

```
[R2]interface gigabitethernet 0/0/0
[R2-GigabitEthernet0/0/0]vrrp vrid 1 virtual-ip 10.1.1.254
[R2-GigabitEthernet0/0/0]vrrp vrid 1 priority 100
[R2-GigabitEthernet0/0/0]vrrp vrid 1 preempt-mode timer delay 0
```

（3）配置动态 BFD 会话。在路由器 R1 上配置 BFD 会话，其和路由器 R2、R3 各有一个会话。由于这里使用动态会话，因此不需要配置本地和远端标识符。

```
[R1]bfd
[R1-bfd]bfd atob bind peer-ip 10.1.1.2 source-ip 10.1.1.1 auto
[R1-bfd-session-atob]commit
[R1]bfd atoc bind peer-ip 10.1.2.2 source-ip 10.1.2.1 auto
[R1-bfd-session-atoc]commit
```

在路由器 R2 上配置 BFD 会话。

```
[R2]bfd
[R2-bfd]bfd btoa bind peer-ip 10.1.1.1 source-ip 10.1.1.2 auto
```

```
[R2-bfd-session-btoa]commit
```
在路由器 R3 上配置 BFD 会话。
```
[R3]bfd
[R3-bfd]bfd ctoa bind peer-ip 10.1.2.1 source-ip 10.1.2.2 auto
[R3-bfd-session-ctoa]commit
```
配置完成后，在路由器 R1、R2、R3 上分别执行【display bfd session all】命令，可以看到 BFD 会话的状态为 Up。以路由器 R1 为例，其显示信息如下。

```
[R1]display bfd session all
-------------------------------------------------------------Local Remote
PeerIpAddr      State     Type      InterfaceName
-------------------------------------------------------------
8192  8192      10.1.1.2        Up        S_AUTO_PEER       -
8193  8192      10.1.2.2        Up        S_AUTO_PEER       -
-------------------------------------------------------------  Total
UP/DOWN Session Number : 2/0
```

（4）配置 VRRP 与 BFD 联动实现快速切换。在路由器 R2 上配置 VRRP 与 BFD 联动，当路由器 R1 和 R2 之间的 BFD 会话状态为 Down 时，路由器 R2 的优先级增加 25，变为 100+25 = 125，大于路由器 R1 的优先级 120，路由器 R2 成为 Master。

```
[R2]interface GigabitEthernet 0/0/0
[R2-GigabitEthernet0/0/0]vrrp vrid 1 track bfd-session session-name btoa increased 25
```

（5）配置 VRRP 与 BFD 联动，监视上行链路。在路由器 R1 上配置 VRRP 与 BFD 联动，当路由器 R1 和 R3 之间的 BFD 会话状态为 Down 时，路由器 R1 的优先级减少 25，变为 120-25=95，小于路由器 R2 的优先级 100，路由器 R2 成为 Master。

```
[R1]interface GigabitEthernet 0/0/0
[R1-GigabitEthernet0/0/0]vrrp vrid 1 track bfd-session session-name atoc reduced 25
```

6. 项目测试

完成上述配置后，在路由器 R1 和 R2 上分别执行【display vrrp brief】命令，可以看到路由器 R1 为 Master 设备，路由器 R2 为 Backup 设备。在路由器 R1 上分别关闭 G0/0/0、G0/0/1 接口并重新打开接口。在路由器 R1 和 R2 上分别执行【display vrrp brief】命令，可以看到路由器 R2 为 Master 设备；分别执行【display bfd session all】命令，可以看到 BFD 会话的状态。

7.4.2 项目案例 2：静态路由与 NQA 联动的实现

1. 项目背景

如图 7-10 所示，用户 Client1～Client100 连接在三层交换机上，并通过主路由器 R2 连接到出口路由器 R1，网络正常时，往返于用户和路由器 R1 的流量通过图 7-10 中的主链路传输。为了满足用户对可靠性的要求，管理员部署了备用路由器 R3，当链路正常时，路由器 R1 发送的报文由主链路 R1←→R2 ←→S1/S2→Client 传输；当主链路出现故障后，报文能够切换到备用链路 R1←→R3←→S1/S2←→Client 进行转发。为了提高链路的可靠性，管理员准备在设备上部署 NQA 来实时检测链路的状态，并将检测结果与路由状态关联。

2. 项目任务

（1）在各路由器和交换机上配置 IP 地址，并在路由器 R1、R2、R3、交换机 S1 和 S2 上配置到用户（以 Client1、Client91 代表所有用户）和外网（路由器 R1 的 Loopback 1 接口 1.1.1.1）的静态路由。其中，在路由器 R1 上配置到 Client1、Client91 的静态路由各两条，且下一跳为路由器 R2 的静态路由优先级高于下一跳为路由器 R3 的静态路由，使路由器 R1 发送到 Client1、Client91 的报文有主/备两条静态路由可达。

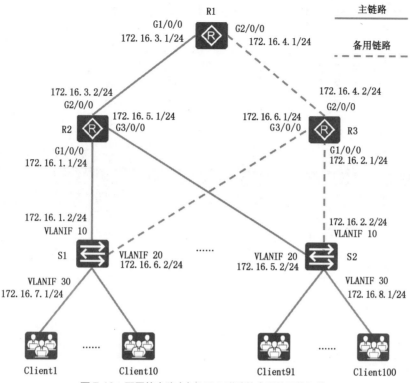

图 7-10　配置静态路由与 NQA 联动的实现的网络拓扑

（2）在路由器 R1 与交换机 S1 之间的主链路上配置 ICMP 类型的 NQA 测试例，并将在路由器 R1 上配置的下一跳为路由器 R2 的静态路由（到 Client1）与 NQA 测试例联动，从而达到快速感知链路故障，实现业务切换的目的。

（3）类似的，在路由器 R1 与交换机 S2 之间的主链路上建立 ICMP 类型的 NQA 测试例。

3. 项目目的

通过本项目可以掌握如下知识点和技能点，同时积累项目经验。

（1）配置 NQA 测试例（ICMP 测试例）。

（2）配置静态路由与 NQA 测试例联动。

（3）查看 NQA 测试结果。

4. 项目拓扑

静态路由与 NQA 联动的实现的网络拓扑如图 7-10 所示。

5. 项目实施

（1）配置各路由器、交换机的 IP 地址。自行配置各路由器和交换机接口的 IP 地址，路由器 R1 的 Loopback 1 接口 IP 地址为 1.1.1.1，模拟外网。

（2）在路由器 R1、R2、R3 和交换机 S1、S2 上配置到用户（以 Client1、Client91 代表所有用户）和外网通信的静态路由。在路由器 R1 上配置到 Client1、Client91 的两条静态路由，其中，下一跳为路由器 R3 的静态路由的优先级为 100。

```
[R1]ip route-static 172.16.1.0 255.255.255.0 172.16.3.2
[R1]ip route-static 172.16.5.0 255.255.255.0 172.16.3.2
[R1]ip route-static 172.16.7.0 255.255.255.0 172.16.3.2
[R1]ip route-static 172.16.7.0 255.255.255.0 172.16.4.2 preference 100
[R1]ip route-static 172.16.8.0 255.255.255.0 172.16.3.2
```

```
[R1]ip route-static 172.16.8.0 255.255.255.0 172.16.4.2 preference 100
```

自行在路由器 R2、R3 上配置静态路由。在交换机 S1 上配置静态路由，配置到外网有两条静态默认路由，其中，下一跳为路由器 R3 的静态路由的优先级为 100。

```
[S1]ip route-static 172.16.3.0 255.255.255.0 172.16.1.1
[S1]ip route-static 0.0.0.0 0.0.0.0 172.16.1.1
[S1]ip route-static 0.0.0.0 0.0.0.0 172.16.6.1 preference 100
```

在交换机 S2 上配置静态路由，配置到外网有两条静态默认路由，其中，下一跳为路由器 R3 的静态路由的优先级为 100。

```
[S2]ip route-static 172.16.3.0 255.255.255.0 172.16.5.1
[S2]ip route-static 0.0.0.0 0.0.0.0 172.16.5.1
[S2]ip route-static 0.0.0.0 0.0.0.0 172.16.2.1 preference 100
```

（3）在路由器 R1 上配置交换机 R1 和交换机 S1、路由器 R1 和交换机 S2 之间主链路上的 NQA 测试例。

```
[R1]nqa test-instance admin icmp1
[R1-nqa-admin-icmp1]test-type icmp
[R1-nqa-admin-icmp1]destination-address ipv4 172.16.1.2
[R1-nqa-admin-icmp1]frequency 5
[R1-nqa-admin-icmp1]interval seconds 2
[R1-nqa-admin-icmp1]timeout 1
[R1-nqa-admin-icmp1]probe-count 2
[R1-nqa-admin-icmp1]start now
[R1]nqa test-instance admin icmp2
[R1-nqa-admin-icmp2]test-type icmp
[R1-nqa-admin-icmp2]destination-address ipv4 172.16.5.2
[R1-nqa-admin-icmp2]frequency 5
[R1-nqa-admin-icmp2]interval seconds 2
[R1-nqa-admin-icmp2]timeout 1
[R1-nqa-admin-icmp2]probe-count 2
[R1-nqa-admin-icmp2]start now
```

（4）在路由器 R1 上配置下一跳为路由器 R2 的静态路由与 NQA 测试例联动。

```
[R1]ip route-static 172.16.7.0 255.255.255.0 172.16.3.2 track nqa admin icmp1
[R1]ip route-static 172.16.8.0 255.255.255.0 172.16.3.2 track nqa admin icmp2
```

（5）在交换机 S1 上配置交换机 S1 和路由器 R1 之间主链路上的 NQA 测试例，在交换机 S2 上配置交换机 S2 和路由器 R1 之间主链路上的 NQA 测试例。

```
[S1]nqa test-instance admin icmp
[S1-nqa-admin-icmp]test-type icmp
[S1-nqa-admin-icmp]destination-address ipv4 172.16.3.1
[S1-nqa-admin-icmp]frequency 5
[S1-nqa-admin-icmp]interval seconds 2
[S1-nqa-admin-icmp]timeout 1
[S1-nqa-admin-icmp]probe-count 2
[S1-nqa-admin-icmp]start now

[S2]nqa test-instance admin icmp
[S2-nqa-admin-icmp]test-type icmp
[S2-nqa-admin-icmp]destination-address ipv4 172.16.3.1
[S2-nqa-admin-icmp]frequency 5
[S2-nqa-admin-icmp]interval seconds 2
[S2-nqa-admin-icmp]timeout 1
[S2-nqa-admin-icmp]probe-count 2
[S2-nqa-admin-icmp]start now
```

（6）在交换机 S1 上配置下一跳为路由器 R2 的静态默认路由与 NQA 测试例联动，在交换机 S2 上配置下一跳为路由器 R2 的静态默认路由与 NQA 测试例联动。

```
[S1]ip route-static 0.0.0.0 0.0.0.0 172.16.1.1 track nqa admin icmp
```

```
[S2]ip route-static 0.0.0.0 0.0.0.0 172.16.5.1 track nqa admin icmp
```

6. 项目测试

（1）以 Client1 和 R1 之间通信的路由为例。在路由器 R1 上执行【display nqa results】命令，查看 NQA 测试结果，可以看到 "Lost packet ratio: 0 %"，说明路由器 R1 到交换机 S1 的链路状态完好。

```
[R1]display nqa results test-instance admin icmp1
NQA entry(admin, icmp1) :testflag is active ,testtype is icmp
Test 1184 result    The test is finished
    Send operation times: 2          Receive response times: 2
    Completion:success               RTD OverThresholds number: 0
    Attempts number:1                Drop operation number:0
    Disconnect operation number:0    Operation timeout number:0
    System busy operation number:0   Connection fail number:0
    Operation sequence errors number:0  RTT Status errors number:0
    Destination ip address:172.16.1.2
    Min/Max/Average Completion Time: 20/30/25
    Sum/Square-Sum   Completion Time: 50/1300
    Last Good Probe Time: 2020-02-01 12:57:13.0
    Lost packet ratio: 0 %
```

（2）查看路由器 R1 的路由表，可以看到下一跳为路由器 R2 的静态路由存在于路由表中。172.16.7.0/24 路由的下一跳指向 172.16.3.2，说明报文会从主链路进行转发。

```
[R1]display ip routing-table 172.16.7.0
Route Flags: R - relay, D - download to fib
---------------------------------------------------------------Routing Table :
Public
Summary Count : 1
Destination/Mask    Proto    Pre   Cost      Flags NextHop    Interface
172.16.7.0/24  Static  60    0         RD    172.16.3.2   GigabitEthernet1/0/0
```

（3）查看交换机 S1 的路由表，可以看到下一跳为路由器 R2 的静态路由存在于路由表中。0.0.0.0/0 路由的下一跳指向 172.16.1.1，说明报文会从主链路进行转发。

```
[S1]display ip routing-table 0.0.0.0
Route Flags: R - relay, D - download to fib
------------------------------------------------------------
Routing Table : Public
Summary Count : 1
Destination/Mask    Proto    Pre   Cost      Flags NextHop    Interface
    0.0.0.0/0    Static   100   0         RD    172.16.1.1   Vlanif20
```

（4）关闭路由器 R2 的 G1/0/0 接口，模拟链路出现故障。

```
[R2]interface GigabitEthernet 1/0/0
[R2-GigabitEthernet1/0/0]shutdown
```

（5）查看 NQA 测试结果，可以看到 "Lost packet ratio: 100 %"，说明链路发生了故障。

```
[R1]display nqa results test-instance admin icmp1
NQA entry(admin, icmp1) :testflag is active ,testtype is icmp
Test 1247 result    The test is finished
    Send operation times: 2          Receive response times: 0
    Completion:failed                RTD OverThresholds number: 0
    Attempts number:1                Drop operation number:2
```

Disconnect operation number:0   Operation timeout number:0
System busy operation number:0   Connection fail number:0
Operation sequence errors number:0   RTT Status errors number:0
Destination ip address:172.16.1.2
Min/Max/Average Completion Time: 0/0/0
Sum/Square-Sum Completion Time: 0/0
Last Good Probe Time: 0000-00-00 00:00:00.0
Lost packet ratio: 100 %

（6）查看路由器 R1 的路由表。

[R1]display ip routing-table 172.16.7.0
Route Flags: R - relay, D - download to fib
Routing Table : Public
Summary Count : 1
Destination/Mask Proto   Pre Cost   Flags NextHop   Interface
  172.16.7.0/24   Static 100 0   RD   172.16.4.2   GigabitEthernet2/0/0

由以上输出信息可以看到，通往目的网段 172.16.7.0/24 的路由下一跳指向 172.16.4.2。这是因为
NQA 检测到主链路发生故障后，会通知路由器 R1 通往 172.16.7.0/24 的静态路由不可用，从而报文切
换到备用链路进行转发。

同理，查看交换机 S1 的路由表，可以看到下一跳为路由器 R3 的静态路由存在于路由表中。0.0.0.0/0
路由的下一跳指向 172.16.6.1，说明报文会从备用链路进行转发。

[S1]display ip routing-table 0.0.0.0
Route Flags: R - relay, D - download to fib

Routing Table : Public
Summary Count : 1
Destination/Mask Proto   Pre Cost   Flags NextHop   Interface
    0.0.0.0/0   Static 100 0   RD   172.16.6.1   Vlanif20

7.4.3 项目案例 3：VRRP 与 NQA 联动实现上行链路的监视

1. 项目背景

如图 7-11 所示，局域网内的主机通过 Switch 双归属到部署了 VRRP 备份组的路由器 R1 和 R2 上，
其中路由器 R1 为 Master。正常情况下，路由器 R1 承担网关工作，用户侧流量由 Switch←→R1←→
R3←→R5←→Internet 进行转发。为满足用户对网络可靠性的要求，管理员准备采用 VRRP 与 NQA
联动实现对上行链路故障的感知及主/备网关的切换，当路由器 R3 到 R5 之间的链路出现故障时，VRRP
备份组可以感知并进行主/备切换，启用路由器 R2 承担业务转发，以减小链路故障对业务转发的影响。

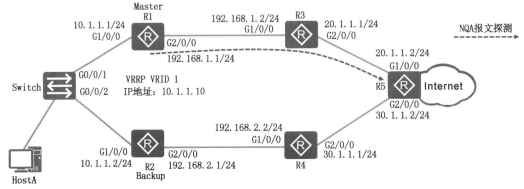

图 7-11 VRRP 与 NQA 联动实现上行链路的监视的网络拓扑

2. 项目任务

（1）配置各设备接口 IP 地址及路由协议，使网络层路由可达。

（2）在路由器 R1 和 R2 上配置 VRRP 备份组，其中，路由器 R1 的优先级为 120，抢占延时为 10s，作为 Master 设备；路由器 R2 的优先级为默认值 100，作为 Backup 设备，实现网关的主/备备份。

（3）在路由器 R1 上配置 ICMP 类型的 NQA 测试例，配置目的 IP 地址为路由器 R5 上的接口 G1/0/0 的 IP 地址，监测路由器 R1 到 R5 的接口 G1/0/0 间链路的连通性。

（4）在路由器 R1 上配置 VRRP 和 NQA 联动，当 NQA 检测到链路出现故障时，触发 VRRP 备份组进行主/备切换。

3. 项目目的

通过本项目可以掌握如下知识点和技能点，同时积累项目经验。

（1）配置 ICMP 类型的 NQA 测试例。

（2）配置 VRRP 与 NQA 联动。

（3）测试 VRRP 与 NQA 联动。

4. 项目拓扑

VRRP 和 NQA 联动实现上行链路的监视的网络拓扑如图 7-11 所示。

5. 项目实施

（1）配置设备间的网络互联。自行配置各设备接口的 IP 地址，配置各路由器间采用 OSPF 协议。以路由器 R1 为例，其余路由器的配置与之类似，请自行配置。注意：在路由器 R5 上，需执行【default-route-advertise always】命令通告默认路由。

（2）配置 VRRP 备份组。在路由器 R1 上创建 VRRP 备份组 1，配置路由器 R1 在该备份组中的优先级为 120，并配置抢占时间为 10s。

```
[R1]interface GigabitEthernet 1/0/0
[R1-GigabitEthernet1/0/0]vrrp vrid 1 virtual-ip 10.1.1.10
[R1-GigabitEthernet1/0/0]vrrp vrid 1 priority 120
[R1-GigabitEthernet1/0/0]vrrp vrid 1 preempt-mode timer delay 10
```

在路由器 R2 上创建 VRRP 备份组 1，其在该备份组中的优先级为默认值 100，抢占时间为 0。

```
[R2]interface GigabitEthernet 1/0/0
[R2-GigabitEthernet1/0/0]vrrp vrid 1 virtual-ip 10.1.1.10
[R2-GigabitEthernet1/0/0]vrrp vrid 1 priority 100
[R2-GigabitEthernet1/0/0]vrrp vrid 1 preempt-mode timer delay 0
```

（3）在路由器 R1 上配置目的 IP 地址为 20.1.1.2/24 的 ICMP 类型的 NQA 测试例，并检查测试是否有 failed 的结果。

```
[R1]nqa test-instance user test
[R1-user-test]test-type icmp
[R1-user-test]destination-address ipv4 20.1.1.2
[R1-user-test]frequency 10
[R1-user-test]probe-count 2
[R1-user-test]interval seconds 3
[R1-user-test]timeout 2
[R1-user-test]start now
[R1]display nqa results failed
```

（4）在路由器 R1 上配置 VRRP 与 NQA 联动，当 NQA 测试例状态为 failed 时，路由器 R1 的优先级降低 40。

```
[R1]interface GigabitEthernet 1/0/0
[R1-GigabitEthernet1/0/0]vrrp vrid 1 track nqa user test reduced 40
```

6. 项目测试

（1）完成上述配置后，分别在路由器 R1 和 R2 上执行【display vrrp】命令，可以看到路由器 R1

171

的状态为 Master，联动的 NQA 测试例状态为 success，路由器 R2 的状态为 Backup。

```
<R1>display vrrp
Total:1      Master:1      Backup:0      Non-active:0
VRID   State       Interface            Type      Virtual IP
---------------------------------------------------------------
1      Master      GE1/0/0              Normal    10.1.1.10

<R2> display vrrp
Total:1      Master:0      Backup:1      Non-active:0
VRID   State       Interface            Type      Virtual IP
---------------------------------------------------------------
1      Backup      GE1/0/0              Normal    10.1.1.10
```

（2）在路由器 R5 的接口 G1/0/0 上执行 shutdown 操作，模拟链路出现故障。

```
[R5]interface GigabitEthernet 1/0/0
[R5-GigabitEthernet1/0/0]shutdown
```

（3）在路由器 R1 上执行【nqa results failed】命令，可以看到 NQA 测试例的状态为 failed。

```
<R1>nqa results failed
NQA entry(user, test) :testflag is active ,testtype is icmp
Test 52 result    The test is finished
      Send operation times: 2            Receive response times: 0
      Completion:failed                  RTD OverThresholds number: 0
      Attempts number:1                  Drop operation number:2
      Disconnect operation number:0      Operation timeout number:0
      System busy operation number:0     Connection fail number:0
      Operation sequence errors number:0 RTT Status errors number:0
      Destination ip address:20.1.1.2
      Min/Max/Average Completion Time: 0/0/0
      Sum/Square-Sum   Completion Time: 0/0
      Last Good Probe Time: 0000-00-00 00:00:00.0
      Lost packet ratio: 100 %
```

（4）分别在路由器 R1 和 R2 上执行【display vrrp】命令，可以看到路由器 R1 的状态切换为 Backup，联动的 NQA 测试例状态为 failed，路由器 R2 的状态切换为 Master。

```
<R1>display vrrp
Total:1      Master:0      Backup:1      Non-active:0
VRID   State       Interface            Type      Virtual IP
---------------------------------------------------------------
1      Backup      GE1/0/0              Normal    10.1.1.10

<R2> display vrrp
Total:1      Master:1      Backup:0      Non-active:0
VRID State      Interface            Type      Virtual IP
---------------------------------------------------------------
1      Master      GE1/0/0              Normal    10.1.1.10
```

（5）在路由器 R5 的接口 G1/0/0 上执行【undo shutdown】命令，恢复链路故障。

```
[R5]interface GigabitEthernet 1/0/0
[R5-GigabitEthernet1/0/0]undo shutdown
```

（6）等待 OSPF 协议重新收敛的 10s 后，分别在路由器 R1 和 R2 上执行【display vrrp】命令，可以看到路由器 R1 的状态恢复为 Master，联动的 NQA 测试例状态恢复为 success，路由器 R2 的状态恢复为 Backup。

本章总结

　　BFD 通过在两台网络设备上建立 BFD 会话来检测网络设备间的双向转发路径，为上层应用服务。BFD 会话可以静态建立，也可以动态建立。BFD 适用于检测 IP 链路、与静态路由联动、与 OSPF 联动、与 VRRP 联动等。NQA 是一种网络管理与监控工具，但也可以与静态路由、VRRP、备份接口等联动实现高可靠性。管理员构造并启动测试例后，NQA 客户端会向服务器端发送相应的报文，客户端根据服务器端返回的报文，可以对相关协议的响应时间、网络抖动、丢包率等网络信息进行统计。NQA 可以支持的测试种类有很多，本章着重介绍了 NQA 和静态路由、VRRP 联动时需要用到的 ICMP 测试例的原理。

习题

1. 关于 BFD 的描述，下列说法错误的是（　　　）。
   A. BFD 是标准化的、介质无关和协议无关的快速故障检测机制
   B. BFD 可用来检测网络设备间的双向转发路径
   C. BFD 使用本地标识符和远端标识符区分不同的会话
   D. 本地标识符和远端标识符不可以相同

2. 【多选】BFD 的应用场景有很多，（　　　）是 BFD 适用的场景。
   A. 检测 IP 链路　　　　B. 与 TCP 连接联动　　C. 与静态路由联动　　D. 与 VRRP 联动

3. 【多选】配置 BFD 与 OSPF 联动时，需要（　　　）。
   A. 在系统视图下，启用 BFD 功能
   B. 静态建立 BFD 会话
   C. 配置本地标识符与远端标识符
   D. 进入 OSPF 视图，打开 OSPF BFD 特性的开关

4. NQA 不能对（　　　）网络信息进行统计。
   A. 响应时间　　　　　　B. 网络抖动　　　　　　C. 带宽利用率　　　　D. 丢包率

5. 检查 NQA 测试结果时，默认情况下，显示最近（　　　）次的结果。
   A. 4　　　　　　　　　B. 5　　　　　　　　　C. 6　　　　　　　　D. 10

第8章

服务质量

08

网络的普及和业务的多样化使互联网流量激增，产生了网络拥塞，增加了转发时延，严重时还会丢包，从而导致业务质量下降甚至不可用。要在网络上开展实时性业务，就必须解决网络拥塞问题。网络拥塞问题的最直接解决办法是增加网络带宽，但从运营、维护的成本考虑，这是不现实的，最有效的解决方案应该是应用一个策略对网络流量进行管理。服务质量（Quality of Service，QoS）是有效管理网络带宽资源、解决网络拥塞的技术。QoS 针对各种业务的不同需求，为业务提供端到端的服务质量。在有限的带宽资源下，QoS 允许不同的流量不平等地竞争网络资源，语音、视频和重要的数据在网络设备中可以优先得到服务。

学习目标

1. 了解 QoS 的基础知识。
2. 了解 QoS 中的分类和标记的原理。
3. 了解 QoS 中的拥塞管理和拥塞避免的原理。
4. 了解 QoS 中的流量监管和流量整形的原理。

5. 掌握分类和标记的配置。
6. 掌握拥塞管理和拥塞避免的配置。
7. 掌握流量监管和流量整形的配置。

8.1 QoS 基础

在传统的 IP 网络中，所有的报文都被无区别地同等对待，即每个网络设备对所有的报文均采用先进先出的策略进行处理，对报文传送的可靠性、传输延迟、丢包率等性能无法提供任何保证，这种方式仅适用于对网络性能不敏感的普通业务，如 WWW、FTP、E-mail 等。随着新型应用的不断出现，如远程医疗、可视电话、视频点播等，对 IP 网络的服务质量提出了新要求，对实时性和连续性的要求更高。为支持具有不同服务需求的语音、视频及数据等业务，要求网络能够区分出不同的业务流量，进而为之提供相应等级的服务。QoS 正是这样一种可以为不同业务类型报文提供差分服务的技术，通过对网络流量进行分类，避免并管理网络拥塞，减少报文丢包率。

8.1.1 QoS 的度量指标

影响网络质量的因素包括传输链路的带宽、传输时延、抖动、丢包率等。因此，要提高网络的服务质量，可以从保证传输链路的带宽、降低报文传输的时延、抖动和丢包率等方面着手。这些影响网络服务质量的因素也是 QoS 的度量指标。

1. 带宽

通常情况下，带宽越大，数据通行能力就越强，网络服务质量也就越好。对于网络用户而言，希望带宽越大越好，但是相应的网络运营和维护成本也会越高。带宽遵循木桶原理，端到端的最大带宽取决于传输路径上的最小带宽。

2. 时延

时延是指一个报文或分组从网络的发送端到接收端所需要的延迟时间，一般由传输延迟及处理延迟组成。以语音为例，人们察觉不到小于 100ms 的延迟；当延迟为 100~300ms 时，用户可以察觉到对方回复的轻微停顿；超过 300ms 时，用户开始互相等待对方的回复。端到端的时延等于路径上所有时延之和。

3. 抖动

抖动用来描述延迟变化的程度，即最大延迟与最小延迟的时间差。抖动对于实时性的传输而言是一个重要参数。例如，语音和视频等实时业务极不容忍抖动。抖动也会影响一些网络协议的处理。利用缓存可以克服过量的抖动，但将增加时延。

4. 丢包率

丢包率是指在网络传输过程中丢失报文的数量占传输报文总数的百分比。少量的丢包对业务的影响并不大，例如，在语音传输中，丢失一个分组的信息，通话双方往往注意不到。TCP 允许丢失的信息重发，使用 TCP 传送数据可以处理少量的丢包，但大量的丢包会影响传输效率。在 IP 网络中，不同的业务对带宽、时延、抖动和丢包率等都有不同的需求。

表 8-1 所示为当前几种常见业务的 QoS 需求。

表 8-1　当前几种常见业务的 QoS 需求

业务类型	带宽/吞吐量	时延	抖动	丢包率
电子邮件、文件传输、远程终端	需求低	容许时延	容许抖动	不敏感
HTML 网页浏览	需求不定	容许适当时延	容许适当抖动	不敏感
电子商务	需求适当	敏感	敏感	敏感，必须可靠传输
基于 IP 的语音和实时视频	需求低	非常敏感，要求可预计的时延	非常敏感	敏感，要求可预计的丢包率
流媒体	需求高	非常敏感，要求可预计的时延	非常敏感	敏感，要求可预计的丢包率

8.1.2　QoS 模型

如何保证网络 QoS 度量指标在一定的合理范围内？这就涉及 QoS 服务模型，QoS 服务模型是端到端 QoS 设计的方案，主流的三大 QoS 服务模型如下。

1. Best-Effort 服务模型：尽力而为

Best-Effort 是最简单的 QoS 服务模型，用户可以在任何时候发出任意数量的报文，且不需要通知网络。提供 Best-Effort 服务时，网络尽最大可能发送报文，但对时延、丢包率等性能不提供任何保证。Best-Effort 服务模型适用于对时延、丢包率等性能要求不高的业务，是现在 Internet 的默认服务模型，它适用于绝大多数网络应用，如 FTP、E-mail 等。

2. IntServ 服务模型：预留资源

IntServ 服务模型是指用户终端在发送报文前，需要通过信令向网络描述自己的流量参数，申请特定的 QoS 服务。网络中的各个设备（路由器、交换机等）根据用户终端申请的流量参数预留资源以承诺满足该请求。用户终端在收到确认信息，确定网络已经为这个应用程序的报文预留了资源后，应用程序才开始发送报文。应用程序发送的报文应该控制在流量参数描述的范围内。网络节点需要为每个流维护一个状态，并基于这个状态执行相应的 QoS 动作，以满足对应用程序的承诺。

3. DiffServ 服务模型：差分服务

DiffServ 服务模型的基本原理是将网络中的流量分成多个类，每个类享受不同的处理，尤其是在网络出现拥塞时，不同类的流量会享受不同级别的处理。同一类的流量在网络中则享受同一级别的处理，保证相同流量具有相同的时延、抖动、丢包率等 QoS 指标。

如图 8-1 所示，在 DiffServ 服务模型中，业务流分类和汇聚工作一般由在网络边缘的路由器、交换机完成。边界路由器、交换机可以通过多种条件（如报文的源地址和目的地址、ToS 域中的优先级、协议类型等）灵活地对报文进行分类，对不同的报文设置不同的标记字段，而其他路由器只需要识别报文中的这些标记，即可进行资源分配和流量控制。因此，DiffServ 是一种基于报文流的 QoS 模型。

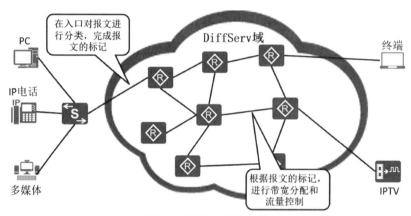

图 8-1　DiffServ 服务模型

与 IntServ 服务模型相比，DiffServ 服务模型不需要信令。在 DiffServ 服务模型中，应用程序发出报文前，不需要预先向网络提出资源申请。网络不需要为每个流维护状态，而是根据应用程序发出的报文特征或者报文流指定的 QoS 参数信息来提供差分服务，即根据报文的服务等级划分有差别地进行流量控制和转发，提供端到端的 QoS 保证。DiffServ 服务模型充分考虑了 IP 网络的灵活性高、可扩展性强的特点，将复杂的服务质量保证通过报文自身携带的信息转换为单跳行为，从而大大减少了信令的工作，是当前网络中的主流服务模型。

8.1.3　基于 DiffServ 服务模型的 QoS 业务

DiffServ 服务模型有以下 4 个 QoS 组件。

（1）流分类和标记（Classification and Marking）：要实现差分服务，需要先将数据包分为不同的类别或者设置为不同的优先级。将数据包分为不同的类别称为流分类，流分类并不修改原来的数据包；将数据包设置为不同的优先级称为标记，而标记会修改原来的数据包。

（2）流量监管和流量整形（Policing and Shaping）：指将业务流量限制在特定的带宽下，当业务流量超过额定带宽时，超过的流量将被丢弃或缓存。其中，将超过的流量丢弃的技术称为流量监管，将超过的流量缓存的技术称为流量整形。

（3）拥塞管理（Congestion Management）：在网络发生拥塞时，将报文放到队列中进行缓存，并采取某种调度算法安排报文的转发秩序。

（4）拥塞避免（Congestion Avoidance）：监督网络资源的使用情况，当发现拥塞有加剧的趋势时采取主动丢弃报文的策略，通过调整流量来解除网络的过载。

分类和标记是实现差分服务的前提和基础；流量监管和流量整形、拥塞管理、拥塞避免从不同角度对网络流量及其分配的资源实施控制，是提供差分服务的具体体现。这 4 个 QoS 组件在网络设备上有着一定的处理顺序，一般情况下，按图 8-2 所示的顺序进行处理。

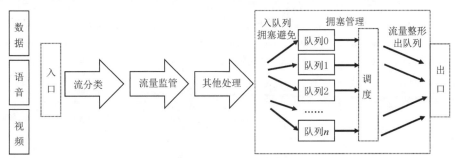

图 8-2　QoS 技术处理流程

8.2　分类与标记

要实现差分服务，需要对进入 DiffServ 域的流量按照一定的规则进行分类及标记，才有可能对不同类别的流量提供不同的服务。

8.2.1　报文分类的依据

报文分类依据有很多，以下介绍几种常见的依据。

1. IP Precedence 字段

如图 8-3 所示，IP 数据包的头部有一个服务类型（Type of Service，ToS）域，长度为 8 比特，其中，3 比特的优先级（Precedence）字段标识了 IP 报文的优先级。IP Precedence 的定义如表 8-2 所示，最高优先级是 6 或 7，经常是为路由选择或更新网络控制通信保留的，用户级应用仅能使用 0～5。

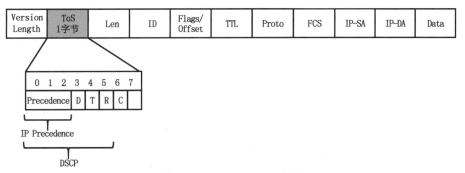

图 8-3　IP Precedence 字段

表 8-2　IP Precedence 的定义

IP 优先级	含义	IP 优先级	含义
0	routine	4	flash-override
1	priority	5	critical
2	immediate	6	internet
3	flash	7	network

2. DSCP 字段

IP 优先级最多只能有 8 个值，后来 RFC 就使用 IP 数据包 ToS 域的前 6 位（0 位～5 位）作为差分服务代码点（DiffServ Code Point，DSCP），后 2 位（6 位、7 位）是保留位，ToS 域也改称为 DS 域。理论上，DSCP 应该有 64 个等级，然而，为了兼容 IP 优先级等原因，DSCP 只定义了一部分，如表 8-3 所示。DSCP 的前 3 位（0 位～2 位）是类选择器代码点（Class Selector Code Point，CSCP），相同的 CSCP 值代表一类 DSCP。DSCP 分为尽力而为（Best-Effort，BE）、加速转发（Expedited Forwarding，EF）、保证转发（Assured Forwarding，AF）和类选择器（Class Selector，CS）4 类。

表 8-3　DSCP 的定义

DSCP	含义	备注	DSCP	含义	备注
000000	default		010010	af21	
001000	cs1	等同 IP 优先级 1	010100	af22	中丢弃优先级
010000	cs2	等同 IP 优先级 2	010110	af23	高丢弃优先级
011000	cs3	等同 IP 优先级 3	011010	af31	低丢弃优先级
100000	cs4	等同 IP 优先级 4	011100	af32	中丢弃优先级
101000	cs5	等同 IP 优先级 5	011110	af33	高丢弃优先级
110000	cs6	等同 IP 优先级 6	100010	af41	低丢弃优先级
111000	cs7	等同 IP 优先级 7	100100	af42	中丢弃优先级
001010	af11	低丢弃优先级	100110	af43	高丢弃优先级
001100	af12	中丢弃优先级	101110	ef	加速转发
001110	af13	高丢弃优先级			

3. VLAN 帧头中的 IEEE 802.1p 优先级（PRI 字段）

通常，二层设备之间交换 VLAN 帧。VLAN 帧中的 PRI 字段如图 8-4 所示，根据 IEEE 802.1Q 的定义，VLAN 帧头中的 PRI 字段（即 IEEE 802.1p 优先级）也称为服务等级（Class of Service，CoS）字段，标识了服务质量需求。PRI 字段为 3 比特，定义了 8 种业务优先级 CoS，按照优先级从高到低的顺序取值为 7、6、5、4、3、2、1 和 0。

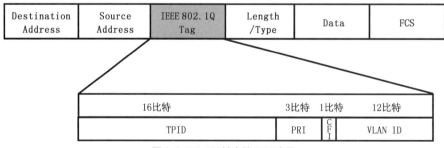

图 8-4　VLAN 帧中的 PRI 字段

8.2.2　报文分类、标记概念

流分类有简单流分类和复杂流分类两类。简单流分类是指采用简单的规则，如只根据 IP 报文的 IP 优先级或 DSCP 值、IPv6 报文的 TC 值、VLAN 报文的 IEEE 802.1p 值等，对报文进行粗略的分类，以识别出具有不同优先级或服务等级特征的流量；复杂流分类是指采用复杂的规则，如由五元组（源地址、源端口号、协议号码、目的地址、目的端口号）对报文进行精细的分类。

报文的标记就是对报文的优先级进行重新标记，常见的就是对 8.2.1 节介绍的 Precedence、DSCP 或者 PRI 字段进行重新设定。

8.2.3　MQC

1. MQC 简介

模块化 QoS 命令行（Modular QoS Command-line，MQC）可将具有某类共同特征的报文划分为一类，并为同一类报文提供相同的服务，也可以对不同类的报文提供不同的服务。MQC 使用户能对网络中的流量进行精细化处理，用户可以更加便捷地针对自己的需求对网络中的流量提供不同的服务，完善了网络的服务能力。MQC 不仅可以用来分类和标记，还可以用来做流量监管和流量整形等。建议优先使用 MQC 配置 QoS。

MQC 包含 3 个要素：流分类（Traffic Classifier）、流行为（Traffic Behavior）和流策略（Traffic Policy）。MQC 的配置流程如下。

（1）配置流分类：定义一组流量匹配规则，以对报文进行分类，是提供差分服务的基础。

（2）配置流行为：为符合流分类规则的报文指定流量控制或资源分配动作。

（3）配置流策略：将指定的流分类和指定的流行为绑定，形成完整的策略。

（4）应用流策略：将流策略应用到接口或子接口。

2. 配置流分类

（1）执行【traffic classifier *classifier-name* [operator { and | or }] 】命令，创建一个流分类。and 表示流分类中各规则之间的关系为"逻辑与"，报文需同时匹配流分类中的一个或多个规则才属于该类；or 表示流分类各规则之间的关系是"逻辑或"，即报文只需匹配流分类中的一个或多个规则即属于该类，默认值为 or。

（2）进入流分类视图后，可以根据实际情况配置流分类中的匹配规则，报文分类的匹配规则如表 8-4 所示，这里仅列出了常用的一些规则。

表 8-4　报文分类的匹配规则

匹配规则	命令
外层 VLAN ID	if-match vlan-id *start-vlan-id* [to *end-vlan-id*]
VLAN 报文的 IEEE 802.1p 优先级	if-match 8021p *8021p-value* &<1-8>
目的 MAC 地址	if-match destination-mac *mac-address* [mac-address-mask *mac-address-mask*]
源 MAC 地址	if-match source-mac *mac-address* [mac-address-mask *mac-address-mask*]
以太网帧头中协议类型字段	if-match l2-protocol { arp	ip	rarp	*protocol-value* }
IP 报文的 DSCP 优先级	if-match dscp *dscp-value* &<1-8>
IP 报文的 IP 优先级	if-match ip-precedence *ip-precedence-value* &<1-8>
TCP 报文的 SYN Flag	if-match tcp syn-flag { ack	fin	psh	rst	syn	urg }*
入接口	if-match inbound-interface *interface-type interface-number*
ACL 规则	if-match acl { *acl-number*	*acl-name* }

3. 配置流行为

（1）执行【traffic behavior *behavior-name*】命令，创建一个流行为，进入流行为视图。

（2）配置流行为，表 8-5 中仅列出了常用的流行为。其中，【remark】命令用于实现 8.2.2 节中介绍的标记。

表 8-5　常用的流行为

动作	命令
配置报文过滤	deny | permit
配置 MQC 实现重标记优先级	remark 8021p *8021p-value*
	remark dscp { *dscp-name* | *dscp-value* }
配置 MQC 实现流量整形	gts cir { *cir-value* [cbs *cbs-value*] | pct *pct-value* } [queue-length *queue-length*]
配置 MQC 实现拥塞避免	drop-profile *drop-profile-name*

4．配置流策略

（1）进入系统视图，执行【traffic policy *policy-name*】命令，创建一个流策略，进入流策略视图。

（2）执行【classifier *classifier-name* behavior *behavior-name*】命令，在流策略中为指定的流分类配置所需的流行为，即绑定流分类和流行为。

5．应用流策略

进入接口视图，执行【traffic-policy *policy-name* { inbound \| outbound }】命令，在接口的入方向或出方向上应用流策略。

8.2.4　报文分类、标记示例

下面为在路由器 R1 的二层接口 E2/0/1 的入方向，把 IEEE 802.1p 优先级为 3 的语音数据包重新标记为 5 的配置示例。

```
[R1]traffic classifier voice
[R1-classifier-voice]if-match 8021p 3
//定义一个流分类 voice，把 IEEE 802.1p 优先级为 3 的流量归为该分类
[R1]traffic behavior voice
[R1-behavior-voice]remark 8021p 5
//定义流行为 voice，把 IEEE 802.1p 优先级标记为 5
[R1]traffic policy policy_1
[R1-trafficpolicy-policy_1]classifier voice behavior voice
//定义一个流策略，把流分类 voice 按照流行为 voice 进行处理
[R1]interface Ethernet2/0/1
[R1-Ethernet2/0/1]traffic-policy policy_1 inbound
//在接口的入方向上应用流策略
```

8.3　拥塞管理

拥塞是在共享网络上多个用户竞争相同的资源（带宽、缓冲区等）时发生的问题。拥塞经常发生在两种场景中：速率不匹配，分组从高速链路进入设备，再由低速链路转发出去；汇聚，分组从多个接口同时进入设备，由一个没有足够带宽的接口转发出去。当网络间歇性地出现拥塞，且时延敏感业务要求得到比非时延敏感业务更高质量的服务时，需要进行拥塞管理；如果配置拥塞管理后仍然出现拥塞，则需要增加带宽。拥塞管理通过队列机制来实现，处理的方法是使用队列技术将准备从一个接口发出的所有报文放入不同的缓存队列，根据各队列间的调度机制实现不同报文的差分转发，不同的队列调度算法用来解决不同的问题，并产生不同的效果。

路由器设备的每个接口上都有 8 个下行队列，称为类队列（Class Queue），也称接口队列（Port Queue），分别为 be、af1、af2、af3、af4、ef、cs6、cs7（分别对应队列 0～7），报文按照优先级映射接入不同队列，并进行调度。根据队列和调度策略的不同，设备 LAN 接口上的拥塞管理技术分为 PQ、

DRR、PQ+DRR、WRR、PQ+WRR，WAN 接口上的拥塞管理技术分为 PQ、WFQ 和 PQ+WFQ，限于篇幅，下面只介绍其中的几种技术。

8.3.1 先进先出队列调度

先进先出（First In First Out，FIFO）队列不对报文进行分类，当报文进入接口的速度大于出接口能发送的速度时，FIFO 按报文到达接口的先后顺序使报文进入队列，同时，FIFO 在队列的出口使报文按进队的顺序出队，先进的报文将先出队，后进的报文将后出队。这是接口默认使用的队列技术。

FIFO 队列具有处理简单、开销小的优点。但 FIFO 队列不区分报文类型，采用尽力而为的服务模型，使对时延敏感的实时应用的时延得不到保证，关键业务的带宽也无法得到保证。

8.3.2 优先级队列调度

优先级队列（Priority Queue，PQ）针对关键业务类型应用设计。如图 8-5 所示，PQ 调度算法维护一个优先级递减的队列，且只有当更高优先级的所有队列为空时才服务低优先级的队列。这样，将关键业务的分组放入较高优先级的队列，将非关键业务（如 E-mail）的分组放入较低优先级的队列，可以保证关键业务的分组被优先传送，非关键业务的分组在处理关键业务数据的空闲间隙被传送。

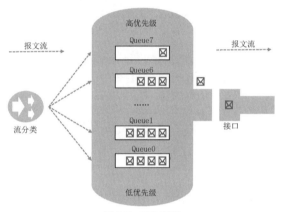

图 8-5 PQ 调度

如图 8-5 所示，Queue7 比 Queue6 具有更高的优先级，Queue6 比 Queue5 具有更高的优先级，以此类推。只要链路能够传输分组，Queue7 就会尽可能快地被服务；只有当 Queue7 为空时，调度器才考虑 Queue6，当 Queue6 有分组等待传输且 Queue7 为空时，Queue6 以链路速率接收类似的服务；当 Queue7 和 Queue6 为空时，Queue5 以链路速率接收服务，以此类推。PQ 调度算法对低时延业务非常有用。假定数据流 X 在每一个节点都被映射到最高优先级队列，那么当数据流 X 的分组到达时，分组将得到优先服务。然而，PQ 调度机制会使低优先级队列中的报文得不到调度机会。例如，如果映射到 Queue7 的数据流在一段时间内以 100%的输出链路速率到达，则调度器将不为 Queue6 及以下的队列服务。为了避免队列饥饿，上游设备需要精心规定数据流的业务特性，以确保映射到 Queue7 的业务流不超出输出链路容量的一定比例，这样 Queue7 会经常为空，低优先级队列中的报文才能得到调度机会。

8.3.3 加权公平队列调度

加权公平队列（Weighted Fair Queue，WFQ）会对报文按流特征进行分类。其有以下两种分类方式。

1. 按流的"会话"信息分类

这种分类方式会根据报文的协议类型、TCP 或 UDP 源端口号和目的端口号、源 IP 地址和目的 IP

地址、ToS 域中的优先级等自动进行流分类，并且尽可能多地提供队列，以将每个流均匀地放到不同队列中（共 8 个队列），从而在总体上均衡各个流的延迟。在出队的时候，WFQ 按流的优先级来分配每个流应占有的带宽。优先级的数值越小，所得的带宽越少；优先级的数值越大，所得的带宽越多。这样就保证了相同优先级业务之间的公平，体现了不同优先级业务之间的权值。这种方式只有基于类的加权公平队列（Class Basec Queueing，CBQ）的 default-class 支持。

2. 按优先级分类

如图 8-6 所示，通过优先级映射将流量标记为本地优先级，每个本地优先级对应一个队列号。每个接口预分配 8 个队列，报文根据队列号进入队列。默认情况下，队列的 WFQ 权重相同，流量平均分配接口带宽。用户可以通过配置修改权重，高优先权和低优先权按权重比例分配带宽。

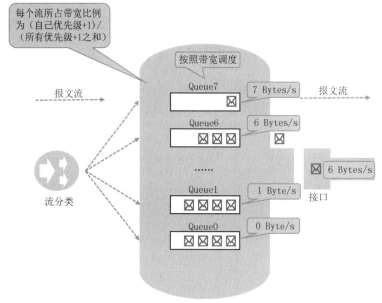

图 8-6　WFQ 调度

WFQ 的优点是配置简单，但由于流是自动分类的，无法手工干预，因此缺乏一定的灵活性；此外，其受资源限制，当多个流进入同一个队列时无法提供精确服务，无法保证每个流获得的实际资源量。WFQ 会均衡各个流的时延与抖动，不适合时延敏感的业务应用。

8.3.4　PQ+WFQ 调度

单纯采用 PQ 调度时，低优先级队列中的报文流长期得不到带宽，而单纯采用 WFQ 调度时，低时延需求业务（如语音）得不到优先调度，如果将这两种调度方式结合起来形成 PQ+WFQ 调度，就既能发挥两种调度的优势，又能克服两种调度各自的缺点。如图 8-7 所示，设备接口上的 8 个队列被分为两组，用户可以指定其中的某几组队列进行 PQ 调度，其他队列进行 WFQ 调度。

如图 8-7 所示，在调度时，设备先按照 PQ 方式优先调度 Queue7、Queue6 和 Queue5 队列中的报文流，只有这些队列中的报文流全部调度完毕后，才开始以 WFQ 方式调度 Queue4、Queue3、Queue2、Queue1 和 Queue0 队列中的报文流。其中，Queue4、Queue3、Queue2、Queue1 和 Queue0 队列包含自己的权值。重要的协议报文以及有低时延需求的业务报文应放到需要进行 PQ 调度的队列中，得到优先调度的机会，其他报文则放到以 WFQ 方式调度的各队列中。

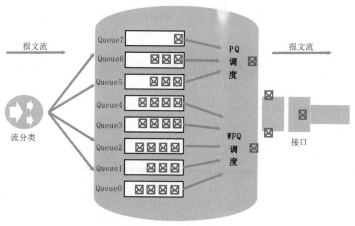

图 8-7　PQ+WFQ 调度

8.3.5　基于类的加权公平队列调度

基于类的加权公平队列（Class Based Queueing，CBQ）是对 WFQ 功能的扩展，为用户提供了定义类的支持。CBQ 先根据 IP 优先级或者 DSCP 优先级、输入接口、IP 报文的五元组等规则来对报文进行分类，再让不同类别的报文进入不同的队列，不匹配任何类别的报文会被送入系统定义的默认类。

如图 8-8 所示，CBQ 提供了 3 类队列。

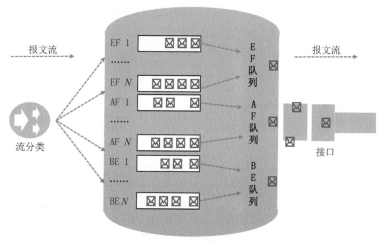

图 8-8　CBQ 调度

（1）EF 队列：满足低时延业务。EF 队列是具有高优先级的队列，一个或多个类的报文可以被设定进入 EF 队列，不同类别的报文可设定占用不同的带宽。在调度出队的时候，若 EF 队列中有报文，则会优先得到调度，以保证其获得低时延。当接口发生拥塞时，EF 队列会的报文会优先发送，但为了防止低优先级队列（AF、BE 队列）得不到调度，EF 队列会以设置的带宽限速。当接口不拥塞时，EF 队列可以占用 AF、BE 的空闲带宽。这样，属于 EF 队列的报文既可以获得空闲的带宽，又不会占用超出规定的带宽，保护了其他报文的应得带宽。

（2）AF 队列：满足需要带宽保证的关键数据业务。每个 AF 队列分别对应一类报文，用户可以设定每类报文占用的带宽。在系统调度报文出队列的时候，按用户为各类报文设定的带宽将报文出队列发送，可以实现各个类的队列的公平调度。当接口有剩余带宽时，AF 队列按照权重分享剩余带宽。对于 AF 队列，当队列的长度达到队列的最大长度时，默认采用尾丢弃（Tail Drop）的策略，但用户也可以选择加权随机早期检测（Weighted Random Early Datection，WRED）丢弃策略。

（3）BE 队列：满足不需要严格 QoS 保证的尽力而为发送业务。当报文不匹配用户设定的所有类别时，报文被送入系统定义的默认类。虽然允许为默认类配置 AF 队列，并配置带宽，但是更多的情况是为默认类配置 BE 队列。BE 队列使用 WFQ 调度，使所有进入默认类的报文进行基于流的队列调度。对于 BE 队列，当队列的长度达到队列的最大长度时，默认采用尾丢弃的策略，但用户也可以选择 WRED 丢弃策略。

各队列调度算法的比较如表 8-6 所示。

表 8-6　各队列调度算法的比较

类型	优点	缺点
FIFO	实现简单，处理速度快	不能有差别地对待优先级不同的报文
PQ	低延迟业务能得到保障	低优先级队列可能出现"饿死"现象
WFQ	按权重实现公平调度；自动分类，配置简单	低时延业务得不到保障，无法支持自定义类
PQ+WFQ	低时延业务能得到保障，按权重实现公平调度等	无法支持自定义类
CBQ	支持自定义类	耗费较多的系统资源

8.3.6　拥塞管理配置

1. 配置基于队列的拥塞管理

华为路由器上的 LAN 接口支持 PQ、DRR、PQ+DRR、WRR、PQ+WRR 等基于队列的拥塞管理技术，WAN 接口支持 PQ、WFQ 和 PQ+WFQ 等基于队列的拥塞管理技术。华为交换机支持 PQ、DRR、WRR、PQ+DRR、PQ+WRR 等基于队列的拥塞管理技术。

（1）进入系统视图，执行【qos queue-profile *queue-profile-name*】命令，创建一个队列模板，并进入队列模板视图。

（2）由于 LAN 侧和 WAN 侧的接口支持的调度模式有所区别，因此可以选择执行下列命令，配置各队列的调度模式。

① 对于 WAN 接口，执行【schedule { pq *start-queue-index* [to *end-queue-index*] | wfq *start-queue-index* [to *end-queue-index*] }*】命令，配置 WAN 接口下各队列的调度模式。

② 对于 LAN 接口，执行【schedule { pq *start-queue-index* [to *end-queue-index*] | drr *start-queue-index* [to *end-queue-index*] | wrr *start-queue-index* [to *end-queue-index*] }*】命令，配置 LAN 接口下各队列的调度模式。

③ 默认情况下，LAN 侧的所有队列均采用 WRR 调度模式；其他 WAN 侧的接口和二层 VE 接口的所有队列默认采用 WFQ 调度模式。

（3）（可选）执行【queue { *start-queue-index* [to *end-queue-index*] } &<1–10> length { bytes *bytes-value* | packets *packets-value* }*】命令，配置接口下各队列的长度。

（4）（可选）执行【queue { *start-queue-index* [to *end-queue-index*] } &<1–10> weight *weight-value*】命令，配置接口下各队列的权重。默认情况下，队列权重为 10。

（5）进入接口视图，执行【qos queue-profile *queue-profile-name*】命令，在接口下应用队列模板。

2. 基于队列的拥塞管理示例

（1）PQ 示例。

下面在路由器 R1 的 G0/0/0 接口上将 ICMP 流量标记为优先级为 cs7，进入 Queue7；再配置 PQ，使 ICMP 流量优先调度。

```
[R1]acl number 3000
[R1-acl-adv-3000]rule 1 permit icmp
[R1]traffic classifier icmp
[R1-classifier-icmp]if-match acl 3000
[R1]traffic behavior icmp
[R1-behavior-icmp]remark local-precedence cs7
[R1]traffic policy icmp
[R1-trafficpolicy-icmp]classifier icmp behavior icmp
[R1]interface GigabitEthernet0/0/0
[R1-GigabitEthernet0/0/0]traffic-policy icmp inbound
//使用 MQC 在 G0/0/0 接口的入方向把 ICMP 的流量标记为优先级为 cs7，从而进入 Queue7
[R1]qos queue-profile pq
[R1-qos-queue-profile-pq]schedule pq 7
[R1-qos-queue-profile-pq]queue 7 length packets 10
//创建队列模板，优先调度 Queue7，并指定 Queue7 的长度为 7 个数据包
[R1]interface GigabitEthernet0/0/1
[R1-GigabitEthernet0/0/1]qos queue-profile pq
//在 G0/0/1 接口上应用队列模板
```

（2）WFQ 示例。

下面在路由器 R1 的 G0/0/0 接口上将 Telnet 流量标记为优先级为 cs6，进入 Queue6；再配置 WFQ，对 Telnet 流量进行调度。

```
[R1]acl number 3001
[R1-acl-adv-3001]rule 1 permit tcp destination-port eq telnet
[R1]traffic classifier telnet
[R1-classifier-telnet]if-match acl 3001
[R1]traffic behavior telnet
[R1-behavior-telnet]remark local-precedence cs6
[R1]traffic policy telnet
[R1-trafficpolicy-telnet]classifier   telnet behavior telnet
[R1]interface GigabitEthernet0/0/0
[R1-GigabitEthernet0/0/0]traffic-policy telnet inbound
//使用 MQC 在 G0/0/0 接口的入方向把 Telnet 的流量标记为优先级为 cs6，从而进入 Queue6
[R1]qos queue-profile wfq
[R1-qos-queue-profile-wfq]schedule wfq 6
[R1-qos-queue-profile-wfq]queue 6 length packets 20
//创建队列模板，对 Queue6 进行 WFQ 调度，并指定 Queue6 的长度为 20 个数据包
[R1]interface GigabitEthernet0/0/1
[R1-GigabitEthernet0/0/1]qos queue-profile wfq
//在 G0/0/1 接口上应用队列模板
```

3. 配置 MQC 实现拥塞管理

基于队列的拥塞管理与基于流分类的拥塞管理（如使用 MQC 实现拥塞管理）互斥，不可同时配置。基于流分类的拥塞管理采用的是 CBQ 调度。

（1）进入系统视图，执行【traffic classifier *classifier-name* [operator { and | or }] 】命令，创建一个流分类。进入流分类视图后，可以根据实际情况配置流分类中的匹配规则。

（2）配置流行为，执行【traffic behavior *behavior-name*】命令，创建一个流行为，进入流行为视图。根据实际需要，选择执行下列命令，配置队列的调度方式。

① 执行【queue ef bandwidth { *bandwidth* [cbs *cbs-value*] | pct *percentage* [cbs *cbs-value*] } 】命令，配置符合要求的某一类报文进入 EF 队列，并配置可确保的最小带宽。

② 执行【queue af bandwidth [remaining] { *bandwidth* | pct *percentage* } 】命令，配置符合要求的某一类报文进入 AF 队列，并配置可确保的最小带宽。

③ 执行【queue wfq [queue-number *total-queue-number*]】命令，配置默认类报文进入使用 WFQ 方式调度的 BE 队列，并配置队列的总数。

④ （可选）执行【queue-length { bytes *bytes-value* | packets *packets-value* }*】命令，配置队列的最大长度。

在 CBQ 中，EF 队列（快速转发队列）满足低时延业务，基于 PQ，bandwith 用于设置带宽上限；AF 队列（确保转发队列）满足需要带宽保证的关键数据业务，基于 WRR/DRR，bandwith 用于设置带宽下限；BE 队列（默认队列）满足不需要严格 QoS 保证的尽力而为发送业务，基于 WFQ，获得的带宽取决于 AF 的大小。

（3）配置流策略。

① 进入系统视图，执行【traffic policy *policy-name*】命令，创建一个流策略并进入流策略视图，或进入已存在的流策略视图。

② 执行【classifier *classifier-name* behavior *behavior-name*】命令，在流策略中为指定的流分类配置所需的流行为，即绑定流分类和流行为。

（4）应用流策略。进入接口视图，执行【traffic-policy *policy-name* { inbound | outbound }】命令，在接口的入方向或出方向上应用流策略。

4．MQC 实现拥塞管理示例

下面将 ICMP 流量放到 AF 队列中，保证 100kbit/s 的最小带宽；将 Telnet 流量放到 EF 队列中，优先转发，带宽不超过 200kbit/s。

```
[R1]acl number 3000
[R1-acl-adv-3000]rule 1 permit icmp
[R1]acl number 3001
[R1-acl-adv-3001]rule 1 permit tcp destination-port eq telnet
[R1]traffic classifier icmp
[R1-classifier-icmp]if-match acl 3000
[R1]traffic classifier telnet
[R1-classifier-telnet]if-match acl 3001
//使用类分类器对 ICMP、Telnet 流量进行分类
[R1]traffic behavior icmp
[R1-behavior-icmp]queue af bandwidth 100
[R1-behavior-icmp]statistic enable
//配置流量行为，把流量放到 AF 队列中，保证转发，保证最小带宽为 100kbit/s
[R1]traffic behavior telnet
[R1-behavior-telnet]queue ef bandwidth 200 cbs 5000
[R1-behavior-telnet]statistic enable
//配置流量行为，把流量放到 EF 队列中，优先转发，但限速为 200kbit/s
[R1]traffic policy mqc
[R1-trafficpolicy-mqc]classifier icmp behavior icmp
//ICMP 流量为保证转发
[R1-trafficpolicy-mqc]classifier telnet behavior telnet
//Telnet 流量为优先转发
[R1]interface GigabitEthernet0/0/1
[R1-GigabitEthernet0/0/1]traffic-policy mqc outbound
//在接口上应用流策略
```

8.4 拥塞避免

拥塞避免是指通过监视队列的使用情况，在拥塞有加剧的趋势时主动丢弃报文，通过调整网络的流量来解除网络过载的一种流控机制。华为路由器支持两种丢弃策略：尾丢弃、加权早期随机监测。

8.4.1 尾丢弃

传统的丢包策略采用尾部丢弃的方法。当队列的长度达到最大值后,所有新入队列的报文(缓存在队列尾部)都将被丢弃。这种丢弃策略会引发 TCP 全局同步现象,导致 TCP 连接无法建立。所谓 TCP 全局同步现象是指,同时丢弃多个 TCP 连接的报文时,将造成多个 TCP 连接同时进入拥塞避免和慢启动状态而导致流量降低,之后这些 TCP 连接又会在某个时间同时出现流量高峰,如此反复,使网络流量忽大忽小。尾部丢包会导致带宽的利用率不高。

8.4.2 加权早期随机检测

可在队列未装满时先随机丢弃一部分报文,使多个 TCP 连接不同时降低发送速度,从而避免 TCP 的全局同步现象,使 TCP 速率及网络流量都趋于稳定。这种预先随机丢弃报文的行为被称为加权早期随机检测(WRED)技术。如图 8-9 所示,WRED 中每个队列(图 8-9 中 IP Precedence 为 0、1、2 的三个队列)都能独立设置报文的丢包的高阈值、低阈值及丢包率,并规定(以图 8-9 中 IP Precedence 为 1 的队列为例进行介绍)以下规则。

(1)当队列的长度小于低阈值(30)时,不丢弃报文。

(2)当队列的长度大于高阈值(40)时,丢弃所有收到的报文。

(3)当队列的长度在低阈值和高阈值之间时,开始随机丢弃收到的报文。其方法如下:为每个收到的报文赋予一个随机数,并用该随机数与当前队列的丢弃概率相比较,如果该随机数大于当前队列的丢弃概率,则报文被丢弃。队列越长,报文被丢弃的概率越高。

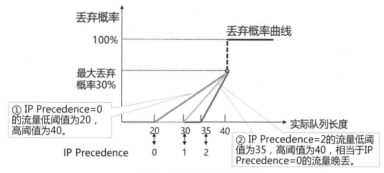

图 8-9 WRED 的工作原理

8.4.3 拥塞避免配置

拥塞避免一般和拥塞管理一起配置,配置拥塞避免前要先配置优先级映射(本章未介绍)、基于流分类的优先级重标记、拥塞管理。本节仅介绍配置基于流分类(MQC)的拥塞避免。

1. 配置 MQC 实现拥塞避免

(1)进入系统视图,执行【drop-profile *drop-profile-name*】命令,创建一个丢弃模板,并进入丢弃模板视图。

(2)执行【wred { dscp | ip-precedence }】命令,指定当前 WRED 丢弃模板基于 DSCP 优先级或 IP 优先级进行丢弃。

(3)选择执行下列命令,配置基于 DSCP 优先级或 IP 优先级的 WRED 参数。

① 执行【dscp { *dscp-value1* [to *dscp-value2*] } &<1-10> low-limit *low-limit-percentage* high-limit *high-limit-percentage* discard-percentage *discard-percentage*】命令，配置基于 DSCP 优先级的 WRED 参数。

②执行【ip-precedence { *ip-precedence-value1* [to *ip-precedence-value2*] } &<1-10> low-limit *low-limit-percentage* high-limit *high-limit-percentage* discard-percentage *discard-percentage*】命令，配置基于 IP 优先级的 WRED 参数。

（4）进入系统视图，执行【traffic classifier *classifier-name* [operator { and | or }]】命令，创建一个流分类，进入流分类视图。根据实际情况配置流分类中的匹配规则。

（5）进入系统视图，执行【traffic behavior *behavior-name*】命令，创建一个流行为，进入流行为视图。此流行为必须已经配置了 Queue AF 或 Queue WFQ。

（6）执行【drop-profile *drop-profile-name*】命令，在流行为中绑定已创建的丢弃模板。丢弃模板必须已经创建，并配置了各优先级的 WRED 参数。

（7）进入系统视图，执行【traffic policy *policy-name*】命令，创建一个流策略，进入流策略视图。

（8）执行【classifier *classifier-name* behavior *behavior-name*】命令，在流策略中为指定的流分类配置所需的流行为，即绑定流分类和流行为。

（9）进入接口视图，执行【traffic-policy *policy-name* { inbound | outbound }】命令，在接口的入方向或出方向上应用流策略。

2. MQC 实现拥塞避免示例

在路由器的 G0/0/1 接口的出方向上，将 FTP、Manager、Video 流量基于 IP 优先级进行丢弃。

```
[R1]traffic classifier ftp
[R1-classifier-ftp]if-match ip-precedence 1
[R1]traffic classifier manager
[R1-classifier-manager]if-match ip-precedence 3
[R1]traffic classifier video
[R1-classifier-video]if-match ip-precedence 5
//将流量根据 IP 优先级 1、3、5 分类为 FTP、Manager、Video
[R1]drop-profile ftp
[R1-drop-profile-ftp]wred ip
[R1-drop-profile-ftp]ip-precedence 1 low-limit 70 high-limit 90 discard-percentage 10
//定义丢弃模板 ftp
[R1]drop-profile manager
[R1-drop-profile-manager]wred ip
[R1-drop-profile-manager]ip-precedence 2 low-limit 50 high-limit 70 discard-percentage 10
//定义丢弃模板 manager
[R1]drop-profile video
[R1-drop-profile-video]wred ip
[R1-drop-profile-video]ip-precedence 5 low-limit 60 high-limit 80 discard-percentage 20
//定义丢弃模板 video
//创建不同的丢弃模板，采用基于 IP 优先级方式进行丢弃，并配置丢弃参数
[R1]traffic behavior ftp
[R1-behavior-ftp]queue af bandwidth 700
[R1-behavior-ftp]drop-profile ftp
//定义流行为 ftp
[R1]traffic behavior manager
[R1-behavior-manager]queue af bandwidth 200
[R1-behavior-manager]drop-profile manager
//定义流行为 manager
[R1]traffic behavior video
[R1-behavior-video]queue af bandwidth 400
[R1-behavior-video]drop-profile video
//定义流量行为 video
```

```
//配置各流行为，队列采用 CBQ 方式进行调度，配置队列保证的带宽、队列的丢弃模板
[R1]traffic policy policy_1
[R1-trafficpolicy-policy_1]classifier ftp behavior ftp
[R1-trafficpolicy-policy_1]classifier manager behavior manager
[R1-trafficpolicy-policy_1]classifier video behavior video
//创建流策略
[R1]interface GigabitEthernet0/0/1
 [R1-GigabitEthernet0/0/1]traffic-policy policy_1 outbound
//在接口上应用流策略
```

8.5 流量监管与流量整形

如果报文的发送速率大于接收速率，或者下游设备的接口速率小于上游设备的接口速率，则会引起网络拥塞。如果不限制用户发送的业务流量，大量用户不断突发的业务数据会使网络更加拥挤。为了使有限的网络资源能够更好地发挥效用，更好地为更多的用户服务，必须对用户的业务流量加以限制。流量监管和流量整形通过监督进入网络的流量速率来限制流量及其资源的使用，保证更好地为用户提供服务。

8.5.1 流量监管原理

流量监管就是对流量进行控制，通过监督进入网络的流量速率，对超出部分的流量进行"惩罚"，使进入的流量被限制在一个合理的范围之内，从而保护网络资源和用户的利益。要监督进入网络的流量，需要先对流量进行度量，再根据度量结果实施调控策略。一般采用令牌桶（Token Bucket）对流量的规格进行度量。

1. 令牌桶

如图 8-10 所示，令牌桶是一个存放令牌的容器，预设了一定的容量，系统按给定的速度向桶中放置令牌，当桶中令牌满时，令牌会溢出。

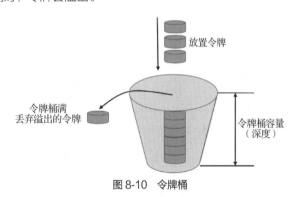

图 8-10　令牌桶

如图 8-11 所示，当数据流到达设备时，先根据数据的大小从令牌桶中取出与数据大小相当的令牌数量来传输数据。也就是说，要使数据被传输，就必须保证令牌桶里有足够多的令牌，如果令牌数量不够，则数据会被丢弃或缓存。这时可以限制报文的流量只能小于等于令牌生成的速度，达到限制流量的目的。令牌桶已广泛应用于承诺访问速率、流量整形及接口限速等 QoS 技术中。

2. 令牌桶算法

有两种令牌桶算法：单速率三色标记算法和双速率三色标记算法，即使用红、黄、绿 3 色来标记评估结果。前者比后者实现简单，是目前业界比较常用的方式。这两种令牌桶算法都有两种工作

模式：色盲模式与非色盲模式。其中，色盲模式是较常用的模式，也是默认的模式，这里只介绍色盲模式。

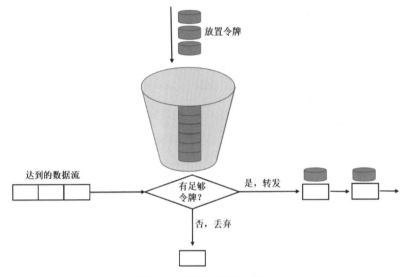

图 8-11　使用令牌桶处理报文

3. 单速率令牌桶

单速率双令牌桶（因单速率单令牌桶是单速率双令牌桶的简化，不单独介绍）的结构如图 8-12 所示。为方便说明，将两个令牌桶称为 C 桶和 E 桶，C 桶容量为 CBS，E 桶容量为 EBS，总容量是 CBS+EBS。令牌桶主要由如下 3 个参数构成。

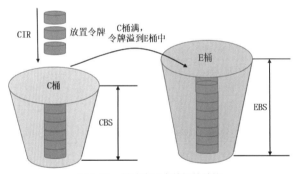

图 8-12　单速率双令牌桶的结构

（1）承诺信息速率（Committed Information Rate，CIR）：单位是 bit/s，表示向令牌桶中投放令牌的速率。

（2）承诺突发尺寸（Committed Burst Size，CBS）：单位为 bit，用来定义在部分流量超过 CIR 之前的最大突发流量，即为令牌桶的容量。CBS 越大，表示所允许的突发流量越大。

（3）超额突发尺寸（Extended Burst Size，EBS）：用来定义在所有流量超过 CIR 之前的最大突发流量。

当 EBS≠0 时，称为单速双桶。如果不允许有突发流量，则设置 EBS=0，相当于只使用了一个令牌桶——C 桶，这种情况就称为单速单桶，此时，报文只标记为绿、红两色。

（1）单速率令牌添加方式。

在单速率三色标记算法中，初始状态时，两个桶是满的。先往 C 桶中添加令牌，令牌添加速率为 CIR，等 C 桶满了，令牌溢出到 E 桶（E 桶的令牌用作以后临时超过 CIR 的突发流量）中，当两个桶都被填满时，新产生的令牌将会被丢弃。

（2）单速率流量评估规则。

当收到报文后，直接与桶中的令牌数相比较，如果有足够的令牌则转发，如果没有足够的令牌则丢弃或缓存。为方便说明，分别用 Tc 和 Te 表示两个桶中的令牌数量，Tc 和 Te 初始化时等于 CBS 和 EBS。在色盲模式下，在对收到的报文（假设报文大小为 B）进行评估时，遵循以下规则。

① 对于单速单令牌桶：如果报文长度不超过 C 桶中的令牌数 Tc，则报文被标记为绿色，且 Tc=Tc-B；如果报文长度超过 C 桶中的令牌数 Tc，则报文被标记为红色，Tc 值不变。

② 对于单速双令牌桶：如果报文长度不超过 C 桶中的令牌数 Tc，则报文被标记为绿色，且 Tc=Tc-B；如果报文长度超过 C 桶中的令牌数 Tc 但不超过 E 桶中的令牌数 Te，则报文被标记为黄色，且 Te=Te-B；如果报文长度超过 E 桶中的令牌数 Te，则报文被标记为红色，但 Tc 和 Te 不变。

4. 双速率令牌桶

双速率双令牌桶的结构如图 8-13 所示。为方便说明，将两个令牌桶称为 C 桶和 P 桶，C 桶容量为 CBS，令牌填充速率为 CIR，P 桶容量为 PBS，令牌填充速率为 PIR。令牌桶主要由以下 4 个参数组成。

① 承诺信息速率（CIR）：表示端口允许的信息流平均速率，单位是 bit/s。

② 承诺突发尺寸（CBS）：用来定义部分流量超过 CIR 之前的最大突发流量，单位为 bit。CBS 必须不小于报文的最大长度。

③ 峰值信息速率（Peak Information Rate，PIR）：端口允许的突发流量的最大速率，单位是 bit/s。该值必须不小于 CIR 的设置值。

④ 峰值突发尺寸（Peak Burst Size，PBS）：用来定义每次突发所允许的最大的流量。

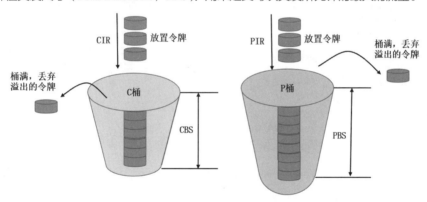

图 8-13　双速率双令牌桶的结构

（1）双速率令牌添加方式。

初始状态时，两个桶是满的。以 CIR 和 PIR 的速率分别向 C 桶和 P 桶中填充令牌。因为这两个令牌桶是相互独立的，所以当其中一个桶被填满时，这个桶新产生的令牌将会被丢弃。

（2）双速率流量评估规则。

双速率三色标记算法关注的是速率的突发，首先评估的是数据流的速率是否符合规定的突发要求，其规则是先比较 P 桶，再比较 C 桶。为方便说明，用 Tc 和 Tp 分别表示两个桶中的令牌数量，Tc 和 Tp 初始化时等于 CBS 和 PBS。在色盲模式下，对到达报文（假设数据包大小为 B）进行评估时，遵循以下规则。

① 如果报文长度超过 P 桶中的令牌数 Tp，则报文被标记为红色，且 Tc 和 Tp 保持不变。

② 如果报文长度不超过 P 桶中的令牌数 Tp 但超过 C 桶中的令牌数 Tc，则报文被标记为黄色，且 Tp=Tp-B。

③ 如果报文长度不超过 C 桶中的令牌数 Tc，则报文被标记为绿色，且 Tp=Tp-B，Tc=Tc-B。

8.5.2 流量监管配置

1. 配置 MQC 实现流量监管

（1）进入系统视图，执行【traffic classifier *classifier-name* [operator { and | or }] 】命令，创建一个流分类，进入流分类视图。根据实际情况配置流分类中的匹配规则。

（2）进入系统视图，执行【traffic behavior *behavior-name*】命令，创建一个流行为，进入流行为视图或进入已存在的流行为视图。

（3）执行如下命令，配置流量监管动作。

【 car cir { *cir-value* | pct *cir-percentage* } [pir { *pir-value* | pct *pir-percentage* }] [cbs *cbs-value* pbs *pbs-value*] [green { discard | pass [remark-8021p *8021p-value* | remark-dscp *dscp-value* | remark-mpls-exp *exp-value*] }] [yellow { discard | pass [remark-8021p *8021p-value* | remark-dscp *dscp-value* | remark-mpls-exp *exp-value*] }] [red { discard | pass [remark-8021p *8021p-value* | remark-dscp *dscp-value* | remark-mpls-exp *exp-value*] }] 】

（4）进入系统视图，执行【traffic policy *policy-name*】命令，创建一个流策略，进入流策略视图或进入已存在的流策略视图。执行【 classifier *classifier-name* behavior *behavior-name*】命令，在流策略中为指定的流分类配置所需的流行为，即绑定流分类和流行为。

（5）进入接口视图，执行【traffic-policy *policy-name* { inbound | outbound } 】命令，在接口的入方向或出方向上应用流策略。

2. MQC 实现流量监管示例

下面为使用 MQC 在路由器 R1 上对 VLAN 10、VLAN 20 的流量分别采用双速率双令牌桶、单速率双令牌桶进行限速的配置。

```
[R1]traffic classifier c1
[R1-classifier-c1]if-match vlan-id 10
[R1]traffic classifier c2
[R1-classifier-c2]if-match vlan-id 20
//根据帧的 VLAN ID 对流进行分类，VLAN 10 为 c1 类，VLAN 10 为 c2 类
[R1]traffic behavior b1
[R1-behavior-b1]car cir 256 pir 512 cbs 32000 pbs 64000 green pass yellow pass red discard
//定义流行为，使用双速率双令牌桶进行限速
[R1]traffic behavior b2
[R1-behavior-b2]car cir 4000 cbs 752000 pbs 1252000 green pass yellow pass red dlscard
//定义流行为，使用单速率双令牌桶进行限速
[R1]traffic policy p1
[R1-trafficpolicy-p1]classifier c1 behavior b1
[R1-trafficpolicy-p1]classifier c2 behavior b2
//创建流策略
[R1]interface GigabitEthernet0/0/0
[R1-GigabitEthernet0/0/0]traffic-policy p1 inbound
//在接口的入方向上应用流策略
```

以上 b2 流行为采用的是单速率双令牌桶，如图 8-12 所示；b1 流行为采用的是双速率双令牌桶，如图 8-13 所示。请自行和图 8-12、图 8-13 对照，分析命令中各参数的含义。

8.5.3 流量整形

流量整形是对输出报文的速率进行控制，使报文以均匀的速率发送出去。流量整形通常是为了使报文速率与下游设备相匹配。当从高速链路向低速链路传输数据，或有突发流量出现时，带宽会在低速链路出口处出现瓶颈，导致数据丢失严重。这种情况下，需要在进入高速链路的设备出口处进行流量整形。

流量整形通常使用缓冲区和令牌桶来完成，当报文的发送速度过快时，先在缓冲区中进行缓存，再在令牌桶的控制下均匀地发送这些被缓冲的报文。流量整形中令牌添加方式是周期性添加，添加的时间间隔为 CBS/CIR，每次添加的令牌数为 CBS 个，添加速率为 CIR。流量整形使用的令牌桶类型是单速单令牌桶，评估结果只有绿和红两种。注意，流量整形是在队列调度之后，在数据包出队列的过程中进行的。流量整形过程如图 8-14 所示，具体如下。

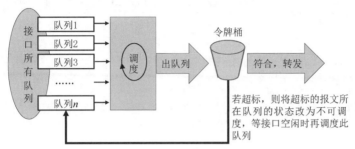

图 8-14　流量整形过程

（1）当收到报文的时候，对报文进行分类，使报文进入不同的队列。

（2）若报文进入的队列没有配置队列的流量整形功能，则直接发送该队列的报文。否则，进入下一步处理。

（3）系统按用户设定的队列整形速率向令牌桶中放置令牌。

① 如果令牌桶中有足够的令牌可以用来发送报文，则报文直接被发送，在报文被发送的同时，令牌相应减少。

② 如果令牌桶中没有足够的令牌，则将报文放入缓存队列；如果报文放入缓存队列时，缓存队列已满，则丢弃报文。

（4）缓存队列中有报文的时候，系统按一定的周期从缓存队列中取出报文并进行发送，每次发送都会与令牌桶中的令牌数做比较，直到令牌桶中的令牌数减少到缓存队列中的报文不能再发送或缓存队列中的报文全部发送完毕为止。

8.5.4　流量整形配置

1. 配置 MQC 实现流量整形

（1）进入系统视图，执行【 traffic classifier *classifier-name* [operator { and | or }] 】命令，创建一个流分类，进入流分类视图。根据实际情况配置流分类中的匹配规则。

（2）进入系统视图，执行【 traffic behavior *behavior-name* 】命令，创建一个流行为并进入流行为视图。执行【 gts cir { *cir-value* [cbs *cbs-value*] | pct *pct-value* } [queue-length *queue-length*] 】命令，配置流量整形动作。

（3）进入系统视图，执行【 traffic policy *policy-name* 】命令，创建一个流策略并进入流策略视图。执行【 classifier *classifier-name* behavior *behavior-name* 】命令，在流策略中为指定的流分类配置所需的流行为，即绑定流分类和流行为。

（4）进入接口视图，执行【 traffic-policy *policy-name* { inbound | outbound } 】命令，在接口的入方向或出方向上应用流策略。

2. MQC 实现流量整形示例

在路由器 R1 上使用 MQC 对 VLAN 10、VLAN 20 的流量进行整形。

```
[R1]traffic classifier c1
[R1-classifier-c1]if-match vlan-id 10
```

```
[R1]traffic classifier c2
[R1-classifier-c2]if-match vlan-id 20
//创建流分类
[R1]traffic behavior b1
[R1-behavior-b1]gts cir 256 cbs 6400 queue-length 10
[R1]traffic behavior b2
[R1-behavior-b2]gts cir 4000 cbs 100000 queue-length 50
//配置流行为，对流量进行整形，控制速率
[R1]traffic policy p1
[R1-trafficpolicy-p1]classifier c1 behavior b1
[R1-trafficpolicy-p1]classifier c2 behavior b2
//创建流策略
[R1]interface GigabitEthernet0/0/0
[R1-GigabitEthernet0/0/0]traffic-policy p1 outbound
//在接口上应用流策略
```

8.6 项目案例

8.6.1 项目案例 1：网络拥塞管理与拥塞避免的实现

1. 项目背景

如图 8-15 所示，企业网内部 LAN 侧有语音、视频和数据业务等流量。由于出口带宽有限，管理员准备采用拥塞管理和拥塞避免的方式来缓解拥塞。各类报文已被交换机 S1 和 S2 设置了不同的 DSCP 优先级，语音、视频和数据分别为 ef、af43、af32 和 af31，路由器 R1 会根据报文的 DSCP 优先级把包放入不同的队列，由于路由器 R1 的接口 E2/0/0 和 E2/0/1 的速率大于接口 G3/0/0 的速率，在接口 G3/0/0 出方向处可能会发生拥塞。企业希望优先发送语音报文，对于视频和数据报文，确保优先级越小，获得发送的机会和获得的带宽越小，且被随机丢弃的概率越大，以调整网络流量，降低拥塞产生的影响。

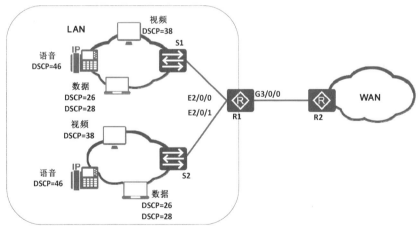

图 8-15　网络拥塞管理与拥塞避免的实现的网络拓扑

2. 项目任务

（1）在路由器 R1 上创建 VLAN、VLANIF，并配置各接口，使企业用户能通过路由器 R1 访问 WAN 侧的网络。

（2）在路由器 R1 上配置接口信任的报文优先级为信任报文的 DSCP 优先级，实现不同优先级的报

文进入不同的队列。

（3）创建丢弃模板，并配置基于 DSCP 优先级的 WRED 参数，实现优先级越小，丢弃概率越大的丢弃策略。

（4）创建队列模板，配置语音报文采用 PQ 调度，视频和数据报文采用 WFQ 调度，实现对语音报文的优先发送，以及对视频、数据报文的按优先级调度。

（5）在队列模板中绑定丢弃模板，并把队列模板应用到路由器 R1 与 WAN 侧网络连接的接口的出方向上，实现拥塞避免和拥塞管理。

3．项目目的

通过本项目可以掌握如下知识点和技能点，同时积累项目经验。

（1）配置拥塞管理的方法。

（2）配置拥塞避免的方法。

（3）查看接口的配置、模板信息。

4．项目拓扑

网络拥塞管理与拥塞避免的实现的网络拓扑如图 8-15 所示。通过交换机 S1 和 S2 连接到路由器 R1 的 E2/0/0 接口和 E2/0/1 接口上，并通过路由器 R1 的 G3/0/0 接口连接到 WAN 侧的网络。

5．项目实施

（1）创建 VLAN 并配置各接口。在路由器 R1 上创建 VLAN 20 和 VLAN 30。

```
[R1]vlan batch 20 30
```

配置接口 E2/0/0 和 E2/0/1 信任报文的 DSCP 优先级，均为 Trunk 类型接口，并将 E2/0/0 加入 VLAN 20，将 E2/0/1 加入 VLAN 30。

```
[R1]interface ethernet 2/0/0
[R1-Ethernet2/0/0]trust dscp
[R1-Ethernet2/0/0]port link-type trunk
[R1-Ethernet2/0/0]port trunk allow-pass vlan 20
[R1]interface ethernet 2/0/1
[R1-Ethernet2/0/1]trust dscp
[R1-Ethernet2/0/1]port link-type trunk
[R1-Ethernet2/0/1]port trunk allow-pass vlan 30
```

请自行配置交换机 S1 与路由器 R1 对接的接口为 Trunk 类型接口，并加入 VLAN 20；配置交换机 S2 与路由器 R1 对接的接口为 Trunk 类型接口，并加入 VLAN 30。

创建 VLANIF 20 和 VLANIF 30，并为 VLANIF 20 配置 IP 地址 192.168.2.1/24，为 VLANIF 30 配置 IP 地址 192.168.3.1/24。

```
[R1]interface vlanif 20
[R1-Vlanif20]ip address 192.168.2.1 24
[R1]interface vlanif 30
[R1-Vlanif30]ip address 192.168.3.1 24
```

配置接口 G3/0/0 的 IP 地址为 192.168.4.1/24。

```
[R1]interface GigabitEthernet 3/0/0
[R1-GigabitEthernet3/0/0]ip address 192.168.4.1 24
```

根据实际情况配置路由器 R2，确保路由器 R2 与 R1 间的路由可达，具体步骤省略。

（2）创建丢弃模板。在路由器 R1 上创建 WRED 丢弃模板 data 和 video。

```
[R1]drop-profile data
[R1-drop-profile-data]wred dscp
[R1-drop-profile-data]dscp 28 low-limit 50 high-limit 70 discard-percentage 30
[R1-drop-profile-data]dscp 26 low-limit 40 high-limit 60 discard-percentage 40
[R1]drop-profile video
```

[R1-drop-profile-video]wred dscp
[R1-drop-profile-video]dscp 38 low-limit 60 high-limit 80 discard-percentage 20

（3）创建队列模板。在路由器 R1 上创建队列模板 queue-profile1，配置各队列的调度模式。

[R1]qos queue-profile queue-profile1
[R1-qos-queue-profile-queue-profile1]schedule pq 5 wfq 3 to 4

可通过执行【display qos map-table】命令查看当前路由器 R1 的 DSCP 优先级与本地优先级之间的关系。报文将根据 DSCP 优先级映射的本地优先级值进入相应的队列。

（4）应用队列模板。在队列模板中绑定丢弃模板。

[R1-qos-queue-profile-queue-profile1]queue 4 drop-profile video
[R1-qos-queue-profile-queue-profile1]queue 3 drop-profile data

把队列模板应用到路由器 R1 的接口 G3/0/0 上。

[R1]interface GigabitEthernet 3/0/0
[R1-GigabitEthernet3/0/0]qos queue-profile queue-profile1

6. 项目测试

（1）查看路由器 R1 接口的配置信息。

```
[R1-GigabitEthernet3/0/0]display this
interface GigabitEthernet3/0/0
 ip address 192.168.4.1 255.255.255.0
 qos queue-profile queue-profile1
return
```

（2）查看路由器 R1 在接口上应用的队列模板信息。

```
[R1]display qos queue-profile queue-profile1
Queue-profile: queue-profile1
Queue   Schedule   Weight   Length(Bytes/Packets) GTS(CIR/CBS)
---------------------------------------------------------------
3       WFQ        10        -/-                    -/-
4       WFQ        10        -/-                    -/-
5       PQ         -         -/-                    -/-
```

（3）查看队列模板中绑定的丢弃模板。

```
[R1]qos queue-profile queue-profile1
[R1-qos-queue-profile-queue-profile1] display this
qos queue-profile queue-profile1
  queue 3 drop-profile data
  queue 4 drop-profile video
  schedule wfq 3 to 4 pq 5
return
```

（4）查看路由器 R1 在接口上应用的 WRED 丢弃模板信息。

```
[R1]display drop-profile video
Drop-profile[2]: video
DSCP          Low-limit    High-limit    Discard-percentage
-----------------------------------------------------------
0(default)    30           100           10
1             30           100           10
2             30           100           10
...省略部分显示内容...
62            30           100           10
63            30           100           10
-----------------------------------------------------------
[R1]display drop-profile data
Drop-profile[1]: data
```

DSCP	Low-limit	High-limit	Discard-percentage
0(default)	30	100	10
1	30	100	10
2	30	100	10
...省略部分显示内容...			
62	30	100	10
63	30	100	10

8.6.2 项目案例 2：利用流量监管管理网络带宽

1. 项目背景

如图 8-16 所示，企业现有网络内部 LAN 侧的语音、视频和数据业务对应的 VLAN ID 分别为 10、20、30，并通过交换机 S1 连接到路由器 R1 的 E2/0/0 接口上，通过路由器 R1 的 G3/0/0 接口连接到 WAN 侧的网络。现需要对不同业务的报文分别进行基于流的流量监管，以将各业务流量控制在一个合理的范围之内，保证各业务的带宽要求。管理员准备对路由器 R1 的 E2/0/0 接口入方向的所有流量进行基于接口的流量监管，控制单个企业用户的总流量在一个合理范围之内。

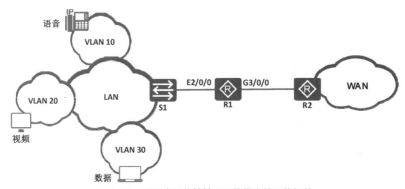

图 8-16　利用流量监管管理网络带宽的网络拓扑

2. 项目任务

（1）在路由器 R1 上创建 VLAN、VLANIF，并配置各接口，使企业用户能通过路由器 R1 访问 WAN 侧的网络。

（2）在路由器 R1 上配置基于 VLAN ID 进行流分类的匹配规则。

（3）在路由器 R1 上配置流行为，对来自企业网内部的不同业务报文进行流量监管。

（4）在路由器 R1 上配置流量监管策略，绑定已配置的流行为和流分类，并应用到路由器 R1 与交换机 S1 连接的接口的入方向上。

（5）在路由器 R1 与交换机 S1 连接的接口的入方向上配置基于接口的流量监管，对来自该企业网内部的所有报文进行流量监管。

3. 项目目的

通过本项目的学习，可以掌握配置流量监管的技能。

4. 项目拓扑

利用流量监管管理网络带宽的网络拓扑如图 8-16 所示。

5. 项目实施

（1）创建 VLAN 并配置各接口。在路由器 R1 上创建 VLAN 10、VLAN 20 和 VLAN 30。

```
[R1]vlan batch 10 20 30
```

配置接口 E2/0/0 为 Trunk 类型接口，并允许 VLAN 10、VLAN 20 和 VLAN 30 的报文通过。需配置交换机 S1 与路由器 R1 对接的接口为 Trunk 类型接口，并允许 VLAN 10、VLAN 20 和 VLAN 30 的报文通过。

```
[R1]interface ethernet 2/0/0
[R1-Ethernet2/0/0]port link-type trunk
[R1-Ethernet2/0/0]port trunk allow-pass vlan 10 20 30
```

创建 VLANIF 10、VLANIF 20 和 VLANIF 30，并为 VLANIF 10 配置 IP 地址 192.168.1.1/24，为 VLANIF 20 配置 IP 地址 192.168.2.1/24，为 VLANIF 30 配置 IP 地址 192.168.3.1/24。

```
[R1]interface vlanif 10
[R1-Vlanif10]ip address 192.168.1.1 24
[R1]interface vlanif 20
[R1-Vlanif20]ip address 192.168.2.1 24
[R1]interface vlanif 30
[R1-Vlanif30]ip address 192.168.3.1 24
```

配置接口 G3/0/0 的 IP 地址为 192.168.4.1/24。

```
[R1]interface GigabitEthernet 3/0/0
[R1-GigabitEthernet3/0/0]ip address 192.168.4.1 24
```

根据实际情况配置路由器 R2，确保路由器 R2 与 R1 间的路由可达，具体步骤省略。

（2）配置流分类。在路由器 R1 上创建流分类 c1～c3，对来自企业的不同业务流按照其 VLAN ID 进行分类。

```
[R1]traffic classifier c1
[R1-classifier-c1]if-match vlan-id 10
[R1]traffic classifier c2
[R1-classifier-c2]if-match vlan-id 20
[R1]traffic classifier c3
[R1-classifier-c3]if-match vlan-id 30
```

（3）配置流量监管行为。在路由器 R1 上创建流行为 b1～b3，对来自企业的不同业务流进行流量监管。

```
[R1]traffic behavior b1
[R1-behavior-b1]car cir 256
[R1-behavior-b1]statistic enable
[R1]traffic behavior b2
[R1-behavior-b2]car cir 4000
[R1-behavior-b2]statistic enable
[R1]traffic behavior b3
[R1-behavior-b3]car cir 2000
[R1-behavior-b3]statistic enable
```

（4）配置流量监管策略并应用到接口上。在路由器 R1 上创建流策略 p1，将流分类和对应的流行为绑定起来并将流策略应用到接口 E2/0/0 的入方向上，对来自企业的不同业务报文进行基于流的流量监管。

```
[R1]traffic policy p1
[R1-trafficpolicy-p1]classifier c1 behavior b1
[R1-trafficpolicy-p1]classifier c2 behavior b2
[R1-trafficpolicy-p1]classifier c3 behavior b3
[R1]interface ethernet 2/0/0
[R1-Ethernet2/0/0]traffic-policy p1 inbound
```

（5）配置基于接口的流量监管。在路由器 R1 的接口 E2/0/0 的入方向上配置基于接口的流量监管，控制单个企业用户的总流量在一个合理范围之内。

```
[R1-Ethernet2/0/0]qos car inbound cir 10000
```

6. 项目测试

（1）在路由器 R1 上查看流分类的配置信息。

```
[R1]display traffic classifier user-defined
  User Defined Classifier Information:
   Classifier: c2
    Operator: OR
    Rule(s) :
      if-match vlan-id 20
   Classifier: c3
    Operator: OR
    Rule(s) :
      if-match vlan-id 30
   Classifier: c1
    Operator: OR
    Rule(s) :
```

（2）在路由器 R1 上查看流策略的配置信息。

```
[R1]display traffic policy user-defined
  User Defined Traffic Policy Information:
  Policy: p1
   Classifier: c1
    Operator: OR
     Behavior: b1
      Committed Access Rate:
        CIR 256 (Kbps), PIR 0 (Kbps), CBS 48128 (byte), PBS 80128 (byte)
        Color Mode: color Blind
        Conform Action: pass
        Yellow   Action: pass
        Exceed   Action: discard
      statistic: enable
   Classifier: c2
    Operator: OR
     Behavior: b2
      Committed Access Rate:
        CIR 4000 (Kbps), PIR 0 (Kbps), CBS 752000 (byte), PBS 1252000 (byte)
        Color Mode: color Blind
        Conform Action: pass
        Yellow   Action: pass
        Exceed   Action: discard
      statistic: enable
   Classifier: c3
    Operator: OR
     Behavior: b3
      Committed Access Rate:
        CIR 2000 (Kbps), PIR 0 (Kbps), CBS 376000 (byte), PBS 626000 (byte)
        Color Mode: color Blind
        Conform Action: pass
        Yellow   Action: pass
        Exceed   Action: discard
      statistic: enable
```

（3）在路由器 R1 上查看接口应用的流策略信息。

```
[R1]display traffic policy statistics interface ethernet 2/0/0 inbound
Interface: Ethernet2/0/0
 Traffic policy inbound: p1
 Rule number: 3
 Current status: OK!
```

Item	Sum(Packets/Bytes)	Rate(pps/bps)
Matched	0/0	0/0
Passed	0/0	0/0
Dropped	0/0	0/0
Filter	0/0	0/0
CAR	0/0	0/0
Queue Matched	0/0	0/0
Enqueued	0/0	0/0
Discarded	0/0	0/0
CAR	0/0	0/0
Green packets	0/0	0/0
Yellow packets	0/0	0/0
Red packets	0/0	0/0

8.6.3 项目案例 3：利用流量整形管理网络带宽

1. 项目背景

如图 8-17 所示，企业网内部局域网有语音、视频和数据业务流量。现有网络交换机 S1 连接到路由器 R1 的 E2/0/0 上，并通过路由器 R1 的 G3/0/0 接口连接到 WAN 侧的网络。不同业务的报文在局域网侧已经使用 IEEE 802.1p 优先级进行标识，在路由器 R1 上根据报文的 IEEE 802.1p 优先级进入不同队列，当报文从 G3/0/0 接口到达 WAN 侧时可能会发生带宽抖动。为了减少带宽抖动，并保证各类业务的带宽要求，现要求如下。

（1）接口保证带宽为 8000kbit/s。

（2）语音保证带宽为 256kbit/s，承诺突发尺寸为 6400 字节。

（3）视频保证带宽为 4000kbit/s，承诺突发尺寸为 100000 字节。

（4）数据保证带宽为 2000kbit/s，承诺突发尺寸为 50000 字节。

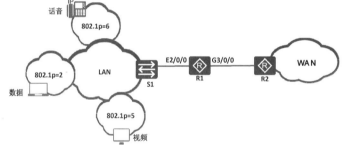

图 8-17　利用流量整形管理网络带宽的网络拓扑

2. 项目任务

（1）在路由器 R1 上创建 VLAN、VLANIF，并配置各接口，使企业用户能通过路由器 R1 访问 WAN 侧的网络。

（2）在路由器 R1 上配置接口信任的报文优先级为信任报文的 IEEE 802.1p 优先级。

（3）在路由器 R1 上配置基于接口的流量整形，限制接口带宽。

（4）在路由器 R1 上配置基于队列的流量整形，限制语音、视频、数据 3 类业务的带宽。

3. 项目目的

通过本项目的学习，可以掌握配置流量整形的技能。

4. 项目拓扑

利用流量整形管理网络带宽的网络拓扑如图 8-17 所示。

5. 项目实施

（1）创建 VLAN 并配置各接口。在路由器 R1 上创建 VLAN 10。

```
[R1]vlan 10
```

配置接口 E2/0/0 为 Trunk 类型接口，并将 E2/0/0 加入 VLAN 10。配置 S1 与路由器 R1 对接的接口为 Trunk 类型接口，并加入 VLAN 10。

```
[R1]interface ethernet 2/0/0
[R1-Ethernet2/0/0]port link-type trunk
[R1-Ethernet2/0/0]port trunk allow-pass vlan 10
```

创建 VLANIF 10，并为 VLANIF 10 配置 IP 地址 192.168.1.1/24。

```
[R1]interface vlanif 10
[R1-Vlanif10]ip address 192.168.1.1 24
```

配置接口 G3/0/0 的 IP 地址为 192.168.4.1/24。

```
[R1]interface GigabitEthernet 3/0/0
[R1-GigabitEthernet3/0/0]ip address 192.168.4.1 24
```

（2）配置端口信任的报文优先级。配置接口 E2/0/0 信任报文的 IEEE 802.1p 优先级。注：交换机 S1 已经对流量做了标记，将路由器 R1 信任报文的优先级配置为 IEEE 802.1p 优先级后，IEEE 802.1p 标记为 2、5、6 的数据报文会分别放到队列 2、5、6 中，以便做流量整形。

```
[R1]interface ethernet 2/0/0
[R1-Ethernet2/0/0]trust 8021p
```

（3）配置基于接口的流量整形。在路由器 R1 上配置基于接口的流量整形，将接口速率限制为 8000kbit/s。

```
[R1]interface GigabitEthernet 3/0/0
[R1-GigabitEthernet3/0/0]qos gts cir 8000
```

（4）配置基于队列的流量整形。在路由器 R1 上创建队列模板 qp1，配置队列 0～5 的调度方式为 WFQ，队列 6 和队列 7 的调度方式为 PQ；配置队列 6、5、2 的保证带宽，分别为 256kbit/s、4000kbit/s、2000kbit/s，承诺突发尺寸分别为 6400 字节、100000 字节、50000 字节。

```
[R1]qos queue-profile qp1
[R1-qos-queue-profile-qp1]schedule pq 6 to 7 wfq 0 to 5
[R1-qos-queue-profile-qp1]queue 6 gts cir 256 cbs 6400
[R1-qos-queue-profile-qp1]queue 5 gts cir 4000 cbs 100000
[R1-qos-queue-profile-qp1]queue 2 gts cir 2000 cbs 50000
```

在路由器 R1 的接口 G3/0/0 上应用队列模板 qp1。

```
[R1]interface GigabitEthernet 3/0/0
[R1-GigabitEthernet3/0/0]qos queue-profile qp1
```

6. 项目测试

（1）在路由器 R1 上查看接口的配置信息。

```
[R1-GigabitEthernet3/0/0]display this
interface GigabitEthernet3/0/0
 ip address 192.168.4.1 255.255.255.0
 qos queue-profile qp1
 qos gts cir 8000
return
```

（2）在路由器 R1 上查看接口上应用的队列模板信息。

```
[R1]display qos queue-profile qp1
Queue-profile: qp1
Queue  Schedule   Weight   Length(Bytes/Packets) GTS(CIR/CBS)
----------------------------------------------------------------
0      WFQ        10           -/-                  -/-
1      WFQ        10           -/-                  -/-
2      WFQ        10           -/-                  2000/50000
3      WFQ        10           -/-                  -/-
4      WFQ        10           -/-                  -/-
5      WFQ        10           -/-                  4000/100000
6      PQ         -            -/-                  256/6400
7      PQ         -            -/-                  -/-
```

本章总结

本章介绍了 QoS 的概念及实施方法。由于网络常常会出现拥塞，因此会造成应用程序带宽不足、时延太大、抖动或者丢包等情况发生。解决拥塞的常用模型是 DiffServ 服务模型，该服务模型的思路是区分对待不同数据包，优先保证要求高的数据包通行。DiffServ 服务模型有 4 个组件：流分类和标记、流量监管和流量整形、拥塞管理、拥塞避免。分类是根据数据包的 IP 优先级或者五元组等特征进行归类，标记是对已分类的报文的 IP 优先级、DSCP 或者 PRI 字段等进行重新设定，以便后续处理。拥塞管理使用队列技术，对经过标记并进入不同队列的数据包按照某种调度方式进行调度，调度算法有 FIFO 算法、PQ 算法、WFQ 算法、CBQ 算法等。拥塞管理是在拥塞未发生前，主动随机丢弃一些数据包，防止 TCP 同步，从而提高带宽利用率。流量监管和流量整形都能监督网络的流量，防止带宽被过度使用；流量监管会丢弃超过允许带宽的数据包，而流量整形会缓存超过允许带宽的数据包。

习题

1. 【多选】网络拥塞给应用程序造成的问题有（   ）。

    A. 带宽不足   B. 数据包时延过大   C. 数据包丢包   D. 数据包过大

2. （   ）的 QoS 模型指根据用户的请求预留带宽资源。

    A. DiffServ   B. IntServ   C. Best-Effort   D. First In First Out

3. 【多选】DiffServ 服务模型的 QoS 组件是（   ）。

    A. 流分类和标记   B. 流量监管和流量整形

    C. 拥塞管理和拥塞避免   D. 防时延抖动和防丢包

4. 关于 IP 的 DSCP，以下描述中错误的是（   ）。

    A. DSCP 有 6 位

    B. DSCP 的值可以有 64 个，这 64 个值目前都已经被定义

    C. DSCP 为 CS6 时，相当于 IP 优先级为 6

    D. DSCP 位可以用来对数据包做标记

5. 【多选】MQC 包含的要素是（   ）。

    A. 流分类   B. 流行为   C. 流策略   D. 流队列

6. （   ）不是拥塞管理采用的队列技术。

    A. 优先级队列   B. 加权公平队列

    C. 基于类的加权公平队列   D. 直序队列

7. 关于加权早期随机检测，以下描述中错误的是（   ）。

    A. 当队列的长度小于低阈值时，不丢弃报文

    B. 当队列的长度大于高阈值时，丢弃所有收到的报文

    C. 当队列的长度在低阈值和高阈值之间时，开始随机丢弃收到的报文

    D. 当队列的长度达到队列最大长度时，停止发送报文

8. 单速率双令牌桶中，EBS 的含义是（   ）。

    A. 承诺信息速率   B. 承诺突发尺寸   C. 超额突发尺寸   D. 峰值信息速率

第9章
无线局域网

09

随着手机、平板电脑、笔记本电脑等移动设备的大量使用，无线局域网（Wireless Local Area Network，WLAN）已经成为人们工作、学习、生活中不可或缺的一部分。无论是在 4G 已经广泛使用的当今，还是在 5G 将得到推广的未来，WLAN 都会得到更快的发展。在家庭或者小型办公室中，配置一个或几个消费级的无线路由器，即可完成 WLAN 组网，消费级的无线路由器配置非常简单，非专业人士按照说明书也能操作。现在一些消费级无线路由器也能够实现无线终端的漫游等功能。然而，在大型企业或者园区网络中，使用消费级无线路由器实现无线组网是不可行的。原因有很多，首先，一两百元的消费级无线路由器无法满足性能上的需求；其次，分散管理几百上千个无线路由器是不现实的；最后，使用消费级无线路由器无法完成无线终端在复杂、大范围网络中的漫游。因此，大型企业或者园区网络中 WLAN 组网通常采用的是无线控制器（Access Controller，AC）+无线接入点（Access Point，AP）方案。本章将介绍 AC+AP 组建无线局域网的相关知识和配置技能。

学习目标

1. 了解 WLAN 的组网方式。
2. 了解 CAPWAP 协议。
3. 了解 AC+AP 的几种组网方式：二层组网、三层组网；直连式组网、旁挂式组网。
4. 了解 WLAN 中终端的漫游过程。
5. 掌握 AC+AP 直连式二层组网配置。
6. 掌握 AC+AP 旁挂式三层组网配置。

9.1 无线接入点控制和配置协议

WLAN 的组网方式有很多，不同方式可以满足不同的用户需求。大型企业或者园区网络中通常采用 AC+Fit AP 的组网方式，此方式要求具有很多技术的支持。本节将简要介绍 AC+Fit AP 组建 WLAN 的相关原理。

9.1.1 WLAN 组网方式

常见的 WLAN 的组网方式有 AD-Hoc、Fat AP（或者无线路由）、AC+Fit AP。AD-Hoc 源自于拉丁语，意思是"for this"，引申为"for this purpose only"，即"为某种目的设置的，特别的"，这里的 AD-Hoc 表示有特殊用途的、自组织、对等式、多跳移动通信网络。图 9-1 所示为 AD-Hoc 的组网方式，图中所有节点的地位平等，共同组成一个对等式网络。网络没有设置任何中心控制节点，全部节点均具有普通移动终端的功能，而且具有为其他节点中转报文的能力。节点可以随时加入和离开网络，当节点要与其覆盖范围之外的节点进行通信时，需要其他节点作为跳板进行多跳转发。

图 9-2 所示为 Fat AP 的组网方式，Fat AP 指不仅具有无线接入功能，还具有完整操作系统，可以独立工作的 AP。这种组网方式通常用于家庭或者小型办公室的无线覆盖。Fat AP 一般是消费级无线路由器，也可以是只有无线接入功能的 Fat AP。如果是无线路由器，则 AP 不仅具有无线接入的功能，还具有路由器及交换机功能。之所以将其称为 Fat AP，不是因为 AP 体积比较大，而是因为它可以自主运行、无须无线控制器的控制。在本系列教材中的另一本《网络系统建设与运维（中级）》中，已经介绍了无线的基本知识及消费级无线路由器的使用方法，本书不再赘述。

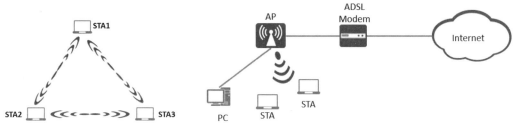

图 9-1 AD-Hoc 的组网方式　　　　　　　图 9-2 Fat AP 的组网方式

图 9-3 所示为 AC+Fit AP 的组网方式，AC 被称为无线控制器，是无线网络的核心，是一种用来集中化控制无线 AP 的网络设备。Fit AP 是指无法单独运行，必须在无线控制器的控制下运行的无线接入点。Fit AP 负责移动终端报文的收发、加解密、IEEE 802.11 协议的物理层功能、射频空口的统计、接受无线控制器的管理等。AC 负责无线网络的接入控制、转发和统计、AP 的配置监控、漫游管理、AP 的网管代理、安全控制。该方式通常用于大型 WLAN 的组建。很多厂商的企业级 AP 可以在 Fat AP、Fit 模式之间进行切换。

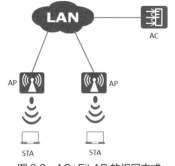

图 9-3 AC+Fit AP 的组网方式

9.1.2 CAPWAP 协议

在 AC+Fit AP 组网方式中，AC 和 AP 的互联可以使用无线接入点的控制和配置（Control And Provisioning of Wireless Access Points，CAPWAP）协议实现。很多厂商都制定了自己的协议，如思科的 LWAPP、阿鲁巴的 SLAPP 等，华为则使用 CAPWAP 协议。CAPWAP 定义了 AP 与 AC 之间的通信规则，为实现 AP 和 AC 之间的互通性提供了通用封装和传输机制。AC 和 AP 之间建立 CAPWAP 隧道后，AC 利用 CAPWAP 协议可以对其所关联的 AP 进行集中管理和控制。该协议的主要内容包括 AP 对 AC 的自动发现及 AP 和 AC 间的状态机运行、维护；AC 对 AP 的管理，业务配置下发；移动终端的数据封装。

CAPWAP 协议是基于 UDP 的应用层协议，有两种类型的报文：控制报文、数据报文。其报文格式如图 9-4 所示。控制报文的 UDP 端口为 5246，用于传输 AP 和 AC 之间的管理流，大部分是密文；数据报文的 UDP 端口为 5247，用于传输数据流（移动终端产生的数据），大部分是明文。图 9-4 中控制报文或者数据报文的 DTLS Header、DTLS Tail 是使用数据报安全传输协议（Datagram Transport Layer Security，DTLS）对报文进行加密时才额外增加的字段。

控制 报文	IP Header	UDP Header	CAPWAP Header	Control Header	Message Element			

加密增加了
额外的消耗

| IP
Header | UDP
Header | CAPWAP
DTLS Header | DTLS
Header | CAPWAP
Header | Control
Header | Message
Element | DTLS
Tail |

| 数据
报文 | IP
Header | UDP
Header | CAPWAP
Header | Ethernet
Packet |

| IP
Header | UDP
Header | CAPWAP
DTLS Header | DTLS
Header | CAPWAP
Header | Ethernet
Packet | DTLS
Tail |

图 9-4　CAPWAP 协议的报文格式

9.1.3　WLAN 转发模式

在 AC+Fit AP 组网方式中，数据流（移动终端产生的数据，下同）有两种转发模式：直接转发模式和隧道转发模式。如图 9-5 所示，直接转发模式中数据流从移动终端（以下称为 Station，STA）到达 AP 后，由 AP 直接发送到有线网络的交换设备中进行转发，这种模式中 AC 和 AP 之间的 CAPWAP 协议隧道主要用于封装它们之间的管理流，数据流不加 CAPWAP 协议封装。如图 9-6 所示，在 WLAN 的隧道转发模式中，数据流从移动终端到达 AP 后，由 AP 使用 CAPWAP 协议进行封装，发送到 AC，再由 AC 发送到有线网络的交换设备中进行转发，这种模式中 AC 和 AP 之间的 CAPWAP 协议隧道不仅用于封装管理流，还用于封装数据流。表 9-1 所示为 WLAN 转发模式的对比。

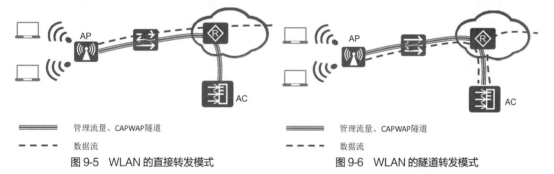

══════	管理流量、CAPWAP隧道
- - - -	数据流

图 9-5　WLAN 的直接转发模式　　　　图 9-6　WLAN 的隧道转发模式

表 9-1　WLAN 转发模式的对比

转发模式	优点	缺点
直接转发	业务数据不需要经过 AC 封装转发，报文转发效率高，AC 所受压力小	业务数据不便于集中管理和控制，新增设备部署对现有网络改动大
隧道转发	AC 集中转发数据报文，安全性更高，方便集中管理和控制，新增设备部署配置方便，对现有网络改动小	业务数据必须经过 AC 封装转发，报文转发效率比直接转发模式低，AC 所受压力大

9.1.4　CAPWAP 协议的隧道建立与维护

AP 是在 AC 的控制下运行的，因此 AP 加电后需要先和 AC 建立隧道。图 9-7 所示为 CAPWAP 协议的隧道建立和维护过程，建立隧道的过程使用的是图 9-4 中的控制报文。下面将分为 8 个过程进行解析。

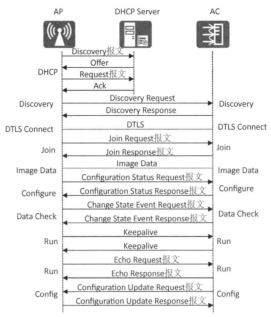

图 9-7　CAPWAP 协议的隧道建立和维护过程

1. DHCP 过程

　　如果 AP 中存在预配置的 AC IP 列表，则 AP 直接启动预配置静态发现流程并与指定的 AC 建立 CAPWAP 隧道。然而，AP 通常是零配置的，当 AP 加电启动后将使用 DHCP 动态发现 AC，并与发现的 AC 建立隧道，DHCP 过程如图 9-8 所示。

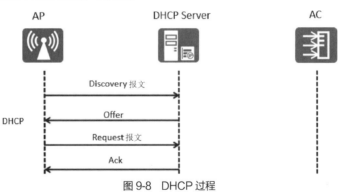

图 9-8　DHCP 过程

　　（1）AP 发送 Discovery 广播报文，请求 DHCP Server 响应。

　　（2）DHCP Server 侦听到 Discovery 报文后，会选择一个空闲的 IP 地址，并响应一个 DHCP Offer 报文，该报文中会包含租约期限信息及其他的 DHCP option 信息。AC 与 AP 在同一个网段中时，AP 可以通过广播方式发现同一网段中的 AC，不需要配置 option 43 字段。当 AP 和 AC 不在同一网段中时，需要配置 DHCP 代理，还需要在 DHCP Server 上配置 DHCP option 43 包含 AC 的 IP 地址。如果 DHCP Server 不支持 option 43，则组建 WLAN 时需要做特殊处理。

　　（3）当 AP 收到多台 DHCP Server 的 Offer 时，AP 只会挑选其中一个 Offer（通常是最先抵达的那个），并向网络中发送一个 DHCP Request 广播报文，告诉所有的 DHCP Server 其采用了哪个 Offer。同时，AP 也会向网络发送一个 ARP 报文，查询网络中有没有其他设备使用该 IP 地址。

　　（4）当 DHCP Server 接收到 AP 的 Request 报文之后，会向 AP 发送一个 DHCP Ack 响应，该报文

中携带的信息包含 AP 的 IP 地址、租约期限、网关信息及 DNS Server IP 地址等。

2. Discovery 过程

AP 获得 AC 的 IP 地址或者域名后,将使用 AC 发现机制来获知哪些 AC 是可用的,并与最佳 AC 建立 CAPWAP 协议隧道,Discovery 过程如图 9-9 所示。

图 9-9　Discovery 过程

(1) AP 启动 CAPWAP 协议的发现机制,以单播或广播的形式发送 Discovery Request 报文,试图关联 AC。

(2) AC 收到 AP 的 Discovery Request 报文以后,会发送一个单播 Discovery Response 报文给 AP,AP 可以通过 Discovery Response 中所带的 AC 优先级或者 AC 上当前 AP 的个数等信息,确定与哪个 AC 建立会话。

3.（可选）DTLS 握手

DTLS 握手(DTLS Connect)过程是可选的,如果 AC 上配置 CAPWAP 协议采用 DTLS 加密报文,则启动该过程,其过程如图 9-10 所示。该过程包含了多个细小步骤,通过这些步骤,AP 和 AC 将协商采用 DTLS 加密传输 UDP 报文的加密方式、密钥等参数。

4. Join 过程

如图 9-11 所示,在完成 DTLS 握手后,AC 与 AP 开始建立控制通道,在此过程中,AC 回应的 Join Response 报文中会携带用户配置的版本号、握手报文间隔、超时时间、控制报文优先级等信息。AC 也会检查 AP 的 Image(即 VRP)当前版本,如果 AP 的版本无法与 AC 要求的相匹配,则 AP 和 AC 会进入 Image Data 状态进行版本升级,以此来更新 AP 的版本;如果 AP 的版本符合要求,则进入 Configure 过程。

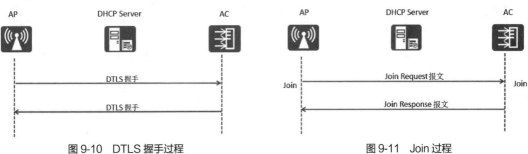

图 9-10　DTLS 握手过程　　　　　　　　　　　图 9-11　Join 过程

5.（可选）Image Data 过程

AP 根据协商参数判断当前版本是否为最新版本,如果不是最新版本,则 AP 将在 CAPWAP 协议隧道上开始更新软件版本,如图 9-12 所示。AP 在软件版本更新完成后重新启动,重复进行 AC 发现、建立 CAPWAP 协议隧道、加入 AC 的过程。

6. Configure 过程

Configure 过程用于完成 AP 的现有配置和 AC 设定配置的匹配检查。如图 9-13 所示，AP 发送 Configuration Status Request 报文到 AC 中，该信息中包含了现有 AP 的配置，当 AP 的当前配置与 AC 的要求不符合时，AC 会通过 Configuration Status Response 报文通知 AP。

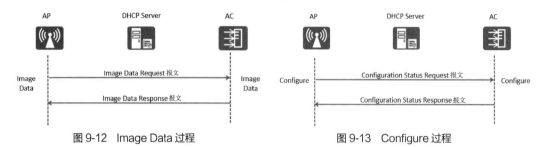

图 9-12　Image Data 过程　　　　　　　　图 9-13　Configure 过程

7. Data Check 过程

如图 9-14 所示，当完成 Configure 过程后，AP 发送 Change State Event Request 报文，其中包含了 radio、result、code 等信息，当 AC 接收到 Change State Event Request 后，开始回应 Change State Event Response。至此，已经完成 CAPWAP 协议隧道建立的过程，开始进入隧道的维护阶段。

图 9-14　Data Check 过程

8. 隧道的维护过程

隧道包含数据流隧道和管理流隧道。数据流隧道的维护过程如图 9-15 所示。AP 发送 Keepalive 到 AC 中，AC 收到 Keepalive 后表示数据隧道已经建立，AC 回应 Keepalive，AP 进入 Normal 状态，开始正常工作。

管理流隧道的维护过程如图 9-16 所示。AP 进入 Run 状态后，同时发送 Echo Request 报文给 AC，宣布建立好 CAPWAP 协议管理隧道，并启动 Echo 发送定时器和隧道超时定时器，以检测管理隧道是否异常。当 AC 收到 Echo Request 报文后，同样进入 Run 状态，并回应 Echo Response 报文给 AP，启动隧道超时定时器。当 AP 收到 Echo Response 报文后，会重设隧道超时定时器。

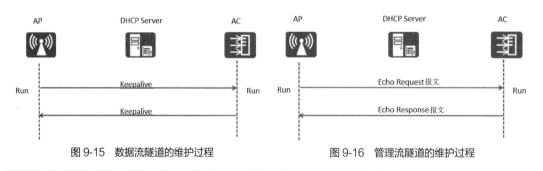

图 9-15　数据流隧道的维护过程　　　　　　图 9-16　管理流隧道的维护过程

9.2　AC+Fit AP 组网

AC+Fit AP 组网方式是大型企业或者园区网络中常用的 WLAN 组网方式。根据 AC 和 AP 连接的网络架构可分为二层组网和三层组网；根据 AC 在网络中的位置，可分为直连式组网和旁挂式组网。二层组网和三层组网、直连式组网和旁挂式组网可以组合成 4 种方式：直连式二层组网、旁挂式二层组网、直连式三层组网、旁挂式三层组网；在 AC+Fit AP 组网中，数据流转发模式又包括直接转发和隧道转发，所以组网方式和转发模式的组合有 8 种。本节将介绍常用的几种方式。

9.2.1　二层、三层组网

1.　二层组网

AC 和 AP 直连或者 AC 和 AP 之间通过二层网络进行连接的网络称为二层组网，如图 9-17 所示。二层组网比较简单，AC 通常配置为 DHCP 服务器，无须配置 DHCP 代理，简化了配置。由于 AC 和 AP 在同一广播域中，因此 AP 通过广播很容易就能发现 AC。二层组网适用于简单的组网，但是由于要求 AC 和 AP 在同一个二层网络中，所以局限性较大，不适用于有大量三层路由的大型网络。

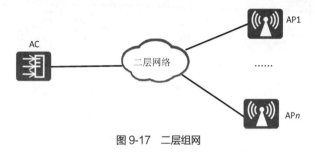

图 9-17　二层组网

2.　三层组网

AC 和 AP 之间通过三层网络进行连接的网络称为三层组网，如图 9-18 所示。在三层组网中，AC 和 AP 不在同一广播域中，AP 需要通过 DHCP 代理从 AC 获得 IP 地址，或者额外部署 DHCP 服务器为 AP 分配 IP 地址。由于 AP 无法通过广播发现 AC，所以需要在 DHCP 服务器上配置 option 43 来指明 AC 的 IP 地址。三层组网虽然比较复杂，但是由于 AC 和 AP 可以位于不同的网络，只需要它们之间 IP 包可达即可，因此部署非常灵活，适用于大型网络的无线组网。

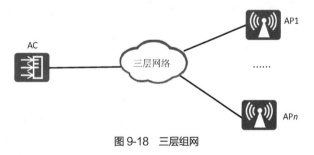

图 9-18　三层组网

9.2.2　直连式、旁挂式组网

1.　直连式组网

图 9-19 所示为直连式组网，AP、AC 与核心网络串联在一起，移动终端的数据流需要经过 AC 到达上层网络。在这种组网方式中，AC 需要转发移动终端的数据流，压力较大；此外，如果是在已有的有线网络中新增无线网络，则在核心网络和 IP 网络中插入 AC 会改变原有拓扑。但这种组网方式的架构清晰，实施较为容易。

2.　旁挂式组网

图 9-20 所示为旁挂式组网，AC 并不在 AP 和核心网络的中间，而是位于网络的一侧（通常是旁挂在汇聚交换机或者核心交换机上）。由于实际组建 WLAN 时，大多情况下已经建好了有线网络，因为旁挂式组网不需要改变现有网络的拓扑，所以它是较为常用的组网方式。如果旁挂式组网采用直接

转发模式，则移动终端的数据流不需要经过 AC 就能到达上层网络，AC 的压力较小；如果旁挂式组网采用隧道转发模式，则移动终端的数据流要通过 CAPWAP 协议隧道发送到 AC 中，AC 再把数据转发到上层网络中，AC 也将面临较大压力。

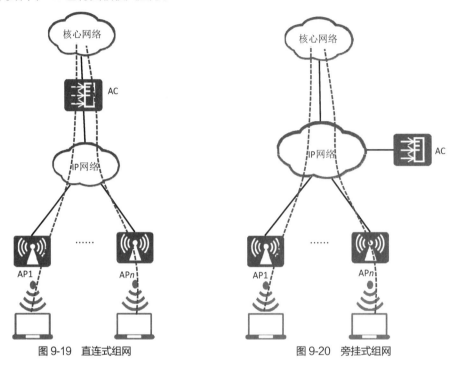

图 9-19　直连式组网　　　　图 9-20　旁挂式组网

9.2.3　AC+AP 组网中的 VLAN

AC+AP 组网中存在多种 VLAN，理解这些 VLAN 的作用对于成功组网非常关键。

1. 管理 VLAN

如图 9-21 所示，管理 VLAN 主要用来实现 AC 和 AP 的直接通信，主要是 AP 的 DHCP 报文、AP ARP 报文、AP CAPWAP 报文（含控制报文和数据报文）。二层组网时，AP 和 AC 在同一管理 VLAN 中；三层组网时，AC 和 AP 在不同的管理 VLAN 中，甚至不同的 AP 在不同的管理 VLAN 中。需要正确配置 IP 网络的 VLAN 间路由，以使 AC 和 AP 可以通信。配置 WLAN 时，没有正确配置有线网络的路由会造成管理 VLAN 之间无法通信，而 DHCP 服务器或者 DHCP 代理配置不正确会导致 AP 无法发现 AC，这是组网时最常见的错误。

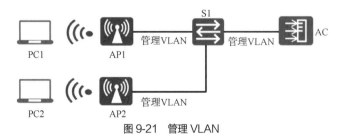

图 9-21　管理 VLAN

2. 业务 VLAN

业务 VLAN 主要负责传输 WLAN 用户（移动终端）上网时的数据，它就是 WLAN 用户接入后用户所在的 VLAN，如图 9-22 所示。对于 AP 来说，在直接转发模式下，业务 VLAN 是 AP 为用户的数据所加的 VLAN 标签。在图 9-22 中，AP1 和 S1 之间的链路为 Trunk 链路，当 AP1 收到 PC1 的数据后，将加上 VLAN 1 的标签发往交换机 S1；AP2 收到 PC2 的数据后，将加上 VLAN 2 的标签发往交换机 S1。而在隧道转发模式下，业务 VLAN 是 CAPWAP 协议隧道内用户报文的 VLAN 标签。AP1 收到 PC1 的数据后，将加上 VLAN 1 的标签，再把数据封装在 CAPWAP 报文中发送到 AC，AC 解封 CAPWAP 后，得到带 VLAN 1 标签的数据报文并转发到目的网络中；AP2 收到 PC2 的数据后也做类似的处理。

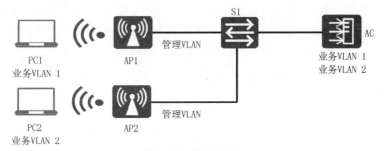

图 9-22　业务 VLAN

9.2.4　WLAN 的基本业务配置流程

使用 AC+AP 进行 WLAN 组网时，AP 通常是零配置的，配置主要在有线网络和 AC 上进行。在 AC 上进行配置时，可以使用命令行或者图形界面，限于篇幅，这里只介绍命令行配置方法。图 9-23 所示为 WLAN 基本业务配置流程，具体如下。

（1）创建 AP 组。

（2）配置网络互通。

（3）配置 AC 系统参数。

（4）配置 AC 为 Fit AP 下发 WLAN 业务。

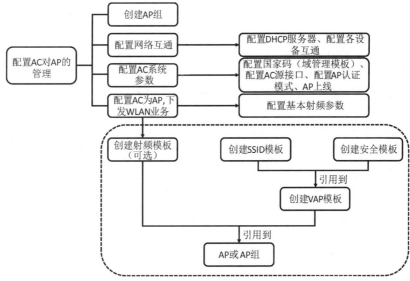

图 9-23　WLAN 基本业务配置流程

9.3 WLAN 漫游

顾名思义，移动终端是会移动的，当移动终端在同一个 AP 信号覆盖下移动时不被称为漫游，只有当移动终端在不同 AP 信号覆盖范围之间移动时才被称为漫游。漫游是 AC+AP 组网的一大特点。

9.3.1 漫游

AP 的信号覆盖范围为几米到几十米，当移动终端（STA）移动时，会发生 WLAN 漫游。WLAN 漫游是指 STA 在不同 AP 覆盖范围之间移动，且保持用户业务不中断的行为。如图 9-24 所示，STA 从 AP1 的覆盖范围移动到 AP2 的覆盖范围时，保持业务不中断。

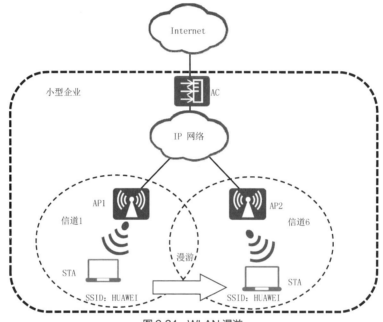

图 9-24　WLAN 漫游

WLAN 漫游技术要解决以下问题。

（1）避免漫游过程中的认证时间过长可能导致的丢包甚至业务中断情况发生。

（2）用户的认证和授权信息是用户访问网络的通行证，漫游后业务不中断就要求用户在 AC 上的认证和授权信息不变。

（3）应用层协议均使用 IP 地址和 TCP/UDP 会话作为用户业务承载，漫游后的用户必须能够保持原 IP 地址不变，才能保证对应的 TCP/UDP 会话不中断，应用层数据能够正常转发。

9.3.2 漫游过程

本节以用户在 AC 内的漫游来说明漫游的过程，具体如下。

1. 切换检测

如图 9-25 所示，当 STA 检测到要发生快速切换时，将向各信道发送切换请求。STA 侦听各信道 beacon（信标），发现新 AP 满足漫游条件，向新 AP 发送 probe（探测）请求。新 AP 在其信道中收到请求后，通过在信道中发送应答来响应。STA 收到应答后，对其进行评估，确定其同哪个 AP 关联最合适。

2. 切换触发

如图 9-26 所示，STA 达到漫游阈值时就会触发切换。对于触发条件，不同的 STA 会有不同的方式：当前 AP 和邻近 AP 信号强度的对比达到阈值就会启动切换；业务（如丢包率）达到阈值就会启动切换，不过此切换触发方式较慢，效果差。

3. 切换操作

如图 9-27 所示，关联新 AP，解除与旧 AP 的关联。不同的 STA 会有不同的操作方式。在一般情况下，STA 在发送切换请求后，发送关联新 AP 的请求，待请求被接收后，再关联新的 AP，并解除与旧 AP 的关联。但有的 STA 也会先解除与旧 AP 的关联，再关联新 AP。

图 9-25　切换检测

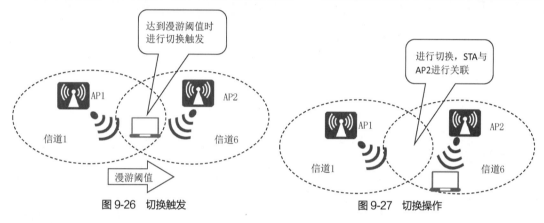

图 9-26　切换触发　　　　　　　图 9-27　切换操作

9.3.3　WLAN 漫游的网络架构

1. 漫游分类

根据 STA 是否在同一个 AC 内漫游，可以将漫游分为 AC 内漫游和 AC 间漫游。AC 内漫游是指 STA 漫游前后所关联的 AP 由同一个 AC 进行控制。AC 间漫游是指 STA 漫游前后所关联的 AP 由不同的 AC 进行控制，如图 9-28 所示。无须进行额外的配置，AC 设备即支持 AC 内漫游功能，此时，用户已经可以在关联同一个 AC 的 AP 间进行漫游。AC 间漫游需要额外的配置，不属于本书介绍的内容。

根据 STA 是否在同一个子网内漫游，可以将漫游分为二层漫游、三层漫游。二层漫游是指漫游前后 STA 在同一个子网中。三层漫游是指漫游前后 STA 在不同的子网中，三层漫游有两种情况：一种情况是漫游前后两个子网的 VLAN ID 不同、子网也不同；另一种情况是漫游前后两个子网的 VLAN ID 相同、子网却不同。

2. 漫游相关概念

如图 9-28 所示，STA 先后从 AP1、AP2 漫游到了 AP3。STA 从 AP1 覆盖范围漫游到 AP2 覆盖范围的过程中，因为 AP1 和 AP2 均与 AC1 进行关联，所以此次漫游为 AC 内漫游。STA 第一次上线与 AP1 关联，AP1 即为 STA 的 HAP，AP2 即为 STA 的 FAP，AC1 既为 STA 的 HAC，又为 STA 的 FAC。STA 从 AP2 覆盖范围漫游到 AP3 覆盖范围的过程中，因为 AP2 和 AP3 分别与 AC1 和 AC2 关联，漫游需要跨越不同的 AC，所以此次漫游为 AC 间漫游。AP1 即为 STA 的 HAP，AC1 即为 STA 的 HAC，AP3 即为 STA 的 FAP，AC2 即为 STA 的 FAC。AC 间漫游的前提是 AC1 和 AC2 分配到同一个漫游组内，只有同一个漫游组内的 AC 间才能进行漫游，漫游组内的 AC 可以通过 AC 间隧道进行数据同步和报文转发。下面介绍 STA 漫游时的几个概念。

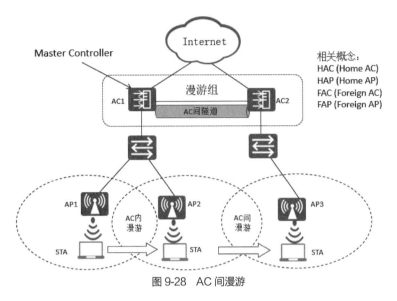

图 9-28　AC 间漫游

（1）HAC：一个无线终端首次与某个 AC 进行关联时，该 AC 即为它的 HAC。如图 9-28 所示，AC1 即为 STA 的 HAC。

（2）HAP：一个无线终端首次与某个 AP 进行关联时，该 AP 即为它的 HAP。如图 9-28 所示，AP1 即为 STA 的 HAP。

（3）FAC：一个无线终端漫游后关联的 AC 即为它的 FAC。如图 9-28 所示，AC2 即为 STA 的 FAC。

（4）FAP：一个无线终端漫游后关联的 AP 即为它的 FAP。如图 9-28 所示，AP3 即为 STA 的 FAP。

（5）AC 内漫游：如果漫游过程中关联的是同一个 AC，则此次漫游就是 AC 内漫游。如图 9-28 所示，STA 从 AP1 漫游到 AP2 的过程即为 AC 内漫游。

（6）AC 间漫游：如果漫游过程中关联的不是同一个 AC，则此次漫游就是 AC 间漫游。如图 9-28 所示，STA 从 AP1 漫游到 AP3 的过程即为 AC 间漫游。AC 内漫游可看作 AC 间漫游的一种特殊情况，即 HAC 和 FAC 重合。

（7）漫游组：在 WLAN 网络中，可以对不同的 AC 进行分组，STA 可以在同一个组的 AC 间进行漫游，这个组就称为漫游组。

（8）AC 间隧道：为了支持 AC 间漫游，漫游组内的所有 AC 需要同步每个 AC 管理的 STA 和 AP 设备的信息，因此，要在 AC 间建立一条隧道作为数据同步和报文转发的通道。AC 间隧道也是利用 CAPWAP 协议创建的。如图 9-28 所示，AC1 和 AC2 间建立了 AC 间隧道进行数据同步和报文转发。

9.4　项目案例

9.4.1　项目案例 1：组建直连式二层无线局域网

1. 项目背景

某新筹建的企业，需要在网络中部署 WLAN 以满足员工的移动办公需求，考虑到消费级的无线路由器在性能、扩展性、可管理性上都无法满足要求，企业准备采用 AC+AP 的方案。同时，为了不大幅度增加部署的难度，选择了直连式二层组网。直连式二层组网拓扑如图 9-29 所示，AC 数据规划如表 9-2 所示。

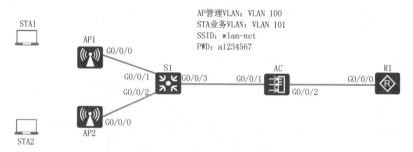

图 9-29　直连式二层组网拓扑

表 9-2　AC 数据规划

配置项	数据
AP 管理 VLAN	VLAN 100
STA 业务 VLAN	VLAN 101
DHCP 服务器	AC 为 DHCP 服务器，为 AP 和 STA 分配 IP 地址
AP 的 IP 地址池	10.23.100.2～10.23.100.254/24
STA 的 IP 地址池	10.23.101.3～10.23.101.254/24
AC 的源接口 IP 地址	VLANIF 100：10.23.100.1/24
AP 组	名称：ap-group1 引用模板：VAP 模板 wlan-net、域管理模板 default
域管理模板	名称：default 国家码：cn
SSID 模板	名称：wlan-net SSID 名称：wlan-net
安全模板	名称：wlan-net 安全策略：WPA-WPA2+PSK+AES 密码：a1234567
VAP 模板	名称：wlan-net 转发模式：直接转发 业务 VLAN：VLAN 101 引用模板：SSID 模板 wlan-net、安全模板 wlan-net

2. 项目任务

使用 AC+AP 的组网配置，要首先考虑 AP 如何获得 IP 地址，以及 AP 如何发现 AC，这是初学者常常忽略的问题。二层组网时，AC 和 AP 在同一广播域中，AC 配置为 DHCP 服务器后，AP 能直接从 AC 获得 IP 地址，此外，AP 通过广播就能发现 AC，配置相对简单。具体任务如下。

（1）配置 AP、AC 和周边网络设备，实现网络互通。

（2）配置 AP 上线。

① 创建 AP 组，用于将需要进行相同配置的 AP 都加入 AP 组，实现统一配置。

② 配置 AC 的系统参数，包括国家码、AC 与 AP 之间通信的源接口。

③ 配置 AP 上线的认证方式并离线导入 AP，实现 AP 的正常上线。

（3）配置 WLAN 业务参数，实现 STA 访问 WLAN 功能。

215

3. 项目目的

通过本项目可以掌握如下知识点和技能点，同时积累项目经验。

（1）配置有线网络，为 AC 和 AP 提供连接。

（2）在 AC 上配置 DHCP 服务器。

（3）配置 AP 上线。

（4）配置 WLAN 业务参数。

（5）配置 AP 射频的信道和功率。

（6）验证 WLAN 配置结果。

4. 项目拓扑

直连式二层组网拓扑如图 9-29 所示。

5. 项目实施

（1）配置周边设备。

配置接入交换机 S1 的接口 G0/0/1-3 为 Trunk 接口，并加入 VLAN 100 和 VLAN 101。其中，接口 G0/0/1-2 的默认 VLAN 为 VLAN 100，AP1、AP2 上电启动后会加入 VLAN 100，VLAN 100 是 AP 的管理 VLAN；接口 G0/0/3 的默认 VLAN 保持为默认 VLAN 1。

```
[S1]vlan batch 100 101
[S1]interface GigabitEthernet 0/0/1
[S1-GigabitEthernet0/0/1]port link-type trunk
[S1-GigabitEthernet0/0/1]port trunk pvid vlan 100
[S1-GigabitEthernet0/0/1]port trunk allow-pass vlan 100 101
[S1]interface GigabitEthernet 0/0/2
[S1-GigabitEthernet0/0/2]port link-type trunk
[S1-GigabitEthernet0/0/2]port trunk pvid vlan 100
[S1-GigabitEthernet0/0/2]port trunk allow-pass vlan 100 101
[S1]interface GigabitEthernet 0/0/3
[S1-GigabitEthernet0/0/3]port link-type trunk
[S1-GigabitEthernet0/0/3]port trunk allow-pass vlan 100 101
```

配置路由器 R1 的 VLAN 101 子接口 G0/0/0.101 的 IP 地址为 10.23.101.2/24；创建 Loopback 10 接口用于测试，该接口地址模拟为 DNS 服务器的地址。

```
[R1]interface GigabitEthernet 0/0/0.101
[R1-GigabitEthernet0/0/0.101]dot1q termination vid 101
[R1-GigabitEthernet0/0/0.101]ip address 10.23.101.2 255.255.255.0
[R1-GigabitEthernet0/0/0.101]arp broadcast enable
[R1]interface Loopback 10
[R1-LoopBack10]ip address 10.10.10.10 24
```

（2）设置 AC 与其他网络设备互通。

如果 AC 直接连接 AP，则需要在 AC 直连 AP 的接口上配置 Trunk，并且默认 VLAN 为管理 VLAN 100。

配置 AC 的接口 G0/0/1 加入 VLAN 100 和 VLAN 101，接口 G0/0/2 加入 VLAN 101。

```
[AC]vlan batch 100 101
[AC]interface GigabitEthernet 0/0/1
[AC-GigabitEthernet0/0/1]port link-type trunk
[AC-GigabitEthernet0/0/1]port trunk allow-pass vlan 100 101
[AC]interface GigabitEthernet 0/0/2
[AC-GigabitEthernet0/0/2]port link-type trunk
[AC-GigabitEthernet0/0/2]port trunk allow-pass vlan 101
```

（3）配置 DHCP 服务器，为 STA 和 AP 分配 IP 地址。

在 AC 上启动 DHCP 服务，配置接口 VLANIF 100 为 AP 提供的 IP 地址，配置接口 VLANIF 101
为 STA 提供的 IP 地址，并配置下一跳为路由器 R1 的默认路由。

```
[AC]dhcp enable
[AC]interface vlanif 100
[AC-Vlanif100]ip address 10.23.100.1 24
[AC-Vlanif100]dhcp select interface
[AC]interface vlanif 101
[AC-Vlanif101]ip address 10.23.101.1 24
[AC-Vlanif101]dhcp select interface
[AC-Vlanif101]dhcp server excluded-ip-address 10.23.101.2
[AC-Vlanif101]dhcp server dns-list 10.10.10.10
[AC]ip route-static 0.0.0.0 0.0.0.0 10.23.101.2
```

在 AC 上，测试 AC 和 10.10.10.10（路由器 R1 上的 Loopback 10）能否通信。

（4）配置 AP 上线。

创建 AP 组，用于将相同配置的 AP 加入同一 AP 组。

```
[AC]wlan
[AC-wlan-view]ap-group name ap-group1
```

创建域管理模板，在域管理模板下配置 AC 的国家码，并在 AP 组下引用域管理模板。

```
[AC-wlan-view]regulatory-domain-profile name default
[AC-wlan-regulate-domain-default]country-code cn
[AC-wlan-view]ap-group name ap-group1
[AC-wlan-ap-group-ap-group1]regulatory-domain-profile default
Warning: Modifying the country code will clear channel, power and antenna gain configurations of
the radio and reset the AP. Continue?[Y/N]:y
```

配置 AC 的源接口。

```
[AC]capwap source interface vlanif 100
```

在 AC 上离线导入 AP1、AP2，AP 的 ID 分别为 0 和 1，并将 AP 加入 AP 组 ap-group1。假设
AP1 的 MAC 地址为 ac85-3d92-3340、AP2 的 MAC 地址为 ac85-3d92-1b60，且根据 AP 的部署位置
为 AP 配置名称，便于从名称上了解 AP 的部署位置。例如，将 AP1 命名为 area_1，将 AP2 命名为
area_2。

【ap auth-mode】命令用于配置 AC 对 AP 的认证模式，默认情况下为 MAC 地址认证，即通过 MAC
地址检查 AP 是否合法。其中，AP 为 AP6010DN，具有射频 0 和射频 1 两个射频；AP6010DN 的射频
0 为 2.4GHz，射频 1 为 5GHz。

```
[AC]wlan
[AC-wlan-view]ap auth-mode mac-auth
[AC-wlan-view]ap-id 0 ap-mac ac85-3d92-3340
[AC-wlan-ap-0]ap-name area_1
[AC-wlan-ap-0]ap-group ap-group1
Warning: This operation may cause AP reset. If the country code changes, it will clear channel,
power and antenna gain configurations of the radio, Whether to continue? [Y/N]:y
[AC-wlan-view]ap-id 1 ap-mac ac85-3d92-1b60
[AC-wlan-ap-1]ap-name area_2
[AC-wlan-ap-1]ap-group ap-group1
Warning: This operation may cause AP reset. If the country code changes, it will clear channel,
power and antenna gain configurations of the radio, Whether to continue? [Y/N]:y
```

将 AP 上电后，执行【display ap all】命令，当查看到 AP 的"State"字段为"nor"时，表示 AP
正常上线。AP 能正常上线是整个 WLAN 组网的关键一步，如果 AP 没有正常上线，则应先仔细考虑
有线网络的 VLAN、Trunk、VLAN 路由、DHCP 代理、DHCP 服务器是否正确。

```
[AC-wlan-view]display ap all
```

```
Info: This operation may take a few seconds. Please wait for a moment.done.
Total AP information:
nor   : normal              [2]
Extra information:
P   : insufficient power supply
--------------------------------------------------------------------------------
ID   MAC            Name    Group     IP             Type          State STA Uptime
ExtraInfo
--------------------------------------------------------------------------------
0    ac85-3d92-3340 area_1  ap-group1 10.23.100.144 AP6010DN-AGN  nor   1   28M:16S -
1    ac85-3d92-1b60 area_2  ap-group1 10.23.100.197 AP6010DN-AGN  nor   0   25M:11S -
--------------------------------------------------------------------------------
```

（5）配置 WLAN 业务参数。

创建名为"wlan-net"的安全模板，并配置安全策略，这个安全策略就是 STA 连接 WLAN 时要使用的认证方式。本项目中配置的安全策略为 WPA-WPA2+PSK+AES，密码为 a1234567，实际配置中，可根据实际情况配置符合实际要求的安全策略。

```
[AC-wlan-view]security-profile name wlan-net
[AC-wlan-sec-prof-wlan-net]security wpa-wpa2 psk pass-phrase a1234567 aes
```

创建名为"wlan-net"的 SSID 模板，并配置 SSID 的名称为"wlan-net"，SSID 就是 STA 扫描到的无线网络的名称。

```
[AC-wlan-view]ssid-profile name wlan-net
[AC-wlan-ssid-prof-wlan-net]ssid wlan-net
```

创建名为"wlan-net"的 VAP 模板，配置业务数据转发模式为直接转发、业务 VLAN 为 VLAN 101，并引用安全模板和 SSID 模板。

```
[AC-wlan-view]vap-profile name wlan-net
[AC-wlan-vap-prof-wlan-net]forward-mode direct-forward
[AC-wlan-vap-prof-wlan-net]service-vlan vlan-id 101
[AC-wlan-vap-prof-wlan-net]security-profile wlan-net
[AC-wlan-vap-prof-wlan-net]ssid-profile wlan-net
```

配置 AP 组引用 VAP 模板，AP 上的射频 0 和射频 1 都使用 VAP 模板"wlan-net"的配置。

```
[AC-wlan-view]ap-group name ap-group1
[AC-wlan-ap-group-ap-group1]vap-profile wlan-net wlan 1 radio 0
[AC-wlan-ap-group-ap-group1]vap-profile wlan-net wlan 1 radio 1
```

（6）配置 AP 射频的信道和功率。

关闭 AP1（ID 为 0）射频 0 的信道自动选择功能和功率自动调优功能，并配置 AP1 射频 0 的信道为信道 6、带宽为 20MHz、功率为 127mW。其中，EIRP 为有效全向辐射功率。

```
[AC-wlan-view]ap-id 0
[AC-wlan-ap-0]radio 0
[AC-wlan-radio-0/0]calibrate auto-channel-select disable
[AC-wlan-radio-0/0]calibrate auto-txpower-select disable
[AC-wlan-radio-0/0]channel 20mhz 6
Warning: This action may cause service interruption. Continue?[Y/N]y
[AC-wlan-radio-0/0]eirp 127
```

关闭 AP1 射频 1 的信道自动选择功能和功率自动调优功能，并配置 AP 射频 1 的信道和功率。

```
[AC-wlan-ap-0]radio 1
[AC-wlan-radio-0/1]calibrate auto-channel-select disable
[AC-wlan-radio-0/1]calibrate auto-txpower-select disable
[AC-wlan-radio-0/1]channel 20mhz 149
Warning: This action may cause service interruption. Continue?[Y/N]y
[AC-wlan-radio-0/1]eirp 127
```

配置 AP2（ID 为 1）射频 0 的信道和功率，AP2 射频 0 的信道为信道 11。注意：AP1、AP2 的信号覆盖要有重叠，按照信道的规划原则，相邻 AP 的 2.4GHz 信道（Radio 0）值应该间隔 5（含 5）以上，相邻 AP 的 5GHz 信道（Radio 1）值应该间隔 4（含 4）以上。本项目中，2.4GHz AP1 的信道为 6，AP2 的信道为 11；5GHz AP1 的信道为 149，AP2 的信道为 153。

```
[AC-wlan-view]ap-id 1
[AC-wlan-ap-1]radio 0
[AC-wlan-radio-1/0]calibrate auto-channel-select disable
[AC-wlan-radio-1/0]calibrate auto-txpower-select disable
[AC-wlan-radio-1/0]channel 20mhz 11
Warning: This action may cause service interruption. Continue?[Y/N]y
[AC-wlan-radio-1/0]eirp 127
```

关闭 AP1 射频 1 的信道自动选择功能和功率自动调优功能，并配置 AP 射频 1 的信道和功率。

```
[AC-wlan-ap-1]radio 1
[AC-wlan-radio-1/1]calibrate auto-channel-select disable
[AC-wlan-radio-1/1]calibrate auto-txpower-select disable
[AC-wlan-radio-1/1]channel 20mhz 153
Warning: This action may cause service interruption. Continue?[Y/N]y
[AC-wlan-radio-1/1]eirp 127
```

6. 项目测试

WLAN 业务配置会自动下发给 AP，配置完成后，通过执行【display vap ssid wlan-net】命令可查看到如下信息，当 "Status" 字段为 "ON" 时，表示 AP 对应的射频上的 VAP 已创建成功。

```
[AC-wlan-view]display vap ssid wlan-net
Info: This operation may take a few seconds, please wait.
WID : WLAN ID
-------------------------------------------------------------------------------
AP ID AP name RfID WID  BSSID           Status  Auth type       STA   SSID
-------------------------------------------------------------------------------
0     area_1  0    1    AC85-3D92-3340  ON      WPA/WPA2-PSK    0     wlan-net
0     area_1  1    1    AC85-3D92-3350  ON      WPA/WPA2-PSK    1     wlan-net
1     area_2  0    1    AC85-3D92-1B60  ON      WPA/WPA2-PSK    0     wlan-net
1     area_2  1    1    AC85-3D92-1B70  ON      WPA/WPA2-PSK    0     wlan-net
-------------------------------------------------------------------------------
```

STA 搜索到名为 "wlan-net" 的无线网络，输入密码 "a1234567" 并正常关联后，在 AC 上执行【display station ssid wlan-net】命令，可以查看到用户已经接入到无线网络 "wlan-net" 中。

```
[AC-wlan-view]display station ssid wlan-net
Rf/WLAN: Radio ID/WLAN ID
Rx/Tx: link receive rate/link transmit rate(Mbps)
-------------------------------------------------------------------------------
STA MAC         AP ID AP name  Rf/WLAN  Band  Type  Rx/Tx   RSSI  VLAN  IP address
-------------------------------------------------------------------------------
24da-3385-a4d9  0     area_1   1/1      5G    11n   115/135  -41   101   10.23.101.186
-------------------------------------------------------------------------------
Total: 1 2.4G: 0 5G: 1
```

9.4.2 项目案例 2：组建旁挂式三层无线局域网

旁挂式组网时，AC 通常位于网络的一侧，对已有网络影响很小，因此使用机会较多。

1. 项目背景

某企业需要在原有网络中部署 WLAN，以满足员工办公的需要。由于原来的有线网络较为复杂，为满足 WLAN 组网的灵活性，管理员准备采用旁挂式三层组网方案。

旁挂式三层组网拓扑如图 9-30 所示，AC 数据规划如表 9-3 所示。

（1）AC 组网方式：旁挂式三层组网。

（2）DHCP 部署方式：AC 作为 DHCP 服务器为 AP 和 STA 分配 IP 地址；汇聚交换机 S1 作为 DHCP 代理。

（3）业务数据转发方式：隧道转发。

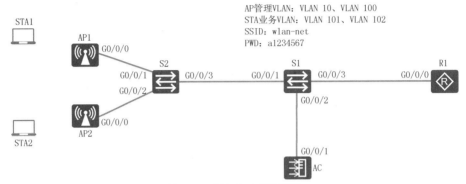

图 9-30　旁挂式三层组网拓扑

表 9-3　AC 数据规划

项目	数据
AP 管理 VLAN	VLAN 10、VLAN 100
STA 业务 VLAN	VLAN 101、VLAN 102
DHCP 服务器	AC 作为 AP、STA 的 DHCP 服务器 汇聚交换机实现三层路由，STA 的默认网关分别为 10.23.101.1 和 10.23.102.1
AP 的 IP 地址池	10.23.10.2～10.23.10.254/24
STA 的 IP 地址池	10.23.101.3～10.23.101.254/24 10.23.102.3～10.23.102.254/24
AC 的源接口	VLANIF 100：10.23.100.2/24
AP 组	名称：ap-group1 引用模板：VAP 模板 wlan-net、域管理模板 default
域管理模板	名称：default 国家码：cn
SSID 模板	名称：wlan-net SSID 名称：wlan-net1、wlan-net2
安全模板	名称：wlan-net 安全策略：WPA-WPA2+PSK+AES 密码：a1234567
VAP 模板	名称：wlan-net 转发模式：隧道转发 业务 VLAN：VLAN pool 引用模板：SSID 模板 wlan-net、安全模板 wlan-net

2. 项目任务

（1）配置 AP、AC 和周边网络设备，实现三层互通。

（2）配置 VLAN pool，用于作为业务 VLAN。

（3）配置 AP 上线。

① 创建 AP 组，用于将需要进行相同配置的 AP 加入 AP 组，实现统一配置。

② 配置 AC 的系统参数，包括国家码、AC 与 AP 之间通信的源接口。

③ 配置 AP 上线的认证方式并离线导入 AP，实现 AP 正常上线。

（4）配置 WLAN 业务参数，实现 STA 访问 WLAN 功能。

3. 项目目的

通过本项目可以掌握如下知识点和技能点，同时积累项目经验。

（1）配置 AC 与其他网络设备互通。

（2）把交换机 S1 配置为 DHCP 中继，为 AP 和 STA 分配 IP 地址。

（3）配置 AP 射频的信道和功率。

（4）配置旁挂式三层 WLAN 组网。

（5）验证 WLAN 配置结果。

4. 项目拓扑

旁挂式三层组网拓扑如图 9-30 所示。

5. 项目实施

（1）配置周围设备。

配置接入交换机 S2 的接口 G0/0/1-3 加入 VLAN 10、VLAN 101 和 VLAN 102，其中，接口 G0/0/1-2 的默认 VLAN 为 VLAN 10，接口 G0/0/3 的默认 VLAN 为默认值（VLAN 1）。

```
[S2]vlan batch 10 101 102
[S2]interface GigabitEthernet 0/0/1
[S2-GigabitEthernet0/0/1]port link-type trunk
[S2-GigabitEthernet0/0/1]port trunk pvid vlan 10
[S2-GigabitEthernet0/0/1]port trunk allow-pass vlan 10 101 102
[S2]interface GigabitEthernet 0/0/2
[S2-GigabitEthernet0/0/2]port link-type trunk
[S2-GigabitEthernet0/0/2]port trunk pvid vlan 10
[S2-GigabitEthernet0/0/2]port trunk allow-pass vlan 10 101 102
[S2]interface GigabitEthernet 0/0/3
[S2-GigabitEthernet0/0/2]port link-type trunk
[S2-GigabitEthernet0/0/2]port trunk allow-pass vlan 10 101 102
```

配置汇聚交换机 S1 的接口 G0/0/1 加入 VLAN 10、VLAN 101 和 VLAN 102，接口 G0/0/2 加入 VLAN 100，接口 G0/0/3 加入 VLAN 101 和 VLAN 102。创建接口 VLANIF 10、VLANIF 100、VLANIF 101、VLANIF 102，配置相应 IP 地址作为不同 VLAN 的网关。

```
[S1]vlan batch 10 100 101 102
[S1]interface GigabitEthernet 0/0/1
[S1-GigabitEthernet0/0/1]port link-type trunk
[S1-GigabitEthernet0/0/1]port trunk allow-pass vlan 10 101 102
[S1]interface GigabitEthernet 0/0/2
[S1-GigabitEthernet0/0/2]port link-type trunk
[S1-GigabitEthernet0/0/2]port trunk allow-pass vlan 100 101 102
[S1]interface GigabitEthernet 0/0/3
[S1-GigabitEthernet0/0/3]port link-type trunk
[S1-GigabitEthernet0/0/3]port trunk allow-pass vlan 101 102
[S1]interface vlanif 10
[S1-Vlanif10]ip address 10.23.10.1 24
[S1]interface vlanif 100
[S1-Vlanif100]ip address 10.23.100.1 24
[S1]interface vlanif 101
```

```
[S1-Vlanif101]ip address 10.23.101.1 24
[S1]interface vlanif 102
[S1-Vlanif102]ip address 10.23.102.1 24
```

配置路由器 R1 的子接口 G0/0/0.101、G0/0/0.102，并分别将其加入 VLAN 101 和 VLAN 102，用于测试。

```
[R1]interface g0/0/0.101
[R1-GigabitEthernet0/0/0.101]dot1q termination vid 101
[R1-GigabitEthernet0/0/0.101]ip add 10.23.101.2 24
[R1-GigabitEthernet0/0/0.101]arp broadcast enable
[R1]interface g0/0/0.102
[R1-GigabitEthernet0/0/0.102]dot1q termination vid 102
[R1-GigabitEthernet0/0/0.102]ip add 10.23.102.2 24
[R1-GigabitEthernet0/0/0.102]arp broadcast enable
```

（2）配置 AC 与其他网络设备互通。

配置 AC 的接口 G0/0/1 加入 VLAN 100、VLAN 101 和 VLAN 102，并创建接口 VLANIF 100。

```
[AC]vlan batch 100 to 102
[AC]interface GigabitEthernet 0/0/1
[AC-GigabitEthernet0/0/1]port link-type trunk
[AC-GigabitEthernet0/0/1]port trunk allow-pass vlan 100 101 102
[AC]interface vlanif 100
[AC-Vlanif100]ip address 10.23.100.2 24
```

配置 AC 到 AP 的路由，下一跳为交换机 S1 的 VLANIF 100。

```
[AC]ip route-static 0.0.0.0 0.0.0.0 10.23.100.1
```

（3）配置 DHCP 服务器，为 AP 和 STA 分配 IP 地址。

在交换机 S1 上配置 DHCP 中继，代理 AC 为 AP、STA 分配 IP 地址。

```
[S1]dhcp enable
[S1]interface vlanif 10
[S1-Vlanif10]dhcp select relay
[S1-Vlanif10]dhcp relay server-ip 10.23.100.2
[S1]interface vlanif 101
[S1-Vlanif101]dhcp select relay
[S1-Vlanif101]dhcp relay server-ip 10.23.100.2
[S1]interface vlanif 102
[S1-Vlanif101]dhcp select relay
[S1-Vlanif101]dhcp relay server-ip 10.23.100.2
```

在 AC 上创建 3 个全局地址池。其中，地址池 pool huawei 为 AP 提供地址，此地址池要设置 option 43 为 AP 指明 AC 的 IP 地址；地址池 pool vlan101 为 VLAN 101 的 STA 提供地址；地址池 pool vlan102 为 VLAN 102 的 STA 提供地址。

```
[AC]dhcp enable
[AC]ip pool huawei
[AC-ip-pool-huawei]network 10.23.10.0 mask 24
[AC-ip-pool-huawei]gateway-list 10.23.10.1
[AC-ip-pool-huawei]option 43 sub-option 3 ascii 10.23.100.2
[AC]ip pool vlan101
[AC-ip-pool-vlan101]gateway-list 10.23.101.1
[AC-ip-pool-vlan101]network 10.23.101.0 mask 255.255.255.0
[AC-ip-pool-vlan101]dns-list 10.10.10.10
[AC]ip pool vlan102
[AC-ip-pool-vlan102]gateway-list 10.23.102.1
[AC-ip-pool-vlan102]network 10.23.102.0 mask 255.255.255.0
[AC-ip-pool-vlan102]dns-list 10.10.10.10
```

```
[AC]interface vlanif 100
[AC-Vlanif100]dhcp select global
```

（4）配置 AP 上线。

创建 AP 组，用于将相同配置的 AP 加入同一 AP 组。

```
[AC]wlan
[AC-wlan-view]ap-group name ap-group1
```

创建域管理模板，在域管理模板下配置 AC 的国家码并在 AP 组中引用域管理模板。

```
[AC-wlan-view]regulatory-domain-profile name default
[AC-wlan-regulate-domain-default]country-code cn
[AC-wlan-view]ap-group name ap-group1
[AC-wlan-ap-group-ap-group1]regulatory-domain-profile default
Warning: Modifying the country code will clear channel, power and antenna gain configurations of
the radio and reset the AP. Continue?[Y/N]:y
```

配置 AC 的源接口。

```
[AC]capwap source interface vlanif 100
```

在 AC 上离线导入 AP1、AP2，并将 AP 加入 AP 组 ap-group1。

```
[AC]wlan
[AC-wlan-view]ap auth-mode mac-auth
[AC-wlan-view]ap-id 0 ap-mac ac85-3d92-3340
[AC-wlan-ap-0]ap-name area_1
Warning: This operation may cause AP reset. Continue? [Y/N]:y
[AC-wlan-ap-0]ap-group ap-group1
Warning: This operation may cause AP reset. If the country code changes, it will clear channel,
power and antenna gain configurations of the radio, Whether to continue? [Y/N]:y
[AC-wlan-view]ap-id 1 ap-mac ac85-3d92-1b60
[AC-wlan-ap-1]ap-name area_2
Warning: This operation may cause AP reset. Continue? [Y/N]:y
[AC-wlan-ap-1]ap-group ap-group1
Warning: This operation may cause AP reset. If the country code changes, it will clear channel,
power and antenna gain configurations of the radio, Whether to continue? [Y/N]:y

[AC-wlan-view]display ap all
```

当 AP 正常上线后，"State"字段为"nor"。

（5）配置 WLAN 业务。

这里将发布两个 SSID，使用了两个 VAP-Profile，分别为"wlan-net1""wlan-net2"。两个 SSID 可以配置独立的认证方式等参数。下面来创建名为"wlan-net1"的安全模板，并配置安全策略。

```
[AC-wlan-view]security-profile name wlan-net1
[AC-wlan-sec-prof-wlan-net]security wpa-wpa2 psk pass-phrase a1234567 aes
```

创建名为"wlan-net"的 SSID 模板，并配置 SSID 名称为"wlan-net1"。

```
[AC-wlan-view]ssid-profile name wlan-net1
[AC-wlan-ssid-prof-wlan-net]ssid wlan-net1
```

创建名为"wlan-net1"的 VAP 模板，配置业务数据转发模式、业务 VLAN，并引用安全模板和 SSID 模板。这里采用隧道转发模式，业务 VLAN 是 VLAN 101。

```
[AC-wlan-view]vap-profile name wlan-net1
[AC-wlan-vap-prof-wlan-net]forward-mode tunnel
[AC-wlan-vap-prof-wlan-net]service-vlan vlan-id 101
[AC-wlan-vap-prof-wlan-net]security-profile wlan-net1
[AC-wlan-vap-prof-wlan-net]ssid-profile wlan-net1
```

参照"wlan-net1"的 VAP 模板，创建名为"wlan-net2"的 VAP 模板。

```
[AC-wlan-view]security-profile name wlan-net2
```

```
[AC-wlan-sec-prof-wlan-net]security wpa-wpa2 psk pass-phrase a1234567 aes
[AC-wlan-view]ssid-profile name wlan-net2
[AC-wlan-ssid-prof-wlan-net]ssid wlan-net2
[AC-wlan-view]vap-profile name wlan-net2
[AC-wlan-vap-prof-wlan-net]forward-mode tunnel
[AC-wlan-vap-prof-wlan-net]service-vlan vlan-id 102
[AC-wlan-vap-prof-wlan-net]security-profile wlan-net2
[AC-wlan-vap-prof-wlan-net]ssid-profile wlan-net2
```

配置 AP 组引用 VAP 模板，AP 上的射频 0 和射频 1 同时使用 VAP 模板"wlan-net1""wlan-net2"的配置。

```
[AC-wlan-view]ap-group name ap-group1
[AC-wlan-ap-group-ap-group1]vap-profile wlan-net1 wlan 1 radio 0
[AC-wlan-ap-group-ap-group1]vap-profile wlan-net1 wlan 1 radio 1
[AC-wlan-ap-group-ap-group1]vap-profile wlan-net2 wlan 2 radio 0
[AC-wlan-ap-group-ap-group1]vap-profile wlan-net2 wlan 2 radio 1
```

（6）配置 AP 射频的信道和功率。

关闭 AP1 射频 0 的信道自动选择功能和功率自动调优功能，并配置 AP 射频 0 的信道和功率。

```
[AC-wlan-view]ap-id 0
[AC-wlan-ap-0]radio 0
[AC-wlan-radio-0/0]calibrate auto-channel-select disable
[AC-wlan-radio-0/0]calibrate auto-txpower-select disable
[AC-wlan-radio-0/0]channel 20mhz 6
Warning: This action may cause service interruption. Continue?[Y/N]y
[AC-wlan-radio-0/0]eirp 127
```

关闭 AP1 射频 1 的信道自动选择功能和功率自动调优功能，并配置 AP 射频 1 的信道和功率。

```
[AC-wlan-ap-0]radio 1
[AC-wlan-radio-0/1]calibrate auto-channel-select disable
[AC-wlan-radio-0/1]calibrate auto-txpower-select disable
[AC-wlan-radio-0/1]channel 20mhz 149
Warning: This action may cause service interruption. Continue?[Y/N]y
[AC-wlan-radio-0/1]eirp 127
```

参照 AP1 配置 AP2 的信道和功率。需要注意的是，当 AP1、AP2 的信号覆盖有重叠时，信道值需要有一定的间隔。

```
[AC-wlan-view]ap-id 1
[AC-wlan-ap-1]radio 0
[AC-wlan-radio-1/0]calibrate auto-channel-select disable
[AC-wlan-radio-1/0]calibrate auto-txpower-select disable
[AC-wlan-radio-1/0]channel 20mhz 11
Warning: This action may cause service interruption. Continue?[Y/N]y
[AC-wlan-radio-1/0]eirp 127
[AC-wlan-ap-1]radio 1
[AC-wlan-radio-1/1]calibrate auto-channel-select disable
[AC-wlan-radio-1/1]calibrate auto-txpower-select disable
[AC-wlan-radio-1/1]channel 20mhz 153
Warning: This action may cause service interruption. Continue?[Y/N]y
[AC-wlan-radio-1/1]eirp 127
```

6. 项目测试

WLAN 业务配置会自动下发给 AP，配置完成后，通过执行【display vap ssid wlan-net1】【display vap ssid wlan-net2】命令可查看信息，当"Status"字段为"ON"时，表示 AP 对应的射频上的 VAP 已创建成功。

STA 可搜索到名为 "wlan-net1""wlan-net2"的无线网络，输入密码 "a1234567"并正常关联后，在 AC 上执行【display station ssid wlan-net1】【display station ssid wlan-net2】命令，可以查看到用户已经接入到无线网络 "wlan-net1"中。

本章总结

本章介绍了使用 AC+Fit AP 组建 WLAN 的相关知识和配置。Fit AP 不能单独运行，需要由 AC 进行控制，AC 和 AP 之间使用 CAPWAP 协议进行通信，CAPWAP 协议有控制报文和数据报文两种报文，AC 和 AP 之间 CAPWAP 隧道的建立主要包含 8 个过程，有些过程是可选的。根据 AC 的位置，组网分为直连式组网和旁挂式组网；根据 AC 和 AP 所在的子网，组网分为二层组网和三层组网；根据数据流是否经过 AC，组网分为直接转发组网和隧道转发组网。这些方式可以组合成 8 种组网方式。AC+Fit AP 组建 WLAN 的主要配置步骤为：创建 AP 组、配置网络互通、配置 AC 系统参数、配置 AC 为 AP 下发 WLAN 业务。无线终端可以在 WLAN 中漫游，一个 AC 内的漫游无须额外的配置。本章以两个案例介绍了 AC+Fit AP 组建 WLAN 的配置。

习题

1. 关于 AD-Hoc 组网，以下描述中错误的是（　　　）。
   A. 所有节点的地位平等
   B. 未设置任何的中心控制节点
   C. 需要特殊的 AP 支持
   D. 组网成本低

2. 关于 AP，以下描述中错误的是（　　　）。
   A. 家用无线路由器是一种 Fat AP
   B. 和 Fat AP 相比，Fit AP 的功能较弱
   C. Fit AP 能独立组网
   D. Fat AP 可以升级为 Fit AP，反向则不行

3. （　　　）是 AC 和 AP 之间使用的协议。
   A. LWAPP
   B. CAPWAP
   C. SLAPP
   D. WPA2

4. （　　　）是 AC+Fit AP 组成无线局域网时数据流直接转发的特点。
   A. AC 所受压力小
   B. AC 集中转发数据报文，安全性更高
   C. 业务数据必须经过 AC 封装转发
   D. 报文转发效率低

5. （　　　）不是必需的 CAPWAP 隧道建立过程。
   A. Discovery
   B. Image Data
   C. Configure
   D. Join

6. 关于直连式、旁挂式组网，以下描述中错误的是（　　　）。
   A. 在直连式组网方式中，AC 需要转发移动终端的数据流，压力较大
   B. 直连式组网常需要改变原有拓扑
   C. 不论是直接转发还是隧道转发，旁挂式组网移动终端的数据流都不需要经过 AC 就能到达上层网络
   D. 在大型网络中，旁挂式组网是较为常用的组网方式

7. 关于 AC+Fit AP 组网中的 VLAN，以下描述中错误的是（　　　）。
   A. 业务 VLAN 主要负责传输 WLAN 用户的数据
   B. 管理 VLAN 主要用来实现 AC 和 AP 的直接通信
   C. 业务 VLAN、管理 VLAN 通常是不同的 VLAN
   D. AC、AP 所在的管理 VLAN 必须不同

第 10 章

网络系统安全

10

保证信息安全是用户对信息系统的基本要求,然而,信息系统的安全并不是一个简单的话题,特别是在黑客水平很高的今天。信息安全涉及方方面面,有技术层面的,有制度层面的,也有意识层面的。即使只讨论技术层面,信息安全也会涉及操作系统的安全、传输的安全、网络系统的安全等。本章将介绍网络系统安全的一些措施,需要强调的是,这些措施不足以保证信息安全,它们只是必需措施中的一部分。

学习目标

1. 理解交换机接口安全的原理。
2. 理解 DHCP Snooping 的原理。
3. 理解动态 ARP 检测的原理。
4. 理解防 IP 源地址欺骗的原理。
5. 理解 IPSec VPN 的概念和原理。
6. 掌握防 MAC 泛洪攻击的配置。
7. 掌握防 DHCP 欺骗的配置。
8. 掌握防 ARP 欺骗的配置。
9. 掌握防 IP 源地址欺骗的配置。
10. 掌握 IPSec VPN 的配置。

10.1 以太网安全

以太网系统的主要组成设备为交换机,要保证以太网的安全就需要在交换机上做必要的安全措施,这些措施包含(但不限于)接口安全、防 DHCP 欺骗、ARP 安全、防 IP 源地址欺骗,这些措施将在本章中介绍。除此之外,还有防止 STP、VRRP、路由协议被攻击的措施,这些措施在本书其他章节中已有介绍,本章不再赘述。

10.1.1 交换机的接口安全

1. MAC 泛洪攻击原理

交换机从某个接口收到帧后,会提取出帧的源 MAC 地址进行 MAC 地址表的学习,将 MAC 地址绑定到接口上。如图 10-1 所示,路由器 R1 和 STA2 的 MAC 地址分别绑定在交换机 S1 的 G0/0/1、G0/0/2 接口上(忽略 STA1、STA3)。有了 MAC 地址表后,交换机就依据 MAC 地址表转发数据帧。交换机从某个接口收到帧后,提取帧的目的 MAC 地址,如果 MAC 地址表中存在该记录,则交换机从该地址绑定的接口将帧转发出去;如果 MAC 地址表中不存在该记录,则交换机将帧从同一 VLAN 且正常状态的全部接口中转发出去(称为泛洪)。

然而,MAC 地址表的大小是有限的(如 4096、8192 条等),黑客发起的 MAC 泛洪攻击就利用了这一特点。如图 10-1 所示，攻击在 STA3 上发送具有虚假源 MAC 地址（即不是 STA3 的真实 MAC 地址）的帧，每发送一个帧，源 MAC 地址改变一次，MAC 地址表中就会多一条记录，如此重复，直到交换机 MAC 地址表满，交换机无法再学习新的 MAC 地址。图 10-1 中交换机的 MAC 表满后，STA1 开机，交换机将无法学习 STA1 在哪个接口。交换机进入称为"失效开放"的模式，开始像集线器一样工作，将要发往 STA1 的数据帧从除了源接口外的全部接口泛洪出去。因此，攻击者（STA3）可接收到发送到 STA1 的所有帧。

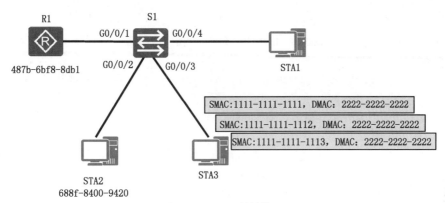

图 10-1   MAC 地址学习

2. 配置接口安全功能防止 MAC 泛洪攻击

要防止 MAC 泛洪攻击，可以配置接口安全功能，限制接口上所允许学习的 MAC 地址的数量，并定义攻击发生时接口的动作：关闭（shutdown）、保护（protect）、限制（restrict）。配置该功能后，接口会将学习到的 MAC 地址转换为安全动态 MAC 地址。当接口学习的安全动态 MAC 地址数量达到上限后，不再学习新的 MAC 地址，只允许这些 MAC 地址通信。具体配置步骤如下。

（1）进入接口视图，执行【port-security enable】命令，使能接口安全功能。默认情况下，交换机的接口未使能接口安全功能。在使能接口安全功能后，才可以配置安全动态 MAC 地址学习的限制数量、接口安全保护动作和安全动态 MAC 地址的老化时间。

（2）（可选）执行【port-security max-mac-num *max-number*】命令，配置接口安全动态 MAC 地址学习的限制数量。默认情况下，接口学习的 MAC 地址限制数量为 1。

（3）（可选）执行【port-security protect-action { protect | restrict | shutdown }】命令，配置接口安全保护动作。默认情况下，接口安全保护动作为 restrict。接口安全保护动有以下 3 种。

① protect：当学习到的 MAC 地址数达到接口限制数时，接口丢弃源地址在 MAC 地址表以外的报文。

② restrict：当学习到的 MAC 地址数超过接口限制数时，接口丢弃源地址在 MAC 地址表以外的报文，并发出告警。

③ shutdown：当学习到的 MAC 地址数超过接口限制数时，接口执行关闭操作，并发出告警。

（4）执行【display mac-address security [vlan *vlan-id* | *interface-type interface-number*] * [verbose]】命令，查看安全动态 MAC 地址表项。

下面是在交换机的 S1 接口 G0/0/1 上配置接口安全功能动态学习一个 MAC 地址，即只能接入一台计算机。

```
[S1]interface GigabitEthernet 0/0/1
[S1-GigabitEthernet0/0/1]port-security enable
//使能接口安全功能
[S1-GigabitEthernet0/0/1]port-security max-mac-num 1
//配置接口 MAC 地址数量为 1
```

```
[S1-GigabitEthernet0/0/1]port-security protect-action restrict
//配置接口安全保护动作为 restrict
```

3. 配置 Sticky MAC 功能

前面介绍的接口安全配置可以限制交换机的某个接口动态学习 MAC 地址的数量，从而限制接口可以接入的计算机数。在某些场合中，不仅需要限制某个接口可以接入计算机的数量，还需要限制哪些计算机可以接入。可以手工把计算机的 MAC 地址粘贴到接口上；也可以启用接口的自动粘贴功能，交换机会自动把学习到的 MAC 地址粘贴到接口上。具体配置步骤如下。

（1）进入接口视图，执行【port-security enable】命令，使能接口安全功能。

（2）执行【port-security mac-address sticky】命令，使能接口自动粘贴 MAC 地址功能。默认情况下，接口未使能粘贴 MAC 地址功能。

（3）（可选）执行【port-security max-mac-num *max-number*】命令，配置接口粘贴 MAC 地址学习的限制数量。默认情况下，接口学习的 MAC 地址限制数量为 1。

（4）（可选）执行【port-security protect-action { protect | restrict | shutdown }】命令，配置接口安全保护动作。

（5）（可选）执行【port-security mac-address sticky *mac-address* vlan *vlan-id*】命令，手动配置一条 Sticky MAC 表项。

（6）执行【display mac-address sticky [vlan *vlan-id* | *interface-type interface-number*]*[verbose]】命令，查看 Sticky MAC 表项。

下面是在交换机上配置接口 G0/0/1 粘贴两个 MAC 地址，其中一个为手动配置。

```
[S1]interface GigabitEthernet 0/0/1
[S1-GigabitEthernet0/0/1]port-security enable
//使能接口安全功能
[S1-GigabitEthernet0/0/1]port-security max-mac-num 2
//配置接口 MAC 地址数量为 2
[S1-GigabitEthernet0/0/1]port-security protect-action restrict
//配置接口安全保护动作为 restrict
[S1-GigabitEthernet0/0/1]port-security mac-address sticky
//使能接口自动粘贴 MAC 地址功能
[S1-GigabitEthernet0/0/1]port-security mac-address sticky 487b-6bf8-8000 vlan 1
//手动配置一条 Sticky MAC 表项
```

10.1.2　DHCP Snooping

1.　DHCP Snooping 原理

在局域网内，经常使用 DHCP 服务器为用户分配 IP 地址。图 10-2 所示为 DHCP 的工作过程。DHCP 服务是一个没有认证的服务，即客户端和服务器端无法互相进行合法性的验证。在 DHCP 服务中，客户端以广播的方法来寻找服务器，并且采用第一个到达的网络配置参数。如果在网络中存在多台 DHCP 服务器（有一台或更多台是非授权的 DHCP 服务器），则谁先应答，客户端就采用谁供给的网络配置参数。如非授权的 DHCP 服务器先应答，则客户端最后获得的网络参数就是非授权的，可能导致客户端获取到不正确的 IP 地址、网关、DNS 等信息。攻击者通常会先向授权的 DHCP 服务器中反复申请 IP 地址，导致授权的 DHCP 服务器消耗了全部 IP 地址、无法正常工作（称为 DHCP 耗竭），再冒充授权的 DHCP 服务器，为客户端分配错误的网络配置参数（称为 DHCP 欺骗）。

DHCP Snooping 可以防止 DHCP 耗竭和 DHCP 欺骗攻击。如图 10-2 所示，DHCP 客户端接入到交换机 S1 的接口 G0/0/2 上，DHCP 服务器接入到交换机 S1 的接口 G0/0/1 上，客户端和服务器的 DHCP 通信需要经过交换机，交换机就能截获它们之间的 DHCP 数据报文。下面是交换机的 DHCP Snooping 功能截获接口的 DHCP 应答报文，建立一张表，其中包含用户 IP 地址、MAC 地址、VLAN ID、交换机接口、租用期等信息。

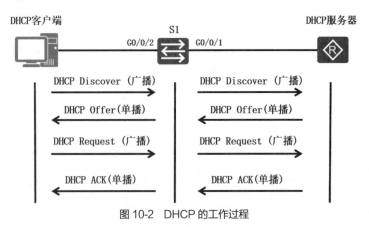

图 10-2 DHCP 的工作过程

```
[S1]display dhcp snooping user-bind all
DHCP Dynamic Bind-table:
Flags:O – outer vlan ,I – inner vlan ,P – map vlan
IP Address        MAC Address       VSI/VLAN(O/I/P)  Interface      Lease
─────────────────────────────────────────────────────────────────────────
192.168.1.253     5489-9805-01bf    1   /-- /--      GE0/0/2        2020.01.22-16:32
192.168.1.252     5489-981b-710c    1   /-- /--      GE0/0/3        2020.01.22-16:32
print count:              2              total count:         2
```

DHCP Snooping 配置将交换机的接口分为可信任接口（如图 10-2 中的 G0/0/1）和不可信任接口（如图 10-2 中的 G0/0/2）。图 10-2 中，交换机的接口 G0/0/2 连接的是 DHCP 客户端，DHCP 客户端不会发送 DHCP Offer 报文、DHCP ACK 报文、DHCP NAK 报文，当交换机从一个不可信任接口收到只有 DHCP 服务器才会发送的报文时，如 DHCP Offer 报文、DHCP ACK 报文、DHCP NAK 报文，交换机将认为其是非法报文并将其丢弃。对于从信任接口收到的 DHCP 报文，交换机将不检查而直接转发。一般而言，将与用户相连的接口定义为不可信任接口，而将与 DHCP 服务器或者上层网络相连的接口定义为可信任接口。也就是说，当一个不可信任接口连接 DHCP 服务器时，该服务器发出的报文将不能通过交换机的接口。因此，只要将用户接口设置为不可信任接口，就可以有效地防止非授权用户私自设置 DHCP 服务而引起的 DHCP 欺骗。

2. 配置 DHCP Snooping 防 DHCP 欺骗

配置 DHCP Snooping 功能的顺序：全局使能 DHCP 功能；全局使能 DHCP Snooping 功能；在接口或 VLAN 视图下使能 DHCP Snooping 功能。

在 VLAN 视图下使能 DHCP Snooping 功能的步骤如下。

（1）进入系统视图，执行【dhcp enable】命令，全局使能 DHCP 功能。

（2）执行【dhcp snooping enable】命令，全局使能 DHCP Snooping 功能。

（3）进入 VLAN 视图，执行【dhcp snooping enable】命令，使能 VLAN 的 DHCP Snooping 功能，此时，该 VLAN 下的接口都会使能 DHCP Snooping 功能。默认情况下，接口为"不信任"状态。

（4）（可选）进入接口视图，执行【dhcp snooping disable】命令，可单独使能 VLAN 下特定接口的 DHCP Snooping 功能。

（5）（可选）配置接口为信任状态。进入 VLAN 视图，执行【dhcp snooping trusted interface *interface-type interface-number*】命令；或者进入接口视图，执行【dhcp snooping trusted】命令。一般把通向 DHCP Server 的接口设置为"信任（Trusted）"，其他接口设置为"不信任（Untrusted）"。

在接口视图下使能 DHCP Snooping 功能的步骤如下。

（1）进入系统视图，执行【dhcp enable】命令，全局使能 DHCP 功能。

（2）执行【dhcp snooping enable】命令，全局使能 DHCP Snooping 功能。

（3）进入接口视图，执行【dhcp snooping enable】命令，使能接口的 DHCP Snooping 功能。

（4）（可选）配置接口为信任状态。执行【dhcp snooping trusted】命令。一般把通向 DHCP Server 的接口设置为"信任"，其他接口设置为"不信任"。

检查 DHCP Snooping 的配置结果，可使用以下命令进行查看。

（1）执行【display dhcp snooping configuration】命令，查看全局 DHCP Snooping 的信息。

（2）执行【display dhcp snooping interface interface-type *interface-number*】命令，查看接口的 DHCP Snooping 的信息。

（3）执行以下命令，查看 DHCP 绑定表的信息。

【display dhcp { snooping | static } user-bind { *interface interface-type interface-number* | *ip-address ip-address* | *mac-address mac-address* | vlan *vlan-id* [*interface interface-type interface-number*] | all [verbose] } 】

DHCP Snooping 还有以下选项可以配置。

（1）配置防止改变客户端硬件地址（CHADDR）值的 DoS 攻击。该功能对 DHCP Request 报文中携带的 CHADDR 字段与以太帧中的源 MAC 地址值进行比较，如果不相同，则认为是攻击报文，直接丢弃该报文。具体方法如下：进入接口视图，执行【dhcp snooping check dhcp-chaddr enable】命令，配置接口或 VLAN 下的 CHADDR 值检查功能。默认情况下，没有使能 CHADDR 值检查功能。

（2）配置防止仿冒 DHCP 续租报文攻击。该功能防止非法用户不断发送 DHCP Request 报文冒充合法用户续租 IP 地址，可以通过检查 DHCP 续租报文是否匹配绑定表，来决定是否转发该报文；还可以检查 Release 报文是否匹配了绑定表，以防止非法用户冒充合法用户释放 IP 地址。具体方法如下：进入接口视图，执行【dhcp snooping check dhcp-request enable】命令，配置接口下的 DHCP Request 报文的检查功能。默认情况下，接口下没有使能 DHCP Request 报文检查功能。

（3）配置 DHCP Snooping 用户数限制。进入系统、接口或 VLAN 视图，执行【dhcp snooping max-user-number *max-user-number*】命令，可配置全局、接口或 VLAN 下允许接入的最大用户数。

（4）配置接口 DHCP Snooping 功能的 MAC 地址安全。动态 MAC 地址表项是设备自动学习并生成的，静态 MAC 地址表项则是根据手工命令配置而成的。MAC 地址表项中包含用户的 MAC 地址、所属 VLAN、连接的接口号等信息，交换机可根据 MAC 地址表项对报文进行二层转发。配置接口下 DHCP Snooping 功能的 MAC 地址安全后，设备将根据该接口下的所有 DHCP 用户对应的 DHCP Snooping 动态绑定表项自动执行命令，以生成这些用户的静态 MAC 地址表项，并关闭该接口学习动态 MAC 地址表项的能力。之后，只有源 MAC 地址与静态 MAC 地址表项匹配的报文才能够通过该接口，否则报文会被丢弃。因此，对于该接口下的非 DHCP 用户，只有管理员手动配置了此类用户的静态 MAC 地址表项后，其报文才能通过，否则报文将被丢弃。这样能够有效地防止非 DHCP 用户对网络的攻击。具体方法如下：进入接口视图，执行【dhcp snooping sticky-mac】命令。

（5）限制 DHCP 报文上送速率。用户可以在全局、VLAN 或接口下限制 DHCP 报文上送速率。具体方法如下：进入系统、VLAN 或接口视图，执行【dhcp snooping check dhcp-rate enable】命令，使能 DHCP 报文的速率检查功能；执行【dhcp snooping check dhcp-rate *rate*】命令，配置 DHCP 报文的上送速率，超过此速率限制的 DHCP 报文会被丢弃。默认情况下，上送的 DHCP 报文速率限制在 100packet/s 以内。

下面为在交换机 S1 上配置 DHCP Snooping 功能，接口 G0/0/1 连接 DHCP 服务器，为信任接口；接口 G0/0/2 是用户侧的接口，为不可信任接口。

```
[S1]dhcp enable
//使能 DHCP 功能
[S1]dhcp snooping enable
```

```
//使能 DHCP Snooping 功能
[S1]vlan 1
[S1-vlan1]dhcp snooping enable
//使能 VLAN 1 的 DHCP Snooping 功能
[S1-vlan1]interface GigabitEthernet0/0/1
[S1-GigabitEthernet0/0/1]dhcp snooping trusted
//配置接口为可信任接口，该接口连接 DHCP 服务器
[S1]interface GigabitEthernet0/0/2
[S1-GigabitEthernet0/0/2]dhcp snooping check dhcp-chaddr enable
//配置 CHADDR 值检查功能
[S1-GigabitEthernet0/0/2]dhcp snooping check dhcp-request enable
//配置 DHCP Request 报文检查功能
[S1-GigabitEthernet0/0/2]dhcp snooping check dhcp-rate enable
//使能 DHCP 报文的速率检查功能
[S1-GigabitEthernet0/0/2]dhcp snooping check dhcp-rate 50
//配置 DHCP 报文的上送速率
[S1-GigabitEthernet0/0/2]dhcp snooping sticky-mac
//配置 DHCP Snooping 功能的 MAC 地址安全
```

10.1.3　ARP 安全

1. ARP 攻击原理

　　ARP 是一个很早就出现的、极其简单、不安全的协议，遗憾的是以太网离不开 ARP，因此 ARP 攻击曾经是局域网中最大的威胁。在 ARP 工作过程中，ARP 请求者在收到 ARP 响应后，并不会对响应者的身份进行认证，如果有恶意的计算机响应错误的 MAC 地址，ARP 请求者将采用此响应。此外，计算机并不是只在发出 ARP 请求后才会接收 ARP 响应，即使没有发送 ARP 请求，如果计算机突然收到 ARP 响应，也会对此 ARP 进行缓存。实际上，这样做是为了减少 ARP 包的数量。这就为 ARP 欺骗提供了可能。

　　ARP 欺骗攻击的手段有很多，其中，中间人（Man-In-The-Middle，MITM）攻击的危害性很大，其他攻击方式（利用 ARP 实现 DNS 欺骗、利用 ARP 插入广告等）是在 MTTM 基础上实现的。如图 10-3 所示，计算机 A（IP 地址为 10.1.1.1）需要访问 Internet，因此计算机 A 会发送 ARP 请求，请求网关（10.1.1.3）的 MAC 地址。网关（路由器）收到 ARP 请求后，会发送 ARP 响应，并回答"10.1.1.3 的 MAC 地址为 C.C.C"。这样，计算机 A 和路由器相互获得了对方的 MAC 地址。然而，黑客所控制的计算机 B 也会收到计算机 A 的请求（ARP 请求以广播形式发送），人为让计算机 B 稍作延时再发送 ARP 响应，保证这个响应迟于网关的响应到达计算机 A，计算机 B 回答"10.1.1.1 和 10.1.1.3 的 MAC 地址均为 B.B.B"。由于 ARP 条目会采用最新的响应，因此计算机 A 误认为 10.1.1.3 的 MAC 地址为 B.B.B 了，路由器也误认为 10.1.1.1 的 MAC 地址为 B.B.B。实际上，计算机 B 完全没必要在收到计算机 A 的 ARP 请求后才进行响应，计算机 B 可以主动、反复地向计算机 A 和路由器发送 ARP 响应，这种动作称为 ARP 毒化。随后，计算机 A 发送到路由器的数据帧，帧的目的 MAC 地址是计算机 B 的 MAC 地址（B.B.B）；而路由器发送给计算机 A 的数据帧，帧的目的 MAC 也是计算机 B 的 MAC 地址（B.B.B）。攻击的结果使计算机 A 和路由器的来回报文都经过了计算机 B，计算机 B 是计算机 A 和路由器之间的中间人。注意，图 10-3 为采用交换机组成的网络，正常情况下，计算机 B 是无法获得计算机 A 和路由器之间的通信数据的，采用中间人攻击手段后，可以在交换网络中实现数据的窃听。

2. 动态 ARP 检测原理

　　动态 ARP 检测（Dynamic ARP Inspection，DAI）可以防 ARP 欺骗，它可以保证接入交换机只传递"合法的"的 ARP 请求和应答信息。DAI 基于 DHCP Snooping 工作，DHCP Snooping 绑定表中包括 IP 地址与 MAC 地址的绑定信息，并将其与 VLAN、交换机接口相关联，DAI 可以用来检查接口的 ARP

请求和应答（主动式 ARP 和非主动式 ARP），确保请求和应答来自真正的 MAC 地址、IP 地址所有者。交换机通过检查接口记录的 DHCP 绑定信息和 ARP 报文的信息 ARP 报文判断是否合法，不合法的 ARP 报文将被拒绝转发。图 10-3 中，交换机知道计算机 B 的 IP 地址为 10.1.1.2、MAC 地址为 B.B.B、连接在哪个接口上，计算机 B 发送的虚假 ARP 报文将被丢弃。

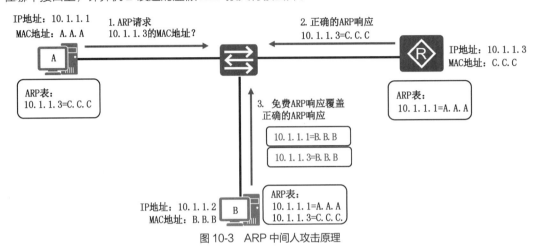

图 10-3　ARP 中间人攻击原理

3. 配置 DAI 防止 ARP 中间人攻击

防止 ARP 中间人攻击，可以配置动态 ARP 监测功能，对接口或 VLAN 下收到的 ARP 报文和绑定表进行匹配检查，当报文的检查项和绑定表中的特征项一致时，转发该报文，否则丢弃报文。具体配置步骤如下。

（1）DAI 依赖于 DHCP Snooping 来实现其功能，DHCP Snooping 的配置参见 10.1.2 节。设备使能 DHCP Snooping 功能后，当 DHCP 用户上线时，设备会自动生成 DHCP Snooping 绑定表。对于静态配置 IP 地址的用户而言，设备不会生成 DHCP Snooping 绑定表，所以需要手动添加静态绑定表，在系统视图下执行【user-bind static { { ip-address *ip-address* &<1-10> } | mac-address *mac-address* } * [interface *interface-type interface-number*] [vlan *vlan-id* [ce-vlan *ce-vlan-id*]] 】命令。

（2）进入接口视图，或者进入 VLAN 视图，执行【arp anti-attack check user-bind enable】命令，使能 ARP 报文检查功能。默认情况下，接口或 VLAN 未使能对 ARP 报文的检查功能。

（3）进入接口视图，执行【arp anti-attack check user-bind check-item { ip-address | mac-address | vlan } * 】命令，或者进入 VLAN 视图，执行【arp anti-attack check user-bind check-item { ip-address | mac-address | interface } * 】命令，配置 ARP 报文检查方式。默认情况下，对 IP 地址、MAC 地址、VLAN 和接口都进行检查，对检查项不匹配绑定表的报文做丢弃处理。

（4）执行【display arp anti-attack configuration { arp-rate-limit | arpmiss-rate-limit | arp-speed-limit | arpmiss-speed-limit | entry-check | gateway-duplicate | log-trap-timer | packet-check | all } 】和【display arp anti-attack configuration check user-bind interface *interface-type interface-number*】命令，查看当前 ARP 防攻击配置。

下面为在交换机 S1 上配置 DHCP Snooping 功能，接口 G0/0/1 连接 DHCP 服务器，为信任接口；接口 G0/0/2、G0/0/3 是用户侧的接口，为不可信任接口，均配置了 DAI；接口 G0/0/4 连接了一台静态 IP 地址为 192.168.1.100 的计算机，也配置了 DAI。

```
[S1]dhcp snooping enable
[S1]vlan 1
[S1-vlan1]dhcp snooping enable
//在 VLAN 1 中使能 DHCP Snooping 功能
```

```
[S1-vlan1]user-bind static ip-address 192.168.1.100 mac-address 5489-9389-03BD interface
g0/0/4 vlan 1
//手动添加静态绑定表，绑定在 G0/0/4 接口上
[S1]interface GigabitEthernet0/0/1
[S1-GigabitEthernet0/0/1]dhcp snooping trusted
//配置接口为可信任接口
[S1]interface GigabitEthernet0/0/2
[S1-GigabitEthernet0/0/2]arp anti-attack check user-bind enable
//使能 ARP 报文检查功能
[S1-GigabitEthernet0/0/2]arp anti-attack check user-bind check-item ip-address mac-address vlan
//配置 ARP 报文检查方式，对 IP 地址、MAC 地址、VLAN 和接口进行检查
[S1]interface GigabitEthernet0/0/3
[S1-GigabitEthernet0/0/3]arp anti-attack check user-bind enable
[S1-GigabitEthernet0/0/3]arp anti-attack check user-bind check-item ip-address mac-address vlan
[S1]interface GigabitEthernet0/0/4
[S1-GigabitEthernet0/0/4]arp anti-attack check user-bind enable
[S1-GigabitEthernet0/0/4]arp anti-attack check user-bind check-item ip-address mac-address vlan
//接口 G0/0/3、G0/0/4 的配置和接口 G0/0/2 一样
```

10.1.4 IP 源防护

　　IP 源地址欺骗是 DoS 攻击中经常使用的一种手段，攻击者发送具有虚假源 IP 地址的数据包。IP 源防护（IP Source Guard，IPSG）可以防止局域网内的 IP 地址欺骗攻击。IPSG 能够确保二层网络中终端设备的 IP 地址不会被劫持，也能确保非授权设备不通过自己指定 IP 地址的方式来访问网络或攻击网络。和 DAI 类似，IPSG 也是基于 DHCP Snooping 进行工作的，DHCP Snooping 绑定表中包括 IP 地址与 MAC 地址的绑定信息，并将其与 VLAN、交换机接口相关联，交换机根据 DHCP Snooping 绑定表的内容来过滤 IP 报文。客户端发送的 IP 数据包，只有其源 IP 地址、MAC 地址、VLAN 和 DHCP Snooping 绑定表都相符时才会被发送，其他 IP 数据包都将被丢弃。具体配置步骤如下。

　　（1）IPSG 依赖于 DHCP Snooping 来实现功能，DHCP Snooping 的配置参见 10.1.2 节。设备使能 DHCP Snooping 功能后，当 DHCP 用户上线时，设备会自动生成 DHCP Snooping 绑定表。对于静态配置 IP 地址的用户，设备不会生成 DHCP Snooping 绑定表，所以需要手动添加静态绑定表，即在系统视图下执行【user-bind static { { ip-address *ip-address* &<1-10> } | mac-address *mac-address* } * [interface *interface-type interface-number*] [vlan *vlan-id*] 】命令。

　　（2）进入接口视图或者 VLAN 视图，执行【ip source check user-bind enable】命令，使能 IP 报文检查功能。默认情况下，接口或 VLAN 未使能对 IP 报文的检查功能。

　　（3）进入接口视图，执行【ip source check user-bind check-item { ip-address | mac-address | vlan }*】命令；或者进入 VLAN 视图，执行【ip source check user-bind check-item { ip-address | mac-address | interface }*】命令，配置 IP 报文检查项。如果接口收到 IP 报文，则根据配置的检查项，用报文中的源 IPv4 地址、源 MAC 地址、VLAN 或其组合去匹配绑定表。如果匹配，则报文被正常转发；如果不匹配，则该报文被丢弃。默认情况下，IP 报文检查项包括 IPv4 地址、MAC 地址、VLAN 和接口信息。

　　（4）执行【display dhcp static user-bind { interface *interface-type interface-number* | ip-address *ip-address* | mac-address *mac-address* | vlan *vlan-id* } * [verbose] 】命令，查看静态绑定表的信息。

　　（5）执行【display dhcp static user-bind user-bind all [verbose] 】命令，查看静态绑定表的信息。

　　（6）执行【display ip source check user-bind interface *interface-type interface-number* 】命令，查看接口下 IPSG 的相关配置信息。

　　下面为在交换机 S1 上配置 DHCP Snooping，接口 G0/0/1 连接 DHCP 服务器，为信任接口；接口 G0/0/2 是用户侧的接口，为不可信任接口，配置了 IPSG；接口 G0/0/4 连接了一台静态 IP 地址为

192.168.1.100 的计算机，也配置了 IPSG。

```
[S1]dhcp enable
[S1]dhcp snooping enable
[S1]vlan 1
[S1-vlan1]dhcp snooping enable
[S1-vlan1]user-bind static ip-address 192.168.1.100 mac-address 5489-9389-03BD interface
g0/0/4 vlan 1
//使能 DHCP Snooping 功能，并配置静态绑定表，绑定在接口 G0/0/4 上
[S1]interface GigabitEthernet0/0/1
[S1-GigabitEthernet0/0/1]dhcp snooping trusted
//配置接口为可信任接口
[S1]interface GigabitEthernet0/0/2
[S1-GigabitEthernet0/0/2]ip source check user-bind enable
//使能 IP 报文检查功能
[S1-GigabitEthernet0/0/2]ip source check user-bind check-item ip-address mac-address vlan
//配置 IP 报文检查项，检查 IPv4 地址、MAC 地址、VLAN 和接口信息
[S1]interface GigabitEthernet0/0/4
[S1-GigabitEthernet0/0/4]ip source check user-bind enable
[S1-GigabitEthernet0/0/4]ip source check user-bind check-item ip-address mac-address vlan
//接口 G0/0/4 的配置和接口 G0/0/2 一样
```

10.2 VPN

虚拟专用网络（Virtual Private Network，VPN）是在公用网络（通常是互联网）中建立临时的、安全的连接，是一条穿过非安全网络的安全的、稳定的隧道，可以低成本地实现异地网络的互联（如出差员工访问企业网络）。VPN 采取了多种加密技术来保证数据在公共网络中传输时的安全性。

10.2.1 VPN 简介

1. VPN 的概念

如图 10-4 所示，要实现深圳、北京两地网络的互联，传统的方法是向运营商租用专线构建广域网（Wide Area Network，WAN），这样的通信方案必然导致高昂的网络通信和维护费用。

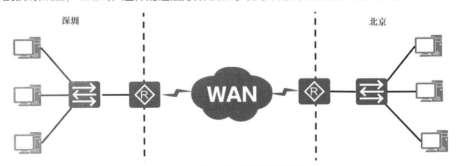

图 10-4　使用 WAN 连接两地网络

实际上，Internet 已经把世界各地的网络进行了连接，能否利用 Internet 实现企业两地的内部网络的互联呢？当然可以，但是由于企业内部网络通常使用私有 IP 地址，因此需要采用一定的技术使内部网络的数据能够从一端发出，经过 Internet 传输，顺利、安全地到达另一端。这种技术就是 VPN，如图 10-5 所示，VPN 能够在 Internet 上构建一条虚拟隧道，这条隧道如同 DDN 专线一样把两地的网络

互联起来。这种技术并不需要申请专线，大大降低了通信成本和维护成本。VPN 被定义为通过公用互联网络建立的一个临时的、安全的连接，是一条穿过混乱的公用网络的安全、稳定隧道。

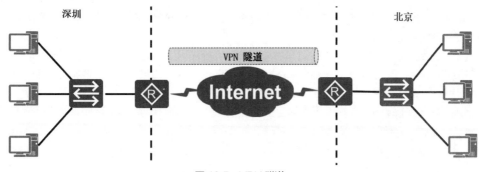

图 10-5　VPN 隧道

2. VPN 的分类

VPN 的分类有很多，可以按照用途分类，也可以按照技术分类。

（1）按照用途分类。

如图 10-6 所示，按照用途 VPN 可分为如下几类。

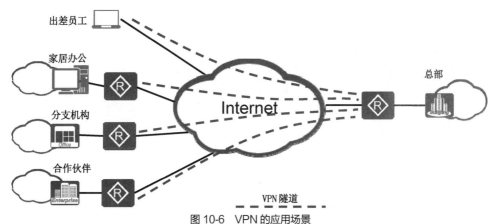

图 10-6　VPN 的应用场景

① 远程接入 VPN（Access VPN）：移动客户端到网关。出差员工在移动客户端上进行 VPN 拨号，拨号到总部网关，进而连接总部网络，这种 VPN 可把一台计算机连接到总部网络中。

② 内联网 VPN（Intranet VPN）：网关到网关。家居办公或者分支机构的网关和总部的网关之间建立 VPN，从而把同属一个企业，但分布在异地的两个或者多个网络互联起来。

③ 外联网 VPN（Extranet VPN）：网关到网关。和 Intranet VPN 有些类似，但这种 VPN 是一个企业的网关和另一个企业的网关连接，连接的是不同企业的两个或多个网络。

（2）按照技术分类。

按照技术，VPN 可分为 PPTP VPN、L2TP VPN、互联网安全协议（Internet Protocol Security, IPSec）VPN、GRE VPN、BGP/MPLS VPN、VPLS、EVPN、SSL VPN 等。其中，PPTP 和 L2TP 工作在 OSI 参考模型的第二层，又称为二层隧道协议；IPSec、GRE 是三层隧道协议；BGP/MPLS 在二层和三层头部之间插入了新的字段，是 2.5 层隧道协议；VPLS 是一种基于 IP/MPLS 和以太网技术的二层 VPN；EVPN 是一种基于 BGP 和 MPLS 的二层 VPN；SSL VPN 工作在传输层和应用层之间，可算作传输层隧道协议。本章主要介绍的是 IPSec VPN。

10.2.2 加密学基础知识

VPN 的数据要想在 Internet 中传输，需要解决数据的传输安全问题，这主要通过加密、防篡改、身份认证等技术手段实现。

如图 10-7 所示，加密是对明文经过某种加密算法（算法可以是公开的）处理后得出密文，加密时需要使用加密密钥（密钥不可公开）作为输入。密文在 Internet 中传输，到达接收端后，使用解密算法和解密密钥得出原来的明文。密文在 Internet 中传输，窃听者没有解密密钥，是无法解密数据的。如果发送端使用的加密密钥和接收端使用的解密密钥是相同的，则称为对称加密；如果加密密钥和解密密钥是不同的，则称为非对称加密。在 VPN 中，常用的对称加密算法有 DES、3DES、AES-128、AES-192、AES-256 和 SM4 等。通常，密钥长度越长，安全性越高，计算量也就越大。

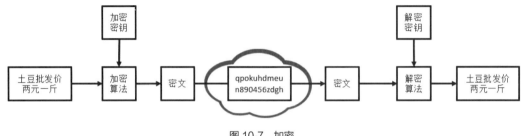

图 10-7 加密

在图 10-7 中，当采用对称加密算法加密数据时，加密密钥和解密密钥是相同的，如何在发送端和接收端同步密钥是一个问题，这个问题由密钥交换算法来解决。DH（Deffie-Hellman）密钥交换是最常用的密钥交换算法之一，它使通信的双方能够在 Internet 等非安全信道中安全地交换密钥，用于加密后续的通信。DH 算法的原理如图 10-8 所示，算法依赖于计算离散对数的难度。DH 算法的优点在于，交换密钥的双方可以在 Internet 等不安全环境中交换信息，即使这些信息被窃听，也能产生一个只有交换双方知道的密钥。常用的 DH 算法有 Group1、Group2、Group5 等。

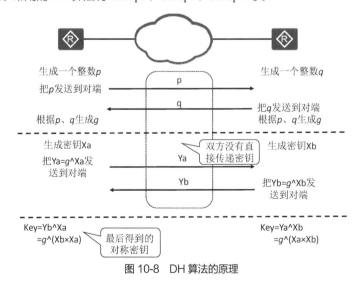

图 10-8 DH 算法的原理

防止数据在传输过程中被篡改可以通过 Hash 算法实现，Hash 函数也称为散列函数，能够把任意长度的输入通过运算变换成固定长度（通常是 128 位、168 位、256 位等）的散列值。Hash 算法的特点是输入明文很容易运算得到散列值,但是不能从散列值反推出明文,可以把 Hash 函数理解为一个单向函数。如图 10-9 所示,事先通过密钥交换在收、发双方产生一个共同的密钥,发送方对要发送的消息、密钥进行 Hash 运算并得到 Hash 值,把消息和 Hash 值发送给对方。接收方收到消息后,对收到的消息、密钥进行 Hash 运算并得到自己的 Hash 值,对这个 Hash 值和收到的 Hash 值进行比较,如果两个 Hash 值相同,则表明数据在传输过程中没有被篡改;如果两个 Hash 值不相同,则表明数据在传输过程中被篡改了。常用的 Hash 算法有 MD5、SHA-1、SHA-256、SHA-384、SHA-512 等。

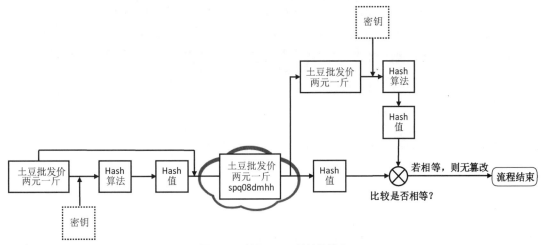

图 10-9　使用 Hash 算法防篡改

还有一个问题需要解决,即保证数据发送者的身份真实性,以防止冒充者发送数据。身份认证主要有两种方式:数字证书和预共享密钥。数字证书类似于生活中人们使用的身份证,双方认证对方的身份证以保证对方身份,本书对此不做介绍。预共享密钥实现身份认证的过程如图 10-10 所示,管理员会事先在通信双方配置相同的密钥。发送方对路由器名等信息、预共享密钥进行 Hash 运算并得到 Hash 值,再把 Hash 值发送给对方。接收方也会对对方路由器名等信息、预共享密钥进行 Hash 运算并得到一个 Hash 值,再把这个 Hash 值和收到的 Hash 值进行比较。如果两个 Hash 值相同,则可以确认发送方身份是真实的;如果两个 Hash 值不相同,则发送方身份是虚假的。

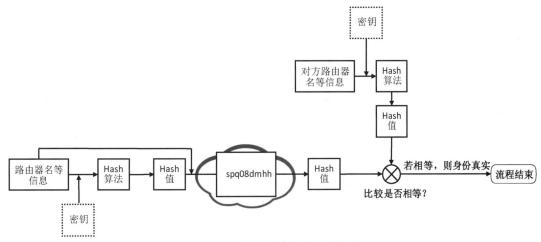

图 10-10　预共享密钥实现身份认证的过程

10.2.3 节中将要介绍的 IPSec 协议是一个框架,其中需要使用本节介绍的各种算法,如图 10-11 所示。

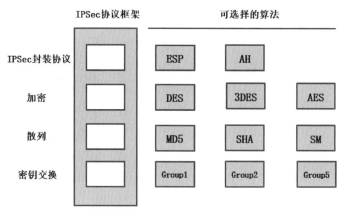

图 10-11　IPSec 协议框架

10.2.3　IPSec 协议

1.　IPSec 简介

IPSec 是 IETF 制定的一组开放的网络安全协议，在 IP 层通过数据来源认证、数据加密、数据完整性和抗重放功能来保证通信双方在 Internet 中传输数据的安全性。

（1）数据来源认证：接收方认证发送方身份是否合法。

（2）数据加密：发送方对数据进行加密，以密文的形式在 Internet 中传送，接收方对接收的加密数据进行解密，并进行处理或直接转发。

（3）数据完整性：接收方对接收的数据进行认证，以判定报文是否被篡改。

（4）抗重放：接收方会拒绝旧的或重复的数据包，防止恶意用户通过重复发送捕获到的数据包而进行的攻击。

2.　IPSec 相关术语

IPSec 包括认证头（Authentication Header，AH）协议、封装安全载荷（Encapsulating Security Payload，ESP）协议、因特网密钥交换（Internet Key Exchange，IKE）协议，用于保护数据流。其中，AH 和 ESP 协议用于提供安全服务，IKE 协议用于密钥交换。IPSec 通过在 IPSec 对等体间建立双向安全联盟（Security Association，SA），形成一个安全互通的 IPSec 隧道，以实现 Internet 中数据的安全传输。几个相关术语如下。

（1）IPSec 对等体：即建立 IPSec VPN 的双方。端点可以是网关路由器，也可以是主机。

（2）IPSec 隧道：提供对数据流的安全保护，IPSec 对数据的加密是以数据包为单位的。发送方对要保护的数据包进行加密封装，在 Internet 中传输，接收方采用相同的参数对报文进行认证、解封装，以得到原始数据。

（3）安全联盟：用 IPSec 保护数据之前，必须先建立 SA。SA 是出于安全目的而创建的一个单向逻辑连接，是通信的对等体间对某些要素的约定，例如，对等体间使用何种安全协议、需要保护的数据流特征、对等体间传输数据的封装模式、用于数据安全转换和传输的密钥、SA 的生存周期等。对等体间需要通过手工配置或 IKE 协议协商匹配的参数才能建立 SA。

对等体之间的双向通信需要建立一对 SA，这一对 SA 对应于一条 IPSec 隧道。IPSec 建立的 SA 和隧道如图 10-12 所示，数据从对等体 A 发送到对等体 B 时，对等体 A 对原始数据包进行加密，加密数据包在 IPSec 隧道中传输，到达对等体 B 后，对等体 B 对加密数据包进行解密，将其还原成原始数据包。数据从对等体 B 发送到对等体 A 时，处理方式也类似，但所在的 SA 不同。

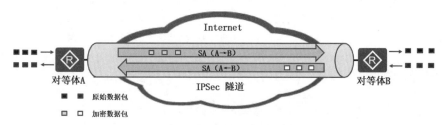

图 10-12　IPSec 建立的 SA 和隧道

　　SA 由一个三元组来唯一标识，这个三元组包括安全参数索引（Security Parameter Index，SPI）、目的 IP 地址（SA 的终端地址）和使用的安全协议。以下两种方式都可建立 SA。

　　（1）手工方式：SA 所需的全部信息都必须手工配置。

　　（2）IKE 动态协商方式：由 IKE 协议完成密钥的自动协商，以动态协商方式来创建和维护 SA（关于 IKE 协议的详细介绍可参见 10.2.4 节）。

　　手工方式适用于对等体设备数量较少或小型网络中。对于中大型网络，推荐使用 IKE 动态协商方式建立 SA。

3．安全协议

　　（1）AH 协议：提供数据来源认证、数据完整性校验和报文抗重放功能。AH 的工作原理是在每一个数据包的标准 IP 报头后面添加一个 AH 报头（AH Header），如图 10-13 所示。AH 对数据包和认证密钥进行 Hash 计算，接收方收到带有计算结果的数据包后，执行同样的 Hash 计算并与原计算结果进行比较，传输过程中对数据的任何更改都会使计算结果无效，这样就完成了数据来源认证和数据完整性校验。AH 协议支持的认证算法有 MD5、SHA-1、SHA-2、SM3。其中，前 3 个认证算法的安全性由低到高依次排列，安全性高的认证算法实现机制复杂，运算速度慢；SM3 算法是中国国家密码管理局规定的 IPSec 协议规范。

　　（2）ESP 协议：除提供 AH 的功能之外，还提供对有效载荷的加密功能。ESP 协议允许对报文同时进行加密和认证，或只加密，或只认证。ESP 协议的工作原理是在每一个数据包的标准 IP 报头后面添加一个 ESP 报头（ESP Header），并在数据包后面追加一个 ESP 尾（ESP Trailer 和 ESP Auth Data），如图 10-13 所示。与 AH 协议不同的是，ESP 尾中的 ESP Auth Data 用于对数据提供来源进行认证和完整性校验，并且 ESP 协议将数据中的有效载荷加密后再封装到数据包中，以保证数据的机密性，但 ESP 协议没有对 IP 头的内容进行保护。ESP 协议支持的认证算法与 AH 协议支持的认证算法相同，它支持的加密算法有 DES、3DES、AES、SM1、SM4。其中，前 3 个加密算法的安全性由低到高依次排列，其计算速度随安全性的提高而减慢；SM1 和 SM4 算法是中国国家密码管理局规定的 IPSec 协议规范。

　　AH 和 ESP 报头共同包含的信息分别为 32 比特数值的 SPI 和序列号。SPI 用于在接收端识别数据流与 SA 的绑定关系。序列号在通信过程中维持单向递增，可以在对等体间提供数据抗重放服务，例如，当接收方收到报文的序列号与已经解封装过的报文序列号相同或序列号较小时，会将该报文丢弃。

　　AH 协议能保护通信免受篡改，但不能防止报文被非法获取，适用于传输非机密数据。ESP 协议虽然提供的认证服务不如 AH 协议，但它可以对有效载荷进行加密。用户可以根据实际安全需求选择使用其中的一种或同时使用这两种协议。在同时使用 AH 协议和 ESP 协议的情况下，IPSec 加封装时，设备先对报文进行 ESP 协议封装，再进行 AH 协议封装；IPSec 解封装时，设备先对报文进行 AH 协议解封装，再进行 ESP 协议解封装。

4．数据的封装模式

　　数据的封装是指将 AH 协议或 ESP 协议相关的字段插入到原始 IP 报文中，以实现对报文的认证和加密，数据的封装模式有隧道模式和传输模式两种。

（1）隧道模式。

以 TCP 为例，在 IPSec 隧道模式下，AH 报头或 ESP 报头插入原始 IP 头之前，另外生成一个新 IP 头（新 IP 头为对等体的 IP 地址）放到 AH 报头或 ESP 报头之前，如图 10-13 所示。在 IPSec 隧道模式中，在两台主机端到端连接的情况下，隐藏了内网主机的 IP 地址，保护整个原始数据包的安全。

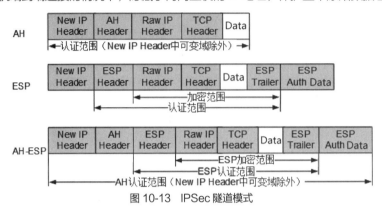

图 10-13　IPSec 隧道模式

（2）传输模式。

以 TCP 为例，在 IPSec 传输模式下，AH 报头或 ESP 报头被插入到 IP 头之后、传输层协议之前，如图 10-14 所示。IPSec 传输模式可保护原始数据包的有效负载。

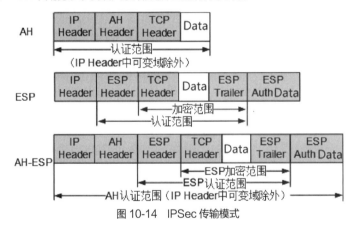

图 10-14　IPSec 传输模式

通常，隧道模式适用于转发设备对保护流量进行封装处理的场景中，建议应用于两个安全网关之间的通信中；传输模式适用于主机到主机、主机到网关等对保护流量进行封装处理的场景中。

IPSec 选择隧道模式还是传输模式可从以下两个方面考虑。

（1）从安全性来讲，隧道模式优于传输模式。它可以完全地对原始 IP 数据包进行认证和加密，并可以使用对等体的 IP 地址来隐藏客户机的 IP 地址。

（2）从性能来讲，因为隧道模式有一个额外的 IP 头，所以它与传输模式相比会占用更多带宽。

10.2.4　IKE 协议

1. IKE 简介

手工方式建立 SA 存在配置复杂、不支持发起方地址动态变化、建立的 SA 永不老化、不利于安全等缺点。利用 IKE 协议为 IPSec 自动协商建立 SA，可以解决以上问题。IKE 协议是交换和管理在 VPN 中使用的加密密钥的协议，它解决了在不安全的网络环境（如 Internet）中安全地建立或更新共享密钥的问题。

IKE 协议建立在 Internet 安全联盟和密钥管理协议（Internet Security Association and Key Management Protocol，ISAKMP）定义的框架上，是基于 UDP 的应用层协议。它为 IPSec 提供了自动协商交换密钥、建立 SA 的服务，能够简化 IPSec 的使用和管理。IKE 协议与 IPSec 协议的关系如图 10-15 所示，对等体之间建立一个 IKE SA 完成身份认证和密钥信息交换后，在 IKE SA 的保护下，根据配置的 AH/ESP 安全协议等参数协商出一对 IPSec SA。此后，对等体间的数据将在 IPSec 隧道中加密传输。

IKE 协议分 IKEv1 和 IKEv2 两个版本。IKEv1 使用两个阶段为 IPSec 进行密钥协商并建立 IPSec SA，如图 10-15 所示。第一阶段：通信双方协商和建立 IKE 协议本身使用的安全通道，建立一个 IKE SA；第二阶段：利用这个已通过了认证和安全保护的安全通道，建立一对 IPSec SA。本章不介绍 IKEv2。

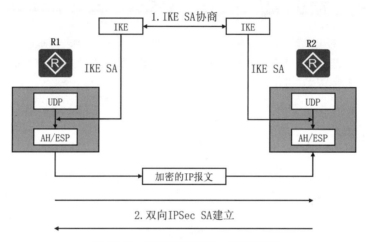

图 10-15　IKE 协议与 IPSec 协议的关系

2. IKEv1 密钥交换和协商过程

IKEv1 建立 IKE SA 的模式有主模式（Main Mode）和野蛮模式（Aggressive Mode）两种。
主模式包含 3 次双向交换，用到了 6 条信息，其交换过程如图 10-16 所示。这 3 次交换分别如下。

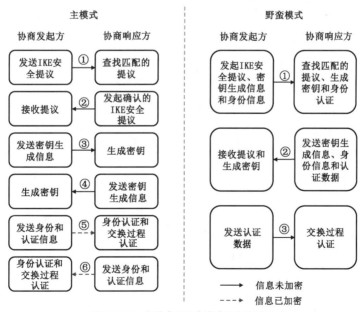

图 10-16　主模式和野蛮模式的交换过程

（1）消息①和②用于策略交换，发起方发送一个或多个 IKE 安全提议，响应方查找最先匹配的 IKE 安全提议，并将这个 IKE 安全提议回应给发起方。IKE 安全提议指 IKE 协商过程中用到的加密算法、认证算法、DH 组及认证方法等。

（2）消息③和④用于密钥信息交换，双方交换 DH 公共值和 nonce 值，IKE SA 的认证/加密密钥在此阶段产生。nonce 是一个随机数，用于保证 IKE SA 存活和抗重放攻击。

（3）消息⑤和⑥用于身份和认证信息交换（双方使用生成的密钥发送信息），双方进行身份认证，以及对整个主模式交换内容的认证。

野蛮模式的交换过程如图 10-16 所示，只用到了 3 条信息，消息①和②用于协商提议，交换 DH 公共值、必需的辅助信息及身份信息，并且消息②中包括响应方发送身份信息供发起方认证，消息③用于响应方认证发起方。

与主模式相比，野蛮模式减少了交换信息的数目，提高了协商的速度，但是没有对身份信息进行加密保护。虽然野蛮模式不提供身份保护，但它可以满足某些特定的网络环境需求。

选择主模式还是野蛮模式可以从以下两个方面考虑。

（1）如果发起方的 IP 地址不固定或者无法预知，而双方都希望采用预共享密钥验证方法来创建 IKE SA，则推荐选择野蛮模式。

（2）如果发起方已知响应方的策略，或者对响应方的策略有全面的了解，则选择野蛮模式能够更快地创建 IKE SA。

IKEv1 建立一对 IPSec SA 的过程只有一种模式——快速模式。快速模式的交换过程如图 10-17 所示，双方需要协商生成 IPSec SA 各项参数（包含可选参数 PFS），并为 IPSec SA 生成认证/加密密钥。这在快速模式交换的前两条消息①和②中完成，消息②中还包括认证响应方。消息③为确认信息，通过确认发送方收到该阶段的消息②，验证响应者是否可以通信。图 10-17 所示的 IPSec 安全提议指 IPSec 协商过程中用到的安全协议、加密算法及认证算法等。快速模式交换过程的消息都是加密的。

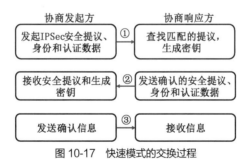

图 10-17　快速模式的交换过程

10.2.5　IPSec VPN 配置

IPSec VPN 配置有多种方式，可以采用 ACL 方式建立 IPSec 隧道，也可以虚拟隧道接口方式建立 IPSec 隧道，或者以 Efficient VPN 策略建立 IPSec 隧道。限于篇幅，本章仅介绍采用 ACL 方式建立 IPSec 隧道的配置，其又分为通过手工方式和 IKE 动态协商方式建立 IPSec 隧道。在采用 ACL 方式建立 IPSec 隧道之前，需完成以下任务。

（1）实现源接口和目的接口之间的路由可达。
（2）确定需要 IPSec 保护的数据流。
（3）确定数据流被保护的强度，即确定使用的 IPSec 安全提议的参数。
（4）确定 IPSec 隧道是基于手工方式还是 IKE 动态协商方式建立。

采用 ACL 方式建立 IPSec 隧道的流程如下。

（1）定义需要保护的数据流。

（2）配置 IPSec 安全提议。

（3）配置 IKE 安全提议。

（4）配置 IKE 对等体。

（5）配置安全策略。

（6）在接口上应用安全策略组。

（7）检查配置结果。

① 检查 IPSec 配置。

② 检查 IKE 配置。

1. 定义需要保护的数据流

ACL 规则中的 permit 关键字表示与之匹配的流量需要被 IPSec 保护，而 deny 关键字表示与之匹配的流量不需要被 IPSec 保护。一个 ACL 中可以配置多条规则，首个与数据流匹配的规则决定了对该数据流的处理方式。具体配置步骤如下。

（1）进入系统视图。执行【acl [number] *acl-number* [match-order { config | auto }] 】命令，创建一个高级 ACL（编号为 3000～3999）并进入其视图。

（2）执行以下命令，进入 ACL 视图，配置 ACL 规则。

【 rule [*rule-id*] { deny | permit } ip [destination { *destination-address destination-wildcard* | any } | source { *source-address source-wildcard* | any } | vpn-instance *vpn-instance-name* | dscp *dscp*] * 】

2. 配置 IPSec 安全提议

IPSec 安全提议是安全策略或者安全框架的一个组成部分，它包括 IPSec 使用的安全协议、认证/加密算法及数据的封装模式，IPSec 安全提议定义了 IPSec 的保护方法，为 IPSec 协商 SA 提供了各种安全参数。IPSec 隧道两端的设备需要配置相同的安全参数。具体配置步骤如下。

（1）进入系统视图，执行【ipsec proposal *proposal-name*】命令，创建 IPSec 安全提议并进入 IPSec 安全提议视图。

（2）执行【transform { ah | esp | ah-esp }】命令，配置安全协议。默认情况下，IPSec 安全提议采用 ESP 协议。

（3）配置安全协议的认证/加密算法。

① 安全协议采用 AH 协议时，AH 协议只能对报文进行认证，只能配置 AH 协议的认证算法。执行【ah authentication-algorithm { md5 | sha1 | sha2-256 | sha2-384 | sha2-512 | sm3 }】命令，设置 AH 协议采用的认证算法。默认情况下，AH 协议采用 SHA-256 认证算法。

② 安全协议采用 ESP 协议时，ESP 协议允许对报文同时进行加密和认证，或只加密，或只认证，根据需要配置 ESP 协议的认证/加密算法。

a. 执行【esp authentication-algorithm { md5 | sha1 | sha2-256 | sha2-384 | sha2-512 | sm3 }】命令，设置 ESP 协议采用的认证算法。默认情况下，ESP 协议采用 SHA-256 认证算法。

b. 执行【esp encryption-algorithm [3des | des | aes-128 | aes-192 | aes-256 | sm1 | sm4] 】命令，设置 ESP 协议采用的加密算法。默认情况下，ESP 协议采用 AES-256 加密算法。

③ 安全协议同时采用 AH 协议和 ESP 协议时，允许 AH 协议对报文进行认证，允许 ESP 协议对报文进行加密和认证，AH 协议的认证算法、ESP 协议的认证/加密算法均可选择配置。此时，设备先对报文进行 ESP 协议封装，再进行 AH 协议封装。

（4）执行【encapsulation-mode { transport | tunnel }】命令，选择安全协议对数据的封装模式。默认情况下，安全协议对数据的封装模式采用隧道模式。

3. 配置 IKE 安全提议

IKE 安全提议定义了对等体进行 IKE 协商时使用的参数，包括加密算法、认证方法、认证算法、DH 组和生存周期。在进行 IKE 协商时，协商发起方会将自己的 IKE 安全提议发送给对端，由对端进行匹配，协商响应方则从自己优先级最高的 IKE 安全提议开始，按照优先级顺序与对端进行匹配，直到找到一个匹配的 IKE 安全提议可使用为止。匹配的 IKE 安全提议将被用来建立 IKE 的安全隧道。IKE 安全提议的匹配原则如下：协商双方具有相同的加密算法、认证方法、认证算法和 DH 组。匹配的 IKE 安全提议的 IKE SA 的生存周期则取两端的最小值。具体配置步骤如下。

（1）进入系统视图，执行【ike proposal *proposal-number*】命令，创建一个 IKE 安全提议，并进入 IKE 安全提议视图。

（2）执行【authentication-method { pre-share | rsa-signature | digital-envelope } 】命令，配置认证方法。默认情况下，IKE 安全提议使用预共享密钥认证方法，本章将只介绍这种认证方法的使用方法。

（3）执行【authentication-algorithm { aes-xcbc-mac-96 | md5 | sha1 | sha2-256 | sha2-384 | sha2-512 | sm3} 】命令，配置 IKE 安全提议使用的认证算法。默认情况下，IKE 安全提议使用 SHA-256 认证算法。不建议使用 MD5 和 SHA-1 算法，否则无法满足用户对安全防御的要求。

（4）执行【encryption-algorithm { des-cbc | 3des-cbc | aes-cbc-128 | aes-cbc-192 | aes-cbc-256 | sm4 } 】命令，配置 IKE 安全提议使用的加密算法。默认情况下，IKE 安全提议使用 AES-CBC-256 加密算法。不建议使用 DES-CBC 和 3DES-CBC 算法，否则无法满足用户对安全防御的要求。

（5）执行【dh { group1 | group2 | group5 | group14 } 】命令，配置 IKE 密钥协商时采用的 DH 密钥交换参数。默认情况下，IKE 密钥协商时采用的 DH 密钥交换参数为 Group2，即 1024 比特的 DH 组。768 比特的 DH 组（即 Group1）存在安全隐患，建议使用 2048 比特的 DH 组（即 Group14）。

（6）执行【sa duration *time-value*】命令，配置 IKE SA 的生存周期。默认情况下，IKE SA 的生存周期为 86400s。

4. 配置 IKE 对等体

以 IKE 动态协商方式建立 IPSec 隧道时，需要引用 IKE 对等体和配置 IKE 协商时对等体间的一系列属性。IKE 对等体使用的 IKE 协议有 IKEv1 和 IKEv2 两个版本。本章以 IKEv1 为例进行介绍，具体配置步骤如下。

（1）进入系统视图，执行【ike peer *peer-name* [v1 | v2] 】命令，创建 IKE 对等体并进入 IKE 对等体视图。

（2）执行【ike-proposal *proposal-number*】命令，引用 IKE 安全提议。*proposal-number* 是一个已创建的 IKE 安全提议。默认情况下，使用系统默认的 IKE 安全提议。

（3）配置对应的认证密钥。执行【pre-shared-key { simple | cipher } *key*】命令，配置采用预共享密钥认证方法时，IKE 对等体与对端共享认证字，两端的认证字必须一致。如果使用 simple 选项，则密码将以明文形式保存在配置文件中，存在安全隐患。建议使用 cipher 选项，对密码进行加密保存。

（4）执行【exchange-mode { main | aggressive } 】命令，配置 IKEv1 阶段 1 的协商模式。默认情况下，IKEv1 阶段 1 的协商模式为主模式。

① 主模式：提供身份保护。

② 野蛮模式：协商速度更快，但不提供身份保护。

（5）（可选）执行【local-address *address*】命令，配置 IKE 协商时的本端 IP 地址。默认情况下，根据路由选择到对端的出口，将该出口地址作为本端 IP 地址。一般情况下，本端 IP 地址不需要配置。

（6）（可选）执行【remote-address *ip-address*】命令，配置 IKE 协商时的对端 IP 地址或域名。

（7）配置本端 ID 类型，并根据本端 ID 类型配置本端和对端 ID。执行【local-id-type { dn | ip } 】

命令，配置 IKE 协商时的本端 ID 类型。默认情况下，IKE 协商时本端 ID 类型为 IP 地址形式。在 IKEv1 中，要求本端 ID 类型与对端 ID 类型一致，即指定了本端 ID 类型的同时默认指定了对端 ID 类型，本端配置的本端 ID 类型和对端 ID 类型一致。

① 当配置 local-id-type dn 时，将根据本端 DN 和对端 DN 对对等体进行 IKE 协商。

② 当配置 local-id-type ip 时，将根据已配置的本端 IP 地址和对端 IP 地址对对等体进行 IKE 协商。

（8）（可选）执行【lifetime-notification-message enable】命令，使能发送 IKE SA 生存周期的通知消息功能。默认情况下，系统未使能发送 IKE SA 生存周期的通知消息功能。

5. 配置安全策略

安全策略是创建 SA 的前提，它规定了对哪些数据流采用哪种保护方法。配置安全策略时，通过引用 ACL 和 IPSec 安全提议，将 ACL 定义的数据流和 IPSec 安全提议定义的保护方法关联起来，并可以指定 SA 的协商方式、IPSec 隧道的起点和终点、需要的密钥和 SA 的生存周期等。一个安全策略由名称和序号共同唯一确定，相同名称的安全策略为一个安全策略组。安全策略的配置方式有手工和 IKE 动态协商两种。

（1）手工方式。

需要用户分别针对出/入方向 SA 手工配置认证、加密密钥、SPI 等参数。并且隧道两端的这些参数需要镜像配置，即本端入方向的 SA 参数必须和对端出方向的 SA 参数一样；本端出方向的 SA 参数必须和对端入方向的 SA 参数一样。本章不介绍这种方式的配置。

（2）IKE 动态协商方式。

这种方式由 IKE 自动协商生成各参数，又分为 ISAKMP 策略和策略模板两种方式。

① ISAKMP 方式：直接在安全策略视图中定义需要协商的各参数，协商发起方和响应方参数必须配置相同。使用该方式时，可以主动发起协商。

② 策略模板方式：在策略模板视图中定义需要协商的各参数，未定义的可选参数由发起方来决定，而响应方会接受发起方的建议。本端配置了策略模板时不能发起协商，只能作为协商响应方接受对端的协商请求，一般在总部配置此方式。采用策略模板可以简化多条 IPSec 隧道建立时的工作量。另外，策略模板可满足特定的场景，如当通信对端的 IP 地址不固定或预先未知时（例如，对端通过 PPPoE 拨号获得 IP 地址时），允许这些对端设备向本端设备主动发起协商。

通过 ISAKMP 创建 IKE 动态协商方式安全策略的操作步骤如下。

（1）进入系统视图，执行【ipsec policy *policy-name seq-number* isakmp】命令，创建 IKE 动态协商方式安全策略，并进入 IKE 动态协商方式安全策略视图。默认情况下，系统不存在安全策略。

（2）执行【security acl *acl-number* [dynamic-source]】命令，在安全策略中引用 ACL。一个安全策略只能引用一个 ACL，如果配置安全策略引用了多于一个 ACL，则最后配置的 ACL 有效。*acl-number* 是一个已创建的高级 ACL。

（3）执行【proposal *proposal-name*】命令，在安全策略中引用 IPSec 安全提议。一个 IKE 协商方式的安全策略最多可以引用 12 个 IPSec 安全提议。隧道两端进行 IKE 协商时，将在安全策略中引用最先能够完全匹配的 IPSec 安全提议；如果 IKE 在两端找不到完全匹配的 IPSec 安全提议，则 SA 无法建立。*proposal-name* 是一个已创建的 IPSec 安全提议。

（4）执行【ike-peer *peer-name*】命令，在安全策略中引用 IKE 对等体。*peer-name* 是一个已创建的 IKE 对等体。

（5）（可选）执行【tunnel local { *ip-address* | binding-interface }】命令，配置 IPSec 隧道的本端地址。默认情况下，系统没有配置 IPSec 隧道的本端地址。对于 IKE 动态协商方式的安全策略，一般不需要配置 IPSec 隧道的本端地址，SA 协商时会根据路由选择 IPSec 隧道的本端地址。

通过策略模板创建 IKE 动态协商方式安全策略的操作步骤如下。

（1）进入系统视图，执行【ipsec policy-template *template-name seq-number*】命令，创建策略模板，

并进入策略模板视图。默认情况下，系统不存在策略模板。

（2）（可选）执行【security acl *acl-number*】命令，在安全策略中引用 ACL。一个安全策略只能引用一个 ACL，如果配置安全策略引用了多于一个 ACL，则最后配置的 ACL 有效。*acl-number* 是一个已创建的高级 ACL。

（3）执行【proposal *proposal-name*】命令，在安全策略中引用 IPSec 安全提议。隧道两端进行 IKE 协商时，将在安全策略中引用最先能够完全匹配的 IPSec 安全提议；如果 IKE 在两端找不到完全匹配的 IPSec 安全提议，则 SA 无法建立。*proposal-name* 是一个已创建的 IPSec 安全提议。

（4）执行【ike-peer *peer-name*】命令，在策略模板中引用 IKE 对等体。*peer-name* 是一个已创建的 IKE 对等体。

（5）（可选）执行【match ike-identity *identity-name*】命令，引用身份过滤集。*identity-name* 是一个已创建的身份过滤集。

（6）进入系统视图，执行【ipsec policy policy-name *seq-number* isakmp template *template-name*】命令，在安全策略中引用策略模板。引用的策略模板名称 *template-name* 不能与安全策略名称 *policy-name* 相同。

（7）进入系统视图，执行【ipsec policy *policy-name seq-number* isakmp template *template-name*】命令，在安全策略中引用策略模板。

6. 在接口上应用安全策略组

安全策略组是所有具有相同名称、不同序号的安全策略的集合。一个安全策略组中可以包含多个手工或 IKE 动态协商方式策略（每个策略对应一个高级 ACL），但只能包含一个策略模板。在同一个安全策略组中，序号越小的安全策略优先级越高。

为使接口对数据流进行 IPSec 保护，需要在该接口上应用一个安全策略组。当从一个接口发送数据时，将按照从小到大的序号查找安全策略组中的每一个安全策略。如果数据流匹配了一个安全策略引用的 ACL，则使用这个安全策略对数据流进行处理；如果没有匹配，则继续查找下一个安全策略；如果数据与所有安全策略引用的 ACL 都不匹配，则直接被发送，即 IPSec 不对数据流进行保护。

应用安全策略的操作步骤如下。

（1）进入接口视图，执行【ipsec policy *policy-name*】命令，在接口上应用安全策略组。

（2）SA 创建成功后，IPSec 隧道间的数据流将被加密传输。

7. 检查配置结果

（1）检查 IPSec 配置。

① 执行【display ipsec proposal [name *proposal-name*] 】命令，查看 IPSec 安全提议的信息。

② 执行【display ipsec policy [brief | name *policy-name* [*seq-number*]] 】命令，查看安全策略的信息。

③ 执行【display ike identity [name *identity-name*] 】命令，查看身份过滤集的配置信息。

④ 执行【display ipsec policy-template [brief | name *template-name* [*seq-number*]] 】命令，查看策略模板的信息。

⑤ 执行【display ipsec sa [brief | duration | policy *policy-name* [*seq-number*] | peerip *peer-ip-address*] 】命令，查看当前 IPSec SA 的相关信息。

（2）检查 IKE 配置。

① 执行【display ike identity [name *identity-name*] 】命令，查看身份过滤集的配置信息。

② 执行【display ike peer [name *peer-name*] [verbose] 】命令，查看 IKE 对等体的配置信息。

③ 执行【display ike proposal [number *proposal-number*] 】命令，查看 IKE 安全提议的配置参数。

④ 执行【 display ike sa [conn-id *connid* | peer-name *peer name* | phase *phase-number* | verbose] 】命令，查看当前 IKE SA 的相关信息。

10.3 项目案例

10.3.1 项目案例 1：利用交换机保障网络安全

1. 项目背景

某企业的局域网内有大量用户，局域网内部网络面临着两个风险：计算机病毒的扩散和内部人员的恶意攻击。为了提高网络安全性，管理员决定在交换机上使用技术手段，防止 MAC 泛洪、DHCP 欺骗、ARP 中间人攻击、IP 源地址欺骗，避免合法用户的数据被中间人窃取。图 10-18 模拟了该企业的局域网的一部分。

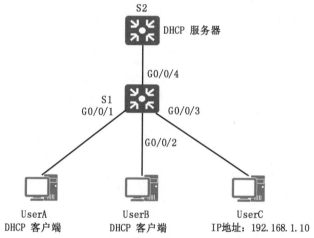

图 10-18 利用交换机保障网络安全的网络拓扑

2. 项目任务

（1）在交换机 S1 上配置接口安全防 MAC 泛洪攻击。

（2）在交换机 S1 上配置 DHCP Snooping 功能，接口 G0/0/4 为可信任接口，并配置静态绑定表。

（3）在交换机 S1 上使能动态 ARP 检测功能，使交换机 S1 对收到的 ARP 报文的源 IP 地址、源 MAC 地址、VLAN 及接口信息进行 DHCP Snooping 绑定表匹配检查，防止中间人攻击。

（4）在交换机 S1 上使能 IP 源防护功能，使交换机 S1 对收到的 IP 报文的源 IP 地址、源 MAC 地址、VLAN 及接口信息进行 DHCP Snooping 绑定表匹配检查，防止 IP 源地址欺骗攻击。

3. 项目目的

通过本项目可以掌握如下知识点和技能点，同时积累项目经验。

（1）配置交换机的接口安全。

（2）配置交换机的 DHCP Snooping 功能。

（3）配置交换机的动态 ARP 检测功能。

（4）配置交换机的 IP 源防护功能。

4. 项目拓扑

利用交换机保障网络安全的网络拓扑如图 10-18 所示，交换机 S1 通过接口 G0/0/4 连接 DHCP 服务器（S2），通过接口 G0/0/1、G0/0/2 连接 DHCP 客户端 UserA 和 UserB，通过接口 G0/0/3 连接静态配置 IP 地址的用户 UserC。交换机 S1 的接口 G0/0/1、G0/0/2、G0/0/3、G0/0/4 都属于 VLAN 1。

5. 项目实施

（1）配置接口链路类型。

将接口 G0/0/1、G0/0/2、G0/0/3 的链路类型改为 Access，将接口 G0/0/4 的链路类型改为 Trunk。

```
[S1]interface GigabitEthernet 0/0/1
[S1-GigabitEthernet0/0/1]port link-type access
[S1]interface GigabitEthernet 0/0/2
[S1-GigabitEthernet0/0/2]port link-type access
[S1]interface GigabitEthernet 0/0/3
[S1-GigabitEthernet0/0/3]port link-type access
[S1]interface GigabitEthernet 0/0/4
[S1-GigabitEthernet0/0/4]port link-type trunk
[S1-GigabitEthernet0/0/4]port trunk allow-pass vlan 1
```

（2）配置接口安全。

使能接口 G0/0/1、G0/0/2、G0/0/3 的安全功能，限制 MAC 地址数为 1，安全保护动作为 restrict。这里以接口 G0/0/1 为例进行介绍，接口 G0/0/2、G0/0/3 的配置与接口 G0/0/1 类似，不再赘述。

```
[S1]interface GigabitEthernet 0/0/1
[S1-GigabitEthernet0/0/1]port-security enable
[S1-GigabitEthernet0/0/1]port-security max-mac-num 1
[S1-GigabitEthernet0/0/1]port-security protect-action restrict
```

（3）配置 DHCP Snooping 功能。

全局使能 DHCP Snooping 功能。

```
[S1]dhcp enable
[S1]dhcp snooping enable
```

在 VLAN 1 内使能 DHCP Snooping 功能。

```
[S1]vlan 1
[S1-vlan10]dhcp snooping enable
```

配置接口 G0/0/4 为 DHCP Snooping 可信任接口。

```
[S1]interface GigabitEthernet 0/0/4
[S1-GigabitEthernet0/0/4]dhcp snooping trusted
```

配置静态绑定表。

```
[S1]user-bind static ip-address 192.168.1.100 mac-add 5489-9827-6945 interface g0/0/3 vlan 1
```

配置 DHCP 客户端 UserA、UserB 使用动态 IP 地址，执行【ipconfig /all】命令查看 UserA、UserB 的 IP 地址，并在交换机上查看 DHCP Snooping 动态、静态绑定表。

```
[S1]display dhcp snooping user-bind all
[S1]display dhcp static user-bind all
```

（4）使能动态 ARP 检测功能。

使能接口 G0/0/1、G0/0/2、G0/0/3 的动态 ARP 检测功能。这里以接口 G0/0/1 为例进行介绍，接口 G0/0/2、G0/0/3 的配置与接口 G0/0/1 类似，不再赘述。

```
[S1]interface GigabitEthernet 0/0/1
[S1-GigabitEthernet0/0/1]arp anti-attack check user-bind enable
[S1-GigabitEthernet0/0/1]arp anti-attack check user-bind check-item ip-address mac-address vlan
```

（5）使能 IP 源防护功能。

使能接口 G0/0/1、G0/0/2、G0/0/3 的 IPSG 功能。这里以接口 G0/0/1 为例进行介绍，接口 G0/0/2、G0/0/3 的配置与接口 G0/0/1 类似，不再赘述。

```
[S1]interface GigabitEthernet 0/0/1
[S1-GigabitEthernet0/0/1]ip source check user-bind enable
```

[S1-GigabitEthernet0/0/1]ip source check user-bind check-item ip-address mac-address vlan

6. 项目测试

（1）执行【display arp anti-attack configuration check user-bind interface】命令，查看各接口下动态 ARP 检测的配置。

（2）执行【display arp anti-attack statistics check user-bind interface】命令，查看各接口下动态 ARP 检测的 ARP 报文的丢弃数量（以 G0/0/1 为例）。

（3）执行【display ip source check user-bind interface】命令，查看各接口下动态 IPSG 的配置。

10.3.2　项目案例 2：利用 IPSec VPN 实现网络互联

1. 项目背景

如图 10-19 所示，某企业在总部和分部各有一个局域网，两个局域网均已经连接到 Internet。该企业希望分部子网与总部子网连接起来，考虑到使用数据专线的成本较高，因此准备采用 VPN 技术。为了对流量进行安全保护，最终决定采用 IPSec VPN。

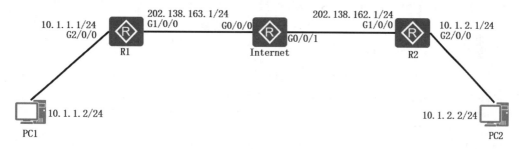

图 10-19　利用 IPSec VPN 实现网络互联的网络拓扑

2. 项目任务

按照如下思路，以 IKE 动态协商方式建立 IPSec 隧道。

（1）配置接口的 IP 地址和到对端的静态路由，保证两端路由可达。

（2）配置 ACL，以定义需要 IPSec 保护的数据流。

（3）配置 IPSec 安全提议，定义 IPSec 的保护方法。

（4）配置 IKE 对等体，定义对等体间 IKE 协商时的属性。

（5）配置安全策略，并引用 ACL、IPSec 安全提议和 IKE 对等体，确定对何种数据流采取何种保护方法。

（6）在接口上应用安全策略组，使接口具有 IPSec 的保护功能。

3. 项目目的

通过本项目可以掌握如下知识点和技能点，同时积累项目经验。

（1）定义需要保护的数据流。

（2）配置 IPSec 安全提议。

（3）配置 IKE 安全提议。

（4）配置 IKE 对等体。

（5）配置安全策略。

（6）在接口上应用安全策略组。

4. 项目拓扑

利用 IPSec VPN 实现网络互联的网络拓扑如图 10-19 所示。路由器 R1 为企业分部网关，路由器 R2 为企业总部网关，分部与总部通过 Internet 建立通信；分部子网为 10.1.1.0/24，总部子网为 10.1.2.0/24。

5. 项目实施

（1）分别在路由器 R1 和 R2 上配置接口的 IP 地址和到对端的静态路由。

在路由器 R1 上配置接口的 IP 地址。

```
[R1]interface GigabitEthernet 1/0/0
[R1-GigabitEthernet1/0/0]ip address 202.138.163.1 255.255.255.0
[R1]interface GigabitEthernet 2/0/0
[R1-GigabitEthernet2/0/0]ip address 10.1.1.1 255.255.255.0
```

在路由器 R1 上配置到对端的静态路由，此处假设到对端的下一跳 IP 地址为 202.138.163.2。

```
[R1]ip route-static 0.0.0.0 0.0.0.0 202.138.163.2
```

在路由器 R2 上配置接口的 IP 地址。

```
[R2]interface GigabitEthernet 1/0/0
[R2-GigabitEthernet1/0/0]ip address 202.138.162.1 255.255.255.0
[R2]interface GigabitEthernet 2/0/0
[R2-GigabitEthernet2/0/0]ip address 10.1.2.1 255.255.255.0
```

在路由器 R2 上配置到对端的静态路由，此处假设到对端的下一跳 IP 地址为 202.138.162.2。

```
[R2]ip route-static 0.0.0.0 0.0.0.0 202.138.162.2
```

（2）分别在路由器 R1 和 R2 上配置 ACL，定义各自要保护的数据流。

在路由器 R1 上配置 ACL，定义由子网 10.1.1.0/24 去往子网 10.1.2.0/24 的数据流。

```
[R1]acl number 3101
[R1-acl-adv-3101]rule permit ip source 10.1.1.0 0.0.0.255 destination 10.1.2.0 0.0.0.255
```

在路由器 R2 上配置 ACL，定义由子网 10.1.2.0/24 去往子网 10.1.1.0/24 的数据流。

```
[R2]acl number 3101
[R2-acl-adv-3101]rule permit ip source 10.1.2.0 0.0.0.255 destination 10.1.1.0 0.0.0.255
```

（3）分别在路由器 R1 和 R2 上创建 IPSec 安全提议。

在路由器 R1 上配置 IPSec 安全提议。

```
[R1]ipsec proposal tran1
[R1-ipsec-proposal-tran1]transform esp
[R1-ipsec-proposal-tran1]esp authentication-algorithm sha2-256
[R1-ipsec-proposal-tran1]esp encryption-algorithm aes-128
[R1-ipsec-proposal-tran1]encapsulation-mode tunnel
```

在路由器 R2 上配置 IPSec 安全提议。

```
[R2]ipsec proposal tran1
[R2-ipsec-proposal-tran1]transform esp
[R2-ipsec-proposal-tran1]esp authentication-algorithm sha2-256
[R2-ipsec-proposal-tran1]esp encryption-algorithm aes-128
[R2-ipsec-proposal-tran1]encapsulation-mode tunnel
```

此时，分别在路由器 R1 和 R2 上执行【display ipsec proposal】命令，查看配置的信息。

（4）分别在路由器 R1 和 R2 上配置 IKE 对等体。

在路由器 R1 上配置 IKE 安全提议。

```
[R1]ike proposal 5
[R1-ike-proposal-5]authentication-method pre-share
[R1-ike-proposal-5]encryption-algorithm aes-cbc-128
[R1-ike-proposal-5]authentication-algorithm sha1
[R1-ike-proposal-5]dh group5
```

在路由器 R1 上配置 IKE 对等体，并根据默认配置，配置预共享密钥和对端 ID。

```
[R1]ike peer R2 v1
[R1-ike-peer-R2]ike-proposal 5
[R1-ike-peer-R2]pre-shared-key cipher huawei@123
[R1-ike-peer-R2]exchange-mode main
```

```
[R1-ike-peer-R2]remote-address 202.138.162.1
[R1-ike-peer-R2]local-address 202.138.163.1
```

在路由器 R2 上配置 IKE 安全提议。

```
[R2]ike proposal 5
[R2-ike-proposal-5]authentication-method pre-share
[R2-ike-proposal-5]encryption-algorithm aes-cbc-128
[R2-ike-proposal-5]authentication-algorithm sha1
[R2-ike-proposal-5]dh group5
```

在路由器 R2 上配置 IKE 对等体，并根据默认配置，配置预共享密钥和对端 ID。

```
[R2]ike peer R1 v1
[R2-ike-peer-R1]ike-proposal 5
[R2-ike-peer-R1]pre-shared-key cipher huawei@123
[R2-ike-peer-R1]exchange-mode main
[R2-ike-peer-R1]remote-address 202.138.163.1
[R2-ike-peer-R1]local-address 202.138.162.1
```

（5）分别在路由器 R1 和 R2 上创建安全策略。

在路由器 R1 上配置 IKE 动态协商方式安全策略。

```
[R1]ipsec policy map1 10 isakmp
[R1-ipsec-policy-isakmp-map1-10]ike-peer R2
[R1-ipsec-policy-isakmp-map1-10]proposal tran1
[R1-ipsec-policy-isakmp-map1-10]security acl 3101
[R1-ipsec-policy-isakmp-map1-10]tunnel local 202.138.163.1
[R1-ipsec-policy-isakmp-map1-10]sa trigger-mode auto
```

在路由器 R2 上配置 IKE 动态协商方式安全策略。

```
[R2]ipsec policy use1 10 isakmp
[R2-ipsec-policy-isakmp-use1-10]ike-peer R1
[R2-ipsec-policy-isakmp-use1-10]proposal tran1
[R2-ipsec-policy-isakmp-use1-10]security acl 3101
[R2-ipsec-policy-isakmp-map1-10]tunnel local 202.138.162.1
R2-ipsec-policy-isakmp-map1-10]sa trigger-mode auto
```

此时，分别在路由器 R1 和 R2 上执行【display ipsec policy】命令，查看配置的信息。
（6）分别在路由器 R1 和 R2 的接口上应用各自的安全策略组，使接口具有 IPSec 的保护功能。

在路由器 R1 的接口上引用安全策略组。

```
[R1]interface GigabitEthernet 1/0/0
[R1-GigabitEthernet1/0/0]ipsec policy map1
```

在路由器 R2 的接口上引用安全策略组。

```
[R2]interface GigabitEthernet 1/0/0
[R2-GigabitEthernet1/0/0]ipsec policy map1
```

6. 项目测试

配置成功后，在 PC1 上执行 ping 操作，应该可以 ping 通 PC2，但它们之间的数据传输将被加密。执行【display ipsec statistics esp】命令，可以查看数据包的统计信息。

在路由器 R1 上执行【display ike sa】命令，这里以路由器 R1 为例，其信息如下。

```
      Conn-ID  Peer              VPN   Flag(s)              Phase
      -----------------------------------------------------------------
       53      202.138.162.1     0     RD                   2
       7       202.138.162.1     0     RD                   1
      Flag Description:
      RD--READY   ST--STAYALIVE   RL--REPLACED   FD--FADING   TO--TIMEOUT
      HRT--HEARTBEAT   LKG--LAST KNOWN GOOD SEQ NO.   BCK--BACKED UP
```

分别在路由器 R1 和 R2 上执行【display ipsec sa】命令，查看配置的信息，这里以路由器 R1 为例，其信息如下。

```
===============================
Interface: GigabitEthernet1/0/0
 Path MTU: 1500
===============================

-------------------------------
 IPSec policy name: "map1"
 Sequence number: 10
 Acl Group        : 3101
 Acl rule         : 5
 Mode             : ISAKMP
-------------------------------
   Connection ID      : 53
   Encapsulation mode: Tunnel
   Tunnel local       : 202.138.163.1
   Tunnel remote      : 202.138.162.1
   Flow source        : 10.1.1.0/255.255.255.0 0/0
   Flow destination   : 10.1.2.0/255.255.255.0 0/0
   Qos pre-classify   : Disable
   [Outbound ESP SAs]
     SPI: 1072239109 (0x3fe91205)
     Proposal: ESP-ENCRYPT-AES-128 SHA2-256-128
     SA remaining key duration (bytes/sec): 1887298560/3468
     Max sent sequence-number: 9
     UDP encapsulation used for NAT traversal: N
   [Inbound ESP SAs]
     SPI: 1570748556 (0x5d9fb88c)
     Proposal: ESP-ENCRYPT-AES-128 SHA2-256-128
     SA remaining key duration (bytes/sec): 1887436260/3468
     Max received sequence-number: 9
     Anti-replay window size: 32
     UDP encapsulation used for NAT traversal: N
```

本章总结

　　本章介绍了网络系统安全的措施，如接口安全、DHCP Snooping、动态 ARP 检测、IP 源防护及 VPN 技术。交换机的接口安全技术可以限制接口绑定 MAC 地址的数量，从而防止 MAC 泛洪攻击；DHCP Snooping 技术使交换机可以监听接口上的计算机发送 DHCP 报文的情况，禁止计算机发送非法的 DHCP 报文，从而防止虚假的 DHCP 服务器分配非法的 IP 地址；动态 ARP 检测使交换机可以监听接口上的计算机发送的 ARP 报文情况，将 ARP 报文和 DHCP Snooping 绑定表信息进行对比，禁止计算机发送非法的 ARP 报文，从而防止 ARP 欺骗；IP 源防护使交换机检查接口上收到的 IP 数据包的源 IP 地址，将源 IP 地址和 DHCP Snooping 绑定表信息进行对比，禁止计算机发送虚假源 IP 地址的数据包，从而防止 IP 源地址欺骗；VPN 是在 Internet 中构建私有网络的技术，采取了加密、散列、密钥交换、身份认证等技术保证数据的安全。IPSec VPN 是最常见的三层 VPN，在对等体之间建立一个 IKE SA 完成身份认证和密钥信息交换后，在 IKE SA 的保护下，根据配置的 AH/ESP 协议等参数协商出一对 IPSec SA，对等体间的数据将在 IPSec 隧道中加密传输。IPSec VPN 有隧道模式、传输模式两种封装模式。

习题

1. 配置交换机接口安全时，默认情况下，接口安全保护动作为（　　）。

   A. protect：当学习到的 MAC 地址数达到接口限制数时，接口丢弃源地址在 MAC 地址表以外的报文

   B. restrict：当学习到的 MAC 地址数超过接口限制数时，接口丢弃源地址在 MAC 地址表以外的报文，并发出告警

   C. shutdown：当学习到的 MAC 地址数超过接口限制数时，接口执行关闭操作，并发出告警

   D. open：不学习 MAC 地址，接口转发全部报文

2. 【多选】以下的（　　）报文是 DHCP 服务器发送的。

   A. DHCP Discover　　　B. DHCP Offer　　　　C. DHCP Request　　　D. DHCP ACK

3. 关于动态 ARP 检测（DAI）的描述，错误的是（　　）。

   A. DAI 依赖于 DHCP Snooping 来实现其功能

   B. 默认情况下，DAI 对 ARP 报文中的 IP 地址、MAC 地址，以及 ARP 报文来源的 VLAN 和接口信息进行检查

   C. 默认情况下，接口或 VLAN 未启用对 ARP 报文的检查功能

   D. DAI 可以防止 MAC 地址泛洪攻击

4. AES-128 是一种（　　）。

   A. 加密算法　　　　　　B. 散列算法　　　　　C. 密钥交换算法　　　D. 身份认证算法

5. 【多选】配置 IPSec VPN 时，可以使用的安全协议有（　　）。

   A. AH　　　　　　　　B. ESP　　　　　　　　C. AH+ESP　　　　　D. IKE

6. 【多选】在采用 ACL 方式建立 IPSec 隧道之前，需完成的任务是（　　）。

   A. 源接口和目的接口之间路由可达

   B. 确定需要 IPSec 保护的数据流

   C. 确定数据流被保护的强度，即确定使用的 IPSec 安全提议的参数

   D. 确定 IPSec 隧道是基于手工方式还是 IKE 动态协商方式建立

第11章
网络运维技术

11

随着网络规模的扩大、复杂性的增加，以及 SDN、服务器虚拟化等技术的发展，网络运维管理也发生了非常大的变化，一些传统的网络运维技术及管理方式越来越不能满足网络发展及快速、高效运维管理的需求。于是，一些新的运维技术及自动化运维方式逐渐被运用到日常网络运维管理中，以应对网络的发展变化，并提高网络管理的精度和网络运维的效率。本章将介绍新网络运维技术基础、Python 自动化运维的基础知识和编程技能。

学习目标

(1) 了解 SDN 的基本知识。
(2) 了解 NETCONF 协议的基本知识和原理。
(3) 了解 RESTCONF 协议的基本知识和原理。
(4) 了解 Telemetry 协议的基本知识和原理。

(5) 了解 OpenFlow 协议的基本知识和原理。
(6) 掌握 Python 语言的基本知识。
(7) 掌握 Paramiko 模块的基本知识和使用方法。

11.1 新网络运维技术基础

SNMP、CLI 等传统的网络运维技术已无法适应当前复杂网络（如软件定义网络（Software Defined Networking，SDN））管理和配置管理的需求，管理效率也越来越低；网络配置（Network Configuration，NETCONF）协议、RESTCONF、Telemetry 等新的技术应运而生，它们弥补了传统网络运维技术的短板，满足了新网络管理的需求。

11.1.1 SDN 概述

众所周知，传统网络是分布式的网络架构，每个网络设备都拥有独立的控制面，网络中没有集中的控制点，网络业务的开通要由管理员通过命令行一一进行配置。显然，传统的网络架构已经无法满足当前高速发展的互联网和云计算等新型业务的需求，也无法跟上企业和运营商未来发展的脚步，无论是企业还是运营商，未来都需要一个敏捷、智能和开放的网络。

为了满足敏捷、智能和开放的诉求，需要一种新的网络架构，而 SDN 网络架构是目前最受业界认可的选择。

1. SDN 的起源

SDN 是由斯坦福大学的 Clean Slate 研究组提出的一种新型网络架构。其通过将网络设备的控制平面与数据平面分离，实现了网络控制平面的集中控制，为网络应用的创新提供了良好的支持。

SDN 提出了 3 个特征：转控分离、集中控制、开放可编程接口。

2. SDN 的本质诉求及价值

SDN 的本质诉求是让网络更加开放、灵活和简单。它的实现方式是为网络构建一个集中的"大脑"，通过全局视图集中控制，实现业务快速部署、流量调优、网络业务开放等目标。

SDN 的价值如下。

（1）集中管理，简化网络管理与运维。

（2）屏蔽技术细节，降低网络复杂度，降低运维成本。

（3）自动化调优，提高网络利用率。

（4）快速业务部署，缩短业务上线时间。

（5）网络开放，支持开放可编程的第三方应用。

3. SDN 架构

SDN 是对传统网络架构的一次重构，从原来的分布式控制的网络架构重构为集中控制的网络架构。SDN 最重要的变化是在网络中增加了 SDN 控制器，由 SDN 控制器对网络实行集中控制。SDN 控制器是一个集中的网络控制系统，是一款软件，正是因为 SDN 控制器的软件属性，才使 SDN 能够把网络软件化，使网络能够像软件一样易于修改，提高了网络的敏捷性。

SDN 架构分为协同应用层、控制器层、设备层 3 层，不同层次之间通过开放接口连接，如图 11-1 所示。

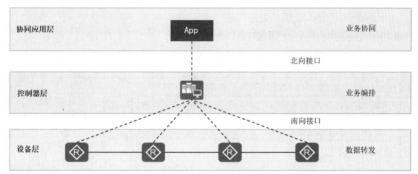

图 11-1　SDN 架构

（1）协同应用层。

协同应用层主要完成用户意图的各种上层应用，典型的协同应用层中的应用包括 OSS、OpenStack 等。OSS 可以负责整网的业务协同，OpenStack 云平台一般用于数据中心，负责网络、计算、存储的业务协同。还有其他的协同应用层的应用，例如，用户希望部署一个安全 App，这个安全 App 不关心设备的具体部署位置，只调用控制器层的北向接口，如 Block（Source IP，Destination IP），控制器层会给各网络设备下发指令，这个指令根据南向协议不同而不同。

（2）控制器层。

控制器层是系统的控制中心，负责网络的内部交换路径和边界业务路由的生成，并负责处理网络状态变化事件。当网络发生状态变化时，如链路故障、节点故障、网络拥塞等，控制器层会根据这些网络状态变化调整网络交换路径和业务路由，使网络始终能够处于一个正常服务的状态，避免用户数据在穿过网络的过程中受到损失（如丢包、时延增大等）。

控制器层的实现实体就是 SDN 控制器，也是 SDN 架构中最核心的部件。控制器层是 SDN 系统的"大脑"，其核心功能是实现网络业务编排。

（3）设备层。

设备层负责执行用户数据的转发，转发过程中所需的转发表项是由控制器层生成的。设备层是系统的执行单元，本身通常不做决策，其核心部件是系统的转发引擎，由转发引擎负责根据控制器层下发的转发数据进行报文转发。该层和控制器层之间通过控制接口交互，设备层既上报网络资源信息和状态，又接收控制层下发的转发信息。

① 北向接口：北向接口为控制器层对接协同应用层的接口，主要为 RESTful。

② 南向接口：南向接口为控制器与设备交互的协议，包括 NETCONF、SNMP、OpenFlow、OVSDB 等。

11.1.2 网络管理协议

1. NETCONF 协议

（1）NETCONF 简介。

NETCONF 协议提供了一种网管和网络设备之间通信的机制，网络管理员可以利用这套机制增加、修改、删除网络设备的配置，获取网络设备的配置和状态信息。网络设备提供了规范的应用程序编程接口（Application Programming Interface，API），网管可以通过 NETCONF 协议使用这些 API 管理网络设备。在 SDN 领域，NETCONF 是 SDN 南向接口协议之一，SDN 控制器通过 NETCONF 对网络设备进行配置管理。

NETCONF 协议的一个重要特点是其可以直接使用设备已有的功能模块，降低了 NETCONF 协议的开发成本，而且随时可以使用设备未来将会支持的新特性。NETCONF协议可以使客户端发现服务器支持的扩展功能集合，这些协议允许客户端调整自己来充分利用设备提供的功能。

（2）NETCONF 协议与 SNMP 的对比。

NETCONF 协议与 SNMP 的对比如表 11-1 所示。

表 11-1 NETCONF 协议与 SNMP 的对比

项目	NETCONF 协议	SNMP
配置保护	支持。NETCONF 协议提供了锁定机制，防止多用户操作产生冲突	不支持
配置备份	支持。NETCONF 协议提供了多个配置数据库（以下简称数据库），数据库之间可以互相备份	不支持
配置查询	支持。NETCONF 协议定义了过滤功能，可查询某个节点的全部配置数据，大批量数据收集时的速度是 SNMP 的 10 倍	支持。SNMP 能够对某个表的一条或多条记录进行操作，查询中需要多次交互才能够完成
扩展性	（1）协议模型采取分层定义，各层之间相互独立，对协议中的某一层进行扩展时，能够不影响其他层的协议。 （2）协议采用了 XML 编码，使协议在管理能力和系统兼容性方面具有一定的可扩展性。 因此，NTECONF 协议的扩展性好	扩展性差
安全性	NETCONF 协议利用现有的安全协议提供安全保证，如 SSH 和 SOAP，并不与具体的安全协议绑定。在使用中，NETCONF 协议比 SNMP 更灵活	仅 SNMPv3 提供了认证加密机制，但全部为协议自己定义，没有扩展的余地

（3）NETCONF 基本网络架构。

NETCONF 基本网络架构如图 11-2 所示，整套系统必须包含至少一个网络管理系统（Network Management System，NMS）作为整个网络的网管中心，NMS 运行在 NMS 服务器上，对设备进行管理。下面介绍网络管理系统中的主要元素。

① NETCONF Client。

a. Client 利用 NETCONF 协议对网络设备进行系统管理。

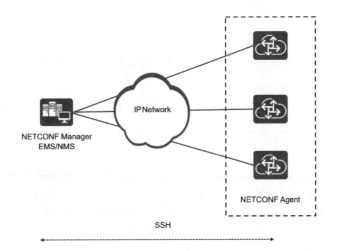

图 11-2　NETCONF 基本网络架构

b.　Client 向 Server 发送 RPC 请求，查询或修改一个或多个具体的参数值。

c.　Client 可以接收 Server 发送的告警和事件，以获知被管理设备的当前状态。

② NETCONF Server。

a.　Server 用于维护被管理设备的信息数据并响应 Client 的请求，把管理数据汇报给发送请求的 Client。

b.　Server 收到 Client 的请求后会进行数据解析，并在配置管理框架（Configuration Management Framework，CMF）的帮助下处理请求，为 Client 返回响应。

c.　当设备发生故障或其他事件时，Server 利用 Notification 机制将设备的告警和事件通知给 Client，向网管报告设备的当前状态变化。

d.　NETCONF 会话是 Client 与 Server 之间的逻辑连接，网络设备必须至少支持一个 NETCONF 会话。Client 从运行的 Server 上获取的信息包括配置数据和状态数据。

e.　Client 可以修改配置数据，并通过操作配置数据，使 Server 的状态迁移到用户期望的状态。

f.　Client 不能修改状态数据，状态数据主要是 Server 的运行状态和统计信息。

（4）NETCONF 协议框架。

如同 OSI 参考模型一样，NETCONF 协议也采用了分层结构，每层分别对协议的某一方面进行包装，并向上层提供相关服务。

分层结构使每层只关注协议的一个方面，实现起来更简单，同时使各层之间的依赖、内部实现的变更对其他层的影响最低。

NETCONF 协议分为 4 层，由下至上分别是内容层、操作层、消息层、安全传输层，如表 11-2 所示。

表 11-2　NETCONF 协议框架

层面	示例	说明
第一层：安全传输层	BEEP，SSH，SSL	安全传输层为 NETCONF 客户端（Client）和服务器端（Server）之间的交互提供了通信路径
第二层：消息层	<rpc>，<rpc-reply>	消息层提供了一种简单的、不依赖于传输协议的 RPC 请求和响应机制。客户端采用<rpc>元素封装操作请求信息，并通过一个安全的、面向连接的会话将请求发送给服务器；而服务器将采用<rpc-reply>元素封装 RPC 请求的响应信息（即操作层和内容层的内容），并将此响应信息发送给请求者

层面	示例	说明
第三层：操作层	\<get-config\>, \<edit-config\>, \<notification\>	操作层定义了一系列在 RPC 中应用的基本操作，这些操作组成了 NETCONF 的基本能力
第四层：内容层	配置数据	内容层描述了网络管理所涉及的配置数据，而这些数据依赖于各制造商设备

（5）NETCONF 建模语言。

NETCONF 协议使用 XML 作为编码格式。XML 用文本表示复杂的层次化数据，既支持使用传统的文本编译工具，又支持使用 XML 专用的编辑工具读取、保存和操作配置数据。基于 XML 网络管理的主要思想是利用 XML 的强大数据表示能力，使用 XML 描述被管理数据和管理操作，使管理信息成为计算机可以理解的数据库，提高计算机对网络管理数据的处理能力，从而提高网络管理能力。

NETCONF 协议当前有两种建模语言：Schema 和 YANG。

① Schema：为描述 XML 文档而定义的一套规则。Schema 文件中定义了设备所有管理对象，以及管理对象的层次关系、读写属性和约束条件。网络设备通过 Schema 文件向网管提供配置和管理设备的接口。Schema 文件类似于 SNMP 的 MIB 文件。

② YANG：专门为 NETCONF 协议设计的数据建模语言，用来为 NETCONF 协议设计可操作的配置数据、状态数据模型、远程调用模型和通知机制等。YANG 数据模型定位为一个面向机器的模型接口，明确定义了数据结构及其约束，可以更灵活、更完整地进行数据描述。

2. RESTCONF 协议

（1）RESTCONF 简介。

随着网络规模的增大、复杂性的增加，自动化运维的需求日益增加。网络发展中对设备编程接口提出了新要求，希望能够提供支持 Web 应用访问和操作网络设备的标准化接口。NETCONF 协议提供了基于 RPC 机制的应用编程接口，要满足新的需求就会抛弃 NETCONF 协议本身的特色，RESTCONF 应运而生。

RESTCONF 协议是在融合 NETCONF 协议和 HTTP 的基础上发展而来的。RESTCONF 协议以 HTTP 的方法提供了 NETCONF 协议的核心功能，编程接口符合 IT 业界流行的 RESTful 风格，为用户提供了高效开发 Web 化运维工具的能力。

（2）RESTCONF 协议与 NETCONF 协议的对比。

RESTCONF 协议使用了 HTTP 的操作，无状态，无事务机制，无回滚，只支持对设备运行配置库的修改。NETCONF 协议操作设备支持多个配置库，有事务机制，有回滚。两者各有优缺点及其适用场景。RESTCONF 协议与 NETCONF 协议的对比，如表 11-3 所示。

表 11-3　RESTCONF 协议与 NETCONF 协议的对比

项目	RESTCONF+YANG 协议	NETCONF+YANG 协议
传输通道（协议）	基于 HTTP 访问设备资源，提供的编程接口符合 IT 业界流行的 RESTful 风格	传输层首选 SSH 协议，XML 信息通过 SSH 协议承载
报文格式	采用 XML 或 JSON 编码	采用 XML 编码
操作特点	RESTCONF 协议的操作简单，支持增、删、改、查操作，仅支持\<running/\>配置数据库； 无须两阶段提交，操作直接生效	NETCONF 协议的操作复杂，支持增、删、改、查操作，支持多个配置数据库，也支持回滚等； 需要两阶段提交（即先提交参数，再提交参数）

（3）RESTCONF 基本网络架构。

RESTCONF 基本网络架构如图 11-3 所示。下面介绍 RESTCONF 基本网络架构中的主要元素。

① RESTCONF Client：客户端利用 RESTCONF 协议对网络设备进行系统管理。客户端向服务器端发送请求，可以创建、删除、修改或查询一个或多个数据。

② RESTCONF Server：设备作为服务器端，服务器用于维护被管理设备的信息数据并响应客户端的请求，把数据返回给发送请求的客户端。服务器端收到客户端的请求后会进行解析并处理请求，为客户端返回响应。

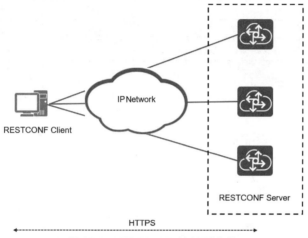

图 11-3　RESTCONF 基本网络架构

客户端从运行的服务器上获取的信息包括配置数据和状态数据。

a. 客户端可以查询状态数据和配置数据。

b. 客户端可以修改配置数据，并通过操作配置数据，使服务器的状态达到用户期望的状态。

c. 客户端不能修改状态数据，状态数据主要是服务器的运行状态和统计的相关信息。

（4）RESTCONF 建模语言。

RESTCONF 使用 YANG 作为其建模语言。YANG 是用来对 RESTCONF 协议中的配置数据和状态数据等进行建模的数据建模语言。

3. Telemetry 协议

（1）Telemetry 简介。

Telemetry 是一种远程从物理设备或虚拟设备上高速采集数据的技术。其设备通过推模式（Push Mode）周期性地主动向采集器上推送设备的接口流量统计、CPU 或内存数据等信息。相对于传统拉模式（Pull Mode）的一问一答式交互，其提供了更实时、更高速的数据采集功能。

随着 SDN 设备规模的日益增大，承载的业务越来越多，用户对 SDN 的智能运维提出了更高的要求，如监控数据要拥有更高的精度，以便及时检测和快速调整微突发流量，同时，监控过程要对设备自身功能和性能影响小，以便提高设备和网络的利用率。传统网络监控方式（如 SNMP get 和 CLI），因存在如下不足，管理效率越来越低，已不能满足用户需求的演进。

① 通过拉模式来获取设备的监控数据，不能监控大量网络节点，限制了网络增长。

② 精度是分钟级别（5～15min），只能依靠加大查询频度来提升获取数据的精度，但是这样会导致网络节点 CPU 利用率高而影响设备正常功能的运行。

③ 由于网络传输时延的存在，监控到的网络节点数据并不准确。

因此，面对大规模、高性能的网络监控需求，用户需要一种新的网络监控方式。Telemetry 技术可以满足用户要求，支持智能运维系统管理更多的设备，监控数据拥有亚秒级别的更高精度和更好的实时性，监控过程对设备自身功能和性能影响小，为网络问题的快速定位、网络质量优化调整提供了最重要的大数据基础，将网络质量分析转换为大数据分析，有力地支撑了智能运维的需要。

（2）Telemetry 与传统网络监控方式的对比。

Telemetry 与传统网络监控方式的对比如表 11-4 所示。

表 11-4　Telemetry 与传统网络监控方式的对比

项目	Telemetry	SNMP get	SNMP Trap	CLI	SYSLOG
工作模式	推模式	拉模式	推模式	拉模式	推模式
精度	亚秒级	分钟级	秒级	分钟级	秒级
是否结构化	YANG 模型定义结构	MIB 定义结构	MIB 定义结构	非结构化	非结构化

（3）Telemetry 的工作原理。

① Telemetry 静态订阅：指设备作为客户端，采集器作为服务器端，由设备主动发起到采集器的连接，进行数据采集上送。

狭义的 Telemetry 是一个设备特性，广义的 Telemetry 是一个闭环的自动化运维系统，由网络设备、采集器、分析器和控制器等部件组成，分为网管侧和设备侧。

Telemetry 网管侧和设备侧协同运作，完成整体的 Telemetry 静态订阅需要顺序执行 5 个操作步骤，其业务流程如图 11-4 所示。

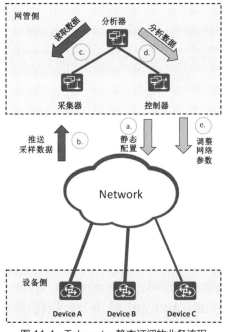

图 11-4　Telemetry 静态订阅的业务流程

a. 静态配置：控制器通过命令行配置支持 Telemetry 的设备，订阅数据源，完成数据采集。

b. 推送采样数据：网络设备依据控制器的配置要求，将采集完成的数据上报给采集器，以进行接收和存储。

c. 读取数据：分析器读取采集器存储的采样数据。

d. 分析数据：分析器分析读取到的采样数据，并将分析结果发送给控制器，便于控制器对网络进行配置管理，及时调优网络。

e．调整网络参数：控制器将网络需要调整的配置下发给网络设备；配置下发生效后，新的采样数据又会上报到采集器中，此时，Telemetry 网管侧可以分析调优后的网络效果是否符合预期，调优完成后，整个业务流程形成闭环。

② Telemetry 动态订阅：指设备作为服务器端，采集器作为客户端发起到设备的连接，由设备进行数据采集上送。

Telemetry 网管侧和设备侧协同运作，完成整体的 Telemetry 动态订阅需要顺序执行 5 个操作步骤，其业务流程如图 11-5 所示。

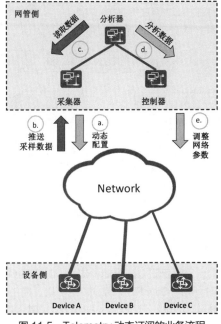

图 11-5　Telemetry 动态订阅的业务流程

a．动态配置：支持 Telemetry 的设备在完成 GRPC 服务的相关配置后，由采集器下发动态配置到设备中，完成数据采集。

b．推送采样数据：网络设备依据采集器的配置要求，将采集完成的数据上报给采集器，以进行接收和存储。

c．读取数据：分析器读取采集器存储的采样数据。

d．分析数据：分析器分析读取到的采样数据，并将分析结果发送给控制器，便于控制器对网络进行配置管理，及时调优网络。

e．调整网络参数：控制器将网络需要调整的配置下发给网络设备；配置下发生效后，新的采样数据又会上报到采集器中，此时，Telemetry 网管侧可以分析调优后的网络效果是否符合预期，调优完成后，整个业务流程形成闭环。

4．OpenFlow 协议

（1）OpenFlow 简介。

随着数据中心服务器虚拟化的快速发展，虚拟机的数量越来越多，网络管理变得越来越复杂，新业务的网络部署越来越慢。这就要求设备操作简单灵活，扩展性能高，可以集中控制和管理设备的转发行为，然而，传统网络设备的控制平面和转发平面集成在一起，扩展性能低，技术更新周期长，难以实现集中控制和管理，以及快速部署新业务网络。OpenFlow 技术可以实现控制平面和转发平面之间的通信，集中控制和管理整个网络的转发业务，实现新业务网络的快速部署。

OpenFlow 是 SDN 架构中控制器与交换机之间的一种南向接口协议。OpenFlow 允许控制器直接访问和操作网络设备的转发平面，这些网络设备可能是物理上的交换机，也可能是虚拟的交换机。

（2）OpenFlow 体系架构。

OpenFlow 的体系架构由控制器、OpenFlow 交换机及 OpenFlow 协议 3 部分组成，如图 11-6 所示。

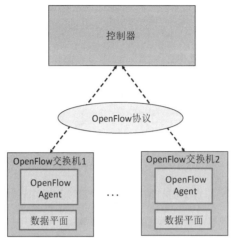

图 11-6　OpenFlow 的体系架构

其相关术语的含义如下。

① 控制器：OpenFlow 协议的控制平面服务器，完成表项的创建与维护。

② OpenFlow 交换机：分为 OpenFlow 专用交换机和 OpenFlow 兼容型交换机。

a. OpenFlow 专用交换机：一个标准的 OpenFlow 设备，仅支持 OpenFlow 转发。

b. OpenFlow 兼容型交换机：支持 OpenFlow 转发，也支持正常的二、三层转发。

③ OpenFlow Agent：OpenFlow 交换机上负责 OpenFlow 协议管理的部件，与控制器建立 OpenFlow 连接，上报 OpenFlow 交换机的接口信息，解析控制器下发的表项信息。

④ 转发数据库：控制器只将部分数量大、变化频繁的协议计算收集到控制器中生成转发数据库，并通过 OpenFlow 协议下发到设备，以辅助设备增加计算能力。例如，AC 生成的转发数据库（包括 IP 地址、MAC 地址等），设备将这些转发信息数据保存起来，并进行协议计算生成 ARP 转发表项，据此指导报文的转发。

⑤ 用户策略表：用户策略表是由用户在控制器上创建的，通过 Flow_Mod 将用户策略表下发给 OpenFlow 交换机，用于指导报文转发。设备根据用户策略表来匹配报文并对匹配成功的报文进行处理，在同一级用户策略表中，按照策略表项规定的优先级进行先后配置。

（3）OpenFlow 的工作原理。

控制器对交换机的控制和管理可以通过 OpenFlow 协议实现。首先，控制器和交换机之间通过建立 OpenFlow 通道，实现控制器与交换机之间的信息交互；如果交换机与多个控制器建立了 OpenFlow 多连接，则此时控制器会将自己的角色通过 OpenFlow 通道告知交换机。其次，控制器将转发信息数据库或用户策略表通过 OpenFlow 通道下发到交换机；交换机根据转发信息数据库进行协议计算生成 ARP 表项，从而完成数据的转发，或者根据用户策略表信息，完成数据转发。

① 通道建立与维护：实现控制器和交换机之间的信息交互之前，需要建立 OpenFlow 通道，OpenFlow 通道建立之后需要进行维护，以保证 OpenFlow 通道的稳定性。OpenFlow 通道建立与维护过程如图 11-7 所示。

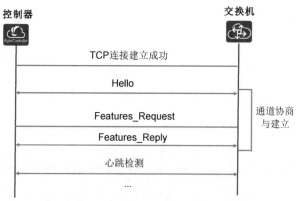

图 11-7　OpenFlow 通道建立与维护过程

② 控制器角色通知：交换机可以与单个控制器建立 OpenFlow 连接，也可以和多个控制器建立 OpenFlow 连接。建立多控制器 OpenFlow 连接具有高可靠性，并可以进行负载分担。当一个控制器出现故障或者一个 OpenFlow 连接失败时，交换机仍然可以和其他控制器维持 OpenFlow 连接，进行工作。

在建立 OpenFlow 通道期间，交换机需要与其配置的所有控制器建立连接，并且要保证每个 OpenFlow 连接的连通性。在 OpenFlow 通道建立成功后，控制器会主动发送携带控制器角色等信息的 ROLE_REQUEST 报文。控制器角色分为 Equal、Master 和 Slave，控制器角色通知流程如图 11-8 所示。

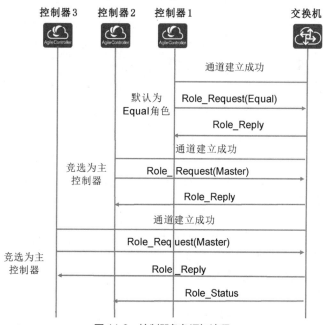

图 11-8　控制器角色通知流程

控制器角色是由控制器本身决定的。控制器主/备的竞选也是由控制器本身进行的，交换机不会干涉控制器主/备的选举和 Equal 角色的确定。交换机根据 Role_Request 报文得知控制器的角色。

③ 转发数据库下发：控制器只将部分数量大、变化频繁的协议计算收集到控制器中生成转发数据库并通过 OpenFlow 协议下发到设备，以辅助设备增加计算能力。转发数据库下发流程如图 11-9 所示。

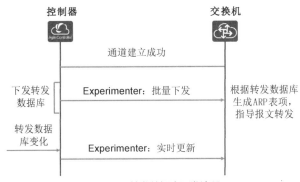

图 11-9　转发数据库下发流程

④ 用户策略表下发：控制器下发的用户策略表是由用户在控制器上创建的，用于指导报文转发。用户策略表下发流程如图 11-10 所示。

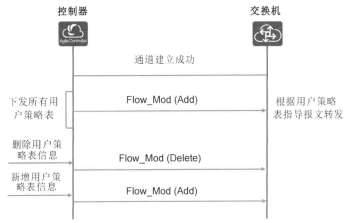

图 11-10　用户策略下发流程

当控制器需要删除某个用户策略表时，控制器会主动发送 Flow_Mod（Delete）报文，交换机收到该报文后将删除对应的用户策略表信息。

当控制器需要增加某个用户策略表时，控制器会主动发送 Flow_Mod（Add）报文，交换机收到该报文后将新增对应的用户策略表信息。

在控制器与交换机之间的连接断开时，交换机不会删除控制器下发的用户策略表。当删除 OpenFlow 相关配置时，也不会删除控制器下发的用户策略表。如果用户需要删除用户策略表信息，则可以在交换机上执行清除用户策略表的命令。

⑤ 报文透传：控制器与交换机之间通过标准的 Packet-in 和 Packet-out 报文进行报文的透传。

a. Packet-in：交换机将获得的信息通过 Packet-in 报文上送到控制器。

b. Packet-out：控制器将信息通过 Packet-out 报文下发到交换机。

11.2　Python 自动化运维

Python 语言作为当下最热门的语言之一，具有简单、易学、接近自然思维、可移植性高等特点，成为自动化运维的必备工具。运用 Python 编程语言，可以让程序代替人力实现自动化运维，解决网络运维中的实际问题，让网络管理员告别枯燥的重复工作，提高了运维效率和用户的满意度。

11.2.1　Python 基础

Python 是一种面向对象的解释性计算机程序设计语言，由荷兰人 Guido van Rossum 设计，其第一个公开发行版发行于 1991 年。Python 程序代码简洁、功能强大，相比其他编程语言更加易于学习。目前，Python 是一种广泛使用的高级编程语言，它有 Python 2 和 Python 3 两个版本，两者区别不大，但 Python 3 相比于 Python 2 有更多的优化。本书主要以 Python 3 进行讲解。

1. Python 开发环境

要想运行 Python 编写的源代码，就需要安装能够解释 Python 源代码的软件，人们通常称之为 Python 解释器或 Python 开发环境。本书以 Python 3 为例，介绍如何在 Windows 和 Linux 操作系统中配置 Python 开发环境。

（1）Windows 操作系统中配置 Python 开发环境。

在 Python 官方网站下载相应安装包，下载完成后，双击安装包进行安装即可。

在设置高级选项时，要选中"Add Python to environment variables"复选框，以添加环境变量，如图 11-11 所示，其他保持默认设置即可。安装完成后，在系统命令行窗口中输入【Python】命令即可进入 Python 命令行界面。

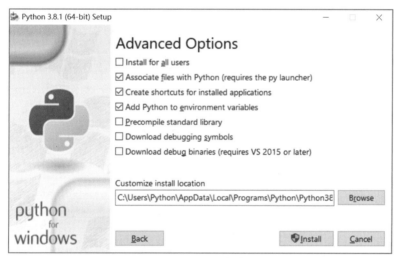

图 11-11　添加环境变量

（2）Linux 操作系统中配置 Python 开发环境。

目前，大多数 Linux 操作系统已经预装了 Python，在终端窗口中直接输入【Python】命令即可使用。例如，CentOS 7.4 中已经预装了 Python 2.7.5。

```
[root@CentOS7 ~]#cat /etc/redhat-release
CentOS Linux release 7.4.1708 (Core)
[root@CentOS7 ~]#python
Python 2.7.5 (default, Aug   4 2017, 00:39:18)
[GCC 4.8.5 20150623 (Red Hat 4.8.5-16)] on linux2
Type "help", "copyright", "credits" or "license" for more information.
```

安装 Python 3 的具体步骤如下。

① 在计算机联网状态下安装 Python 3。

```
[root@CentOS7 ~]# yum install –y python3
```

② 验证安装。

```
[root@CentOS7 ~]#python3
```

```
Python 3.6.8 (default, Apr 2 2020, 13:34:55)
[GCC 4.8.5 20150623 (Red Hat 4.8.5-39)] on linux
Type "help", "copyright", "credits" or "license" for more information.
```

2. Python 变量

变量就是可以改变的量。和 C/C++、Java 一样，Python 程序的编写也需要使用变量作为支架，以搭建更大的框架。在 Python 中，变量是存储在内存中的一个值，当用户创建一个变量后，在内存中会预留一部分空间给该变量。Python 解释器会根据变量类型开辟不同的内存空间进行变量的存储。

用户可以通过变量赋值操作来将变量指向一个对象，例如，下面的 a = 10 即是一个最简单的变量赋值的示例。

```
>>> a = 10
```

变量在进行命名时，需要遵守一些规则，否则将会引发系统错误。

① 变量名只能包含字母、数字和下划线。变量名可使用字母或下划线开头，但不能以数字开头。例如，变量可命名为"vendor_1"，但不能命名为"1_vendor"。

② 变量名不能包含空格。例如，变量不能命名为"ip addr"。

③ Python 的关键字和函数名不能作为变量名。例如，"print"不能作为变量名。

3. Python 数据类型

Python 中有 6 类标准的数据类型：数字（Number）、字符串（String）、列表（List）、集合（Set）、元组（Tuple）和字典（Dictionary）。

（1）数字。

数字包含整数（Int）、浮点数（Float）、布尔值（Bool）、复数（Complex）4 种类型。其中，常用的主要是整数、浮点数和布尔值。

① 整数示例如下。

```
>>> a=123456
>>> type(a)
<class 'int'>
```

② 浮点数示例如下。

```
>>> a=3.1415
>>> type(a)
<class 'float'>
```

③ 布尔值包括 True 和 False 两个值，其示例如下。

```
>>> a=1
>>> a==1
True
>>> a==2
False
```

（2）字符串。

Python 中的字符串是一种相当灵活的数据类型，内容可以为空，也可以为汉字或英文字母，还可以为整数、小数或者标点符号等，只需以引号开始和结尾即可，引号可以为单引号、双引号或三引号，但字符串的开始和结尾引号必须一致。

```
>>> a='CloudEngine S6730-S24X6Q'        # 单引号
>>> print(a)
'CloudEngine S6730-S24X6Q'
>>> b="CloudEngine S6730-S24X6Q"        # 双引号
>>> print(b)
'CloudEngine S6730-S24X6Q'
>>> c='''CloudEngine S6730-S24X6Q'''    # 三引号
>>> print(c)
'CloudEngine S6730-S24X6Q'
```

（3）列表。

列表是一组有序的集合，以中括号"[ ]"表示，列表中的数据项被称为元素，每个元素之间以逗号"，"隔开，元素的数据类型可以不相同。例如，创建包含 3 组 IP 地址的列表的示例如下。

```
>>> ipaddr = ['192.168.21.11','192.168.21.12','192.168.21.13']
```

列表是有序的集合，因此可以使用元素的位置或索引号来访问列表中的元素。和大多数编程语言一样，在 Python 中，第一个列表元素的索引号为 0，而不是 1。下面举例说明如何使用索引号访问和更新列表中的元素。

```
>>> ipaddr[0]
'192.168.21.11'
>>> ipaddr[2]='192.168.21.14'
>>> ipaddr
['192.168.21.11', '192.168.21.12', '192.168.21.14']
```

（4）集合。

集合是一组无序的集合，其中没有重复的数据。创建集合时要使用"{}"，但如果要创建一个空集合，则必须使用函数 set()。

```
>>> vendors={'Huawei','Cisco','Juniper'}    # 创建集合
>>> vendors
{'Huawei', 'Cisco', 'Juniper'}
>>> vendors=set()                           # 创建空集合
>>> vendors
set()
```

（5）元组。

元组和列表的大部分特性是相同的，不同之处在于以下两点：元组中的元素是不可修改的，而列表中的元素是可以修改的；元组以小括号"( )"表示，而列表以中括号"[ ]"表示。

```
>>> vendors=('Huawei','Cisco','Juniper')
>>> type(vendors)
<class 'tuple'>
```

（6）字典。

字典是无序的键值对的集合，以大括号"{}"表示，元素以逗号"，"隔开；每组元素由键（Key）和值（Value）构成，中间以冒号"："隔开，冒号的左边为键，冒号的右边为值。键的数据类型可为字符串、常数、浮点数或者元组；值可为任意数据类型。

```
>>> dict A= {'Vendor':'Huawei', 'Model':' CloudEngine S6730-S24X6Q', 'Ports':48}
>>> dict A
{'Vendor': 'Huawei','Model': ' CloudEngine S6730-S24X6Q', 'Ports': 48}
>>> type(dictA)
<class 'dict'>
```

这里创建了一个变量名为 dict 的字典，该字典有 3 组键值对。

```
'Vendor':'Huawei'
'Model':'CloudEngine S6730-S24X6Q'
'Ports':48
```

4. Python 分支结构

常见的编程语言都有三大结构：顺序结构、分支结构和循环结构。其中，顺序结构就是按照语句顺序自上而下一句接一句地执行，而分支结构会绕过一些语句执行。在 Python 中，分支结构语句由 if、elif 和 else 三种语句组成。其中，if 为强制语句，可以单独使用；elif 和 else 为选择语句，不能单独使用。下面分别举例进行说明。

```
if Scores>=60:
    print "恭喜，您已及格！"
```

这段代码用来判断当用户的分数大于等于 60 时，输出"恭喜，您已及格！"。若希望当用户分数小

于 60 时，输出"很遗憾，您没有及格！"，又该怎样做呢？此时，可以结合使用 if 和 else。

```
if Scores>=60:
    print "恭喜，您已及格！"
else:
    print "很遗憾，您没有及格！"
```

如果想对用户的成绩进行更细的划分，输出成绩的档次，则可结合使用 if、elif 和 else，以实现最终的效果。

```
if Scores>=90:
    print "您的成绩为优秀！"
elif Scores>=80:
    print "您的成绩为良好！"
elif Scores>=60:
    print "您的成绩为及格！"
else:
    print "您的成绩为不及格！"
```

注意　写在 if、elif 和 else 下面的代码要严格缩进，建议缩进 4 个字符；if、elif 和 else 语句结尾必须接："："。

5. Python 循环结构

顾名思义，循环结构就是在满足条件的情况下，反复执行某一操作。和分支结构语句一样，循环结构语句也需要缩进和冒号。在 Python 中，常用的循环结构语句有 while 和 for。

（1）while 语句。

while 语句每执行一次写在其下面的执行语句，程序都会回到 while 条件语句处，重新判断条件是否为 True。如果为 True，程序继续执行；否则，while 程序立即终止。下面通过举例说明其用法。

```
n = 100
sum = 0
counter = 1
while counter <= n:
    sum = sum + counter
    counter += 1
print("1 到%d 之和为:%d"%(n,sum))
```

这段代码是使用 while 语句计算 1～100 中的整数之和。执行结果如下。

```
1 到 100 之和为:5050
```

当 while 的条件语句永远为 True 时，就会陷入无限循环，程序永远处于运行状态。为了防止无限循环，可以使用 break 语句。

```
while True:
    print ("请输入用户名：")
    user=input()
    if user=='admin':
        break
print ('欢迎登录！')
```

这段代码要求用户输入用户名，但是只有当用户输入的用户名为 admin 时，才会进入下一步操作。

和 break 语句功能类似还有 continue 语句，它也用于循环的内部；不同的是，当程序执行到 continue 语句时，立即跳转到循环的开头，并根据条件结果决定是否继续执行循环。

（2）for 语句。

虽然都是循环结构语句，但 for 语句和 while 语句完全不同，while 语句是结合判断语句决定循环的开始和结束，而 for 语句是遍历一组可迭代的序列，遍历结束后，for 语句随即停止。for 语句的基本语法格式如下。

```
for <variable> in <sequence>:
    语句
else:
    语句
```

其中，<variable>是一个变量的名称，代表序列中的每一个元素；<sequence>为可迭代的序列（字符串、列表、元组等）。下面举例进行说明。

```
for a in [1,2,3]:
    print (a)
```

执行结果如下。

```
1
2
3
```

在这段代码中，变量 a 代表将要遍历的可迭代序列（[1,2,3]）中的每一个元素，在符合变量命名规则的前提下，该变量可由用户任意命名，如若将本例中的 a 换成 b，输出结果也是一样的。

6. Python 函数

函数就是组织好的、可重复使用的、用来完成一定功能的代码块。在程序中，有些功能会经常用到，此时就可以使用函数来提高应用的模块性及代码的重复利用率。在 Python 中，函数可分为两种：一种是内置函数，另一种是用户自定义函数。

（1）内置函数。

内置函数即加载 Python 解释器后，可以直接使用的函数。如常用的 print()、input()、dir()等函数。

（2）用户自定义函数。

用户自定义函数即根据实际需要，由用户自己创建的函数。

① 定义函数：在 Python 中，使用关键字 def 定义函数，其语法格式如下。

```
def 函数名称（参数 1，参数 2，...）：
    "文件字符串"
    语句
```

其中，"文件字符串"语句用来描述该函数，可以省略，但如果存在，就必须是函数的第一个语句。下面简单定义一个求 x 的 n 次幂的函数。

```
def square(x,n):
    "求 x 的 n 次幂函数"
    a=x**n
    print(a)


square(10,4)        #自定义函数调用
square(8,5)         #自定义函数调用
```

执行结果如下。

```
10000
32768
```

② 函数值的返回：在自定义函数中，可以使用 print 和 return 语句向调用方返回函数的值，如果不使用 return 和 print 语句，则返回值为 None。

```
def square(x,n):
    "求 x 的 n 次幂函数"
    a=x**n

b = square(10,4)
print(b)
```

执行结果如下。

```
None
```

其中，print 用来输出函数返回值，以便于用户看到，但函数返回值不会被保存，当将该函数赋值给变量时，变量值为空。

```
def square(x,n):
    "求 x 的 n 次幂函数"
    a=x**n
    print (a)

b = square(10,4)
print(b)
```

执行结果为如下。

```
10000
None
```

而 return 不会输出函数返回值，但函数返回值会被保存，当将该函数赋值给变量时，变量的值就是函数返回值。

```
def square(x,n):
    "求 x 的 n 次幂函数"
    a=x**n
    return a

b = square(10,4)
print(b)
```

执行结果如下。

```
10000
```

7. Python 模块

如果将一些经常使用的函数存储到与主程序分离的文件中，在任何程序中都可以调用，则使用起来会更加方便，在 Python 中，这种文件称为模块。对于模块，可以使用 import 语句来引入模块。

（1）import 语句。

如果希望引入某个模块，则可以使用 import 加上模块的名称，这样会导入指定模块中的所有成员（包括变量、函数、类等）。不仅如此，当需要使用模块中的成员时，需用该模块名（或别名）作为前缀，否则 Python 解释器会报错。

```
>>> import math
>>> math.sin(90)
0.8939966636005579
```

（2）from … import 语句。

一个模块中可能包含大量的成员，如果只需要导入模块中指定的成员，而不是全部成员，则可以使用 from … import 语句。同时，当程序中使用该成员时，无须附加任何前缀，直接使用成员名（或别名）即可。

```
>>> from math import sin
>>> sin(90)
0.8939966636005579
```

11.2.2 Paramiko 模块

1. Paramiko 简介

Paramiko 是用 Python 语言编写的支持以加密和认证方式进行远程控制的模块。它遵循 SSH2 协议，使用 Paramiko 可以方便地通过 SSH 协议执行远程主机的程序或脚本。

由于 Paramiko 是使用 Python 语言实现的,所以所有 Python 支持的平台,如 Linux、Windows、Solaris、macOS 等,Paramiko 都可以支持,因此,当需要使用 SSH 协议从一个平台连接到另外一个平台,进行一系列操作时,Paramiko 是最佳工具之一。

Paramiko 有两个重要的基础类:Channel 类和 Transport 类。

(1)Channel 类:对 SSH2 Channel 的抽象类,其作用类似于套接字(Socket),是 SSH 传输的安全通道。常用的方法有 exe_ccommand()、exit_status_ready()、recv_exit_status()、close()等。

(2)Transport 类:核心协议的实现类,是一种加密的会话,使用时会同步创建一个加密的流隧道。常用的方法有 send()、recv()、close()等。

2. Paramiko 核心组件

Paramiko 包括两个核心组件:SFTPClient 类和 SSHClient 类。

(1)SFTPClient 类。

SFTPClient 封装了 SFTP 客户端,主要用来执行远程文件操作(文件上传、下载、修改文件权限等)。常用的方法有 from_transport、put 和 get。

① from_transport()方法:用于创建一个已连通的 SFTP 客户端通道。

其方法定义如下。

```
from_transport(cls,t)
```

其中,t 参数表示一个已通过验证的传输对象。

② put()方法:用于上传本地文件到远程 SFTP 服务器端中。

其方法定义如下。

```
put(localpath, remotepath, callback=None, confirm=True)
```

其中,localpath(str 类型)参数表示需上传的本地文件(源);remotepath(str 类型)参数表示远程路径(目标);callback(function(int,int))参数表示获取已接收的字节数及总传输字节数,以便回调函数调用,默认为 None;confirm(bool 类型)参数表示文件上传完毕后是否调用 stat()方法,以便确认文件的大小。

③ get()方法:用于从远程 SFTP 服务器端下载文件到本地。

其方法定义如下。

```
get(remotepath, localpath, callback=None)
```

其中,remotepath(str 类型)参数表示需要下载的远程文件(源);localpath(str 类型)参数表示本地路径(目标);callback(function(int,int))表示获取已接收的字节数及总传输字节数,以便回调函数调用,默认为 None。

(2)SSHClient 类。

SSHClient 类封装了 Transport 类、Channel 类及 SFTPClient 类,通常用于执行远程命令。常用的方法有 connect()、exec_command()、load_system_host_keys()、set_missing_host_policy()、invoke_shell()等。

① connect()方法:用于实现远程 SSH 连接并进行校验。

其方法定义如下。

```
connect(hostname, port=22, username=None,password=None,timeout=None)
```

其中,hostname(str 类型)参数表示连接的目的主机地址;port(int 类型)参数表示连接目的主机的端口,默认为 22;username(str 类型)参数表示校验的用户名(默认为当前的本地用户名);password(str 类型)参数表示密码用于身份校验或解锁私钥;timeout(float 类型)参数表示连接超时时间(以秒为单位),为可选项。

② exec_command()方法:为远程命令执行方法,该方法的输入与输出流为标准输入、输出、错误的 Python 文件对象。

其方法定义如下。

```
exec_command(command, bufsize=-1, timeout=None)
```

其中，command（str 类型）参数表示执行的命令串；bufsize（int 类型）参数表示文件缓冲区大小，默认为-1（不限制）。

③ load_system_host_keys()方法：用于加载本地公钥校验文件。

其方法定义如下。

```
load_system_host_keys(self,filename=None)
```

其中，filename（str 类型）参数指定了远程主机公钥记录文件。

④ set_missing_host_policy()方法：用于设置连接的远程主机没有主机密钥或 HostKeys 对象时的策略，目前支持 3 种策略，分别是 AutoAddPolicy、RejectPolicy（默认）、WarningPolicy，仅限用于 SSHClient 类。

其方法定义如下。

```
set_missing_host_policys(AutoAddPolicy/ RejectPolicy/WarningPolicy/)
```

其中，AutoAddPolicy 表示目标添加主机名及主机密钥到本地 HostKeys 对象中，并将其保存，不依赖于 load_system_host_keys()的配置；RejectPolicy 表示自动拒绝未知的主机名和密钥，依赖于 load_system_host_keys()的配置；WarningPolicy 用于记录一个未知的主机密钥的 Python 警告,并接收它,其功能与 AutoAddPolicy 相似，但未知主机会有告警。

⑤ invoke_shell 方法：用于在 SSH 服务器端创建一个交互式的 Shell。

其方法定义如下。

```
invoke_shell（）
```

3. Paramiko 模块安装

在使用 Python 编程的过程中,经常用到第三方库包,而 pip 作为 Python 最优秀的包管理工具之一,可以方便地对 Python 库包进行安装管理。Python 2.7.9 以上或 Python 3.4 以上版本自带 pip 工具,在命令行中输入【pip --version】命令,如果有相关的版本信息,则说明 pip 工具已经安装,可以直接使用。

使用 pip 安装 Paramiko 非常方便,执行如下命令即可。

```
Pip3 install paramiko
```

安装完成后,进入 Python 解释器,导入 Paramiko 模块,如果没有报错,则说明 Paramiko 模块安装成功。

```
python3
import paramiko
```

4. Paramiko 应用实例

（1）使用 SFTPClient 上传和下载文件。

```
#-*-coding:UTF-8 -*-
import paramiko
# 获取 Transport 实例
tran = paramiko.Transport("192.168.10.10",22)
# 连接远程服务器
tran.connect(username = "root", password = "Huawei@123")
print("连接成功")
# 获取 SFTPClient 实例
sftp = paramiko.SFTPClient.from_transport(tran)
# 设置上传的本地/远程文件路径变量
put_localpath=r"D:\Python\upload\upload.py"
put_remotepath="/home/upload/upload.py"
# 设置下载的本地/远程文件路径变量
get_remotepath='/home/download/download.py'
get_localpath=r'D:\Python\download\download.py'
```

```
# 执行上传动作并上传文件到远程服务器中
sftp.put(put_localpath,put_remotepath)
# 执行下载动作并从远程服务器中下载文件
sftp.get(get_remotepath, get_localpath)
tran.close()
```

（2）使用 SSHClient 连接并配置交换机。

```
#-*-coding:UTF-8 -*-
import paramiko
import time
# 创建交换机登录信息变量
ip = "192.168.10.11"
username = "admin"
password = "Huawei@123"
# 创建 SSH 对象
ssh=paramiko.SSHClient()
# 允许连接不在 know_hosts 文件中的主机
ssh.set_missing_host_key_policy(paramiko.AutoAddPolicy())
# 以 SSH 方式连接交换机
ssh.connect(hostname=ip,port=22,username=username,password=password)
print("成功连接",ip)
# 调用交换机命令行
command=ssh.invoke_shell()
# 发送配置命令
command.send("sys\n")
command.send("sysname HW_Switch\n")
command.send("interface loopback 0\n")
command.send("ip address 192.168.0.1 24\n")
command.send("return\n")
command.send("save\n")
command.send("y\n")
# 设置等待时间并输出回显内容
time.sleep(3)
output=command.recv(65535).decode()
print(output)
# 关闭连接
ssh.close()
```

本实例中通过 SSH 方式成功连接交换机后，需要调用 paramiko.SSHClient()中的 invoke.shell()来唤醒 Shell，即唤醒华为交换机的 VRP 命令行，并将它赋值给变量 command，之后调用 invoke.shell()中的 command()函数，向交换机发送配置命令。

Python 可一次性执行脚本命令，中间没有时间间隔，这样会造成某些命令遗漏和回显内容不完整的问题。在使用 recv()函数对回显结果进行保存之前，需要调用 time 模块中的 sleep()函数手动使 Python 停止 3s，这样回显内容才能被完整地输出。这里的 command.recv(65535)中的 65535 代表截取 65535 个字符的回显内容。对交换机配置完毕后，使用 close()方法退出 SSH 连接。

11.3　项目案例：使用 Python 实现网络设备自动化巡检

1. 项目背景

某公司有华为交换机和路由器等网络设备 20 多台，网络管理员小李每日需对这些网络设备进行巡检（设备的单板状态、CPU 使用率、CPU 温度、系统告警日志等），掌握设备工作状态，预防并及时发现问题，以确保网络设备工作正常。该公司并未购买和使用自动化监控软件，需网络管理员小李通过手工方式以 SSH 登录网络设备，查看网络设备健康状况，手工方式巡检给小李增加了很多工作，费时费力，工作效率低下，现小李准备使用 Python 编程语言，编写简易的自动化巡检脚本来代替每日手工巡检，提高工作效率。

2. 项目任务

本项目需要完成的任务如下。

（1）部署 Python 开发环境。

（2）确定需要使用的模块。

（3）确定巡检设备的范围，记录设备管理 IP 地址、登录用户名和密码。

（4）确定巡检内容及需要使用的巡检命令。

（5）使用 Python 编写巡检程序，完成对设备的巡检，并将巡检结果保存到文件中。

3. 项目目的

通过本项目可以掌握如下知识点和技能点，同时积累项目经验。

（1）Python 编程环境的配置方法。

（2）Python 语言基本使用方法。

（3）Paramiko 模块的使用方法。

（4）利用 Python 实现简单的自动化巡检方法。

4. 项目实施

（1）部署 Python 开发环境。请读者参考 11.2.1 节的内容部署开发环境。

（2）确定使用的模块。

① Paramiko 模块：用于 SSH 连接巡检设备，发送巡检命令并返回巡检结果。

② Time 模块：用于延迟命令执行及获取系统时间。

（3）确定巡检设备范围。收集巡检设备的信息（IP 地址、用户名和密码），并将其写入 device_info.txt 文档。当巡检程序执行时，程序会从 device_info.txt 中读取设备的信息，用于连接设备。device_info.txt 文档的内容如下：第一列为设备管理地址，第二列为 SSH 登录用户名，第三列为登录密码，信息之间由逗号隔开"，"。下面作为示例演示，只列出了部分设备的信息。

```
192.168.10.11,admin,Huawei@123
192.168.10.12,admin,Huawei@123
192.168.10.13,admin,Huawei@123
192.168.10.14,admin,Huawei@123
192.168.10.15,admin,Huawei@123
192.168.20.11,admin,Huawei@123
192.168.20.12,admin,Huawei@123
192.168.20.13,admin,Huawei@123
192.168.20.14,admin,Huawei@123
192.168.20.15,admin,Huawei@123
```

（4）确定巡检内容。列出日常巡检的内容及对应的巡检命令，写入 cmd.txt 巡检命令文档。如需增加巡检内容，则在文档中增加相应的内容即可。巡检程序执行并成功连接设备后，程序会读取 cmd.txt 中的巡检命令，收集设备信息。

```
display device
display environment
display alarm urgen
display memory-usage
display cpu-usage
display logbuffer level 0
display logbuffer level 1
display logbuffer level 2
```

```
display logbuffer level 3
display logbuffer level 4
```

（5）分段编写巡检程序。

① 导入模块。

```
import paramiko
import time
```

② 读取巡检设备信息。

```
dev_filepath = r"d:\Python\py\xunjian\device_info.txt"
dev_file = open(dev_filepath,"r")
while 1:
    ##每次读取文件中的一行信息
    dev_info = dev_file.readline()
    if not dev_info :
        break
    else :
    ##读取设备 IP 地址、用户名和密码并赋值给变量
        devs = dev_info.split(',')
        ip = devs[0]
        username = devs[1]
        password = devs[2].strip()
        password = password.strip('\n')
```

③ 读取巡检命令。

```
cmd_filepath = r"d:\Python\py\xunjian\cmd.txt"
cmd_file = open(cmd_filepath,"r")
cmds = cmd_file.readlines()
```

④ 远程连接设备。

```
ssh = paramiko.SSHClient()
ssh.set_missing_host_key_policy(paramiko.AutoAddPolicy())
ssh.connect(hostname=ip,username=username,password=password)
print("成功连接",ip)
```

⑤ 发送巡检命令。

```
command = ssh.invoke_shell()
for line in cmd:
command.send(cmd+'\n')
```

⑥ 保存巡检结果。

```
output=command.recv(65535).decode()
log=open(r"d:\Python\py\xunjian\\"+ip+".txt",'a')
log.write(start_info+'\n\n'+str(output)+'\n\n'+end_info)
log.close()
```

⑦ 完善并形成完整巡检程序。

```
#-*- coding:UTF-8 -*-
import paramiko
import time
##命令开始执行时间
starttime = time.strftime('%Y-%m-%d %T')
start_info = "巡检开始时间: "+str(starttime)
##读取巡检命令
cmd_filepath = r"d:\Python\py\xunjian\cmd.txt"
cmd_file = open(cmd_filepath,"r")
cmds = cmd_file.readlines()
##读取巡检设备信息
```

```
dev_filepath = r"d:\Python\py\xunjian\device_info.txt"
dev_file = open(dev_filepath,"r")
while 1:
    dev_info = dev_file.readline()
    if not dev_info :
        break
    else :
    ##读取设备 IP 地址、用户名及密码
        devs = dev_info.split(',')
        ip = devs[0]
        username = devs[1]
        password = devs[2].strip()
        password = password.strip('\n')
##远程连接设备
        ssh = paramiko.SSHClient()
        ssh.set_missing_host_key_policy(paramiko.AutoAddPolicy())
        ssh.connect(hostname = ip,username = username,password = password)
        print("成功连接",ip)
##激活命令行并发送巡检命令
        command = ssh.invoke_shell()
##取消巡检命令输出结果的分屏显示
        time.sleep(3)
        command.send('N\n')
        command.send('screen-length 0 temporary\n')
        for cmd in cmds:
            command.send(cmd+'\n')
        time.sleep(5)
##输出巡检结果并写入文档
        output = command.recv(65535).decode()
        log = open(r"d:\Python\py\xunjian\\"+ip+".txt",'a')
##命令执行完成时间
        endtime =   time.strftime('%Y-%m-%d %T')
        end_info = "巡检结束时间: "+str(endtime)
##巡检结果写入文档
        log.write(start_info+'\n\n'+str(outprint)+'\n\n'+end_info)
        log.close()
dev_file.close()
```

5. 项目测试

运行巡检程序，巡检结束后，将在目录中生成以设备 IP 地址命名的巡检文档，如图 11-12 所示。

名称	修改日期	类型
192.168.10.11.txt	2020/1/30 22:23	文本文档
192.168.10.12.txt	2020/1/30 22:15	文本文档
192.168.10.13.txt	2020/1/30 22:15	文本文档
192.168.10.14.txt	2020/1/30 22:15	文本文档
192.168.10.15.txt	2020/1/30 22:15	文本文档
192.168.20.11.txt	2020/1/30 22:23	文本文档
192.168.20.12.txt	2020/1/30 22:15	文本文档
192.168.20.13.txt	2020/1/30 22:15	文本文档
192.168.20.14.txt	2020/1/30 22:15	文本文档
192.168.20.15.txt	2020/1/30 22:15	文本文档

图 11-12　生成巡检文档

交换机 S1（IP 地址为 192.168.10.11）巡检文档的内容如下。

巡检开始时间: 2020-01-30 22:23:31

```
'   -----------------------------------------------------------',
'User last login information: ',
'-----------------------------------------------------------',
'Access Type: SSH',
'IP-Address : 192.168.10.11 ssh',
'Time: 2020-01-30 22:23:55-08:00',
'   -----------------------------------------------------------',
'<S1>display device',
"S3700-26C-HI's Device status:",
'Slot  Sub Type   Online   Power    Register   Status Role ',
'------------------------------------------------------------------',
'0     -   3726C  Present  PowerOn  Registered    Normal    Master',
'<S1>display environment',
'Environment information:',
'Temperature information:',
'SlotID   CurrentTemperature  LowLimit  HighLimit',
'             (deg c )         (deg c)   (deg c )',
'0               0               0         70',
'<S1>display alarm urgen',
'Alarm: ',
'Alarm       Slot     Date       Time     Location',
'-----------------------------------------------------',
'Temp low    0    2020/01/30  22:23:59   Slot 0',
'Fan abnormal   0   2020/01/30  22:23:59      Slot 0',
'<S1>display memory-usage',
......
巡检结束时间: 2020-01-30 22:23:37
```

Paramiko 库可通过程序化脚本对网络设备实现批量管理，但要求运维工程师掌握网络设备 CLI 命令，即在 Python 脚本中包含被执行的 CLI 命令。在不同厂商设备，甚至同一厂商不同版本之间，CLI 命令存在差异。这意味着无法实现一套脚本适配所有网络设备的情况。

基于 Paramiko 库的网络自动化，本质依然是使用 CLI 命令配置网络设备，存在配置效率低，非结构化数据回显难以识别等问题。为了解决这些问题，更加高效地实现自动化运维，我们可以通过使用 NETCONF、RESTCONF、Telemetry 等协议与设备高效交互。

如果网络已通过部署 SDN 控制器实现了高效的网络自动化管理，用户依然可基于 SDN 控制器的北向接口定制开发更丰富的网络应用。

本章总结

本章介绍了 SDN、NETCONF 协议、RESTCONF 协议、Telemetry 协议、OpenFlow 协议、Python 基础、Paramiko 模块等内容，并通过项目案例演示了如何使用 Python 编程语言实现网络设备的简单自动化运维。

习题

1. 【多选】SDN 网络架构体系可划分为（　　）。
　　A. 应用层　　　　　　B. 传输层　　　　　　C. 控制层　　　　　　D. 设备层

2.（　　　）为 NETCONF 客户端（Client）和服务器端（Server）之间交互提供通信路径。

    A．传输层　　　　　　B．消息层　　　　　　C．操作层　　　　　　D．内容层

3．RESTCONF 使用（　　　）作为其建模语言。

    A．Schema　　　　　　B．YANG　　　　　　C．XML　　　　　　D．HTML

4．Telemetry 通过（　　　）方式周期性地主动向采集器上推送设备的接口流量统计、CPU 或内存数据等信息。

    A．推模式+拉模式　　B．推模式　　　　　　C．拉模式　　　　　　D．查询式

5．OpenFlow 的体系架构由控制器、（　　　）及 OpenFlow 协议三部分组成。

    A．转发器　　　　　　B．分离器　　　　　　C．OpenFlow 路由器　D．OpenFlow 交换机

6．Python 中的字符串需要以引号开始和结尾，引号可以为（　　　）。

    A．单引号　　　　　　B．双引号　　　　　　C．三引号　　　　　　D．以上都是

7．（　　　）方法为远程命令执行方法，该命令的输入与输出流为标准输入、输出、错误的 Python 文件对象。

    A．connect　　　　　　　　　　　　　　　B．set_missing_host_policy

    C．exec_command　　　　　　　　　　　　D．invoke_shell

第 12 章
综合案例

12

学习网络技术的最终目的是解决网络工程项目中规划、设计、部署和运维等问题。本章利用前面所学网络知识来完成一个网络集成综合项目，实现网络技术在实际工程中的应用，并通过完整的项目实施过程来积累项目经验，达到提升网络职业技能的目的。

学习目标

① 描述网络工程需求分析的过程和方法。
② 掌握网络工程规划设计的原则和步骤。
③ 了解网络工程实施、网络工程验收和网络工程维护的过程。
④ 掌握园区网络 VLAN、Trunk、链路聚合配置和调试。
⑤ 掌握 MSTP 配置和调试。
⑥ 掌握 AC 配置和调试。
⑦ 掌握 DHCP 安全配置和调试。

⑧ 掌握 VRRP、BFD 和 NAQ 配置和调试。
⑨ 掌握 OSPF 和 BGP 配置和调试。
⑩ 掌握路由引入和路由优化配置和调试。
⑪ 掌握 NAT 配置和调试。
⑫ 掌握 QoS 配置和调试。
⑬ 掌握 IPSec VPN 配置和调试。
⑭ 掌握 OSPFv3 配置和调试。

//// 12.1 网络工程实施概述

网络工程是一项复杂的系统工程，网络工程的生命周期一般可分为网络需求分析、网络规划和设计、网络工程实施、网络工程验收和网络工程维护等阶段。网络工程应该根据相关的标准和规范，以工程化的思想和方法科学地进行实施。

12.1.1 网络需求分析

网络需求分析是网络规划和设计阶段的基础，用来明确整个网络系统需求。

网络需求分析通常分为网络功能性需求（Functional Requirements）和网络非功能性需求（Non-functional Requirements）。

（1）网络功能性需求主要包括功能需求、安全需求、存储需求等。

① 功能需求是指网络是否需要支持指定特性，如方案型需求（是否支持 SDN）和设备型需求（网络设备的背板带宽、接口密度和接口速率等）。

② 安全需求是指对网络系统安全的需求，如是否需要物理隔离、逻辑隔离、防火墙等。

③ 存储需求是指数据存储方式和存储机制方面的需求，包括是否应用 IP 存储局域网（Storage Area Network，SAN）、网络附属存储（Network Attached Storage，NAS）和分布式存储等 IP 相关存储业务。

（2）网络非功能性需求主要包括高可用需求、高扩展需求和可维护性需求等。

12.1.2 网络规划和设计

网络工程需求分析完成后，应输出网络工程需求分析报告书，即与用户进行交流、修改，并通过用户方组织的评审，最终形成可操作的网络工程需求分析报告。以网络工程需求分析报告为指导，接下来要开始进行网络规划和设计。在进行网络系统规划和设计时，遵循以下设计原则可以更好地实现网络系统的性能优化、成本降低和效率提高。

（1）先进性：随着计算机网络的不断普及和发展，计算机系统对网络性能的要求不断提高，高带宽和低延迟是对现代企业网络的基本要求。因此，网络系统的设计要综合考虑技术方案和设备选型的先进性及成熟性，从而保证网络系统的先进性。

（2）规范性：设计方案遵从行业相关网络规范，包括网络建设规范、IP 地址规范和数据中心建设规范等，保证网络建设与其他系统建设的一致性。

（3）标准性：提倡技术标准化，使用开放、标准的主流技术及协议，确保后续网络的开放互联和升级扩展。

（4）可靠性：即网络高可用性，网络架构必须能够达到或者超过业务系统对服务级别的要求。多层次的冗余连接考虑，以及设备自身的冗余支持（如 VRRP、MSTP 等），使整个架构在任意部分都能够满足业务系统不间断的连接需求。

（5）安全性：网络空间安全已经提升到国家战略层面，网络安全要同时考虑生产系统和办公系统数据的完整及安全。网络架构需要具有支持整套安全体系实施的能力，以确保用户、合作伙伴和员工生产/办公的安全。

（6）扩展性：网络系统应建设成完整统一、组网灵活、易扩充的弹性网络平台，能够随着需求变化，在功能、容量和覆盖能力等各方面具有易扩展能力，以适应快速的业务发展对基础架构提出的要求。

（7）易管理性：高效网络管理可以有效节省人力、物力和财力，网络架构采用分层模块化设计，配合整体网络和系统管理，优化网络和系统的管理及支持维护。

（8）经济性：网络系统的设计应充分考虑性价比，在条件满足系统需求的条件下，尽量减少投资。

网络规划和设计阶段包括总体规划设计、网络拓扑结构设计、IP 地址规划、网络设备选型、综合布线系统设计、网络安全设计和投资预算规划等。

1. 总体规划设计

总体规划设计应先确定采用的网络技术、工程标准、网络规模、网络系统功能结构、网络应用目的和范围，再对总体目标进行分解，明确各阶段网络工程的具体目标、网络建设内容、所需工程费用、时间和进度计划等。

2. 网络拓扑结构设计

网络拓扑结构的规划设计与网络规模息息相关，在大规模的园区网设计中，通常采用核心层、汇聚层和接入层的分层设计方案，分层设计有助于分配和规划带宽、增加可靠性等。在广域网连接设计中，可根据网络规模的大小、网络用户的数量来选择对外连接的方式，如租用线路、MPLS VPN 和 IPSec VPN 等。在无线网络设计中，要考虑到 AC 和 AP 的放置位置、信道的使用、信号的覆盖及无线漫游等。

3. IP 地址规划

IP 地址的合理规划是网络设计中的重要环节，大型网络必须对 IP 地址进行统一规划和分配，IP 地址规划的好坏，将会直接影响到路由协议算法的效率、网络的性能、网络的扩展和网络的管理。所以有人说 IP 地址规划是一项艺术。IP 地址规划需要遵循如下原则。

（1）唯一性：IP 地址是网络设备和主机的唯一标识，一个 IP 网络中不能有两个主机采用同一个 IP 地址。

（2）连续性：连续的 IP 地址规划方案在层次结构网络中易于进行路径聚合，大大缩小了路由表的大小，提高了路由算法的效率。

（3）扩展性：IP 地址分配在每一层次上时都要留有余量，在网络规模扩展时要保证地址汇聚所需的连续性。

（4）实意性：即"望址生义"，好的 IP 地址规划要使每个地址都具有实际含义，看到一个地址就可以大致判断出该地址所属的设备、所在的位置及设备的类型等。这是 IP 地址规划中最具技巧性和艺术性的部分。

4. 网络设备选型

网络设备选型指根据项目的技术方案来确定网络设备的型号与规格。网络设备的选型一般遵循如下原则。

（1）厂商的选择：尽可能选取同一厂家的产品，这样可在设备的可互联性、协议互操作性、技术支持、价格等各方面都更有优势。但是作为系统集成商，不应过分依赖于任何一家的产品。

（2）扩展性考虑：在网络的层次结构中，骨干设备的选择应预留一定的能力，以便于将来扩展。而低端设备则够用即可，因为低端设备更新较快，且易于扩展。

（3）根据方案实际需求选型：在参照整体网络设计需求的基础上，根据网络实际带宽、性能需求、接口类型和接口密度进行选型。如果是旧网改造项目，则应尽可能保留并延长用户对原有网络设备的投资，减少在资金投入方面的浪费。设备选型还应考虑用户的承受能力。

（4）选择性价比高、质量过硬的产品：为使资金的投入产出达到最大值，在后期以较低的成本、较少的人员投入来维持系统运转，一定要选择性价比高且质量过硬的产品。

（5）产品与服务相结合的原则：设备选型既要看产品的品牌，又要看生产厂商和销售商品是否有强大的技术支持及良好的售后服务，否则出现故障时既没有技术支持又没有产品服务，将会使企业蒙受损失。

因为每种网络设备的功能和使用场景不同，所以设备选型考虑的侧重点不一样，作为技术人员，更加关注的是设备的性能能否达到要求，常见的网络设备选型考虑的具体性能参数如下。

（1）路由器选型要考虑的性能参数包括背板能力、吞吐量、丢包率、转发时延、路由表容量、可靠性、平均故障间隔时间（Mean Time Between Failure，MTBF）等。

（2）交换机选型要考虑的性能参数包括接口密度、接口速率、背板能力、可堆叠和 POE 等。

（3）防火墙选型要考虑的性能参数包括处理性能、接口数量、并发连接数、吞吐量和支持用户数等。

（4）无线设备选型考虑的性能参数包括支持标准、覆盖范围、发射功率、天线增益、接入数量、传输速率和安全性等。

（5）服务器选型考虑的因素包括所需运行的服务、应用层次、处理器架构和机箱结构等。

5. 综合布线系统设计

综合布线系统是网络工程的基础工程，它是一种模块化的、灵活性极高的建筑物内或建筑群之间的信息传输通道。综合布线系统工程的设计应依照国家标准、通信行业标准和推荐性标准，并参考国际标准进行。在具体进行综合布线系统设计时，需要考虑以下几点。

（1）详细了解建筑物、楼宇之间的通信环境与条件，对施工的难易程度进行准确评估。

（2）选择的原材料、介质、接插件、电气设备具有良好的物理和电气性能。

（3）力争做到配线容易、信息口设置合理和即插即用。

（4）确定合适的通信网络拓扑结构，选取实用的传输介质。

（5）依照标准和规范设计系统，采用易于扩充的接插件，保证易于扩充和更换，同时应保持与多数厂家的产品、设备的兼容性。

6. 网络安全设计

网络规划设计时要充分考虑安全方面的问题，避免对国家、集体和个人造成无法挽回的损失。网络安全体系设计的重点是根据安全设计的基本原则，制定出网络各层次的安全策略和措施，并确定出选用什么样的网络安全产品。网络安全防范体系在设计过程中应遵循以下原则。

（1）木桶原则：木桶的最大容积取决于最短的一块木板，网络安全木桶理论是指对信息进行均衡和全面的保护。网络安全设计的首要目的是防止整个系统的最薄弱环节遭受攻击。

（2）有效和实用原则：网络安全规则或者策略应以不影响系统的正常运行和合法用户的使用/访问为前提。为了实施网络安全，可能会采取多种技术手段和管理策略，这势必给系统的运行和用户的使用造成负担，如实时性要求很高的语音和视频等业务可能不能容忍因网络安全规则造成的时延。因此，必须合理处理网络的安全性和实用性的关系。

（3）等级划分原则：网络系统的安全保护等级应根据网络系统在国家安全、经济建设、社会生活中的重要程度，系统遭到破坏后对国家安全、社会秩序、公共利益，以及公民、法人和其他组织的合法权益的危害程度等因素确定。网络安全等级划分通常包括 3 个维度：第一，按信息保密程度分级，如绝密、机密、秘密、普密；第二，按用户操作权限分级，如管理员、普通用户、访客用户；第三，按网络体系结构分级，如应用层、传输层、网络层、链路层。针对不同级别的安全对象，提供全面的、可选的安全算法和安全体制，以满足网络中不同层次的各种实际需求。

（4）技术与管理相结合原则：安全体系是一个复杂的系统工程，涉及人、技术、操作等因素，单靠技术或单靠管理都不可能实现。因此，必须使各种安全技术与运行管理机制、人员安全意识与技术培训、安全规章制度建设相结合。

（5）经济实用原则：不同的网络系统所要求的安全侧重点可能不同，要有针对性地设计网络安全方案，考虑性能和价格的平衡。

（6）动态发展和易操作原则：要根据网络安全的变化不断调整安全措施，以适应新的网络环境，满足新的网络安全需求。同时，安全措施的实施需要人去完成，如果措施过于复杂，对人的要求过高，本身就降低了安全性。

网络安全设计与实施过程通常包括如下步骤。

（1）分析和确定面临的攻击和风险。根据具体的系统和环境，考察、分析、评估、检测和确定系统存在的安全漏洞和安全威胁。

（2）制定网络安全策略。安全策略是指在一个特定的环境中，为实现一定级别的安全保护所必须遵守的规则。安全策略是网络安全系统设计的目标和原则，包括物理安全策略、访问控制策略、信息加密策略和管理策略及管理制度等。

（3）建立安全模型。模型的建立可以使复杂的问题简化，更好地解决和安全策略有关的问题。网络安全系统的设计和实现可以分为安全体制、网络安全连接和网络安全传输 3 个部分。安全体制包括安全算法库、安全信息库和用户接口界面；网络安全连接包括安全协议和网络通信接口模块；网络安全传输包括网络安全管理系统、网络安全支撑系统和网络安全传输系统。

（4）选择并实现安全服务。实现的安全服务具体包括物理层安全、链路层安全、网络层安全、操作系统安全、应用平台安全和应用系统安全等。

（5）安全产品的选型。网络安全产品主要包括防火墙、用户准入系统、入侵保护系统和网络防病毒系统等。

7. 投资预算规划

网络投资预算包括硬件设备、软件购置、网络工程材料、网络工程施工、安装调试、人员培训、网络运行维护等所需的费用。需要仔细分析预算成本，考虑如何既满足应用需求，又能把成本降到最低。

12.1.3 网络工程实施

网络工程实施主要包括制订工程实施计划，网络设备到货验收，设备安装、配置和调试，系统测试，系统试运行，人员培训，系统转换和上线运行等步骤。

1. 制订工程实施计划

在网络设备安装前，需要制订工程实施计划，列出需实施的项目、费用和负责人等，以便控制投资，按进度要求完成实施任务。工程计划必须包括网络实施阶段的设备验收、设备安装、设备配置、设备调试、系统测试、人员培训和网络运行维护等具体事务的处理，必须控制和处理所有可预知的事件，并调动有关人员的积极性。

2. 网络设备到货验收

系统中要用到的网络设备到货后，在安装调试前，必须先进行严格的功能和性能测试，以保证购买的产品能够很好地满足用户需求。在到货验收的过程中，应做好记录，包括对规格、数量和质量进行核实，以及检查合格证、出厂证和各种证明文件是否齐全。在必要时，利用测试工具进行评估和测试，评估设备能否满足网络建设的需求。如果发现设备存在短缺或破损情况，则要求设备提供商补发或免费更换。

3. 设备安装、配置和调试

网络设备的安装、配置和调试需要由专业的技术人员负责。安装项目一般分为综合布线系统、机房工程、网络设备、服务器、系统软件和应用软件等，不同的部分应分别由专门的工程师进行安装、配置和调试。

4. 系统测试

网络系统安装完毕后，要进行系统测试。测试指依据相关的规定和规范，采用相应的技术手段，利用专用的网络测试工具，对网络设备及系统集成等部分的各项性能指标进行测试，是网络系统验收工作的基础。在网络工程实施的过程中，要严格执行分段测试计划，以国际规范为标准。在一个阶段的施工完成以后，要采用专用测试设备进行严格的测试，并真实、详细、全面地写出分段测试报告及总体质量检测评价报告，及时反馈给工程决策组，以便作为工程的实时控制依据和工程完工后的原始备查资料。网络测试包括网络设备测试、网络系统测试和网络应用测试 3 个层次。网络设备测试主要是针对交换机、路由器、防火墙和线缆等传输介质和设备的测试；网络系统测试主要是针对系统的连通性、链路传输率、吞吐率、传输时延和丢包率、链路利用率和错误率等的测试；网络应用测试主要针对网络服务应用来进行，内容包括 WWW 服务器的性能测试、邮件服务器的系统容量测试、安全性能测试等。

5. 系统试运行

系统调试和测试完毕后，进入系统试运行阶段。这一阶段是验证系统在功能和性能上是否达到预期目标的重要阶段，也是对系统进行不断调整和优化，最终满足用户的需求的关键阶段。

6. 人员培训

一个规模庞大、结构复杂的网络系统往往需要网络管理员来维护，并协调网络资源的使用。对有关人员的培训是网络工程建设的重要一环，也是保证系统正常运行的重要因素之一。

7. 系统转换和上线运行

经过一段时间的试运行，系统达到稳定、可靠的水平后，即可进行系统转换和上线运行。

12.1.4 网络工程验收

网络工程验收是网络工程建设的最后一环，是全面考核工程的需求分析、规划设计和建设质量的重要手段，它关系到整个网络工程的质量能否达到预期设计指标。在网络系统试运行期满后，由用户对网络工程进行最终验收。验收过程包括提出验收申请、制订验收计划、成立验收专家委员会、进行验收测试和配置审计、进行验收评审、形成验收报告和移交相应资料。最终验收程序如下。

（1）检查和分析网络系统试运行期间所有运行报告及相关测试数据，确保所发现的及潜在的问题都已经解决。

（2）按照验收标准和规范对整个网络系统的硬件、软件和应用功能进行测试，并将测试结果写入最终验收报告。网络工程验收的最终结果是向甲方提交一份完整的系统验收报告。验收报告中要明确给出验收结论。

（3）甲方、乙方和丙方签署最终验收报告。

（4）乙方向甲方进行项目交接。交接包括系统交接和相关技术资料交接。系统交接包括指导甲方技术人员熟悉和掌握系统运行及管理的全部过程；相关技术资料交接包括各个阶段的详细技术文档、测试报告、操作和维护手册等的交接。

12.1.5　网络工程维护

网络系统的维护伴随着网络工程的整个生命周期。网络系统维护包括以下4种。

（1）改正性维护：在项目交付使用后，由于系统测试时的不彻底、不完全，必然会有一部分隐藏的错误被带到运行阶段中，这些隐藏的错误在某些特定的使用环境中就会暴露，诊断和修正系统中遗留的错误就是改正性维护。

（2）适应性维护：为了使系统适应环境的变化而进行的维护工作。计算机科学技术迅速发展，硬件的更新周期越来越短，必然要求网络应用系统适应新的软硬件环境，以提高系统的性能和运行效率，满足用户的需求。

（3）完善性维护：在网络系统的使用过程中，随着用户数量的增加、带宽需求的增大等新需求的出现，甲方往往要求扩充原有需求规范书中没有规定的功能与性能特征，为了满足这些要求而进行的系统维护工作就是完善性维护。

（4）预防性维护：为了进一步改善系统的可维护性和可靠性，并为以后的改进奠定基础，网络系统维护工作不应总是被动地等待网络发生故障或者用户提出需求后才进行，应主动地进行预防性维护。

在网络系统维护期间，出现任何问题和故障，都应该形成详细的故障报告，并及时请相关部门进行解决和处理。

12.2　项目案例

本节以一个具体的项目案例阐述网络工程的需求分析、规划设计、实施和测试的过程。本案例侧重于路由和交换部分，不涉及防火墙设备及后期的维护任务。

12.2.1　项目背景

位于深圳的A公司有较大规模的园区网络，园区网络中有隔离区（Demilitarized Zone，DMZ），通过专线与企业骨干网相连；该公司在重庆设有办事处，办事处员工有访问公司DMZ服务器的需求；公司租用了两条线路接入Internet。为了实现网络的优化、升级和未来网络的扩展，公司IT部门经理要求正在公司实习的5名同学利用两周时间熟悉目前企业网络架构和使用的核心技术，同时结合企业的发展战略设计与企业骨干网的连接并实施路由策略。5位同学在企业工程师的帮助下，基本熟悉了整个公司目前的网络架构，为了更好地适应未来工作岗位的需求，还利用实验室设备模拟了整个网络的实现。同学们根据整个企业网络集成的预算并结合应用类型及业务密集度的分析，得出网络数据负载、数据包流向、网络带宽、信息流特征、数据的重要程度、网络应用的安全性及可靠性和实时性等因素，从而确定网络总体需求框架。通过详细的需求分析，完整且量化地了解了网络系统的业务，公司网络的需求分析如下。

1. 功能性需求

（1）IP 地址规划层次化，便于路由汇总和提高路由器转发效率。

（2）园区网与骨干网、园区网与 Internet 均采用双链路连接。

（3）园区网采用 MSTP 和 VRRP 技术进行防环和负载均衡设计。

（4）园区网和 DMZ 路由协议运行多区域 OSPF，园区网与骨干网路由协议运行 BGP。

（5）园区网需要部署 WLAN，支持移动办公。

（6）园区网、DMZ 需要部署 IPv6 测试网络，为未来公司网络全面升级做准备。

（7）办事处与 DMZ 采用 IPSec VPN 连接，以保证数据安全传输。

（8）部署 QoS，保障 Internet 线路上运行的关键业务。

2. 非功能性需求

（1）对可靠性有较高要求，网络拓扑中的关键线路和设备需要进行冗余设计。

（2）对扩展性有较高要求，IP 地址和设备规划要留有足够扩展空间。

12.2.2 网络拓扑设计

根据前期的需求分析，A 公司网络拓扑如图 12-1 所示，其由以下 4 部分构成。

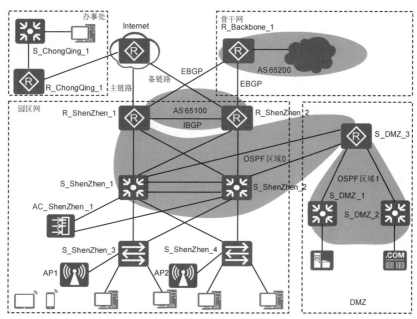

图 12-1　A 公司网络拓扑

1. 深圳公司园区网和 DMZ 网络

深圳公司园区网采用 OSPF 作为路由协议，园区网及 DMZ 核心交换机属于 OSPF 区域 0，DMZ 属于 OSPF 区域 1。同时，通过 BGP 与企业骨干网相连，需要在两个核心路由器 R_ShenZhen_1 和 R_ShenZhen_2 上实现路由双向引入，并给出路由汇聚、次优路由、路由环路和路径控制等实施策略和方案。

（1）园区网络。

为简化设计和部署，采取核心层和接入层两层架构的组网方案。核心层部署两台交换机，分别为 S_ShenZhen_1 和 S_ShenZhen_2，接入层交换机 S_ShenZhen_3 和 S_ShenZhen_4 分别连接到两台核心交换机，4 台交换机采用 MSTP 技术防止二层环路。根据行政部门及其他管理要求划分 VLAN，交换机之间为 Trunk 链路，利用三层交换实现 VLAN 间路由。

通过 VRRP 技术为各个 VLAN 的主机提供网关，通过 BFD+VRRP 联动机制实现 VRRP 快速收敛。

在园区网中采用三层旁挂方式组建园区 WLAN，AC 通过双链路连接到核心交换机 S_ShenZhen_1 和 S_ShenZhen_2，AP 靠近用户端，从接入层交换机接入网络。

为保证网络安全，园区网接入层交换机 S_ShenZhen_3 和 S_ShenZhen_4 上采用端口安全和 DHCP Snooping 等基本安全措施。OSPF 路由协议启用区域 MD5 验证。

（2）DMZ 网络。

DMZ 的网络相对独立，内部主要通过交换机 S_DMZ_1 和 S_DMZ_1 连接各服务器，对外通过核心交换机 S_DMZ_3 连接到园区网核心层交换机 S_ShenZhen_1 和 S_ShenZhen_2。确保重庆办事处员工的主机通过 IPSec VPN 技术访问 DMZ 的服务器中的资源，建立 IPSec VPN 的两个端点是路由器 R_ChongQing_1 和路由器 R_ShenZhen_1。同时，应确保 DMZ 网络和企业骨干网的通信。

2. 企业骨干网

园区网边界路由器通过双链路专线连接到企业骨干网，两条专线链路分别是园区网边界路由器 R_ShenZhen_1 和骨干网边界路由器 R_Backbone_1 之间，以及园区网边界路由器 R_ShenZhen_2 和骨干网边界路由器 R_Backbone_1 之间的链路。本项目用骨干网边界路由器 R_Backbone_1 上的环回接口模拟企业骨干网络。

3. 广域网连接

本项目用一台交换机模拟 ISP 和 Internet。园区网边界路由器采用双链路连接到 ISP，配置静态默认路由，实现以主/备链路方式进行 Internet 接入。采用静态路由与 NQA 联动机制，为静态路由绑定 NQA 会话，利用 NQA 会话来检测静态路由所在链路的状态。同时，需要在边界路由器 R_ShenZhen_1 和 R_ShenZhen_2 上配置 NAT 功能，使园区网主机可以访问 Internet。

4. 分支连接

重庆办事处和 DMZ 采用 IPSec VPN 进行连接，要确保重庆办事处员工的主机通过 IPSec VPN 技术访问 DMZ 的服务器中的资源，建立 IPSec VPN 的两个端点是路由器 R_ChongQing_1 和路由器 R_ShenZhen_1。同时，需要在办事处边界路由器 R_ChongQing_1 上配置 NAT 功能，使办事处主机可以访问 Internet。

12.2.3　IP 地址规划

以下是 A 公司网络的 IPv4 地址规划。

（1）园区网 IP 地址段：10.1.0.0/16。

（2）DMZ 网络 IP 地址段：10.2.0.0/16，DNS 为 10.2.100.100（虚拟 IP 地址）。

（3）骨干网 IP 地址段：10.3.0.0/16。

（4）办事处 IP 地址段：10.4.0.0/16。

A 公司 IPv4 地址规划如表 12-1 所示。

提示：交换机均使用 VLANIF 接口与路由器的接口相连。在实际应用中，更常见的方案是交换机接口通过执行【undo portswitch】命令而配置为三层接口，并直接配置 IP 地址来使用。

表 12-1　A 公司 IP 地址规划

VLAN 或者设备	接口	IP 地址	备注
VLAN 1		10.1.1.0/24	园区网，供网络管理使用
VLAN 2		10.1.2.0/24	园区网，各行政部门
……	……	……	……

VLAN 或者设备	接口	IP 地址	备注
VLAN 20		10.1.20.0/24	园区网，各行政部门
VLAN 51		10.1.51.0/24	S_ShenZhen_1 和 R_ShenZhen_1、R_ShenZhen_2 对接
VLAN 52		10.1.52.0/24	S_ShenZhen_1 和 R_ShenZhen_1、R_ShenZhen_2 对接
VLAN 53		10.1.53.0/24	S_ShenZhen_1 和 S_DMZ_3 对接
VLAN 54		10.1.54.0/24	S_ShenZhen_2 和 S_DMZ_3 对接
VLAN 100		10.1.100.0/24	园区网，WLAN 管理 VLAN
VLAN 200		10.1.200.0/24	园区网，WLAN 业务 VLAN
S_ShenZhen_1	VLANIF 1	10.1.1.1/24	
	VLANIF 2	10.1.2.1/24	
	VLANIF 3	10.1.3.1/24	
	VLANIF 4	10.1.4.1/24	
	......	......	
	VLANIF 20	10.1.20.1/24	
	VLANIF 51	10.1.51.1/24	
	VLANIF 53	10.1.53.1/30	
	VLANIF 100	10.1.100.1/24	
	VLANIF 200	10.1.200.1/24	
	G0/0/1		Trunk 接口，连接 S_ShenZhen_3
	G0/0/2		Trunk 接口，连接 S_ShenZhen_4
	G0/0/3		Access 接口，VLAN 51
	G0/0/4		Access 接口，VLAN 51
	G0/0/5		Trunk 接口，连接 AC_ShenZhen_1
	G0/0/6		连接 S_DMZ_3，Access 接口，VLAN 53
	G0/0/23		Trunk 接口，链路聚合，连接 S_ShenZhen_2
	G0/0/24		Trunk 接口，链路聚合，连接 S_ShenZhen_2
S_ShenZhen_2	VLANIF 1	10.1.1.2/24	
	VLANIF 2	10.1.2.2/24	
	VLANIF 3	10.1.3.2/24	
	VLANIF 4	10.1.4.2/24	
	......	......	
	VLANIF 20	10.1.20.2/24	
	VLANIF 52	10.1.52.1/24	
	VLANIF 54	10.1.54.1/30	
	VLANIF 100	10.1.100.2/24	
	VLANIF 200	10.1.200.2/24	
	G0/0/1		Trunk 接口，连接 S_ShenZhen_3

VLAN 或者设备	接口	IP 地址	备注
S_ShenZhen_2	G0/0/2		Trunk 接口，连接 S_ShenZhen_4
	G0/0/3		Access 接口，VLAN 52
	G0/0/4		Access 接口，VLAN 52
	G0/0/5		Trunk 接口，连接 AC_ShenZhen_1
	G0/0/6		连接 S_DMZ_3，Access 接口，VLAN 54
	G0/0/23		Trunk 接口，链路聚合，连接 S_ShenZhen_1
	G0/0/24		Trunk 接口，链路聚合，连接 S_ShenZhen_1
S_ShenZhen_3	VLANIF 1	10.1.1.3/24	管理，网关为 10.1.1.254
	E0/0/1		Access 接口，VLAN 2
	E0/0/2		Access 接口，VLAN 3
	……		
	E0/0/21		Access 接口
	E0/0/22		连接 AP，Trunk 接口，允许 VLAN 100、VLAN 200 通行
	G0/0/1		Trunk 接口，连接 S_ShenZhen_1
	G0/0/2		Trunk 接口，连接 S_ShenZhen_2
S_ShenZhen_4	VLANIF 1	10.1.1.4/24	管理，网关为 10.1.1.254
	E0/0/1		Access 接口，VLAN 2
	E0/0/2		Access 接口，VLAN 3
	……		
	E0/0/21		Access 接口
	E0/0/22		连接 AP，Trunk 接口，允许 VLAN 100、VLAN 200 通行
	GO/0/1		Trunk 接口，连接 S_ShenZhen_1
	GO/0/2		Trunk 接口，连接 S_ShenZhen_2
R_ShenZhen_1	G0/0/0	10.1.51.2/24	连接 S_ShenZhen_1
	G0/0/1	10.1.52.2/24	连接 S_ShenZhen_2
	G0/0/2	172.16.1.1/30	连接 R_Backbone_1
	G1/0/0	202.96.1.2/30	连接 Internet（主链路）
	G2/0/0	10.1.55.1/30	连接 R_ShenZhen_2
R_ShenZhen_2	G0/0/0	10.1.51.3/24	连接 S_ShenZhen_1
	G0/0/1	10.1.52.3/24	连接 S_ShenZhen_2
	G0/0/2	172.16.2.1/30	连接 R_Backbone_1
	G1/0/0	202.96.2.2/30	连接 Internet（备链路）
	G2/0/0	10.1.55.2/30	连接 R_ShenZhen_1
S_DMZ_1	VLANIF 1	10.2.1.2/30	
	VLANIF 2	10.2.3.254/24	
	G0/0/1		Access 接口，连接 S_DMZ_3
	G0/0/3		Access 接口，VLAN 2，连接服务器

续表

VLAN 或者设备	接口	IP 地址	备注
S_DMZ_2	VLANIF 1	10.2.2.2/30	
	VLANIF 2	10.2.4.254/24	
	G0/0/1		Access 接口，连接 S_DMZ_3
	G0/0/3		Access 接口，VLAN 2，连接服务器
S_DMZ_3	G0/0/1	10.1.53.2/30	Access 接口，VLAN 1，连接 S_ShenZhen_1
	G0/0/2	10.1.54.2/30	Access 接口，VLAN 2，连接 S_ShenZhen_2
	G0/0/3	10.2.1.1/30	Access 接口，VLAN 3，连接 S_DMZ_1
	G0/0/4	10.2.2.1/30	Access 接口，VLAN 4，连接 S_DMZ_2
R_Backbone_1	G0/0/0	172.16.1.2/30	连接 R_ShenZhen_1
	G0/0/1	172.16.2.2/30	连接 R_ShenZhen_2
	Loopback 0	10.3.3.1/24	模拟骨干网内部网络
	Loopback 1	10.3.4.1/24	模拟骨干网内部网络
R_ChongQing_1	G0/0/0	61.1.1.2/30	连接 Internet
	G0/0/1	10.4.1.254/24	连接 S_ChongQing_1
S_ChongQing_1	VLANIF 1	10.4.1.2/24	网关为 10.4.1.254
	G0/0/1		Access 接口，VLAN 1，连接 R_ChongQing_1
Internet	G0/0/1	61.1.1.1/30	Access 接口，VLAN 1，连接 R_ChongQing_1
	G0/0/2	202.196.1.1/30	Access 接口，VLAN 2，连接 R_ShenZhen_1
	G0/0/3	202.196.2.1/30	Access 接口，VLAN 3，连接 R_ShenZhen_2
	Loopback 1	8.8.8.8/24	模拟 Internet 上的主机
AC_ShenZhen_1	G0/0/1		Trunk 接口，连接 S_ShenZhen_1
	G0/0/2		Trunk 接口，连接 S_ShenZhen_2
	VLANIF 100	10.1.100.3/24	
	VLANIF 200	10.1.200.3/24	

假设公司使用 IPv6 地址段为 2001:AAAA:BBBB::/48 进行规划，A 公司 IPv6 地址规划如表 12-2 所示。

表 12-2 A 公司 IPv6 地址规划

VLAN 或者设备	接口	IP 地址	备注
VLAN 1		2001:AAAA:BBBB:1::/64	园区网，供网络管理使用
VLAN 2		2001:AAAA:BBBB:2::/64	园区网，各行政部门
……		……	……
VLAN 20		2001:AAAA:BBBB:14::/64	园区网，各行政部门
VLAN 53		2001:AAAA:BBBB:35::/126	
VLAN 54		2001:AAAA:BBBB:36::/126	
S_ShenZhen_1	VLANIF 1	2001:AAAA:BBBB:1::1/64	
	VLANIF 2	2001:AAAA:BBBB:2::1/64	

VLAN 或者设备	接口	IP 地址	备注
S_ShenZhen_1	VLANIF 3	2001:AAAA:BBBB:3::1/64	
	VLANIF 4	2001:AAAA:BBBB:4::1/64	
	……	……	
	VLANIF 20	2001:AAAA:BBBB:14::1/64	
	VLANIF 53	2001:AAAA:BBBB:35::1/126	
S_ShenZhen_2	VLANIF 1	2001:AAAA:BBBB:1::2/64	
	VLANIF 2	2001:AAAA:BBBB:2::2/64	
	VLANIF 3	2001:AAAA:BBBB:3::2/64	
	VLANIF 4	2001:AAAA:BBBB:4::2/64	
	……	……	
	VLANIF 20	2001:AAAA:BBBB:14::2/64	
	VLANIF 54	2001:AAAA:BBBB:36::1/126	
S_DMZ_1	VLANIF 1	2001:AAAA:BBBB:20::2/126	
	VLANIF 2	2001:AAAA:BBBB:37::1/64	
S_DMZ_2	VLANIF 1	2001:AAAA:BBBB:21::2/126	
	VLANIF 2	2001:AAAA:BBBB:38::1/64	
S_DMZ_3	G0/0/1	2001:AAAA:BBBB:35::2/126	
	G0/0/2	2001:AAAA:BBBB:36::2/126	
	G0/0/3	2001:AAAA:BBBB:20::1/126	
	G0/0/4	2001:AAAA:BBBB:21::1/126	

12.2.4 项目实施

本项目实施过程涉及内容比较多，这里只给出每个步骤的配置要求和配置思路，不会给出具体的配置和实现命令，最后会给出每台设备的 current-configuration 文件中和本项目相关的全部配置内容，如果需要了解技术细节，可参考本书前面相关章节的内容。

1. 园区网 VLAN、Trunk 和链路聚合实施

A 公司深圳园区网中各部门员工数量均小于 100 人，约有 15 个部门，按照每个部门一个 VLAN进行规划，此外，有几个 VLAN 用于在路由器、交换机之间运行路由协议，WLAN 分配了两个 VLAN，分别作为管理 VLAN 和业务 VLAN 使用。A 公司总部园区网 VLAN 分配如表 12-3 所示。

表 12-3　A 公司总部园区网 VLAN 分配

VLAN	IP 地址	用途
VLAN 1	10.1.1.0/24	总部局域网，供网络管理使用
VLAN 2	10.1.2.0/24	总部局域网，各行政部门
……	……	……
VLAN 20	10.1.20.0/24	总部局域网，各行政部门
VLAN 51	10.1.51.0/24	S_ShenZhen_1 和 R_ShenZhen_1、R_ShenZhen_2 对接
VLAN 52	10.1.52.0/24	S_ShenZhen_1 和 R_ShenZhen_1、R_ShenZhen_2 对接
VLAN 53	10.1.53.0/24	S_ShenZhen_1 和 S_DMZ_3 对接

续表

VLAN	IP 地址	用途
VLAN 54	10.1.54.0/24	S_ShenZhen_2 和 S_DMZ_3 对接
VLAN 100	10.1.100.0/24	园区网 WLAN 管理 VLAN
VLAN 200	10.1.200.0/24	园区网 WLAN 业务 VLAN

实施园区网 VLAN、Trunk 和链路聚合配置时主要关注以下要点。

（1）VLAN 的配置内容基本相同，只需要在相关交换机上使用【vlan batch】命令进行一次性创建即可，并将相应的接口划分到对应的 VLAN 中。DMZ 的 VLAN 配置过程相同。

（2）园区网 4 台交换机之间的链路配置为 Trunk 模式，并允许相应 VLAN 通过。

（3）在两台核心交换机 S_ShenZhen_1 和 S_ShenZhen_2 之间采用手工模式配置链路聚合，增加核心交换机之间的链路带宽和可靠性，实现流量负载均衡，避免网络拥塞。

（4）网络安全是企业系统集成的基本需求，而来自内部的网络攻击往往是最危险的，在接入交换机上部署安全措施可以提高网络安全性。本项目在接入交换机 S_ShenZhen_3 和 S_ShenZhen_4 上部署端口安全功能。DMZ 的 S_DMZ_1 交换机作为企业集中部署的 DHCP 服务器，用户计算机的 IP 地址必须动态获取，不得手工设定，因此可以部署使用 DHCP Snooping 功能防止 DHCP 欺骗，并在 DHCP Snooping 的基础上部署 DAI 和 IPSG 等。当然，当不同 VLAN 的主机需要向 DHCP 服务器申请 IP 地址时，相关设备上还要配置 DHCP 中继。

2. 园区网 MSTP 实施

为了提高园区网的可靠性，核心层采用了双交换机，各接入层交换机均连接到两台核心交换机上，增加了可靠性，为了避免交换环路，需要部署和实施 MSTP。实施 MSTP 时应关注以下要点。

（1）园区网所有交换机 MSTP 域相同，减少 MSTP 的复杂度，MSTP 的域名为 ShenZhen。

（2）控制 MSTP 实例的数量，节省交换机资源。本项目配置 MSTP 实例 1 和实例 2，实例 1 与 VLAN 的映射为 1、2、5~12、51、53、100；实例 2 与 VLAN 的映射为 3、4、13~20、52、54、200。

（3）控制 MSTP 各实例的根桥，以便实现负载均衡，提高设备的利用率和转发性能。S_ShenZhen_1 是实例 1 的根桥，优先级为 4096，是实例 2 的次根桥，优先级为 8192；S_ShenZhen_2 是实例 2 的根桥，优先级为 4096，是实例 1 的次根桥，优先级为 8192。

（4）将交换机 S_ShenZhen_3 和 S_ShenZhen_4 连接计算机的端口配置为 STP 边缘端口，实现 MSTP 的快速收敛。为了网络安全，建议在边缘端口上配置 BPDU 保护。

3. 园区网 VRRP 配置

园区网两台核心层交换机 S_ShenZhen_1 和 S_ShenZhen_2 承担 VLAN 间路由功能，核心层交换机上的 VLANIF 接口地址就是相关 VLAN 的计算机的默认网关，为了提高网关的稳定性和可靠性，实施 VRRP 技术实现网关的冗余。同时，使用 BFD 技术实现 VRRP 的可靠性和快速收敛。实施 VRRP 时应关注以下要点。

（1）园区网中有多个 VLAN，可以控制不同 VLAN 的 VRRP 的主/备路由器，实现负载均衡。

（2）VRRP 的主/备路由器应该和 MSTP 的根桥配合，以避免次优路径产生。例如，若 VLAN 1 的 VRRP 组 1 的主路由器是 S_ShenZhen_1，则 VLAN 1 所在 MSTP 的实例 1 的根桥也应该是 S_ShenZhen_1。

（3）为提高 VRRP 的切换速度，可以和 BFD 技术进行联动。

（4）配置 VRRP 验证，提高网络安全性。

4. 园区网和 DMZ IPv4 路由协议实施

目前，OSPF 协议在企业网中应用非常广泛。园区网和 DMZ 的路由协议选择使用 OSPF 协议，本项目部署 OSPF 协议时应考虑以下要点。

（1）两台核心交换机承担主要的路由功能。

（2）将所有运行 OSPF 协议的设备的参考带宽改为 1000Mbit/s。

（3）OSPF 协议采用多区域设计，园区网属于区域 0，DMZ 属于区域 1，区域 1 配置为完全末节区域。

（4）区域 0 和区域 1 都采用 MD5 区域验证，以提高网络安全性。

（5）适当接口配置为静默接口，以提高网络安全性。

5. 园区网 WLAN 实施

园区网员工有移动办公需要，因此需要部署 WLAN。本项目选择使用 AC+Fit AP 方案在园区网中部署 WLAN，该方案既可以保证无缝漫游和可管理性，又能满足后期网络扩展的需求。采用 AC+Fit AP 方案组建 WLAN 时，AP 是零配置的，全部配置工作在有线网络和 AC 上进行。实施 WLAN 时应关注以下要点。

（1）使用旁挂式组网，这种方式部署更加灵活。无线控制器 AC_ShenZhen_1 通过双链路连接到核心交换机 S_ShenZhen_1 和 S_ShenZhen_2 的设计可以实现可靠性连接。

（2）根据现有拓扑的条件，可以采用简单、可靠的直接转发方式和二层组网方案。

（3）AP 尽可能通过以太网供电，减少布线的复杂度。AP 接在靠近用户的接入层交换机上。

6. 骨干网与园区网之间运行 BGP

园区网与骨干网之间通过两条专线进行连接，并运行 BGP，本项目部署 BGP 时应考虑以下要点。

（1）总部边界路由器 R_ShenZhen_1 和 R_ShenZhen_2 与骨干网边界路由器 R_Backbone_1 之间采用直连接口建立 EBGP 邻居，R_ShenZhen_1 和 R_ShenZhen_2 之间采用直连接口建立 IBGP 邻居关系。

（2）在路由器 R_ShenZhen_1 和 R_ShenZhen_2 上进行路由汇聚，使路由器 R_Backbone_1 只学习到 10.1.0.0/16 和 10.2.0.0/16 的聚合路由。

（3）通过 BGP 本地优先级属性控制 BGP 选路。在路由器 R_ShenZhen_1 和 R_ShenZhen_2 的入方向上修改本地优先级属性，使园区网去往骨干网 10.3.3.0/24 的网络选择 R_ShenZhen_1 和 R_Backbone_1 之间的链路，去往骨干网 10.3.4.0/24 的网络选择路由器 R_ShenZhen_2 和 R_Backbone_1 之间的链路。

（4）通过 BGP 的 MED 属性控制 BGP 选路。在路由器 R_ShenZhen_1 和 R_ShenZhen_2 的出方向上修改 MED 属性，控制路由器 R_Backbone_1 的 BGP 选路，使骨干网访问园区网 10.1.0.0/16 的网络选择路由器 R_ShenZhen_1 和 R_Backbone_1 之间的链路，访问 DMZ 10.2.0.0/16 的网络选择路由器 R_ShenZhen_2 和 R_Backbone_1 之间的链路。

7. BGP 与 OSPF 之间的路由引入和路径控制

由于网络中存在 OSPF 和 BGP 路由协议，为了实现网络可达，需要部署路由引入，并通过路由策略进行路由优化和控制。部署路由引入时应考虑以下要点。

（1）在路由器 R_ShenZhen_1 上实现 BGP 和 OSPF 路由协议的双向路由引入。同时，在路由器 R_ShenZhen_2 上实现 BGP 和 OSPF 路由协议的双向路由引入。

（2）由于双点双向路由引入会带来次优路由、路由环路和路由反馈等问题，因此，要进行路径控制。通过路由策略，对骨干网的路由在路由器 R_ShenZhen_1 和 R_ShenZhen_2 上修改优先级，只要低于 OSPF ASE 路由的优先级 150 即可，本项目将优先级改为 140。

（3）为了避免路由环路，本项目采用路由标记解决方案。

8. 园区网和 DMZ Internet 接入

为保证公司的用户接入 Internet 不中断，园区网部署了两条到 Internet 的线路，选择了不同的运营商。不同运营商的线路质量和成本不一样，这两条线路采用主/备方式部署。园区网路由器 R_ShenZhen_1 使用主链路，路由器 R_ShenZhen_2 使用备链路。部署 Internet 接入时应考虑以下要点。

（1）为保证主/备链路切换，采用静态路由与 NQA 联动，使用 NQA 监视主线路的状态，以便在主链路出现异常时快速切换到备链路。

（2）在园区网边界路由器 R_ShenZhen_1 和 R_ShenZhen_2 上向 OSPF 网络注入默认路由，路由器 R_ShenZhen_1 通告默认路由的开销值为 10，路由器 R_ShenZhen_2 通告默认路由的开销值为 20，确保企业网络内的 OSPF 优先选择主链路到达 Internet。

9. 部署 NAT，使园区网用户可以访问 Internet

为了减少向 ISP 购买公网 IP 地址的成本和方便公司内部 IP 编址的统一规划设计，园区网内部使用的是私有 IP 地址，因此，需要在园区网到 Internet 的出口路由器 R_ShenZhen_1 和 R_ShenZhen_2 上部署 NAT。同时，NAT 技术可以有效地保护内部网络。本项目部署 NAT 时应关注以下要点。

（1）园区网有两个到 Internet 的出口，重庆办事处有一个到 Internet 的出口。因为重庆办事处需要建立 IPSec VPN 访问 DMZ 服务器的资源，所以配置使用 NAT 的 ACL 要排除 IPSec VPN 的感兴趣流量。

（2）A 公司没有申请多余的公网 IP 地址，因为边界路由器各个出口已经有固定公网 IP 地址，所以使用 Easy IP 方式部署 NAT。

（3）A 公司内部的 Web 服务器（IP 地址为 10.2.100.100）需要供外网访问，两个出口均要做 NAT 服务器映射。

10. 部署 QoS，使 Internet 链路优先保证关键应用

A 公司园区网有主/备两条到 Internet 的链路，连接在路由器 R_ShenZhen_1 和 R_ShenZhen_2 上；在重庆办事处有一条到 Internet 的链路，连接在路由器 R_ChongQing_1 上。为避免 Internet 链路视频、FTP 等流量影响公司的业务流量，对 HTTP 流量和 IPSec VPN 的流量要保证带宽，HTTP 流量保证带宽为 1Mbit/s，IPSec VPN 流量保证带宽为 512kbit/s。以上需求以 MQC 的方法通过在两台边界路由器 R_ShenZhen_1 和 R_ShenZhen_2 上部署流量监管来实现。

11. 部署 IPSec VPN，实现办事处访问 DMZ

重庆办事处需要连接到 DMZ，由于专线价格的初装费和使用成本较高，因此采用 Site To Site IPSec VPN 技术作为解决方案。部署 IPSec VPN 时应关注以下要点。

（1）VPN 两端需要有固定公网 IP 地址，这会带来一定成本，但是 VPN 两端都可以主动建立 IPSec VPN 连接。

（2）企业总部有两个 Internet 出口，为了简化部署，本项目只在主链路连接的路由器 R_ShenZhen_1 上部署 IPSec VPN。

（3）建立 IPSec VPN 的感兴趣流量来自重庆办事处的网络 10.4.0.0/16 到 DMZ 的网络 10.2.0.0/16。

12. 园区网和 DMZ 部署 IPv6

为了迎接 IPv6 时代的到来，园区网络和 DMZ 先行部署 IPv6 网络，以用于测试和研究，暂时不考虑连接到 Internet。部署 IPv6 时应关注以下要点。

（1）仅在园区网核心交换机上和 DMZ 的网络设备上配置路由协议，以实现网络互通。选择使用 OSPFv3 协议。

（2）本项目只关注 IPv6 路由，暂时不考虑 IPv6 的 VRRP 问题。

12.2.5 设备配置文件

至此，关于项目实施的任务，正在 A 公司实习的 5 位同学已经在 eNSP 上模拟实现，这里只给出所有设备中有效的配置。

园区网设备配置文件

DMZ 区设备
配置文件

骨干网路由器
R_Backbone_1
配置文件

重庆办事处路由器
R_ChongQing_1
配置文件

互联网上的交换机
Internet 配置文件

12.2.6 项目测试

完成整个项目实施后，进行连通性测试，主要包括如下测试内容。

（1）测试园区网主机之间、访问 DMZ 服务器和 Internet 主机的连通性。

（2）测试 DMZ 服务器和骨干网主机的连通性。

（3）测试重庆办事处主机访问 Internet 主机和 DMZ 服务器的连通性。

（4）故障模拟测试，主要包括如下测试。

① 当园区网到 Internet 的主链路出现故障时，查看备用链路切换情况和网络连通性情况。

② 当园区网核心交换机到接入交换机的链路出现故障时,查看 MSTP 和 VRRP 切换情况及网络连通性情况。

③ 当核心交换机到边界路由器的链路出现故障时，查看 VRRP 切换情况和网络连通性情况。

④ 当园区网到骨干网的链路出现故障时，查看网络连通性情况。

📝 本章总结

本章系统地讲述了网络工程需求、规划设计、工程实施、网络工程验收和网络工程维护的原则和过程，并以一个综合项目为载体，系统地讲述了网络集成项目总体设计、需求分析、IP 地址规划、项目实施和项目测试等内容，同时给出了所有设备的配置文件，注重项目的完整性，是前面所学网络技术和网络知识的综合运用。通过本章内容的学习，可以有效地提高网络规划设计能力、分析问题能力、技术应用能力和故障排除能力。

📝 习题

1.【多选】进行网络系统设计时，应遵循的设计原则包括（　　　）。

    A．可靠性　　　　　　B．扩展性　　　　　　C．易管理性　　　　　D．可逆性

2.【多选】网络设备的选型一般遵循的原则是（　　　）。

    A．尽可能选取同一厂家的产品

    B．选择主干设备时应预留一定的能力

    C．选择最低价的产品，降低投资

    D．销售商品的厂家应有强大的技术支持、良好的售后服务

3.【多选】网络工程需求分析通常分为（　　　）和（　　　）。

    A．功能性需求　　　　B．非功能性需求　　　C．软件需求　　　　　D．硬件需求

4.【多选】网络安全设计应遵循的原则有（　　　）。

    A．等级划分　　　　　B．动态发展和易操作　C．有效和实用　　　　D．木桶

5.【多选】网络测试包括（　　　）。

    A．网络设备测试　　　B．网络系统测试　　　C．网络平台测试　　　D．网络应用测试

6.【多选】网络系统维护包括（　　　）。

    A．改正性维护　　　　B．适应性维护　　　　C．完善性维护　　　　D．预防性维护